国家"十二五"规划重点图书

中国地质调查局
青藏高原1:25万区域地质调查成果系列

中华人民共和国
区域地质调查报告

比例尺 1:250 000

隆子县幅

（H46C004002）

项目名称：1:25万隆子县幅区域地质调查

项目编号：200113000064

项目负责：尹光侯　苏学军

图幅负责：苏学军

报告编写：苏学军　黄建国　彭兴阶　包俊跃
　　　　　　段图玺　侯世云　肖　玲　张家云
　　　　　　刘　志　杨淑胜　邓志祥　张留清

编写单位：云南省地质调查院

单位负责：李文昌（院长、总工程师）

中国地质大学出版社
ZHONGGUO DIZHI DAXUE CHUBANSHE

内容提要

　　1:25万隆子县幅区域地质调查,系中国地质调查局新一轮国土资源大调查为填补青藏高原空白区,提高西藏自治区地质研究程度,加速西藏自治区的经济开发而下达的区域地质调查重点项目之一。

　　基本查明了区内各岩石地层单位的分布和各时代地层间的接触关系,以岩石地层单位为基础,划分了正式岩石地层单位及构造岩石地层单位29个,包括3个(岩)群、4个亚群、2个混杂岩、15个(岩)组、13个岩段;查明了测区火山岩的时空分布特点及其形成的构造环境,首次在拉康组中发现高钾、高钛板内裂谷型碱性玄武岩及桑秀组裂谷型双峰式火山岩;划分了区域动力热流变质、区域低温动力变质、低温高压埋深变质、动力变质和接触变质5种变质类型,并进一步划分为4个变质岩带、8个变质岩亚带和3个韧性剪切糜棱岩带。首次在雅鲁藏布江结合带南缘玉门混杂岩中发现沸石-葡萄石相的存在,在雅鲁藏布江结合带采获多件 bo 值为 9.032Å~9.055Å 的多硅白云母。划分出4个二级构造单元、8个三级构造单元和3个韧性剪切糜棱岩带。将玉门带划分为雅鲁藏布江结合带南缘晚三叠世之初始洋盆,郎杰学群为晚三叠世弧前盆地楔形增生体,罗布莎蛇绿岩为雅鲁藏布江继玉门初始洋盆之后的主洋盆,朗县混杂岩为白垩纪弧前盆地沉积碰撞期形成的构造混杂岩带,为加深、提高雅鲁藏布江结合带的研究程度补充了新资料。

图书在版编目(CIP)数据

中华人民共和国区域地质调查报告·隆子县幅(H46C004002):比例尺 1:250 000/苏学军等著. —武汉:中国地质大学出版社,2014.5

ISBN 978-7-5625-3216-3

Ⅰ.①中…
Ⅱ.①苏…
Ⅲ.①区域地质-地质调查-调查报告-中国②区域地质-地质调查-调查报告-隆子县
Ⅳ.①P562

中国版本图书馆 CIP 数据核字(2014)第 080552 号

中华人民共和国区域地质调查报告
隆子县幅(H46C004002)　　比例尺 1:250 000　　　　　　　　　苏学军　等著

责任编辑:李 晶　　　　　　　　　　　　　　　　　　　　　　　责任校对:代 莹

出版发行:中国地质大学出版社(武汉市洪山区鲁磨路388号)	邮政编码:430074
电　　话:(027)67883511　　　传　　真:67883580	E-mail:cbb@cug.edu.cn
经　　销:全国新华书店	http://www.cugp.cug.edu.cn

开本:880mm×1230mm 1/16	字数:515千字　印张:14.375　图版:15　插页:3　附图:1
版次:2014年5月第1版	印次:2014年5月第1次印刷
印刷:武汉市籍缘印刷厂	印数:1—1500册
ISBN 978-7-5625-3216-3	定价:480.00元

如有印装质量问题请与印刷厂联系调换

前　言

青藏高原包括西藏自治区、青海省及新疆维吾尔自治区南部、甘肃省南部、四川省西部和云南省西北部，面积达 260 万 km^2，是我国藏民族聚居地区，平均海拔 4500m 以上，被誉为"地球第三极"。青藏高原是全球最年轻的高原，记录着地球演化最新历史，是研究岩石圈形成演化过程和动力学的理想区域，是"打开地球动力学大门的金钥匙"。

青藏高原蕴藏着丰富的矿产资源，是我国重要的资源后备基地。青藏高原是地球表面的一道天然屏障，影响着中国乃至全球的气候变化。青藏高原也是我国主要大江大河和一些重要国际河流的发源地，孕育着中华民族的繁生和发展。开展青藏高原地质调查与研究，对于推动地球科学研究、保障我国资源战略储备、促进边疆经济发展、维护民族团结、巩固国防建设具有非常重要的现实意义和深远的历史意义。

1999 年国家启动了"新一轮国土资源大调查"专项，按照温家宝总理"新一轮国土资源大调查要围绕填补和更新一批基础地质图件"的指示精神。中国地质调查局组织开展了青藏高原空白区 1:25 万区域地质调查攻坚战，历时 6 年多，投入 3 亿多，调集 25 个来自全国省(自治区)地质调查院、研究所、大专院校等单位组成的精干区域地质调查队伍，每年近千名地质工作者，奋战在世界屋脊，徒步遍及雪域高原，完成了全部空白区 158 万 km^2 共 112 个图幅的区域地质调查工作，实现了我国陆域中比例尺区域地质调查的全面覆盖，在中国地质工作历史上树立了新的丰碑。

西藏 1:25 万隆子县幅（H46C004002）区域地质调查项目，由云南省地质调查院承担，目标任务书要求：应用造山带综合地层学、构造地质学、岩浆动力学和盆山耦合的理论与方法，综合运用遥感地质、地球物理、地球化学等多手段，充分利用前人的调查研究成果，按照《1:25 万区域地质调查技术要求（暂行）》、《青藏高原艰险地区 1:25 万区域地质调查技术要求（暂行）》及有关规范、指南，合理采用填图方法，划分测区的构造单元，对不同的地质构造单元采用不同的填图方法和技术路线，对测区进行全面的区域地质调查，并根据测区的实际情况，辅以矿产地质、地质生态环境的综合调查。

1:25 万隆子县幅（H46C004002）地质调查工作时间为 2001—2004 年，累计完成地质填图面积为 $9372km^2$，遥感解译面积 $16\ 308km^2$，修测面积 $5436km^2$；实测剖面 158.75km，地质路线 1688km，采集种类样品 3774 件，全面完成了设计工作量。主要成果有：①将测区划分为 4 个地层分区、3 个(岩)群、15 个(岩)组和 2 个蛇绿混杂岩单位，基本查明了各时代地层间的接触关系，其中拟新建晚三叠世章村组。②首次对全区的生物地层进行了较系统的划分，新建双壳类、菊石类、箭石类、腹足类化石组合带。③基本查明了火山岩分布，对其岩性、岩相、喷发旋回进行了划分。阐明了火山岩的时空分布规律及形成的大地构造环境。④在蛇绿岩调查研究中取得重大进展，在朗县蛇绿混杂岩带中新发现石榴蓝晶石片麻岩岩片；新发现玉门蛇绿混杂岩带。⑤对全区变质岩的岩石学、岩石化学、原岩建造、变质作用类型、变质期次等收集了较丰富的资料。⑥新发现各类矿（化）点 19 处，初步认为马扎拉一带是一个锑金矿的重要远景区。

2004 年 7 月，中国地质调查局组织专家对项目进行最终成果验收。评审认为，提交的野外原始资料齐全，整理较规范；地质记录内容较丰富，各类图件吻合较好，地质草图图面结构合理；全面完成了任务书和批准的设计书规定的各项任务，并取得不少新成果。专家组同意通过野外验收，野外资料评定为优秀级。

参加报告编写的主要有苏学军、黄建国、彭兴阶、包俊跃、段国玺、侯世云、陈应明、肖玲、张家云、刘志、杨淑胜、邓志祥、张留清等。

先后参加野外工作的还有段德华、赵庆红、洪友琪、胡清华、孙贵荣、张富金、杜德寿、杨崇德、李四平、刘启和、杨位民、戴庚荣、翁晋川、邓曙光、丁敏聪、刘卫东等。

1∶25万隆子县幅区域地质调查，自始至终都得到了中国地质调查局拉萨工作站，西藏山南地区行政公署，林芝地区行政公署及各县、乡、村人民政府，人民解放军边防部队和当地各族人民的大力支持和帮助；原国土资源部副部长、原中国地质调查局局长寿嘉华等一行还到野外第一线慰问了全体工作人员。受到了西藏1∶25万区调专家组夏代祥、王义昭教授级高级工程师、李才教授，云南省地调院秦德厚教授级高级工程师、包钢处长及区调主管曹德斌教授级高级工程师，成都地质矿产研究所博士生导师潘桂棠和罗建宁研究员，中国地质调查局成都地质调查中心丁俊博士、王大可教授级高级工程师和王全海处长、技术顾问彭兴阶高级工程师等人的指导和帮助，在此表示诚挚的谢意。

为了充分发挥青藏高原1∶25万区域地质调查成果的作用，全面向社会提供使用，中国地质调查局组织开展了青藏高原1∶25万地质图的公开出版工作，由中国地质调查局成都地调中心与项目完成单位共同组织实施。出版编辑工作得到了国家测绘局孔金辉、翟义青及陈克强、王保良等一批专家的指导和帮助，在此表示诚挚的谢意。

鉴于本次区调成果出版工作时间紧、参加单位较多、项目组织协调任务重以及工作经验和水平所限，成果出版中可能存在不足与疏漏之处，敬请读者批评指正。

"青藏高原1∶25万区调成果总结"项目组
2010年9月

目 录

第一章 绪论 ……………………………………………………………………………………（1）
  第一节 交通位置、自然地理与经济 ……………………………………………………（1）
    一、位置与交通 ………………………………………………………………………（1）
    二、自然地理与经济 …………………………………………………………………（1）
  第二节 目的任务要求 ……………………………………………………………………（2）
  第三节 地质矿产调查历史与研究程度 …………………………………………………（4）
  第四节 任务完成情况及质量评述 ………………………………………………………（5）
    一、任务完成情况 ……………………………………………………………………（5）
    二、质量评述 …………………………………………………………………………（7）

第二章 地层及沉积岩 ……………………………………………………………………………（9）
  第一节 古元古代地层 ……………………………………………………………………（10）
    一、南迦巴瓦岩群（$Pt_{2-3}N.$）……………………………………………………（10）
    二、亚堆扎拉岩组（$Pt_{2-3}y$）………………………………………………………（15）
  第二节 新元古代—寒武纪地层 …………………………………………………………（15）
    一、肉切村岩群（$Pt_3\epsilon R.$）………………………………………………………（15）
    二、曲德贡岩组 ………………………………………………………………………（17）
  第三节 三叠纪地层 ………………………………………………………………………（18）
    一、雅鲁藏布江地层分区 ……………………………………………………………（18）
    二、康马隆子地层分区 ………………………………………………………………（51）
    三、北喜马拉雅分区 …………………………………………………………………（60）
  第四节 侏罗纪地层 ………………………………………………………………………（62）
    一、剖面列述 …………………………………………………………………………（63）
    二、岩石地层特征综述 ………………………………………………………………（70）
    三、岩相分析 …………………………………………………………………………（72）
    四、生物地层和年代地层 ……………………………………………………………（78）
    五、层序地层 …………………………………………………………………………（81）
  第五节 白垩纪地层 ………………………………………………………………………（88）
    一、雅鲁藏布江分区白垩纪朗县混杂岩（KL）………………………………………（88）
    二、康马—隆子分区 …………………………………………………………………（100）
    三、北喜马拉雅分区 …………………………………………………………………（107）
  第六节 第四纪地质 ………………………………………………………………………（112）
    一、第四纪地层 ………………………………………………………………………（112）
    二、第四纪冰川 ………………………………………………………………………（119）

第三章 岩浆岩 ……………………………………………………………………………………（121）
  第一节 基性—超基性岩侵入岩 …………………………………………………………（121）
    一、晚三叠世超基性、基性侵入岩 …………………………………………………（121）

二、白垩纪超基性、基性、中性侵入岩 ……………………………………………………………………（125）
　　　三、蛇绿岩系 ……………………………………………………………………………………………（131）
　　　四、脉岩 …………………………………………………………………………………………………（141）
　第二节　中酸性侵入岩 ………………………………………………………………………………………（142）
　　　一、渐新世花岗斑岩 ……………………………………………………………………………………（142）
　　　二、始新世中性、酸性侵入岩 …………………………………………………………………………（143）
　　　三、中新世花岗岩 ………………………………………………………………………………………（144）
　　　四、脉岩 …………………………………………………………………………………………………（148）
　第三节　火山岩 ………………………………………………………………………………………………（149）
　　　一、新元古代—寒武纪火山岩 …………………………………………………………………………（150）
　　　二、晚三叠世火山岩 ……………………………………………………………………………………（151）
　　　三、侏罗纪遮拉组火山岩 ………………………………………………………………………………（157）
　　　四、晚侏罗世—早白垩世桑秀组火山岩 ………………………………………………………………（159）
　　　五、早白垩世火山岩 ……………………………………………………………………………………（160）

第四章　变质岩 …………………………………………………………………………………………………（163）
　第一节　高喜马拉雅区域动力热流变质岩带（Ⅰ）…………………………………………………………（164）
　　　一、南迦巴瓦变质岩亚带（Ⅰ$_1$）………………………………………………………………………（164）
　　　二、准巴—东拉变质岩亚带（Ⅰ$_2$）……………………………………………………………………（170）
　第二节　北喜马拉雅区域低温动力变质岩带（Ⅱ）…………………………………………………………（172）
　第三节　拉轨岗日—隆子区域动力热流变质岩带（Ⅲ）……………………………………………………（172）
　　　一、杂果—得玛日变质岩亚带（Ⅲ$_1$）…………………………………………………………………（172）
　　　二、邦卓玛—三安曲林变质岩亚带（Ⅲ$_2$）……………………………………………………………（177）
　　　三、哲古—隆子变质岩亚带（Ⅲ$_3$）……………………………………………………………………（179）
　第四节　雅鲁藏布江低温高压埋深变质岩带（Ⅳ）…………………………………………………………（180）
　　　一、玉门—塔马敦变质岩亚带（Ⅳ$_1$）…………………………………………………………………（180）
　　　二、琼果—章村变质岩亚带（Ⅳ$_2$）……………………………………………………………………（181）
　　　三、洗贡—莫洛变质岩亚带（Ⅳ$_3$）……………………………………………………………………（181）
　第五节　动力变质作用及韧性剪切糜棱岩带 ………………………………………………………………（185）
　　　一、准巴—东拉韧性剪切糜棱岩带（1）………………………………………………………………（185）
　　　二、杂果—得玛日韧性剪切糜棱岩带（2）……………………………………………………………（186）
　　　三、则莫浪—金东韧性剪切糜棱岩带（3）……………………………………………………………（186）
　第六节　接触变质岩及接触变质作用 ………………………………………………………………………（187）
　　　一、主要接触变质岩石 …………………………………………………………………………………（187）
　　　二、日象—那嘎迪接触变质岩带 ………………………………………………………………………（187）
　　　三、酒勒、亚堆区接触变质岩带 ………………………………………………………………………（188）
　　　四、库曲、错那洞接触变质岩带 ………………………………………………………………………（188）

第五章　地质构造及构造演化史 ………………………………………………………………………………（189）
　第一节　沉积建造 ……………………………………………………………………………………………（190）
　　　一、雅鲁藏布江结合带 …………………………………………………………………………………（190）
　　　二、康马—隆子褶冲带 …………………………………………………………………………………（192）
　　　三、北喜马拉雅褶冲带 …………………………………………………………………………………（192）
　　　四、高喜马拉雅基底逆冲带 ……………………………………………………………………………（193）
　第二节　构造变形相及构造变形相序列 ……………………………………………………………………（193）
　　　一、构造变形相 …………………………………………………………………………………………（193）

二、构造变形相序列 …………………………………………………………………… (195)
　第三节　各构造单元构造形迹特征 ………………………………………………………… (197)
　　一、雅鲁藏布江结合带（Ⅰ）…………………………………………………………… (197)
　　二、康马隆子褶冲带（Ⅱ）……………………………………………………………… (201)
　　三、北喜马拉雅褶冲带（Ⅲ）…………………………………………………………… (206)
　　四、高喜马拉雅基底逆冲带（Ⅳ）……………………………………………………… (208)
　第四节　新构造运动 ………………………………………………………………………… (209)
　　一、地貌 ………………………………………………………………………………… (209)
　　二、夷平面 ……………………………………………………………………………… (209)
　　三、河流阶地 …………………………………………………………………………… (209)
　　四、冰川活动 …………………………………………………………………………… (210)
　　五、活动断裂及水热活动 ……………………………………………………………… (210)
　　六、地震活动 …………………………………………………………………………… (210)
　第五节　构造发展史 ………………………………………………………………………… (210)
　　一、克拉通化阶段 ……………………………………………………………………… (213)
　　二、克拉通阶段 ………………………………………………………………………… (213)
　　三、雅鲁藏布江洋盆形成—扩张阶段 ………………………………………………… (213)
　　四、喜马拉雅陆块与冈底斯陆块碰撞阶段 …………………………………………… (213)
　　五、青藏高原伸展隆升阶段 …………………………………………………………… (214)
第六章　结束语 ……………………………………………………………………………… (215)
主要参考文献 ………………………………………………………………………………… (218)
图版说明及图版 ……………………………………………………………………………… (219)
附图　1∶25万隆子县幅（H46C004002）地质图及说明书

第一章 绪 论

第一节 交通位置、自然地理与经济

一、位置与交通

1∶25万隆子县幅(H46C004002)位于西藏自治区南部。北与1∶25万泽当镇幅、西与1∶25万洛扎县幅、南与1∶25万错那县幅、东与1∶25万扎日区幅相邻。地理坐标:东经91°30′—93°00′,北纬28°00′—29°00′,面积16 308km²。调查区横跨巨型特提斯—喜马拉雅构造带的东部,是地质复杂区之一,是中国地质调查局青藏高原南部空白区基础地质调查与研究项目。行政区划属山南地区乃东县、琼结县、措美县、曲松县、加查县、隆子县、错那县及林芝地区朗县所辖(图1-1)。

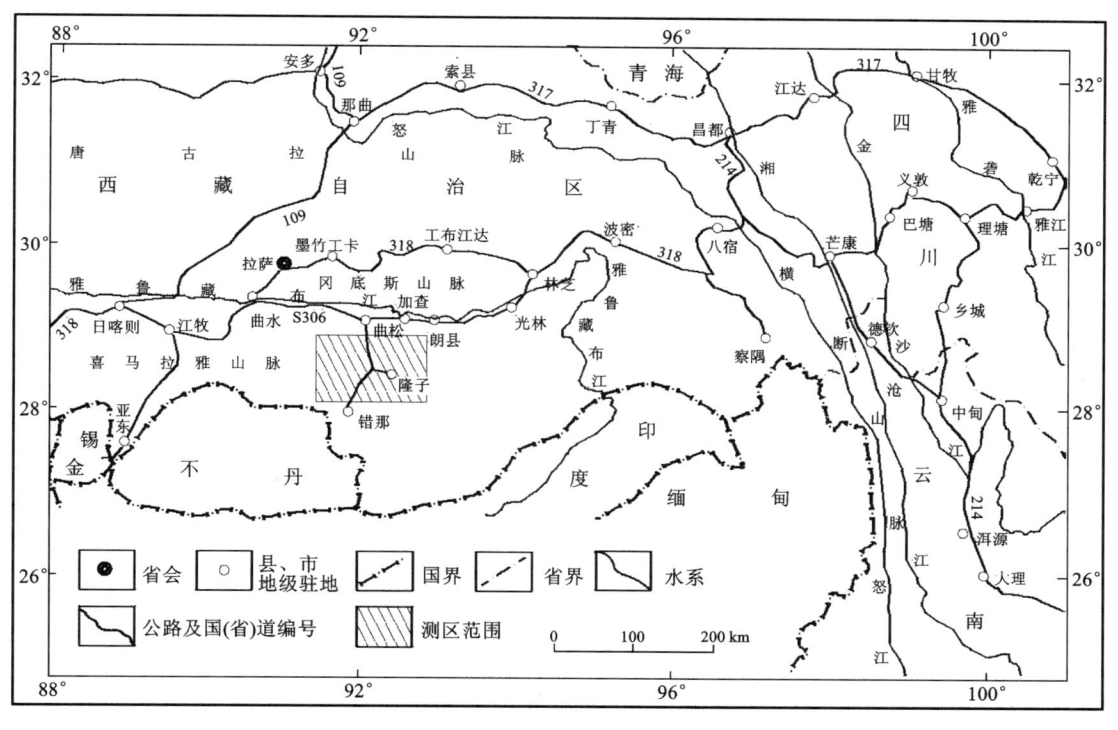

图1-1 交通位置图

调查区内仅有S202省道纵贯测区中部,两侧有少量东西向简易公路。中东部广大山区及游牧场为稀疏的崎岖小道,全靠马、牦牛和人力运输。由于交通、气候和自然条件恶劣,对开展区域地质调查研究工作造成了极大的困难。

二、自然地理与经济

测区地势总体西高东低,喜马拉雅山脉横亘于测区中部。山脉总体近东西向,区内一般海拔多在

4000m以上，主要山峰一般海拔均在5000m以上，6000m以上的山峰有56座。发育奇异雄伟的山岳冰川地貌，区内现代冰川有17处以上，总面积455.5km^2，属海洋性冰川。最高山峰在隆子县加玉乡南莫嘎岗一带，海拔6883m，最低点为扎日区幅南图边西巴霞曲河谷，海拔仅200m。最大高差达6683m，属高山深切割区。

区内水系发育，以呈树枝状由西向东流为主。隆子一带称雄曲，加玉之东名甲曲河，哥里西娘以南为西巴霞曲，属苏班西里河域，汇入布拉马普特拉河，属印度洋水系。苏班西里河流域上游雄曲及甲曲河，在哲古错和洞嘎乡洞嘎雄曲上已经建立起一些电站，此举将大大缓解测区能源紧张的局面。哲古错和拿日雍错（图版Ⅰ-1、图版Ⅰ-2、图版Ⅰ-3）周围水草丰美，春夏季节，蓝蓝的湖水波光粼粼，与蓝天共色，成群的野鸭、灰雁、鱼群在湖中嬉戏追逐，为游人增添了无穷情趣，乘牛皮船荡漾湖中，尽览湖岸风光，令人心旷神怡，是藏族牧民夏季优良的天然牧场和旅游胜地。

测区属高原型寒温气候，低温干燥，空气稀薄，日照充足，昼夜温差大，垂直分带明显。年平均气温10℃，全区最低气温-4℃，最高气温17～19℃，年平均降雨量410mm，每年10月至翌年5月为风季，多为东南风，6—9月为雨季，多夜雨，光照充足，年日照数为2936.6h，蒸发强烈，冬春干燥、多风，初霜期为10月，终霜期为次年3月下旬。测区南东西巴霞曲一带受印度洋暖湿气候的影响，雨量充沛，森林郁郁葱葱，杜鹃花满山遍野；洞嘎荒漠中的千年沙棘树生机盎然（图版Ⅰ-4），它见证了历史的沧桑；与隆子县和错那县一带自然特征迥然不同（图版Ⅰ-5、图版Ⅰ-6）。测区气候变化无常，垂直分带显著，夏季山顶冰雪辉映，山下百花飘香，有"一山有四季，十里不同天"的特点。区内自然灾害频繁，安全隐患多，常见的自然灾害有洪涝、干旱、泥石流、霜冻、冰雹、风沙、滑坡、地震及农作物病虫害等。措美县古堆热田地热区是调查区内温泉旅游度假村资源之最，为西藏第二大热田。

区内人烟稀少，居民主要集居于河谷、冲积平原及公路沿线，广大高山区为无人区。居民有藏族、珞巴族、门巴族等（图版Ⅰ-7）。区内重要城镇有隆子县，海拔3950m，距山南地区泽当镇130km，距拉萨市330km。有泽当—错那S202省道从测区通过，特别是将新建隆子飞机场，交通贸易和通信将更加便利，隆子县即将成为西藏南部的新兴重镇。近年来，乡镇的市政建设、电力、交通、邮电通信、工农业、商业和旅游业、教育、文化、卫生、城市供水等建设发展日新月异，商业和旅游业已蓬勃兴起。名特产品主要有畜产品、冬虫夏草、贝母、麝香、熊胆和高原鱼类等；经济已取得较快发展。种植业农作物主要有冬小麦、春小麦、青稞、油菜、土豆、豌豆、蚕豆等，特别是大篷蔬菜的大量种植，将极大改善和促进当地居民生活水平。畜牧业主要饲养牦牛、犏牛、绵羊、山羊、马、驴、骡、猪等。

调查区自然资源丰富，为国家级重点风景名胜区雅砻河风景名胜区南部，并有着得天独厚的地质矿产资源。藏王墓群位于测区琼果乡以北1km的图边，泽措（泽当—措美）公路由此而过，交通方便，1961年3月被国务院定为国家级重点文物保护单位，据史书记载，这里有藏王墓址21处，现在保存完好的有16座，最著名的是松赞干布和文成公主的合葬墓。三安曲林寺、古如寺、子里寺、白玉棍巴、曲德沃拉康、曲德贡寺、亚桑寺（含亚桑遗迹）、嘎布登登寺（扎同寺）等，是西藏灿烂古文化和藏文化的重要组成部分。其中三安曲林寺属白教寺庙，该寺不仅是西藏本区佛教徒的朝圣之地，而且在印度、不丹等国佛教徒中也有较大的影响。曲德贡寺、亚桑寺等是当地最好、最漂亮的建筑物，建筑风格独特，寺内壁画、雕刻艺术精湛，是藏族人民的朝拜圣地。药用植物主要有灵芝、冬虫夏草、野三七、天麻、茯苓、雪山一枝蒿、红景天、贝母、手掌参、雪莲花等；野生动物资源有鹿、野牦牛、黄羊、藏羚羊、旱獭、黄鸭、海鸥等。

第二节　目的任务要求

西藏1∶25万隆子县幅（H46C004002）区域地质调查项目，系中国地质调查局新一轮国土资源大调查为提高青藏高原基础地质工作水平，解决一批国际瞩目的重大地质问题，提高我国地学研究的国际地位，以提高地质调查工作质量和社会效益为出发点，以服务国民经济与社会可持续发展为目的，并围绕经济建设和社会发展及西部大开发战略需要,而下达的国土资源大调查区域地质调查项目之一。

1:25万隆子县幅(H46C004002)区域地质调查项目,为中国地质调查局2002年5月8日下达云南省地质调查院承担的项目,填图总面积16 308 km^2;其任务书编号60101153005,项目编码200113000064,由云南省地质调查院负责。项目与西藏1:25万扎日区幅(H46C004003)区域地质调查项目合并为一个子项目,子项目任务书编号:基[2002]002-18,子项目编码:200113000064,项目经费与西藏1:25万扎日区幅合并共计432万元,工作年限为2001年1月—2004年12月。

中国地质调查局总体目标任务书要求:"应用造山带综合地层学、构造地质学、岩浆动力学和盆山耦合的理论与方法,综合运用遥感地质、地球物理、地球化学等多手段,充分利用前人的调查研究成果,按照《1:25万区域地质调查技术要求(暂行)》、《青藏高原艰险地区1:25万区域地质调查技术要求(暂行)》及有关规范、指南,合理采用填图方法,划分测区的构造单元,对不同的地质构造单元采用不同的填图方法和技术路线,对测区进行全面的区域地质调查,并根据测区的实际情况,辅以矿产地质、地质生态环境的综合调查。2002年以基[2002]002-18下达两个图幅的任务书,明确填图总面积32 616 km^2。"具体任务要求如下。

(1)通过系统区域地质调查,查明各大类岩石或地质体的岩石组合类型、时空分布;在此基础上划分构造单元,建立各单元岩石地层系统。

(2)调查测区原划分为"三叠系"郎杰学群的特征、层序、盆地性质及转换关系。

(3)查明雅鲁藏布江结合带时空展布、构造转换及变形-变质叠加等问题。

(4)查明主要断裂、褶皱的形态规模、组合样式及运动学标志,探讨区域构造演化;注意各类矿产资源和地质生态环境的综合调查。

(5)按照填图带专题的原则,专题为西藏晚三叠世郎杰学群盆地分析。

(6)重点解剖雅鲁藏布江构造带"蛇绿岩混杂岩"的组合类型、形成时代,进而探讨板块构造的拼合、裂解过程及其构造动力学机理及与之有关的构造-岩浆活动、变质作用和成矿作用规律。

预期成果:1:25万隆子县幅地质图、区域地质调查报告及专题报告;提交1:25万隆子县幅地质图MAPGIS和ARC/INFO图层格式的数据光盘、报告文字数据光盘各一套,遥感解译数字影像图及数据光盘。2004年5月提交图幅野外验收成果,2004年12月提交最终验收成果。

根据上述目标任务要求,结合测区实际,项目拟定以下工作目标(含1:25万扎日区幅)。

(1)查明区内地层、岩石、古生物、构造以及其他各种地质体的岩石类型、空间展布、相互关系等特征,重视地质成果的转化和地质知识的科学普及,为实现地质成果全方位、全领域向社会提供服务。

(2)加强对晚三叠世和侏罗纪—白垩纪沉积地层的调查,尤其对晚三叠世构造-地层以岩石地层单位为基础,填绘其中的变中基性火山岩、灰岩、石英砂岩等特殊岩石地层体,查明郎杰学群与涅如组关系,恢复地层层序,合理划分地层和填图单位,对比研究时代、建造及盆地性质、变形变质特征、构造环境,合理划分构造-地层分区。

(3)查清东部邻区玉门蛇绿岩西延的物质组成、剖面结构、时代、变质变形特点、空间展布特征,以及与上三叠统郎杰学群的关系。

(4)查明邛多江变质核杂岩构造的形态及产状、结构及物质组成、边界性质、变形变质特征,分析变形环境及演化等。对变质核(杂岩)、核部岩体的时代和主干剥离断层、核部杂岩的运动学资料进行重点收集,对剥离断层带的含矿性进行补充调查。

(5)研究各地层-构造分区边界断裂的特征、运动学及变形机制及其对两侧地层、构造变形、岩浆活动和变质特征等的控制属性。正确填绘与研究各区(褶皱)构造形态、样式,探讨区域构造演化、高原隆升机制。

(6)重视区内中酸性侵入岩类的野外地质实际资料搜集,注意其与周边地质体的关系及成矿作用;尽量补充收集区内拉轨岗日岩群、聂拉木岩群、曲德贡岩组的变形、变质特征、岩石学、岩石化学和地球化学、变质矿物组合,划分变质岩带、变质相和研究变质岩原岩类型、时代和变质时代以及变质作用类型。

上述目标中以(2)、(3)、(4)和(5)条为本图幅工作重点目标。

第三节 地质矿产调查历史与研究程度

测区位于喜马拉雅造山带的中部，以往开展的地质工作较少。除1:100万及北部开展过1:20万地质调查外，其他地区仅局限于部分矿区和公路沿线作少量路线地质及矿产调查，多为地质空白区。

1951—1953年，以中国科学院李璞为首的专家首批进藏考察，沿公路沿线进行了1:50万西藏东部地质矿产调查；1962年，西藏自治区地质局（以下简称"西藏地质局"）拉萨地质队进行了1:100万拉萨地区路线找煤地质调查；1973年，西藏地质局二队进行了1:50万找煤工作，编有山南地区地质图和矿产分布图；1973—1976年，中国科学院青藏高原综合科学考察队沿公路进行科学考察；1974—1979年，西藏地质局综合普查大队进行了1:100万拉萨幅区域地质调查，正式拉开了该区地学研究序幕；1975—1992年，潘桂棠、陈智梁、李兴振等进行东特提斯地质构造形成演化野外路线专题考察研究；1988年，成都地质矿产研究所编制出版了1:150万青藏高原及邻区地质图及说明书；1989年，西藏自治区地质矿产局（以下简称"西藏地矿局"）地质科学研究所编制出版了1:150万西藏板块构造-建造图及说明书；1988—1993年，西藏地矿局区调队进行了1:20万泽当幅、加查幅、措美及隆子县幅化探；1993年，西藏地矿局出版了专著《西藏自治区区域地质志》；1988—1994年，陕西省地质矿产局区域地质调查队进行了1:20万浪卡子幅、泽当幅区域地质调查；1992—1995年，陕西省地质矿产局区域地质调查队进行了1:20万加查幅区域地质调查；1997年，西藏地矿局编著出版了《西藏自治区岩石地层》；2001年，陕西省地质调查院（以下简称"陕西地调院"）进行了1:100万拉萨幅区域重力测量；2000—2002年，西藏自治区地质调查院（以下简称"西藏地调院"）进行了1:5万琼果幅、曲德贡幅区域地质调查，以及其他地质科学考察成果等（图1-2，表1-1）。

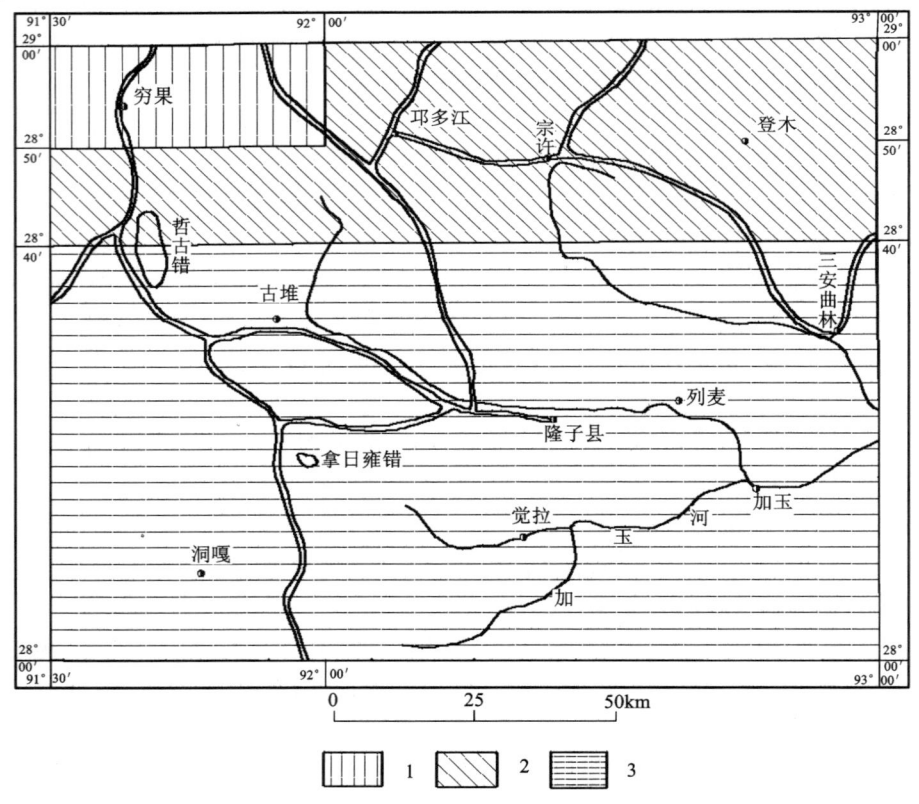

图1-2　1:25万隆子县幅地质矿产研究程度略图

1.1:5万琼果幅、曲德贡幅区调；2.1:20万区调范围；3.1:100万拉萨幅区调、布格重力测量、西藏自治区区域地质志、西藏自治区岩石地层、青藏高原及邻区地质图说明书、1:20万化探范围

表 1-1 测区地质调查历史简表

序号	成果名称	工作单位与作者	提交时间
1	1:50万西藏东部地质矿产调查资料	中国科学院李璞等	1951—1953年
2	1:100万拉萨地区路线找煤地质报告	西藏地质局拉萨地质队	1962年
3	1:50万山南地区地质图及矿产图	西藏地质局地质二队	1973年
4	青藏高原科学考察丛书:西藏地层、西藏岩浆活动和变质作用等	中国科学院青藏高原科考队	1973—1976年
5	1:100万拉萨幅区域地质调查报告	西藏地质局综合普查大队	1974—1979年
6	东特提斯地质构造形成演化	潘桂棠、陈智梁、李兴振等	1975—1992年
7	1:150万青藏高原及邻区地质图及说明书	中国地质科学院成都地质矿产研究所	1988年
8	1:20万泽当幅、加查幅、措美幅、隆子县幅地球化学图说明书	西藏地矿局区调队	1988—1993年
9	1:150万西藏板块构造—建造图及说明书	西藏自治区地矿局地质科学研究所	1989年
10	喜马拉雅岩石圈构造演化西藏地层	中国地质科学院	1989年
11	1:20万浪卡子幅、泽当幅区域地质调查报告	陕西省地质矿产局区调队	1991—1994年
12	1:20万加查幅区域地质调查报告	陕西省地质矿产局区调队	1992—1995年
13	西藏自治区区域地质志	西藏自治区地矿局	1993年
14	西藏自治区岩石地层	西藏自治区地矿局	1997年
15	1:5万琼果幅、曲德贡幅区域地质调查报告	西藏地调院	2000—2002年
16	1:100万拉萨幅区域重力测量	陕西地调院	2001—2003年
17	青藏高原及邻区大地构造单元初步划分	潘桂棠、李兴振、王立全等	2002年

上述历年来进行的基础地质矿产调查、普查找矿及地质科学研究考察工作,积累了较为系统的地质矿产资料,为本区开展1:25万区域地质调查奠定了较好的基础。

第四节 任务完成情况及质量评述

一、任务完成情况

项目组由24人组成,其中正高级工程师1人,高级工程师7人,工程师7人,助理工程师6人,技术员1人,后勤人员6人,其中,部分人员与1:25万林芝县幅工作交叉使用。

根据任务书和设计书及1:25万区域地质调查技术要求(暂行),1:25万区域地质调查工作分以下5个阶段进行。

1. 野外工作前期准备阶段

2002年1—4月,准备工作。收集资料,熟悉、阅读资料,对遥感资料进行初步解译,组织有关人员进行岗位培训,并请专家介绍测区地质概况,找出存在的重点和难点地质问题,编制地质草图,制定生产任务计划和布置野外工作。

2. 野外踏勘与地质试填图及设计编审阶段

2002年5—9月，开展第一次野外工作。5月5日出队，9月10日收队，分2个组历时4个月，进行地质调查路线、测制地质剖面，以及专题调查(结合1∶25万扎日区幅来开展工作)和对2001年1∶25万扎日区幅野外工作所发现和遗留的问题进行补充和专门研究；重点调查研究晚三叠世朗杰学群和雅鲁藏布江混杂带展布特征、相互关系及物质组成，同时，对1∶25万隆子县幅进行了野外踏勘与地质试填图。10—12月，编写图幅设计书，于2002年12月14日提交设计书报云南省地质调查院初审；2003年3月26日，中国地质调查局西南地区项目管理办公室组织有关专家审查通过了1∶25万隆子县幅设计。2002年10月—2003年4月，对所有形成的野外资料进行了再整理和全面质量检查。完成野外地质照片整理装帧3册，选送各类样品。

3. 野外调查阶段

2003年4—9月，开展第二次野外工作，4月15日出队，9月2日收队，分4个作业组历时4.5个月，对1∶25万隆子县幅进行全面填图和剖面测制工作，查明了各地层单元展布特征、物质组成、相互关系及变质变形特征，并进行遥感解译查证。

4. 野外资料整理、验收阶段

2003年9月—2004年7月，全面整理各项野外实际资料，样品成果加注，编制各种图件、表格，编写矿(化)点踏勘检查简报、建立各类卡片，进行野外资料验收前的综合整理与质量检查和编目，编制野外地质图和实际材料图，编写1∶25万隆子县幅野外区域地质调查简报。

2004年7月26—27日，受中国地质调查局西南项目办公室委托，以云南省地质调查院秦德厚教授级高级工程师为组长的5人验收组，在云南省大理市对青藏高原1∶25万隆子县幅(包括1∶25万扎日区幅)区域地质调查项目进行野外资料验收。经专家组评审认为："1∶25万隆子县幅区域地质调查经过三年半的艰苦工作，取得了十分丰富的第一手资料，完成了任务书和设计书规定的任务，同意通过野外资料验收，转入室内最终报告编写"，对项目组野外工作原始资料评定为优秀级(91.5分)。

5. 最终成果报告编写阶段

2004年8—12月，项目组按照野外资料验收要求及意见，补送了部分岩矿、化学分析及少量外检样品。在各种资料综合整理的基础上，多次组织全体人员对图幅内主要地质、矿产问题进行深入讨论。在统一认识的基础上，项目组根据《1∶25万区域地质调查技术要求》，按项目技术人员业务特长分工负责，作了统一部署安排，编制报告详细提纲。云南省地质调查院区调主管也多次莅临指导、检查。2003年12月底完成报告送审、数字化地质图编制。根据任务书和设计，1∶25万隆子县幅区域地质调查共完成如下实物工作量(表1-2，图1-3)，较多项目超过了设计要求。

表1-2 隆子县幅实物工作量一览表

工作项目		单位	设计数	完成数	工作项目	单位	设计数	完成数
填图面积	1∶25万	km²	9372	9372	基岩半定量光谱	件	30	33
	遥感解译		16 308	16 308	多项化学分析			14
	修测面积		5436	5436	硅酸盐分析		20	28
实测剖面	地层	km/条	158.75	148.475/10	稀土分析	件	20	28
	岩体			10.275/2	微量元素		20	28
地质路线	填图路线	km	1650	1688	X衍射分析	件	2	3
	检查路线			220	电子探针	件	3	4

续表1-2

工作项目		单位	设计数	完成数	工作项目		单位	设计数	完成数
地质观测点		个		1260	流体包裹体鉴定		件	5	7
化石	大化石	件	200	370	同位素年龄	放射性	件	3	3
	孢粉		5	3		氧、铅		5	3
	牙形石		5	8	人工重砂		件	5	7
	放射虫			1	陈列样品		件		1377
岩矿鉴定	薄片	件	1200	1866	矿点检查	踏勘	个		12
	定向薄片		5	5		重点			2
	粒度分析		15	14		新发现			13

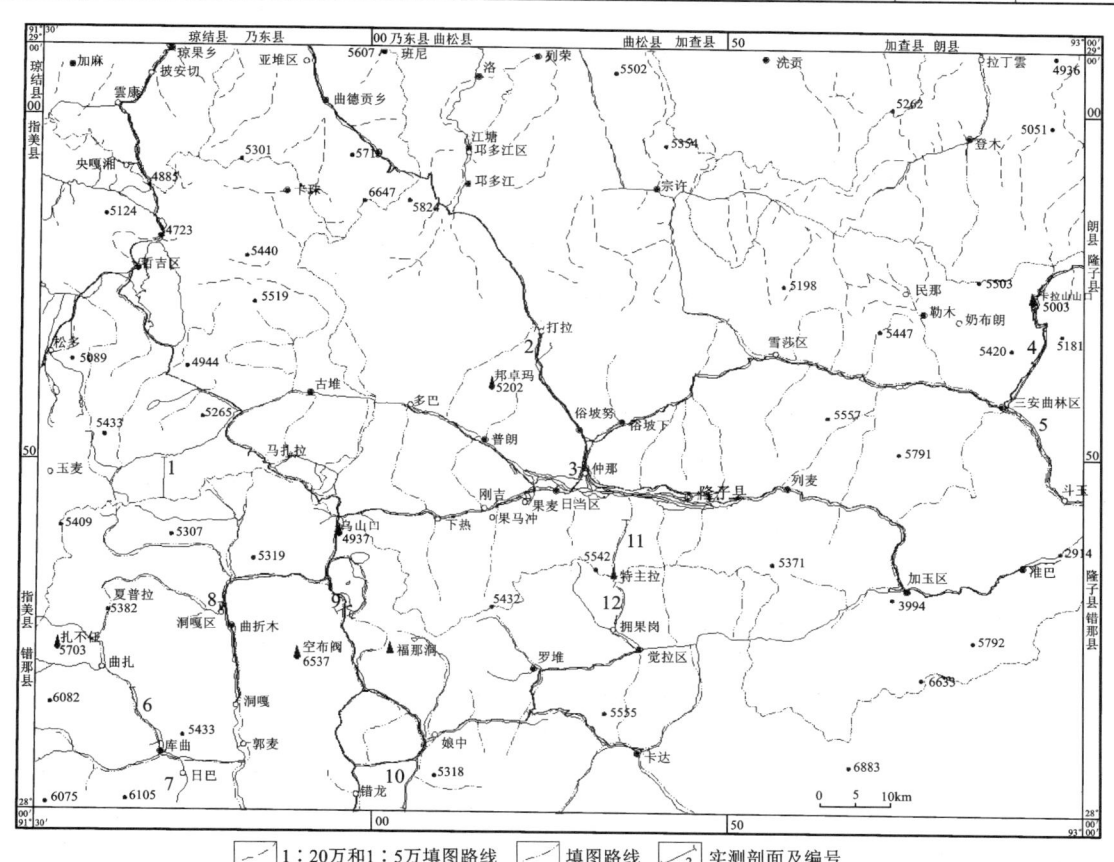

图1-3　1∶25万隆子县幅路线密度图及剖面位置分布图

二、质量评述

为了确保图幅质量，项目组严格按照中国地质调查局《1∶25万区域地质调查技术要求（暂行）》及地质调查项目管理制度和技术与质量管理的要求，不断学习运用当代地质科学领域中的新理论、新技术、新方法，"源头创新"及提高调查成果的科技含量，发挥调查成果的社会效益，从传统地质工作向以"地球系统科学"为核心内容的现代地质工作转变。为了实现地质工作为国民经济和社会发展的多功能、全方位服务工作思想，工作中充分利用高新技术全球卫星定位系统技术（GPS）、遥感信息系统技术（GS）和地理信息系统技术（GIS），为确保野外资料的准确性，提供了高科技的技术保证。

质量是地质调查的生命线。项目组在上级领导下,重视区调工作质量,自始至终坚持质量检查制度,强化项目技术与质量管理工作,确保项目质量,提高成果水平;在野外资料验收审查中,项目地质调查成果获优秀地质成果。野外现场工作期间,原国土资源部副部长兼中国地质调查局局长寿嘉华,西藏1:25万区调专家组夏代祥、王义昭、李才,成都地质调查中心丁俊博士,拉萨工作站黄伟、李国梁高级工程师,项目单位领导教授级高级工程师杨夕辉,云南省地质调查院高级工程师包钢、教授级高级工程师曹德斌和项目技术顾问高级工程师彭兴阶、总工办主任高级工程师侯世云等莅临野外工作区指导、检查工作和慰问。室内资料整理过程中,各级部门来项目组进行检查,加强项目全过程质量控制与技术指导,强化质量监督,肯定了项目工作质量是可靠的,并且找出了存在的问题和提出改进措施。此外,为了加深对本区地质矿产规律的认识,提高图区的研究程度和成果质量,工作者不断地学习运用当代地质科学领域中的新理论、新技术、新方法,项目组多次与外单位、项目内进行图幅地质矿产问题学术交流、讨论,以提高技术人员业务素质。

野外地质调查所使用的工作地形图系中国人民解放军总参谋部测绘局1974年、1980年、1983年第一版1:10万地形图和1983年第一版1:5万地形图;1:25万地理底图采用国家基础地理信息中心提供的1:25万地理底图空间数据库数据,由云南省地质调查院信息中心编制;野外地质定点定位是地质填图的基础,工作中野外空间定位定点采用小博士高精度手持GPS(Global Positioning System)全球卫星定位系统;1:25万地质图采用数字化地质图工作流程和技术要求编制。上述质量符合精度要求。

各类样品分析测试鉴定由云南地矿资源股份有限公司滇西分公司实验室承担化学分析、薄片、光谱半定量分析、宝玉石鉴定;牙形石、部分薄片和薄片外检由云南省地质调查院区域地质调查所分析鉴定;孢粉分别为中国科学院南京地质古生物研究所和成都地质矿产研究所分析鉴定;硅酸盐、稀土、微量、电子探针、X衍射分析分别由云南省地质矿产勘查开发局中心实验室、滇西分公司实验室、湖北省武汉地质研究所(武汉综合岩矿测试中心)、中国科学院地质与地球物理研究所分析;人工重砂、河流重砂为云南省地调院区域地质调查所和云南省地质矿产勘查开发局第三地质大队分析鉴定;Rb-Sr、^{40}Ar-^{39}Ar同位素测年由中国科学院地质与地球物理研究所承担;硫、铅、氧同位素、包体测温由中国地质调查局同位素地球化学开放研究实验室宜昌地质矿产研究所承担。上述各单位分析测试鉴定成果质量均符合国家规定的地质样品的分析要求。

1:25万隆子县幅区域地质调查,自始至终都得到了中国地质调查局拉萨工作站、西藏山南地区行政公署、林芝地区行政公署及各县、乡、村人民政府、人民解放军边防部队和当地各族人民的大力支持和帮助,原国土资源部副部长、原中国地质调查局局长寿嘉华等一行还到野外第一线慰问了全体工作人员(图版Ⅰ-8)。受到了西藏1:25万区调专家组夏代祥、教授级高级工程师王义昭、李才教授,云南省地质调查院教授级高级工程师秦德厚、包钢处长及区调主管教授级高级工程师曹德斌,成都地质矿产研究所博士生导师潘桂棠和罗建宁研究员,中国地质调查局成都地质调查中心丁俊所长(博士、研究员)、教授级高级工程师王大可和王全海处长(教授级高级工程师)、技术顾问高级工程师彭兴阶等人的指导和帮助;参加野外调查工作的还有段德华、杨淑胜、邓志祥、张家云、刘志、赵庆红、洪友琪、张留清、胡清华、孙贵荣、张富金、杜德寿、杨崇德、李四平、刘启和、杨位民、戴庚荣、翁晋川、邓曙光、丁敏聪、刘卫东等。谨此一并表示诚挚的谢意。

第二章 地层及沉积岩

调查区地层系统属滇藏大区的喜马拉雅地层区,从北向南为雅鲁藏布江、康马—隆子、北喜马拉雅和高喜马拉雅4个地层分区(图2-1)。

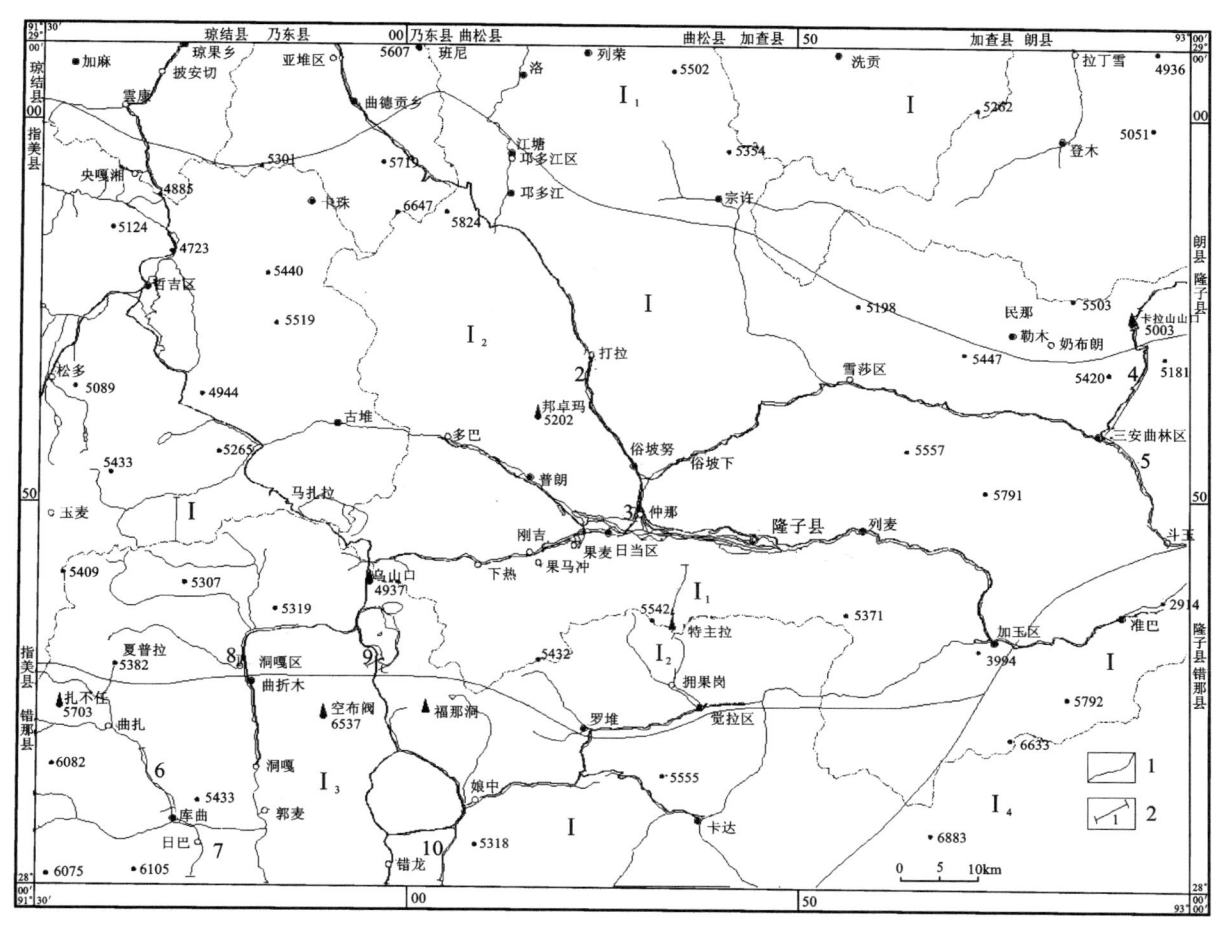

图 2-1　1:25 万隆子县幅地层区划及剖面位置图

1.地层分界线;2.剖面位置及编号;Ⅰ.喜马拉雅地层区;Ⅰ₁.雅鲁藏布江分区;
Ⅰ₂.康马—隆子分区;Ⅰ₃.北喜马拉雅分区;Ⅰ₄.高喜马拉雅分区

区内地层发育较全,除中、晚古生代地层缺失外,古元古代、新元古代—寒武纪、晚三叠世、侏罗纪、白垩纪及第四纪地层均较发育,分布面积达 15 799km²。

全区共测制地层剖面10条,全长达148.475km(表2-1)。达到了各地层分区每一地层单元均有1~2条实测剖面控制。现以《西藏自治区岩石地层》(1997)方案和《喜马拉雅及邻区岩石地层单元划分与岩石地层序列表》(青藏高原研究中心,2003)为基础,并参考利用最新1:5万、1:20万、1:25万区域地质调查成果,重新厘定各地层单元序列。除第四系松散沉积外,在区内正式建立岩石地层单位13个组,构造岩层单位2个岩组、2个混杂岩(带)、2个岩群和4个亚群(表2-2)。

表 2-1 1:25万隆子县幅实测地层剖面一览表

编号	剖面名称	代号	比例尺	长度(km)	剖面地质点
1	措美县日玛曲雄上侏罗统维美组—上侏罗统至下白垩统桑秀组实测剖面	J_3w、J_3K_1s	1:5000	6.038	LZ455—458
2	隆子县达拉上三叠统涅如组实测剖面	T_3n	1:5000	17.49	LZ1307—1312
3	隆子县仲那下侏罗统日当组实测剖面	J_1r	1:5000	2.00	LZ1313—1314
4	隆子县卡拉上三叠统玉门混杂岩、涅如组实测剖面	T_3Y、T_3n	1:5000	18.050	LZ459—463
5	隆子县斗玉上三叠统涅如组实测剖面	T_3n	1:5000	18.83	LZ451—454
6	错那县库曲上白垩统拉康组实测剖面	K_1l	1:5000	9.30	LZ955—957
9	错那县拿日雍错第四系实测剖面	Q	1:5000	2.35	LZ1968—1970
10	错那县娘中上三叠统曲龙共巴组、拉康组实测剖面	T_3q、K_1l	1:5000	9.994	LZ1963—1967
11	隆子县杀渔郎侏罗系日当组、陆热组、遮拉组、维美组实测剖面	J_1r、$J_{1-2}l$、$J_2\hat{z}$、J_3w	1:5000	9.00	LZ1301—1306
12	错那县拥果岗侏罗系日当组、陆热组、遮拉组实测剖面	J_1r、$J_{1-2}l$、$J_2\hat{z}$	1:5000	14.20	LZ1951—1962

第一节 古元古代地层

古元古代地层分布于图区东南隅高喜马拉雅地层分区和中北部康马—隆子地层分区。前者为一套中深变质的南迦巴瓦岩群基底结晶岩系，后者为邛多江变质核杂岩结晶基底岩系亚堆扎拉岩组。两者出露面积达 1108km²。

一、南迦巴瓦岩群($Pt_{2-3}N.$)

南迦巴瓦岩群为一套片麻岩、变粒岩、斜长角闪(片)岩、大理岩组成的中深变质岩系。1:100万拉萨幅(1979)划为时代不明的混合岩，郑锡澜和常承发(1979)首建"南迦巴瓦群"，其时代划归石炭纪—晚三叠世或三叠纪。尹集祥等(1984)改为前震旦纪南迦巴瓦岩群。近年来的1:25万区域地质调查，继墨脱县南迦巴瓦岩群中进一步证实有高压麻粒岩之后，在该带西延的米林县、错那县、定结倒、亚东及帕里一带也相继发现基性麻粒岩和与之伴生的深成相超镁铁岩和超浅成相超镁铁岩，从东向西构成了一条断续分布有高压麻粒岩和榴辉岩的高压变质相带(潘桂棠、丁俊、姚冬生、王立全等，2004)。其锆石U-Pb年龄值分别集中分布在 2500～2100Ma、1144～1064Ma、1990～1795Ma、845～736Ma 和 553～461Ma 五个时间段内，后两者可能为新元古代和早加里东叠加变质作用的反映。

图幅内南迦巴瓦岩群分布区多为森林掩盖，出露不全，而其岩石特征与扎日区幅、林芝县幅、墨脱县幅基本相同，现将南迦巴瓦岩群具代表性的米林县雪嘎村南迦巴瓦岩群a亚群剖面和米林县派乡、巴嘎村南迦巴瓦岩群b亚群剖面分别简述如下。

(一)米林县雪嘎南迦巴瓦岩群a亚群剖面(图 2-2)

该剖面位于米林县羌纳乡雪嘎村，东经94°21′36″，北纬29°10′35″，省道S306可直达雪嘎村。

表 2-2 测区岩石地层、构造—地(岩)层单位序列表

岩石年代地层 界	系	统	高喜马拉雅分区	北喜马拉雅分区		康马—隆子分区		雅鲁藏布江分区		
新生界	第四系	全新统	洪积(Qh^{pl})、冲积(Qh^{al})、洪冲积(Qh^{apl})、河湖积(Qh^{fal})、冰水堆积(Qh^{gfl})、冰川堆积(Qh^{gl})							
		更新统	湖积(Qp^l)冰川堆积(Qh^{gl})、河湖积(Qh^{fal})							
中生界	白垩系	上统				宗卓组	$K_2 z$	朗县混杂岩 KL		
		下统		拉康组	$K_1 l^2$	甲不拉组	$K_1 j$			
					$K_1 l^1$	桑秀组	$J_3 K_1 s^2$			
	侏罗系	上统					$J_3 K_1 s^1$			
						维美组	$J_3 w^2$			
							$J_3 w^1$			
		中统				遮拉组	$J_2 z$			
		下统				陆热组	$J_{1-2} l$			
						日当组	$J_1 r$			
	三叠系	上统		曲龙共巴组 $T_3 q$		涅如组	$T_3 n^3$	玉门混杂岩 $T_3 Y$	郎杰学群	章村组	$T_3 z$
							$T_3 n^2$			江雄组	$T_3 jx^2$
							$T_3 n^1$				$T_3 jx^1$
										宋热组	$T_3 s^3$
											$T_3 s^2$
											$T_3 s^1$
古生界—元古界			肉切村岩群	b亚群 $Pt_3 \epsilon R.^b$		曲德贡岩组 $Pt_3 \epsilon q$				
				a亚群 $Pt_3 \epsilon R.^a$						
			南迦巴瓦岩群	b亚群 $Pt_{2-3} N.^b$		亚堆扎拉岩组 $Pt_{2-3} y$				
				a亚群 $Pt_{2-3} N.^a$						

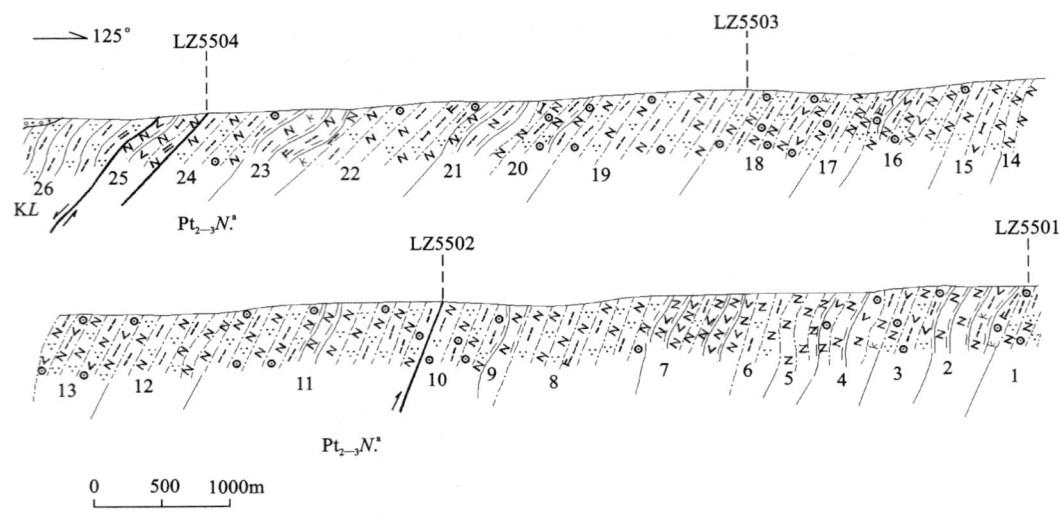

图 2-2　西藏自治区米林县雪嘎村南迦巴瓦岩群实测剖面图

上覆地层：朗县混杂岩（KL）

========== 剥离断层 ==========

南迦巴瓦岩群 a 亚群（$Pt_{2-3}N^a$）　　　　　　　　　　　　　　　　　　　　　　　　叠置厚度＞6484.62m

25. 白云斜长变粒岩、斜长透辉角闪片麻岩、角闪斜长片麻岩、石榴蓝晶黑云二长片麻岩	72.4m
24. 眼球状含榴黑云长英质初糜棱岩，片麻状黑云长英质初糜棱岩	80.25m
23. 黑云二长片麻岩、蓝晶黑云斜长片麻岩	56m
22. 片麻状含榴黑云长英质初糜棱岩、含蓝晶矽线黑云长英质糜棱岩、黑云长英质糜棱岩	94.9m
21. 透辉黑云斜长变粒岩、黑云长英质片麻岩、斜长角闪片麻岩	61.83m
20. 下部含榴黑云斜长片麻岩，中上部片麻状含榴长英质糜棱岩	387.58m
19. 片麻状黑云长英质糜棱岩、片麻状含榴黑云长英质糜棱岩	177m
18. 片麻状含榴黑云长英质初糜棱岩、糜棱岩，中下部夹含榴黑云角闪二长变粒岩	354.43m
17. 黑云长英质糜棱岩、长英质糜棱岩	102.41m
16. 片麻状含榴黑云长英质初糜棱岩、长英质糜棱岩夹少量角闪斜长变粒岩、黑云角闪斜长片麻岩及片麻状含蓝晶石榴矽线长英质糜棱岩	277.90m
15. 片麻状黑云长英质糜棱岩、长英质糜棱岩夹斜长黑云透辉角闪片麻岩	153.42m
14. 灰白色变粒岩	33.73m
13. 片麻状含榴角闪黑云长英质糜棱岩、长英质糜棱岩	335.53m
12. 片麻状黑云长英质糜棱岩，底部灰白色斜长变粒岩	302.84m
11. 片麻状含榴黑云长英质初糜棱岩夹少量斜长变粒岩	669.72m

========== 断层 ==========

10. 片麻状含榴黑云长英质糜棱岩，局部夹斜长片麻岩	94.9m
9. 灰白色斜长片麻岩	132.7m
8. 黑云长英质糜棱岩	707.85m
7. 斜长角闪片麻状，局部夹5～15m黑云长英质糜棱岩	547.21m
6. 眼球片麻状黑云长英质糜棱岩	218.22m
5. 灰色斜长变粒岩，中部夹含榴片麻状黑云长英质糜棱岩	251.03m
4. 黑云二长变粒岩、含榴角闪斜长变粒岩、中下部夹斜长片麻岩	399.39m
3. 片麻状含榴黑云角闪长英质初糜棱岩	195.84m
2. 下部石榴蓝晶黑云钾长片麻岩，中部黑云角闪二长片麻岩，上部斜长片麻岩	428.33m
1. 片麻状含石榴黑云长英质糜棱岩，底出露不全	＞72.61m

（二）米林县派乡南迦巴瓦岩群 b 亚群实测剖面（图 2-3）

该剖面位于米林县派乡，东经 94°50′9″，北纬 29°30′49″，省道 S306 可达派乡。

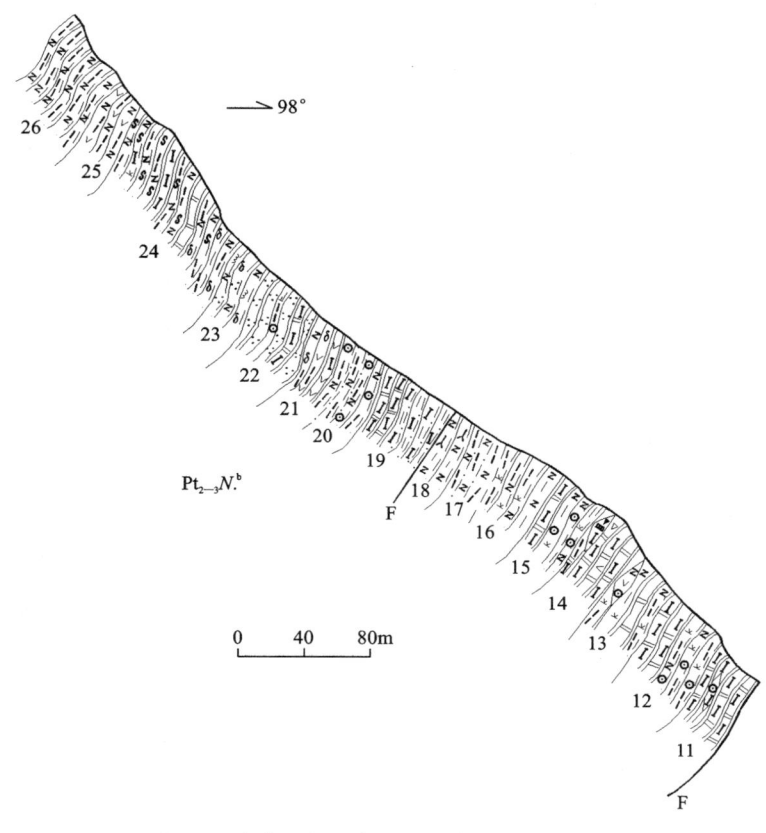

图 2-3 米林县派乡南迦巴瓦岩群实测剖面图

（据 1∶25 万墨脱县幅，2003）

南迦巴瓦岩群 b 亚群（$Pt_{2-3}N^b$）	（未见顶）	叠置厚度 ≥491.61m
26. 灰黑—黑色黑云斜长片麻岩		79.28m
25. 灰—灰黑色中—薄层状角闪黑云斜长片岩、含黑云角闪斜长片岩		17.96m
24. 条带状黑云斜长片麻岩夹透闪石岩、透辉二长变粒岩及大理岩		84.53m
23. 条纹条带状长英质片麻岩（混合片麻岩）		23.88m
22. 薄层状石英岩。下部夹变粒岩，透闪透辉大理岩，中部夹含矽线蓝晶石榴黑云斜长片麻岩		53.71m
21. 条带状黑云角闪斜长片麻岩夹透辉斜长角闪岩		26.29m
20. 下部为含榴黑云二长片麻岩，上部为黑云斜长变粒岩		18.18m
19. 下部含透辉黑云浅粒岩，上部薄层含透辉石大理岩		36.5m
════════════ 断层 ════════════		
18. 黑云钾长浅粒岩和含矽线黑云斜长片麻岩		9m
17. 中下部为灰色黑云变粒岩夹薄层石英岩，上部为灰色石墨黑云变粒岩		16.03m
16. 灰白色的含石墨黑云母二长片麻岩		23.22m
15. 下部为灰黑色矽线石榴黑云片麻岩、石榴二长浅粒岩，中部为石榴二长浅粒岩与薄层大理岩互层，上部为中层状透闪透辉大理岩		14.35m
14. 中厚层状灰—灰绿色的含硅质条带状大理岩夹灰黑色含石墨黑云片岩		23.49m
13. 下部为浅灰白色含石墨黑云斜长片麻岩为主夹薄层石墨透辉大理岩，上部为灰—灰黑色石榴黑云二长片麻岩夹石榴斜长角闪岩透镜体		15.7m

12. 下部含榴矽线黑云二长片麻岩，上部厚层含石墨透闪透辉大理岩夹石榴斜长角闪岩　　　　　32.23m
11. 薄层状含石墨大理岩与二云石英(片)岩及石英岩，上部夹石榴透闪黑云透辉岩　　　　　　17.26m

============ 韧性断层 ============

下伏地层：南迦巴瓦岩群 a 亚群（$Pt_{2-3}N.^a$）

（三）米林县羌纳乡巴嘎村南迦巴瓦岩群 b 亚群简测剖面（图2-4）

该剖面位于米林县羌纳乡巴嘎村，东经94°25′42″，北纬29°20′34″。省道S306直达瓦嘎村。

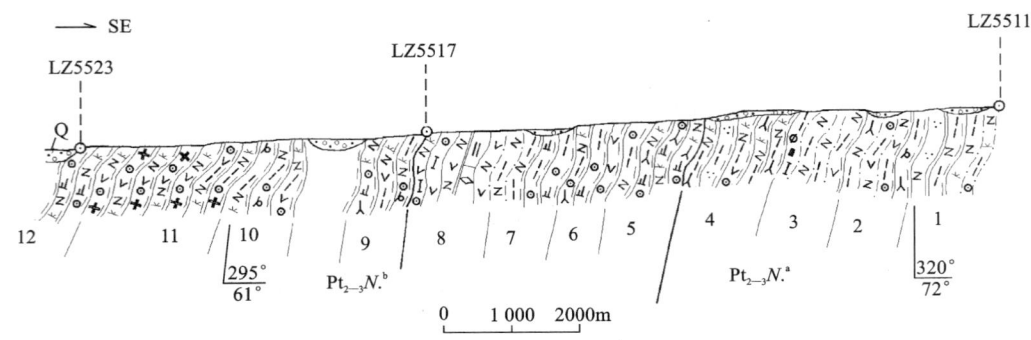

图 2-4　巴嘎村古元古代南迦巴瓦岩群简测剖面图

南迦巴瓦岩群 b 亚群（$Pt_{2-3}N.^b$）　　　　　　　　　　　　　　　　　　　　叠置厚度≥8911.77m

12. 灰、灰白色含榴黑云二长变粒岩、黑云变粒岩、长石石英岩，出露不全　　　　　　　　971.42m
11. 褐灰、杂色眼球状矽线黑云二长片麻岩、含透辉石榴黑云角闪斜长变粒岩　　　　　　690.08m
10. 灰、灰绿色含角闪斜长变粒岩、含透辉绿帘方柱黑云变粒岩　　　　　　　　　　　　743.24m
9. 灰色矽线黑云二长片麻岩、含榴角闪黑云二长片麻岩　　　　　　　　　　　　　　　1226.08m
8. 灰白、深灰色含蓝晶石榴矽线黑云二长片麻岩、石榴黑云斜长片麻岩　　　　　　　　549.46m
7. 灰、深灰绿色含蓝晶石榴黑云二长片麻岩、含辉石角闪黑云石榴片麻岩（榴闪岩）、含矽线石榴黑云二长片麻岩夹少量黄褐色含蓝晶石榴二长变粒岩　　　　　　　　　　　332.5m
6. 灰色蓝晶石榴黑云片麻岩、黑云斜长变粒岩　　　　　　　　　　　　　　　　　　　689.13m
5. 灰绿杂色斜长角闪片岩、中长透辉石榴角闪片麻岩（榴闪岩）夹厚2~3m的浅褐黄色白云母大理岩　　　　　　　　　　　　　　　　　　　　　　　　　　　　　　　　17.36m

============ 韧性断层 ============

下伏地层：南迦巴瓦岩群 a 亚群（$Pt_{2-3}N.^a$）

上述南迦巴瓦岩群集中分布于图幅东南隅，西界准巴剥离断裂与肉切村岩群相接。以米里韧性剪切断裂将南迦巴瓦岩群分割为a、b两个亚群。a亚群主要为一套含蓝晶斜长片麻岩、变粒岩、钙硅酸盐岩及少量大理岩、斜长角闪(片)岩、中长透辉石榴角闪片麻岩(榴闪岩、麻粒岩)透镜体的岩石组合，显示出中高压麻粒岩相特点。其叠置厚度达6500m以上。岩石大多经过了剪切作用，发育石榴黑云角闪长英质、长英质糜棱岩和糜棱岩化。以剥离断层与肉切村a亚群接触。b亚群分布于米里韧必剪切断裂的东南，主要为一套含榴蓝晶矽线二长片麻岩、含蓝晶石榴黑云二长片麻岩、黑云斜长变粒岩、大理岩组合，其叠置厚度在区内达8900m以上，在图幅东南隅构成宽缓的向形构造。

南迦巴瓦岩群在区内变质较深，变形强烈，遭受了强烈的糜棱岩化和混合岩化作用，其原岩组构和物质组分均发生了彻底改造，原岩恢复较为困难。其岩石化学成分大致与中国的中酸性岩类相似（黎彤，1962），Al_2O_3、Fe_2O_3、FeO、MgO、CaO偏高，Na_2O、K_2O偏低。岩石微量元素中除Rb、U、Cu、Zn高于泰勒克拉克值外，Sc、Zr、Ba、Sr、Nb、Hf、Th、V、Cs、Pb、Sn、W、Be、Li、Ti、Ga的平均值均低于泰勒克拉克值。Rb、Zr、Ba、Sr、W、Be等在花岗质片麻岩中富集，Hf、Th、U、V、Cu、Pb、Zn在黑云斜长片麻岩中稳定。依据南迦巴瓦岩群的岩石组合、岩石化学及地球化学特征，恢复a亚群的原岩可能为含火山岩的类复理石建造,b亚群为一套巨厚海相泥质碳酸盐岩建造。

南迦巴瓦岩群的时代前已述及,长期以来众说纷纭,近年来1:25万区域地质调查,其锆石U-Pb年龄值分别集中分布在2500~2100Ma、1144~1064Ma、1990~1795Ma、845~736Ma和553~461Ma五个时间段内,而后两者出现在肉切村岩群和曲德贡岩组中,可能为冈瓦纳泛非末增生基底的变质时期。而前3组可能为冈瓦纳结晶基底变质时代。因此,南迦巴瓦岩群的时代可能为古元古代,但不排除有属中元古代和较古元古代更老的可能。

二、亚堆扎拉岩组（$Pt_{2-3}y$）

亚堆扎拉岩组出露于图幅中北部也拉香波倾日寻盖地区,出露面积约120km²。因处于变质核杂岩的内核,被喜马拉雅期含电气石二云花岗岩的强烈破坏,其层序和连续性很不完整,现将出露较好的亚堆扎拉—中沙剖面(图2-5)简述如下。

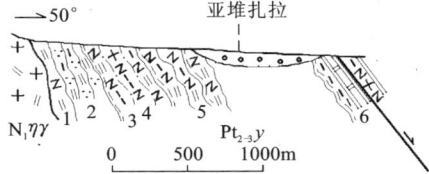

图2-5　曲松县亚堆扎拉—中沙亚堆扎拉岩组简测剖面图

（据1:20万加查幅,1995）

上覆地层:曲德贡岩组($Pt_3\epsilon q$)

========== 剥离断层 ==========

亚堆扎拉岩组（$Pt_{2-3}y$）

6. 二云母片麻岩夹大理岩,上部为断层破坏　　　　　　　　　　　　　　　　　>37m
5. 二云母斜长片麻岩　　　　　　　　　　　　　　　　　　　　　　　　　　>449m
4. 黑云斜长变粒岩　　　　　　　　　　　　　　　　　　　　　　　　　　　80m
3. 二云斜长变粒岩　　　　　　　　　　　　　　　　　　　　　　　　　　　73m
2. 二云石英片岩　　　　　　　　　　　　　　　　　　　　　　　　　　　　218m
1. 二云斜长片麻岩,下部为花岗岩侵入　　　　　　　　　　　　　　　　　　　>11m

亚堆扎拉岩组为一套二云斜长片麻岩、变粒岩、石榴二云斜长片麻岩、十字蓝晶云母斜长片麻岩、二云石英片岩及混合片麻岩,夹大理岩及角闪岩构成的中深变质岩系。其岩石组合基本特征与康马一带的拉轨岗日岩群相同。据拉轨岗日岩群正片麻岩中SHRIMP年龄为1812±7Ma(1:25万定结县幅,2003),其时代则有属古元古代的可能。因此,亚堆扎拉岩组与拉轨岗日岩群可能与聂拉木岩群、南迦巴瓦岩群相当,共同构成喜马拉雅构造带的统一基底。

第二节　新元古代—寒武纪地层

新元古代—寒武纪地层有分布于图区东南部高喜马拉雅地层分区的肉切村岩群($Pt_3\epsilon R.$)和测区中北部康马—隆子地层分区的曲德贡岩组($Pt_3\epsilon q$),它们均为一套变质达绿片岩相二云母级的浅变质岩系,与下伏古元古代南迦巴瓦岩群、古元古代亚堆扎拉岩组呈韧性剪切断裂接触,上覆中生代地层与其呈剥离断层接触。现将区内肉切村岩群和曲德贡岩组分述如下。

一、肉切村岩群（$Pt_3\epsilon R.$）

肉切村岩群在图区东南部南迦巴瓦岩群西侧呈北东向带状分布,东、南延出图外,图内长62km,宽5~7km,面积约375km²。区内以隆子县绕让剖面出露较全,现将其叙述如下。

隆子县绕让肉切村岩群($Pt_3\epsilon R.$)剖面(图2-6),位于隆子县三安曲林乡绕让,东经93°01′09″,北纬28°23′17″,有省道S202可直达剖面。

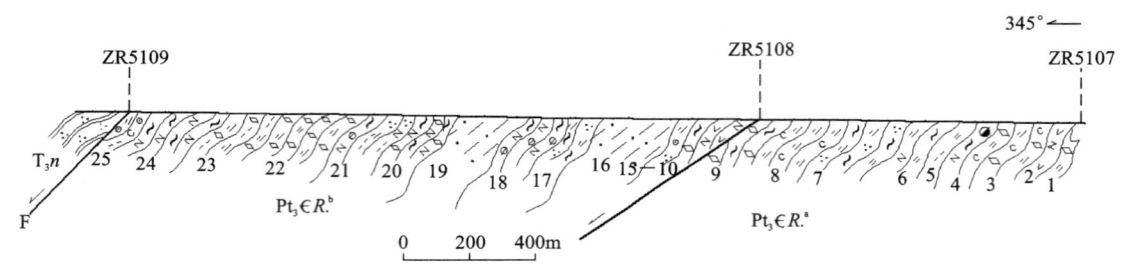

图 2-6 西藏自治区隆子县绕让肉切村岩群实测剖面图

上覆地层：上三叠统涅如组（T_3n）

========== 剥离断层 ==========

肉切村岩群 b 亚群（$Pt_3\epsilon R.^b$）

25. 灰黑色含榴炭质电气石白云片岩、灰黑色含炭质石榴二云片岩	21.61m
24. 浅灰色更长石白云绿泥片岩、更长绿泥片岩	162.39m
23. 灰色方解石二云片岩	106.54m
22. 灰色白云母方解石片岩	161.37m
21. 灰白色含黑云白云石英片岩与灰绿色斜长绿帘绿泥片岩不等厚互层，石英片岩厚 13～17m，绿泥片岩厚 2～3m，并向上逐渐增厚	247.10m
20. 浅灰绿色斜长方解石白云绿泥片岩	202.58m
19. 浅灰色二云长英质糜棱岩	189.45m
18. 灰绿色斜长绿帘绿泥片岩	134.10m
17. 浅灰色绿泥白云石英片岩	96.69m
16. 灰白色二云母长英质糜棱岩	218.23m
15. 浅灰白色含榴二云石英片岩	46.47m
14. 灰绿色方解石绿泥片岩	62.16m
13. 灰绿色含角闪斜长绿泥片岩	42.55m
12. 灰绿色绿泥石化斜长角闪片岩与斜长角闪绿泥片岩互层	37.82m
11. 灰绿色含绿帘斜长角闪绿泥片岩与灰黑色角闪黑云片岩等厚互层	29.39m
10. 灰绿色绿泥石化斜长角闪片岩，发育褶劈理构造	35.42m

========== 断层接触 ==========

肉切村岩群 a 亚群（$Pt_3\epsilon R.^a$）

9. 浅灰绿色方解绿泥片岩	65.74m
8. 灰黑色炭质绢云千枚岩	138.40m
7. 灰绿色绿泥白云母石英片岩	76.64m
6. 灰白色斜长白云母片岩夹灰绿色含黝帘斜长绿泥片岩，绿泥片岩厚 2～3m	123.00m
5. 灰黑色千枚状含炭质方解石绢云片岩	61.38m
4. 灰绿色含黝帘斜长绿泥片岩夹少量含方解石石英岩	75.53m
3. 灰黑色千枚状含炭质方解石绢云片岩夹浅灰绿色千枚状含绿泥绢云方解石片岩	156.77m
2. 浅灰色千枚状含炭质方解石绢云片岩夹浅灰绿色细—中粒斜长角闪变粒岩	186.79m
1. 灰黑色千枚状含炭质绢云方解石片岩，具少量黄铁矿细脉，底不全	35.37m

从上述剖面可以看出，肉切村岩群依据岩石组合特征，可分为 a、b 两个亚群。a 亚群为一套灰、灰黑色二云片岩、二云石英片岩、黑云石英片岩，夹少量斜长角闪变粒岩、斜长绿泥片岩中浅变质岩系，其叠置厚度在 919.62m 以上。b 亚群以灰绿色斜长角闪片岩、角闪绿泥片岩、斜长方解绿泥片岩、方解绿泥片岩为主，夹含炭质石榴二云片岩、含榴二云石英片岩。其叠置厚度达 1793.87m 以上。依据岩石组

合特征,a亚群的原岩为一套浅海台地相泥砂质碎屑岩夹碳酸盐岩建造,b亚群则为一套夹基性火山岩复理石沉积。

关于肉切村岩群的时代,从区域上看,肉切村岩群与南迦巴瓦岩群相伴产出,在绕让剖面肉切村岩群b亚群角闪片岩中,获 $^{40}Ar-^{39}Ar$ 等时线年龄 921.17 ± 1.3 Ma。西延在亚东,刘国惠(1985)测得肉切村岩群 U-Pb 年龄为 686Ma,上覆地层含 *Dicoactinoceras*,*Sactoceras robayashii*。依据上述地层层序位置和同位素年龄资料,肉切村岩群的时代应为震旦纪—寒武纪时期的沉积。

二、曲德贡岩组

曲德贡岩组分布于图区中北部邛多江变质核杂岩亚堆扎拉岩组的外侧,呈北西向环带状,面积约 $250km^2$,在核杂岩北部然巴、曲德贡一带其变质变形较强,与下伏古元古代亚堆扎拉岩组间为基底剥离断层所截,与上覆晚三叠世宋热组间为主剥离断层夹持,而曲德贡岩组内部发育多个次级剥离断层,使之分成多个滑脱岩片。其中以尼龙岗—曲德贡剖面为层型剖面。在核杂岩东南隆子县达拉一带,变形变质作用稍弱,次级剥离断层亦有减少,且具代表性。现将区内曲德贡岩群的尼龙岗—曲德贡剖面和隆子县达拉剖面分述如下。

(一)乃东县尼龙岗—曲德贡岩组剖面(图2-7)

该剖面位于乃东县曲德贡乡,东经 $91°54'01''$,北纬 $28°50'50''$,交通方便。有省道 S202 从剖面通过。

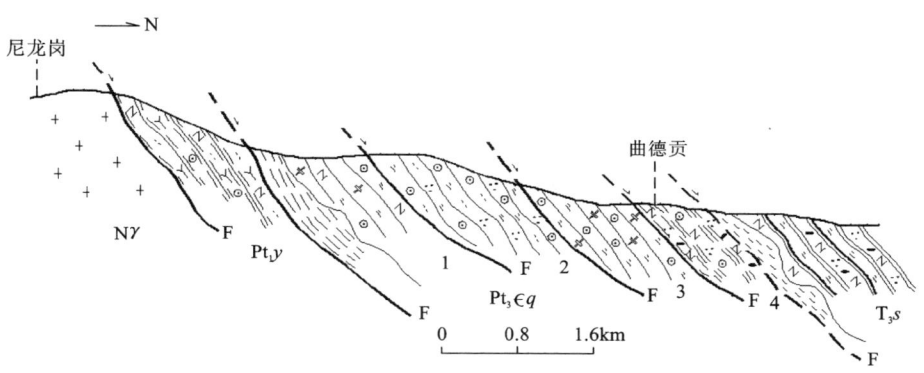

图2-7 乃东县尼东岗—曲德贡岩组地层剖面图
(据1:20万泽当幅,1994)
T_3s.宋热组;$Pt_3\epsilon q$.曲德贡岩组;Pt_1y.亚堆扎拉岩组;$N\gamma$.宋热组

上覆地层:晚三叠世宋热组(T_3s)

════ 主剥离断层(糜棱岩带) ════

曲德贡岩组($Pt_3\epsilon q$)   **叠置厚度>2880m**

4.石榴长英质变粒岩   >480m

════ 断层 ════

3.十字石榴二云片岩   >960m

════ 断层 ════

2.石榴二云石英片岩   >720m

════ 断层 ════

1.石榴二云石英片岩、石榴十字二云片岩   >720m

════ 基底剥离断层(糜棱岩带) ════

下伏地层:亚堆扎拉岩组(Pt_1y)

(二)隆子县达拉曲德贡岩组剖面(图2-8)

该剖面位于隆子县日当乡达拉,东经92°13′08″,北纬28°37′28″。剖面在省道S202公路上测制,交通方便。

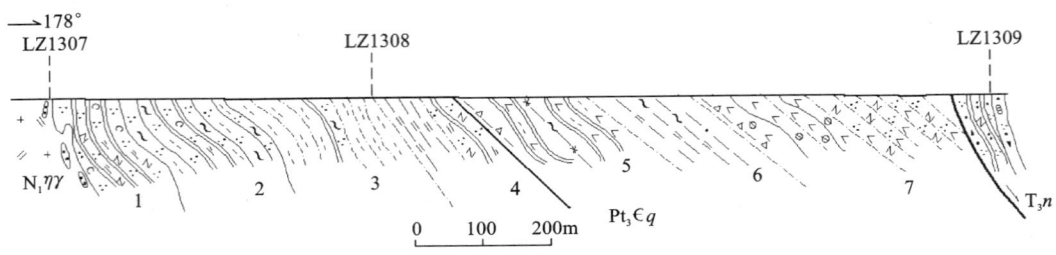

图2-8 西藏自治区隆子县达拉曲德贡岩组实测剖面图

上覆地层:涅如组(T_3n)

========== 剥离断层 ==========

曲德贡岩组($Pt_3\epsilon q$)

7. 灰黑色碎裂岩化钠黝帘石化角闪片岩与石英角闪斜长糜棱岩组成;反映了压扭性和张性断裂并存的特点　　　　　　　　　　　　　　　　　　　　　　　　　　　　　190.92m
6. 浅灰色、灰色绿泥绢云千糜岩;具分异结晶条带,由片状云母显示　　　　　　　58.0m
5. 灰黑色碎裂黑云角闪片岩,中间见少量绿泥阳起千糜岩,反映强应变带和弱应变域相间的特点　　＞97.69m

========== 断层 ==========

4. 灰黑色绢云千糜岩,向上以浅灰色块状绢云长石石英岩为主,具云母、绿泥石分异结晶层　　＞79.19m
3. 灰黑色块状变粒岩与灰黑色绿泥黑云石英片岩相间组成,厚度比近2:1　　　　＞220.4m
2. 灰黑色绿泥黑云石英片岩与浅灰色含炭质绢云含长石石英岩呈不等厚互层,厚度比近3:1,每个互层厚0.8～1.1m,其中片褶发育　　　　　　　　　　　　　　　　　　　　　　102.78m
1. 灰白色、浅灰色含炭质绢云含长石石英岩,具分异结晶条带,由云母富集层显示　　＞87.31m

(未见底)

从上述剖面可以看出,依据岩石组合特征,曲德贡岩组为一套叠置厚度达835m～2880m滨浅海夹中基性火山岩的陆源碎屑岩建造。据1:25万加查幅(1995)曾在邛多江所采全岩Rb-Sr年龄样,经西安地矿所测定为401.55±59.59Ma和501.11±64.45Ma,中国地质大学(北京)(2003)在康马隆起带与曲德贡岩组相当的朗巴岩组中上部采获 *Actinoceratida*(? *Ormoceras* sp.),*Michelinoceras* st. *longatum*, *M.* sp.,*Pentagonopentagonalis nyalamensis*,*Pentagonocyclicus* sp. 等。其主要岩石为一套含白云母石英大理岩、条带状或片状大理岩、炭质钙质板岩夹炭质绢云板岩和透镜状斜长角闪岩。从上述同位素年龄资料和曲德贡岩组之上化石的发现,将其时代划为 $Pt_3-\epsilon$ 是较为适宜的。

第三节 三叠纪地层

测区内三叠纪地层分布最为广泛,各地层分区均有出露,面积达5486km²。从北向南有雅鲁藏布江分区的郎杰学群、玉门混杂岩;康马隆子地层区的涅如组和北喜马拉雅分区的曲龙共巴组。

一、雅鲁藏布江地层分区

本区出露的三叠纪地层以寺木寨为界,北为晚三叠世郎杰学群,南为晚三叠世玉门混杂岩,前者为一套厚度达 8276m 以上的深海平原、浊积扇及少量浅海组成的弧前盆地沉积，后者为一套叠置厚度达 5209m 以上的由变形橄榄岩、块状—枕状玄武岩，夹硅质岩、粉砂质板岩组成具初始洋盆特征的混杂岩。

（一）郎杰学群

郎杰学群主要分布于测区中部和北部，东西向延伸展布，出露面积约 1961km²，位于登木—白露断裂和寺木寨—郎贡断裂之间。根据岩性差异、岩石特征和化石组合，从下向上划分为：宋热组、江雄组和章村组。

表 2-3　晚三叠世朗杰学群划分沿革表

藏南地质队(1962)	西藏综合队(1:100万拉萨幅)(1979)	王乃文等(1980)	《西藏自治区区域地质志》(1993)	陕西区调队(1:20万浪卡子、泽当幅)(1994)	《西藏自治区岩石地层》(1997)	西藏自治区地质调查院(1:5万琼果、曲德贡幅)(2002)		本文(2004)		
	执拉段?	加不拉组 K_1	执(遮)拉群 J_2		哲古组 J_2	另一分区地层	另一分区地层	遮拉组(属康马隆子分区)		
		F			F	F				
郎杰学组 T_3	执村段	执村段	执村段	修康群 T_3	六段	修康群 T_3	江雄岩组	邦日岩段 $T_3jx.b$	章村组 T_3	
		F			五段			雪康岩段 $T_3jx.x$	江雄组	二段
	郎杰学组 T_3	郎杰学群 T_3		宋热组	四段			珍布岩段 $T_3jx.z$		一段
		F			三段		郎杰学岩群	坡安切岩段 $T_3s.p$	郎杰学群	三段
	苏诺林段	苏诺林段	苏诺林段		二段			安嘎岩段 $T_3s.a$	宋热组	二段
					一段		宋热岩组	宗堆岩段 $T_3s.z$		
				江雄组	二段			白松岩段 $T_3s.b$		一段
					一段			琼果岩段 $T_3s.q$		
				姐德秀组					玉门混杂岩 T_3Y	

1962 年藏南地质队测制贡嘎县郎杰学剖面时，将其命名为晚三叠世郎杰学组，划分为苏诺林段、执村段、执拉段；1979 年 1:100 万拉萨幅将执拉段划归早白垩世，命名为加不拉组，其余仍保留苏诺林段、执村段；1980 年，中国地质科学院王乃文先生等认为，执拉段应划归中侏罗世，命名执(遮)拉群，把郎杰学组提升为郎杰学群，各段均提升为组；1993 年《西藏自治区区域地质志》采用了修康群名称；1994 年浪卡子县、泽当县幅(1994)保留郎杰学群，将王乃文先生的执(遮)拉群和执村组顶部划归中侏罗世哲古组，其余新命名姐德秀组、江雄组、宋热组。2002 年 1:5 万琼果幅、曲德贡幅，按照岩石地层单位划分原则，根据岩石组合特征，古生物证据、沉积构造和构造样式，对郎杰学群进行重新划分和定义，由下向上划分为宋热组和江雄组，本书基本采用该划分方案，并根据朗县章村一带新发现富含中基性火山岩的复理石建造，新建章村组；此外在隆子县玉门一带新发现的超基性—基性岩，新建玉门混杂岩构造地层单位(表 2-3)。现将各组分述如下。

1. 晚三叠世宋热组（T_3s）

宋热组主要分布于雅鲁藏布江南岸及哲古错以北一带，呈东西向带状展布，面积约 771km²，未见底，与下伏地层为断层接触，厚度大于 675.4m。

（1）琼结县琼果晚三叠世宋热组一段（下部）实测剖面。

该剖面位于琼果县琼果乡北侧，倒转背斜核部；剖面主要顺公路测制，露头良好（图 2-9）。

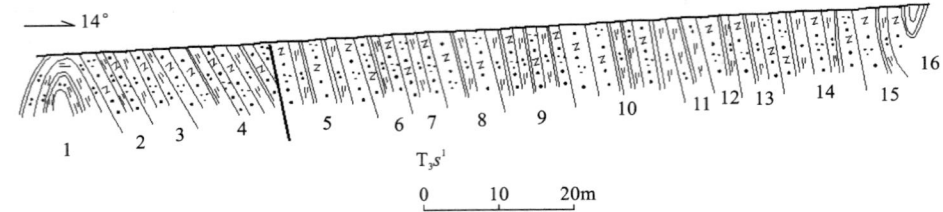

图 2-9　琼结县琼果晚三叠世宋热组一段(T_3s^1)下部实测剖面图

(据 1:5万琼果幅、曲德贡幅,2002)

上三叠统宋热组一段(下部)　　　　　　　**(未见顶)**

16. 灰色中层状变质中细粒长石石英砂岩与灰—深灰色板岩组成　　　　　　　　　　>7.5m
15. 灰色中—中厚层状变质中细粒长石石英砂岩与灰—深灰色粉砂质绢云板岩　　　　8m
14. 灰色中层状变质中细粒长石石英砂岩与灰—深灰色粉砂质绢云板岩　　　　　　　13m
13. 灰色中层状变质中细粒长石石英砂岩与灰—深灰色粉砂质绢云板岩,砂岩中含少量黄铁矿　　3m
12. 灰色中—中厚层状变质中细粒长石石英砂岩与灰—深灰色粉砂质绢云板岩,砂岩中含少量黄铁矿　　　　　　　　　　　　　　　　　　　　　　　　　　　　　　　　　　　3.5m
11. 灰色中层状变质中细粒长石石英砂岩与灰—深灰色粉砂质绢云板岩　　　　　　　6m
10. 灰色中厚层微片理化中细粒长石石英砂岩与灰—深灰色粉砂质绢云板岩　　　　　10m
9. 灰色中薄层状变质中细粒长石石英砂岩与灰—深灰色粉砂质绢云板岩呈互层,其中见有黄铁矿,大小 3~5mm,局部含量 3%~5%,见有粒序层理,指示北倾正常　　　　9m
8. 灰色中厚层状变质中细粒长石石英砂岩与灰—深灰色粉砂质绢云板岩　　　　　　12m
7. 灰色中层状变质中细粒长石石英砂岩与灰—深灰色粉砂质绢云板岩　　　　　　　5m
6. 灰色中层状变质中细粒长石石英砂岩与灰—深灰色粉砂质绢云板岩,砂岩中含少量黄铁矿,含量<1%　　　　　　　　　　　　　　　　　　　　　　　　　　　　　　　　7m
5. 灰色中—中厚层状变质中细粒长石石英砂岩与灰—深灰色粉砂质绢云板岩　　　　9m
4. 灰色中层状变质中细粒长石石英砂岩与灰—深灰色粉砂质绢云板岩组成　　　　　15m
3. 灰色中—中厚层状变质中细粒长石石英砂岩与灰—深灰色粉砂质绢云板岩　　　　5m
2. 灰色变质细粒长石石英砂岩与灰—深灰色含粉砂质绢云板岩互层　　　　　　　　5m
1. 灰—深灰色含粉砂质绢云板岩夹少量灰色薄层状粉砂岩　　　　　　　　　　　　>4m

(未见底)

(2) 琼结县琼果晚三叠世宋热组一段(上部)实测剖面。

剖面位于琼结县琼果乡南侧,从倒转背斜核部至向斜核部,剖面沿公路测制,露头良好,构造简单(图 2-10)。

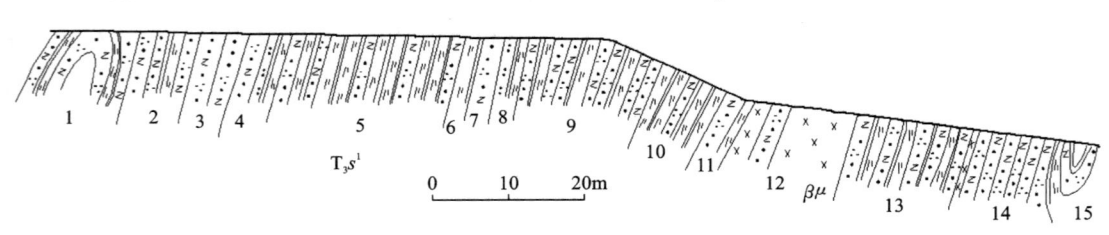

图 2-10　琼结县琼果晚三叠世宋热组一段(T_3s^1)上部实测剖面图

(据 1:5万琼果幅、曲德贡幅,2002)

晚三叠世宋热组一段(T_3s^1)上部　　　　　　　**(未见顶)**

15. 灰—深灰色绢云板岩与灰色中层状变质细粒长石石英砂岩　　　　　　　　　　>3m

14. 浅灰色厚层状变质细粒长石石英砂岩　　　　　　　　　　　　　　　　　　　　　　　　　1.5m
13. 灰色中层状变质细粒长石石英砂岩与深灰色绢云板岩　　　　　　　　　　　　　　　　　　11m
12. 浅灰色厚层块状变质细粒长石石英砂岩　　　　　　　　　　　　　　　　　　　　　　　　12m
11. 灰色中厚层状变质细粒长石石英砂岩与灰—深灰色绢云板岩　　　　　　　　　　　　　　　8m
10. 灰—深灰色绢云板岩夹灰色中—中薄层状变质细粒长石石英砂岩,其中见有粒序层理和重
    荷模,指示北倾倒转　　　　　　　　　　　　　　　　　　　　　　　　　　　　　　　9m
9. 灰色中—中薄层状变质细粒长石石英砂岩夹灰—深灰色绢云板岩　　　　　　　　　　　　13m
8. 深深灰色绢云板岩夹灰色薄层状粉砂岩　　　　　　　　　　　　　　　　　　　　　　　　3m
7. 灰色中厚层状变质细粒长石石英砂岩,其间夹少量粉砂岩,含少量黄铁矿　　　　　　　　　2m
6. 灰色中—中薄层状变质细粒长石石英砂岩与灰—深灰色绢云板岩呈互层,底部见有底模构
   造,指示北倾倒转　　　　　　　　　　　　　　　　　　　　　　　　　　　　　　　　2m
5. 灰—深灰色绢云板岩与灰色中层状变质细粒长石石英砂岩　　　　　　　　　　　　　　　26m
4. 灰色中层状变质细粒长石石英砂岩与灰—深灰色绢云板岩、粉砂岩,砂岩中见有少量黄铁矿　8m
3. 灰色厚层状变质细粒长石石英砂岩,其间夹绢云板岩　　　　　　　　　　　　　　　　　　7m
2. 灰色中—中厚层状变质细粒长石石英砂岩与灰—深灰色绢云板岩,见有底模构造,指示北倾
   倒转　　　　　　　　　　　　　　　　　　　　　　　　　　　　　　　　　　　　　　6m
1. 灰色厚层状变质细粒长石石英砂岩,夹少量灰—深灰色绢云板岩　　　　　　　　　　　　>3.5m

(未见底)

(3) 琼结县宗堆晚三叠世宋热组二段(下部)实测剖面。

剖面位于琼结县宗堆山南—措美县公路附近,由于该岩段中背斜构造不明显,以断层为起点,以倒转向斜核部为终点(图2-11)。

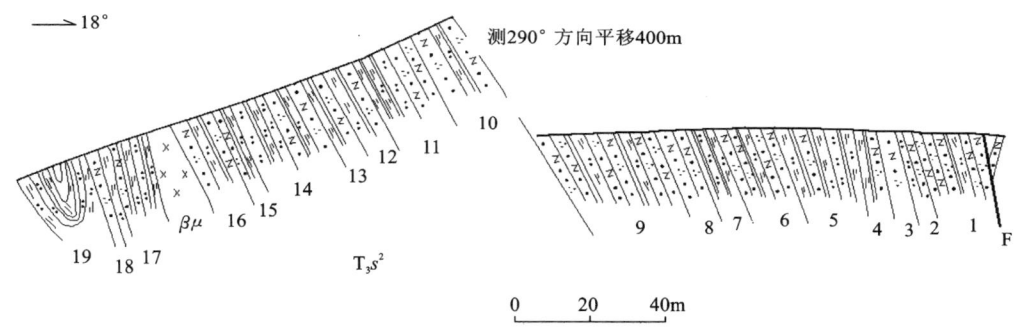

图2-11　琼结县琼果晚三叠世宋热组二段(T_3s^2)下部实测剖面图

(据1:5万琼果幅、曲德贡幅,2002)

晚三叠世宋热组二段(T_3s^2)下部

19. 灰—深灰色含粉砂质绢云板岩夹少量灰色薄层状粉砂岩及砂质、铁质结核及少量黄铁矿　>9.2m
18. 灰—深灰色含粉砂质绢云板岩夹灰色中—中薄层状变质细粒长石石英砂岩及粉砂岩,在上
    部砂岩层面上见有底模构造,指示北倾倒转　　　　　　　　　　　　　　　　　　　　　6.8m
16. 灰色厚层状变质中细粒长石石英砂岩与灰—深灰色含粉砂质绢云板岩,以砂岩为主,向上砂
    岩变薄减少,并见有槽模、沟模、重荷模,指示北倾倒转,沟模古水流为38°~218°,槽模古水
    流为27°~45°范围(地层倒转)　　　　　　　　　　　　　　　　　　　　　　　　　　7.2m
15. 灰色中—中薄层状变质细粒长石石英砂岩与灰—深灰色含粉砂质绢云板岩组成,底部见底
    模构造　　　　　　　　　　　　　　　　　　　　　　　　　　　　　　　　　　　　　15.6m
14. 下部灰色中厚层状变质中细粒长石石英砂岩与少量灰—深灰色含粉砂质绢云板岩;上部灰
    色薄层状粉砂岩与灰—深灰色含粉砂质绢云板岩,见有槽模沉积构造,指示北倾倒转测的古
    水流为321°~351°范围(地层倒转)　　　　　　　　　　　　　　　　　　　　　　　　7.2m

13. 灰色中厚层状变质中细粒长石石英砂岩与灰—深灰色含粉砂质绢云板岩,底部见重荷模	4.8m
12. 灰色中层状变质中细粒长石石英砂岩与灰—深灰色含粉砂质绢云板岩	14.8m
11. 下部为灰色中—中厚层状变质中细粒长石石英砂岩与灰—深灰色含粉砂质绢云板岩,向上为粉砂质绢云板岩与薄层状粉砂岩呈韵律组合,见有粒序层理、槽模构造,指示北倾倒转	10m
10. 灰色中厚层状变质中细粒长石石英砂岩与灰—深灰色含粉砂质绢云板岩,见有槽模构造	26m
9. 灰色中层状变质中细粒长石石英砂岩,薄层状变质细粒长石石英杂砂岩与灰—深灰色含粉砂质绢云板岩,顶部见有槽模构造,指示北倾倒转	8m
8. 灰色中—中厚层状变质中细粒长石石英砂岩与灰—深灰色含粉砂质绢云板岩	5.6m
7. 灰—深灰色含粉砂质绢云板岩夹灰色薄层状变质中细粒长石石英砂岩、粉砂岩	4.8m
6. 灰色中—中厚层状变质中细粒长石石英砂岩与灰—深灰色含粉砂质绢云板岩,见有底模构造,指示北倾倒转	9m
5. 灰—深灰色含粉砂质绢云板岩夹灰色薄层状变质中细粒长石石英砂岩、粉砂岩	5.6m
4. 灰色中层状变质中细粒长石石英砂岩与灰—深灰色含粉砂质绢云板岩,底部见有底模构造,指示北倾倒转	4m
3. 下部灰色中—中厚层状变质中细粒长石石英砂岩;上部灰—深灰色含粉砂质绢云板岩	8m
2. 灰色中层状变质中细粒长石石英砂岩,粉砂岩与灰—深灰色含粉砂质绢云板岩组成	9.2m
1. 灰色中薄层状变质中细粒长石石英砂岩夹灰—深灰色含粉砂质绢云板岩	>2m

(未见底)

(4) 琼结县琼果上三叠统宋热组二段(上部)实测剖面。

剖面位于琼结县安嘎山南—措美县公路边,从倒转背斜核部到向斜核部(图2-12)。

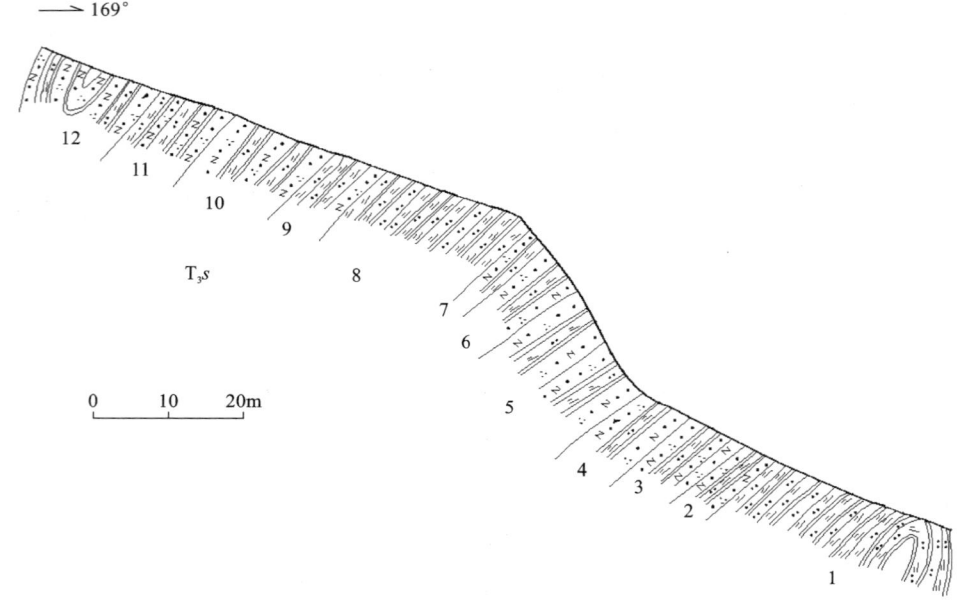

图2-12 琼结县琼果晚三叠世宋热组二段(T_3s^2)上部实测剖面图
(据1:5万琼果幅、曲德贡幅,2002)

晚三叠世宋热组二段(T_3s^2)上部

12. 灰色厚层状变质中细粒长石石英砂岩与灰—深灰色含粉砂质绢云板岩	>5.6m
11. 灰色中—中厚层状变质中细粒长石石英砂岩与灰—深灰色含粉砂质绢云板岩、变质细粒长石石英砂岩组合,黄铁矿一般为2~5mm,局部含量可达5%	8m
10. 灰色厚层状变质中细粒长石石英砂岩与灰—深灰色含粉砂质绢云板岩,板岩极少,在走向上具挤压尖灭现象,在下部砂岩层面上见有重荷模,指示北倾正常,砂岩中见有少量黄铁矿	12.4m

9. 灰色中—中薄层状变质中细粒长石石英砂岩与灰—深灰色含粉砂质绢云板岩,以板岩为主　　2m
8. 灰—深灰色含粉砂质绢云板岩夹灰色薄层状粉砂岩,含1%~3%的黄铁矿,大小一般为
2~8mm　　11.2m
7. 灰色厚层状变质中细粒长石石英砂岩夹灰—深灰色含粉砂质绢云板岩　　2.4m
6. 灰色中—中厚层状变质中细粒长石石英砂岩与灰—深灰色含粉砂质绢云板岩呈韵律性组合　　6m
5. 灰色厚层块状变质中细粒长石石英砂岩与灰色含粉砂质绢云板岩组成,砂岩中见有少量黄
铁矿　　8.8m
4. 灰色厚层状变质中细粒长石石英砂岩夹灰—深灰色含粉砂质绢云板岩。在砂岩层间见有板
岩在走向上从薄变厚现象,可能为水道—溢流沉积　　6.8m
3. 灰色中厚层状变质中细粒长石石英砂岩与灰—深灰色含粉砂质绢云板岩　　4m
2. 灰色中厚层状变质中细粒长石石英砂岩与灰—深灰色含粉砂质绢云板岩,在砂岩中,局部见
2~3cm砾石,含少量黄铁矿,局部可达1%~2%　　3.2m
1. 灰—深灰色含粉砂质绢云板岩与灰色中薄层状粉砂岩组合,板岩中见有少量黄铁矿　　>11.2m

(未见底)

(5) 琼结县琼果晚三叠世宋热组三段实测剖面。

剖面位于琼结县琼果乡安切山南—措美县公路边,剖面测制中以第四系与基岩界线为起点,处于倒转背斜核部,以倒转向斜核部为终点(图2-13)。

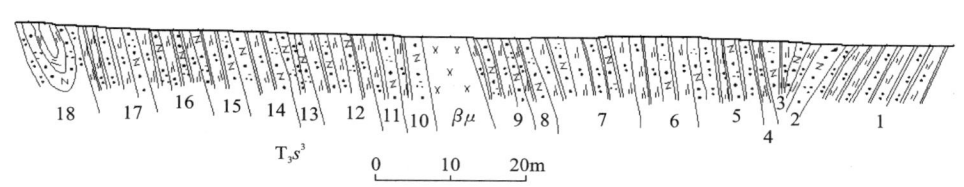

图2-13　琼果县琼果晚三叠世宋热组三段(T_3s^3)实测剖面图

据(1:5万琼果幅、曲德贡幅,2002)

(未见顶)

18. 灰色中层状变质细粒长石石英砂岩与灰—浅灰色粉砂质绢云板岩,变质石英粉砂岩
17. 下部为1m厚灰色中层状变质细粒长石石英砂岩,向上为灰—浅灰色粉砂质绢云板岩及变质
石英粉砂岩
16. 灰色中薄层状变质细粒长石石英砂岩与灰—浅灰色粉砂质绢云板岩呈韵律组合
15. 灰色中层状变质细粒长石石英砂岩与灰—浅灰色粉砂质绢云板岩及变质石英粉砂岩
14. 灰色中厚层状变质细粒长石石英砂岩与灰—浅灰色粉砂质绢云板岩及变质石英粉砂岩
13. 灰色中层状变质细粒长石石英砂岩与灰—浅灰色粉砂质绢云板岩,板岩中夹有极薄层变质
石英砂岩
12. 灰色中厚层状变质细粒长石石英砂岩与灰—浅灰色粉砂质绢云板岩及变质石英粉砂岩,上
部砂岩层面上见重荷模,指示北倾倒转
11. 灰色中—中厚层状变质细粒长石石英砂岩与灰—浅灰色粉砂质绢云板岩及变质石英粉砂
岩,偶见黄铁矿
10. 灰色厚层块状变质细粒长石石英砂岩与灰—浅灰色粉砂质绢云板岩
9. 灰—浅灰色粉砂质绢云板岩夹薄层状变质细粒长石石英砂岩及变质石英粉砂岩,下部砂岩
增多
8. 灰色中层块状变质细粒长石石英砂岩与灰—浅灰色粉砂质绢云板岩组成
7. 灰色中层状变质细粒长石石英砂岩与灰—浅灰色粉砂质绢云板岩、变质石英粉砂岩,上部见
粒序层理及重荷模,指示北倾倒转

6. 灰—浅灰色粉砂质绢云板岩夹灰色中层状变质细粒长石石英砂岩、变质石英砂岩
5. 灰色中—中厚层状变质细粒长石石英砂岩，变质石英粉砂岩与灰—浅灰色粉砂质绢云板岩
4. 灰色薄层状变质细粒长石石英砂岩与灰—浅灰色粉砂质绢云板岩呈韵律性
3. 灰色中薄层状变质细粒长石石英砂岩，变质石英粉砂岩与灰—浅灰色粉砂质绢云板岩
2. 灰色中厚层状变质细粒长石石英砂岩与灰—浅灰色粉砂质绢云板岩
1. 灰色薄层状变质石英粉砂岩与灰—浅灰色粉砂质绢云板岩呈韵律性组合

（未见底）

从上述剖面可以看出，依据其岩石组合特征，将宋热组划分为3个岩性段。一段 T_3s^1：下部以深灰色板岩为主，夹中—中薄层状长石石英砂岩，上部由灰色厚层状—中薄层状长石石英砂岩和深灰色绢云板岩组成韵律性层序，砂岩发育平行层理—波状交错层理，底具槽模构造，板岩中多水平层理；发育鲍马层序 cde—de 段组合，为斜坡相复理石（图版Ⅲ-1），未见底，厚度大于 245m；二段 T_3s^2：下部由灰色中厚—中薄层状变质中细粒长石石英砂岩、薄层状石英粉砂岩、灰—深灰色含粉砂质绢云板岩组成，砂岩中发育微波状交错层理，底具槽模构造，板岩、粉砂岩多具水平层理，含黄铁矿，产少量薄壳双壳，为斜坡相—盆地沉积，上部则以厚层状砂岩增多为特征，局部含有泥砾岩，具砂质水道特征；局部地区见灰岩透镜体，产双壳化石，未见顶底，厚度大于 179.4m；三段 T_3s^3：由灰色中薄—中厚层状变质细粒长石石英砂岩、石英粉砂岩、薄层状粉砂质绢云板岩组成；板岩为主，砂岩含量较少；常见水平层理；发育鲍马层序 de 段，含少量 cde 段组合，为斜坡相沉积，厚度大于 60.0m。

2. 晚三叠世江雄组（T_3jx）

江雄组主要分布于雅鲁藏布江南岸一带，呈东西向条带展布，面积约 1190km²，未见底，与下伏宋热组呈断层接触，厚度大于 1703.72m；在邻区 1:25 万扎日区幅中测制了朗县拉多剖面、隆子县曲松剖面和玉门剖面。现将朗县拉多剖面和隆子县玉门剖面分述如下。

（1）朗县拉多晚三叠世江雄组一段实测剖面（图 2-14）。

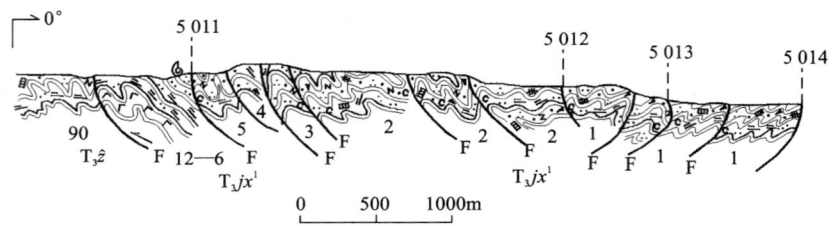

图 2-14　朗县拉多章村晚三叠世江雄组一段（T_3jx^1）实测剖面图

上覆地层：晚三叠世章村组（T_3z）

══════ 断层 ══════

江雄组一段（T_3jx^1）　　　　　　　（未见顶）

12. 深灰、灰黑色极薄层状粉砂质绢云板岩夹灰绿色蚀变玄武岩　　　　　　＞24.45m

══════ 断层 ══════

11. 深灰色粉砂质绢云板岩夹灰绿色板岩　　　　　　＞76.45m
10. 深灰色含炭质砂质绢云板岩与灰黑色粉砂质绢云板岩互层，夹少量灰色薄层状变质细粒含长岩屑石英砂岩　　　　　　57.64m
9. 灰黑色粉砂质板岩与砂质板岩不等厚互层　　　　　　56.70m
8. 灰色薄层状变质砂质粉砂岩与灰黑色粉砂质板岩不等厚互层　　　　　　＞88.13m

══════ 断层 ══════

7. 灰色中层状变质细粒含长岩屑石英杂砂岩与灰黑色粉砂质板岩不等厚互层,岩层褶皱形成一背斜 >57.26m
6. 深灰色含炭质粉砂质绢云千枚岩夹灰、浅灰色变质细粒含长石英杂砂岩 >103.84m

========== 断层 ==========

5. 灰色中层状变质中—细粒含长岩屑石英杂砂岩夹深灰色含炭质粉砂质绢云千枚岩 >56.90m

========== 断层 ==========

4. 灰色中层状变质中—细粒含长岩屑石英杂砂岩,偶夹同色变质粉砂岩、粉砂质板岩 >50.42m

========== 断层 ==========

3. 灰色薄层状变质中—细粒含长岩屑石英杂砂岩与灰黑色含炭质粉砂质绢云板岩不等厚互层 >59.09m

========== 断层 ==========

2. 深灰色含炭质粉砂质绢云板岩、灰、浅灰色薄层状变质含长岩屑石英杂砂岩不等厚互层,岩中含黄铁矿,发育断层、揉皱 >155.94m

========== 断层 ==========

1. 灰色变质不等粒长石石英杂砂岩与深灰色含炭质粉砂质绢云板岩互层,岩中发育断层和揉皱、石英脉、黄铁矿化普遍 >42.88m

(未见底)

(2) 隆子县玉门晚三叠世江雄组二段实测剖面(图2-15)。

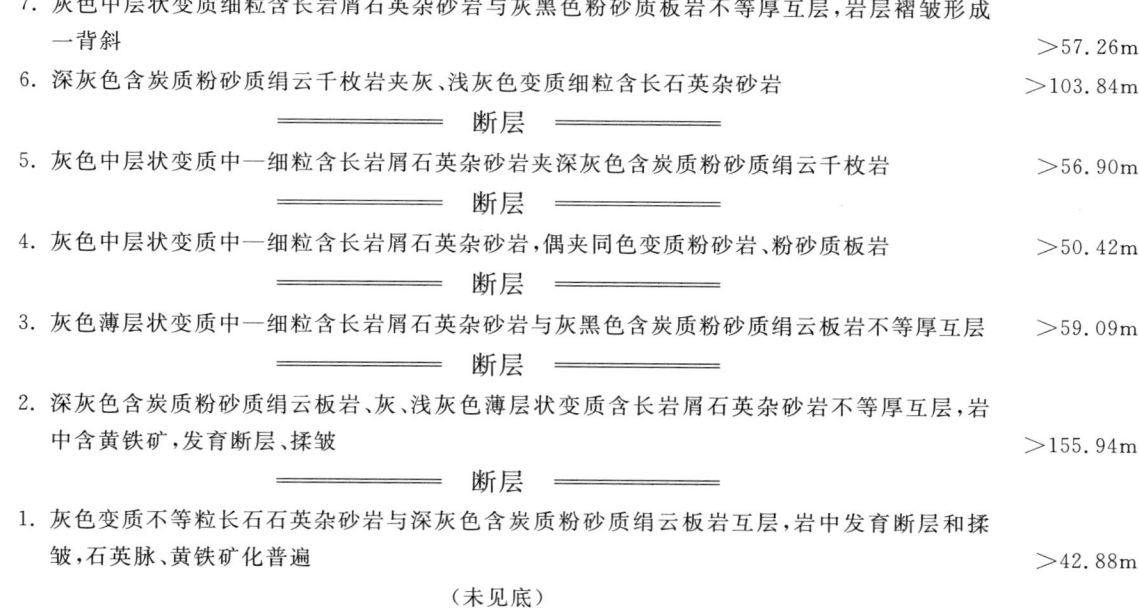

图2-15 隆子县玉门晚三叠世郎杰学群江雄组二段(T_3jx^2)实测剖面图

晚三叠世江雄组二段(T_3jx^2) （未见顶） **>874.2m**

139. 深灰色薄层状粘土岩,见有粉砂质条带,间距在1~2cm间 >16.5m
138. 灰色块状—厚层中细粒岩屑石英砂岩,深灰色薄层状粘土岩组成的层序,厚度比为2:1,每个层序厚1.5~1.8m;发育正粒序层理—水平层理,砂岩底部见少量复成分砂砾岩,具槽模构造,为鲍马层序ae段组合 38.4m
137. 灰色厚层状中—细粒岩屑石英砂岩—灰色中薄层状粉砂岩;厚度比为3:1,每个层序厚1.4~1.6m,发育平行层理—波状交错层理,为鲍马层序bc段组合 56.5m
136. 灰色中层细粒岩屑石英砂岩,深灰色中薄层状粉砂质粘土岩为主,每个互层厚约0.7m,发育微波状交错层理,为鲍马层序cd段组合 65.0m
135. 灰色中层状细粒岩屑石英砂岩,粗粉砂岩,灰色粉砂质粘土岩,厚度比为3:2:1,每个层序厚约1m,可能为鲍马层序cde段组合 63.4m
134. 深灰色中薄层具水平层理粉砂质粘土岩、粘土岩,为鲍马层序de段组合 90.6m
133. 灰色中厚层细粒岩屑石英砂岩、粗粉砂岩,深灰色中薄层粘土岩;厚度比为1:1:2,厚度为1.1~1.3m,发育波状交错层理—水平层理,为鲍马层序cde段组合 43.6m
132. 灰色厚层状中—细粒岩屑石英砂岩,粗粉砂岩,深灰色中层状粉砂质粘土岩,厚度比为3:2:1,每个层序厚约1.5m,多发育平行层理—波状交错层理—水平层理,砂岩底部见槽模构造,为鲍马层序bcd段组合 24.5m
131. 灰色、深灰色中薄层状细粒岩屑石英砂岩,粉砂岩,薄层状粘土岩组成,厚度比为1:2:3,每个层序厚约1m,砂岩底部见槽模构造,为鲍马层序cde段组合 68.4m

| 130. | 深灰色、灰色中薄层粉砂岩,深灰色层状含细砂质泥质粉砂岩,多发育水平层理,厚度比为3:1,每个互层约0.6m,为鲍马层序 de 段组合 | >13m |

================================ 断层 ================================

129.	灰色中厚层细粒含岩屑石英砂岩,石英粉砂岩组成,厚度比为2:1~3:1,每个层序厚1.2~1.3m,多发育平行层理—微波状交错层理,为鲍马层序 bcd 段组合	>23.9m
128.	灰色中层状细粒含细砾岩屑杂砂岩,石英粉砂岩,深灰色薄层状粘土岩组成,厚度比为2:1:1,每个层序厚0.8~1m,多发育波状交错层理—水平层理,为鲍马层序 cde 段组合	65.0m
127.	灰色中层具水平层理粉砂岩—深灰色页片状粘土岩组成的层序,每个层序厚0.5m,为远源浊积岩	>115.7m

================================ 断层 ================================

126.	灰色、深灰色薄层状具水平层理粉砂岩,深灰色页片状钙质水云母状粘土岩,厚度比为2:1,每个层序厚0.3~0.4m,多发育水平层理,为鲍马层序 de 段组合	>75.6m
125.	浅灰色中薄层细粒含白云质岩屑石英砂岩,深灰色薄层状石英粉砂岩近等厚互层,每个互层厚0.3~0.7m,局部见少量页片状钙质水云母粘土岩;多发育波状交错层理—水平层理,为鲍马层序 cd—cde 段组合,多发育紧闭同斜褶皱,轴面北倾	122.1m
124.	深灰色中层状细粒含白云质岩屑石英砂岩、石英粉砂岩,深灰色页状钙质水云母粘土岩组成,厚度比为3:2:3,每个层序厚1m左右,发育平行层理—波状交错层理—水平层理,为鲍马层序 bcd 段组合,多发育斜歪褶皱,轴面北倾	>57.0m

(未见底)

================================ 断层 ================================

下伏地层:晚三叠世玉门混杂岩(T_3Y)

江雄组依据岩石组合,可划分为两个岩性段,一段(T_3jx^1):灰色中层状变质中细粒含长岩屑石英杂砂岩—深灰色粉砂质板岩。从下向上,板岩含量增多,发育微波状交错层理—水平层理,含双壳类碎片。为斜坡复理石相(图版Ⅲ-2)—深海平原沉积,未见底,厚度大于829.52m;二段(T_3jx^2):灰色中厚层—厚层状变质细粒长石石英砂岩、变质细粒岩屑长石石英砂岩、杂砂岩夹深灰色绢云板岩、灰色薄层状粉砂岩,中部见有泥砾岩,厚度大于842.4m。产双壳类:*Halobia* cf. *austrica*,*Burmesia* sp.？*Monotis salinaria*;菊石:*Parajuvavites decwssatus*,*Indojuvaites* sp.；腹足类:*Omphalaptyca concinna*,时代为晚三叠世。

3. 晚三叠世章村组(T_3z)

章村组分布于测区中、北部,近北东向延伸,面积约427km²,为本项目在联测图幅1:25万扎日区幅新建地层单位,建组剖面为朗县拉多剖面,剖面起点坐标:东经93°04′06″,北纬28°43′33″;终点坐标:东经93°02′01″,北纬28°52′54″。剖面主要沿乡间小路测制,露头良好,层序清晰,化石丰富(图2-16)。

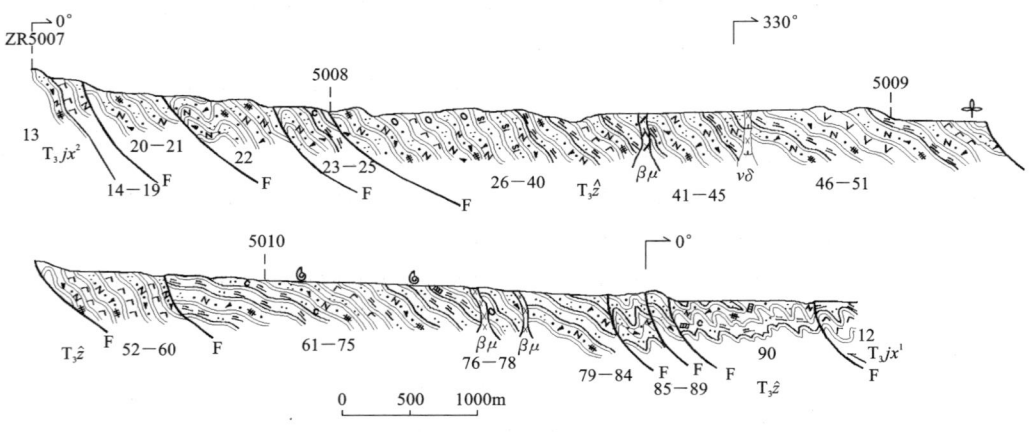

图2-16 朗县拉多章村晚三叠世章村组(T_3z)实测剖面图

上覆地层:晚三叠世江雄一段(T_3jx^1)

========== 断层 ==========

晚三叠世章村组(T_3z) （未见顶）

90. 深灰色中层状变质含长岩屑石英杂砂岩,灰、深灰、灰黑色含炭质粉砂质绢云板岩不等厚互层,中上部夹少量含炭质硅质粉晶灰岩,含炭质硅质结核,灰岩中获牙形刺:*Hungarella subtera* Zheng, *H. Subelliptica* Hou et Gou,? *Prioniodina excavata* Mosher,? *Neogondolella* sp., *Neogondolella polygnathiformis*(Budvrov et stefdnov) >33.63m

========== 断层 ==========

89. 灰黑色含炭质粉砂质绢云板岩 31.83m
88. 灰黑色微薄层状粉砂质板岩夹灰色变质细粒含长岩屑石英杂砂岩 36.16m
87. 浅灰、灰白色薄—中层状变质细粒含长岩屑石英杂砂岩夹灰、灰黑色薄层状粉砂质板岩 41.36m

========== 断层 ==========

86. 灰黑色微薄层状粉砂质板岩夹变质含长岩屑石英杂砂岩 21.43m

========== 断层 ==========

85. 灰色薄层状变质岩屑石英粉砂岩与灰黑色板岩、粉砂质板岩构成韵律层对,岩中发育水平层理、沙纹层理,偶夹灰色变质细粒含长岩屑石英砂岩 30.81m
84. 深灰—灰黑色薄层状粉砂质板岩夹浅灰色变质含长岩屑石英砂岩 54.86m
83. 灰色薄层状变质细粒含长岩屑石英砂岩与灰黑色粉砂质板岩不等厚互层,其间夹有一层厚约3m的灰绿色蚀变玄武岩 254.69m
82. 深灰色板岩、粉砂质板岩夹薄板状变质岩屑石英粉砂岩,向上粉砂岩逐渐增加,偶夹薄层状变质细粒含长岩屑石英砂岩 105.84m
81. 灰色薄板状变质岩屑石英砂岩与灰黑色板岩互层,发育水平层理 28.19m
80. 浅灰色薄层状变质含长岩屑石英杂砂岩与薄层状粉砂质板岩互层 44.81m
79. 灰色变质细粒含长岩屑石英杂砂岩夹变质粉砂岩,上部夹一层厚2.5m的蚀变玄武岩 27.17m
78. 灰色薄层状变质含长岩屑石英杂砂岩、灰黑色薄层状粉砂质板岩互层,夹多层厚1~3m的蚀变玄武岩 84.31m
77. 灰色薄层状变质含长岩屑石英杂砂岩、灰黑色薄层状粉砂质板岩不等厚互层 60.46m
76. 灰色中层状变质含泥砾、含长岩屑石英杂砂岩,夹浅灰色薄层状变质粉砂岩,夹厚约2m的蚀变玄武岩 54.64m
75. 深灰色薄层状砂质绢云板岩与灰黑色粉砂质绢云板岩不等厚互层,岩中含黄铁矿,含量>1% 82.93m
74. 灰色薄层状变质细粒含长岩屑石英杂砂岩、灰黑色粉砂质绢云板岩不等厚互层,砂岩底部有重荷模 92.65m
73. 灰色薄层状变质粉砂岩与浅灰绿色粉砂质绢云板岩、泥质粉砂质绢云板岩互层,板岩中产*Schafhaeutlia mellingi*(Hauer), *S. sphaerioides*(Böttger), *Palaeodictyon ichno* sp.等化石 234.52m
72. 灰色薄层状变质含长岩屑石英杂砂岩,夹浅灰、深灰色薄层状变质粉砂岩、粉砂质绢云板岩,向上板岩增加 87.43m
71. 浅灰、灰色变质细—中粒含长岩屑石英杂砂岩夹灰色粉砂质绢云板岩,砂岩中偶含泥砾、含黄铁矿,岩石具水平层理,局部具波状层理 130.00m
70. 浅灰—灰色薄层状变质中—细粒含长岩屑石英杂砂岩夹灰黑色粉砂质绢云板岩,偶夹厚度小于1m的蚀变玄武岩 26.07m
69. 浅灰绿—深灰绿色蚀变玄武岩 31.86m
68. 深灰绿色薄层状变质泥质粉砂岩与粉砂质板岩构成韵律层 6.62m
67. 灰色变质细粒含长岩屑石英杂砂岩与灰黑色变质绢云石英粉砂岩不等厚互层,夹1~3m不等的灰绿色蚀变玄武岩,粉砂岩中产化石:*Cassianella nyanangensis*, *Arcosaarina olato* 64.26m
66. 浅灰色变质泥质粉砂岩与灰黑色绢云板岩互层 16.06m
65. 浅灰绿—灰绿色强蚀变玄武岩 10.71m

64. 深灰色薄层状含炭质粉砂质绢云板岩与灰色变质细粒含长岩屑石英杂砂岩互层,岩中发育水平层理　　30.90m
63. 灰色薄—中层状含长岩屑石英杂砂岩与灰黑色薄层状粉砂质绢云板岩互层,板岩中获遗迹化石:*Nereites ichno* sp.　　42.57m
62. 深灰—灰黑色粉砂质绢云板岩夹灰色薄层状变质细粒含长岩屑石英杂砂岩　　37.53m
61. 灰色薄层状变质细粒含长岩屑石英杂砂岩与深灰色粉砂质绢云板岩构成韵律层对,偶夹蚀变玄武岩夹层　　120.62m

============ 断层 ============

60. 灰色薄层状变质细粒含长岩屑石英杂砂岩与灰黑色粉砂质绢云板岩互层,产遗迹化石,夹厚1～3m的蚀变玄武岩　　187.58m
59. 灰色中层状变质细粒含长岩屑石英杂砂岩,夹1～2m的蚀变玄武岩　　28.13m
58. 灰色变质含泥砾长石岩屑石英杂砂岩,中层与薄层互层产出,泥砾大小2～5mm,最大2cm,被压扁呈透镜状,含量约1%,夹多层厚1～3m的蚀变玄武岩　　39.99m
57. 灰色中厚层状变质细粒含长岩屑石英杂砂岩,夹少量灰绿色蚀变玄武岩　　79.77m
56. 灰色变质细粒含长岩屑石英杂砂岩、浅灰绿色蚀变玄武岩不等厚互层　　36.92m
55. 灰—深灰色中层状变质细粒含长岩屑石英杂砂岩　　51.97m
54. 浅灰绿色蚀变玄武岩夹灰色变质细粒含长岩屑石英杂砂岩、深灰色粉砂质绢云板岩　　115.63m
53. 灰色变质细粒含长岩屑石英杂砂岩、深灰色粉砂质绢云板岩,夹3层厚1～3m的蚀变玄武岩　　133.75m
52. 灰色变质细粒含长岩屑石英杂砂岩与深灰色粉砂质绢云板岩互层　　32.47m

============ 断层 ============

51. 灰色变质细粒含长岩屑石英杂砂岩与深灰色粉砂质绢云板岩互层,向上砂岩粒度变细为变质粉砂岩,岩中获植物化石:*Clathropteris* sp.,*Taeniopteris leclerei* Zeill,*Equisetites* sp.　　203.48m
50. 浅灰绿色全蚀变玄武岩　　7.32m
49. 浅灰、深灰色变质含长岩屑石英杂砂岩与粉砂质绢云板岩互层　　118.16m
48. 灰、深灰色含长岩屑石英杂砂岩与粉砂质绢云板岩互层,夹1层厚2m的蚀变玄武岩和1层厚1m的全蚀变安山岩　　95.11m
47. 灰色薄层状变质细粒含长岩屑石英杂砂岩与浅灰—深灰色板状绢云石英粉砂岩互层　　96.14m
46. 浅灰、灰色薄层状变质细—中粒含长岩屑石英杂砂岩与深灰色粉砂质绢云板岩不等厚互层　　85.35m
45. 灰、深灰色变质细—中粒含长岩屑石英杂砂岩与粉砂质绢云板岩不等厚互层　　107.19m
44. 灰色中层状变质中—细粒含长岩屑石英杂砂岩,偶夹厚1m左右的蚀变玄武岩、粉砂质绢云板岩　　191.58m
43. 灰色—深灰色粉砂质绢云板岩夹变质中—细粒含长岩屑石英杂砂岩　　14.9m
42. 深灰—浅灰色变质中—细粒含长岩屑石英杂砂岩,其间顺层贯入有灰绿色辉长辉绿岩脉　　125.53m
41. 浅灰—灰色变质细粒含长岩屑石英杂砂岩与灰黑色粉砂质绢云板岩不等厚互层　　59.65m
40. 灰黑色粉砂质绢云板岩与灰色变质细粒含长岩屑石英杂砂岩互层,砂岩底部具槽模、沟模　　279.38m
39. 浅灰绿色蚀变杏仁状玄武岩　　7.71m
38. 灰色变质中—细粒含长岩屑石英杂砂岩与斑点状含粉砂质绢云板岩互层,偶夹变质含砾岩屑石英杂砂岩和蚀变玄武岩　　320.47m
37. 浅灰绿色蚀变玄武岩与灰黑色粉砂质板岩互层　　25.70m
36. 深灰色粉砂质板岩夹变质含长岩屑石英杂砂岩　　47.26m
35. 深灰—灰黑色泥质、粉砂质、硅质板岩夹薄层状变质含长岩屑石英杂砂岩　　128.88m
34. 灰色变质黄铁矿化含长岩屑石英砂岩　　8.32m
33. 灰色变质含泥砾含长岩屑石英杂砂岩,砾径0.2～1cm,含量<1%　　69.16m
32. 灰色变质细粒含长岩屑石英杂砂岩　　56.91m
31. 深灰色变质含泥砾含长岩屑石英杂砂岩,底部砾径最大可达1cm,上部砾径2～5mm　　64.82m

30. 灰—深灰色变质细粒含长岩屑石英杂砂岩,夹2层含泥质粉砂岩砾石的变质细粒含长岩屑石英杂砂岩	52.54m
29. 灰色变质细粒含长岩屑石英杂砂岩夹变质绢云石英粉砂岩,底部夹1~2m厚的蚀变杏仁状玄武岩和厚1m的全绢云母化-碳酸盐化安山玄武岩	73.50m
28. 浅灰—深灰色变质含泥砾黄铁矿化含长岩屑石英杂砂岩	44.88m
27. 灰色变质细粒含岩屑长石石英杂砂岩夹薄板状粉砂质板岩	98.27m
26. 灰—黄灰色变质细粒含长岩屑长石石英杂砂岩、变质细粒含长岩屑石英杂砂岩	419.23m

=============== 断层 ===============

25. 深灰、灰色泥质板岩	72.10m
24. 深灰色粉砂质板岩、含炭质粉砂质绢云板岩	45.71m
23. 灰色中—薄层状变质细粒岩屑长石石英杂砂岩与粉砂质板岩互层	27.65m
22. 灰—灰黄色—深灰色变质细粒岩屑长石石英杂砂岩与粉砂质板岩、含炭质、砂质绢云板岩构成互层层对,偶夹灰绿色玄武岩	428.91m

=============== 断层 ===============

21. 灰、深灰色细粒含岩屑长石石英杂砂岩与粉砂质板岩不等厚互层	126.19m
20. 深灰—灰色变质细粒长石石英杂砂岩与粉砂质板岩不等厚互层	24.27m

=============== 断层 ===============

19. 灰黑色薄层状粉砂质板岩与变质细粒长石石英杂砂岩互层,含遗迹化石	107.47m
18. 灰色变质细粒含岩屑长石-石英杂砂岩,夹1层厚约30cm的碳酸盐化绢云母化玄武岩	9.98m
17. 灰黑色含炭质绢云板岩	38.00m
16. 蚀变杏仁状玄武岩	2.96m
15. 灰黑色含炭质绢云板岩,夹砂质条带	29.66m
14. 浅灰、灰色粉砂质绢云板岩,夹2m厚的片理化绿泥石化碳酸盐化-硅化玄武岩	10.94m
13. 浅灰色薄层状变质细粒长石-石英杂砂岩与粉砂质绢云板岩互层,砂岩底部发育槽模	59.33m

=============== 断层 ===============

下伏地层:江雄组一段(T_3jx^1)

章村组为本项目联测图幅1∶25万扎日区幅新建地层单位(表2-4),由深灰色、灰黑色粉砂质绢云板岩与灰色中薄层状变质细粒含长岩屑石英砂岩不等厚互层,上部见少量泥粉晶灰岩。地层中见有灰绿色蚀变玄武岩、玄武质火山角砾岩、安山玄武岩夹层(图版Ⅳ-5)和灰色块状泥砾岩、含泥砾砂岩;为深海平原—斜坡相沉积,上部见有浅海盆地沉积。产双壳化石:*Cassianella nyanangensis*, *Schafhaeutlita mellingi*, *S. sphaerioides*;腕足类:*Arcosaarina olato*;牙形石:*Hungarella subtera*, *H. skbelliptica*, *Priondina excavata*, *Neogondolella* sp., *N. polygnathiformis*;植物化石:*Clathropteris* sp., *Taeniopteris leclerei*;遗迹化石:*Nereibes ichno* sp. 等,时代为晚三叠世,未见顶,与下伏江雄组为整合接触,厚度大于5897m。

表2-4 晚三叠世章村组新建地层单位简表

建组位置	原来归属	建组依据		接触关系
		岩性	古生物	
西藏自治区朗县章村北 起点坐标:东经93°04′06″ 　　　　　北纬28°43′33″ 终点坐标:东经93°02′01″ 　　　　　北纬28°52′54″ 层型剖面 朗县拉多晚三叠世章村组剖面	晚三叠世郎杰学群	灰色中层状含长岩屑石英砂岩夹粉砂质绢云板岩,其中见有玄武岩、安山岩与之互层。为浅海—斜坡—盆地沉积	双壳:*Cassianeua nyangensis*, *Schafhaeutlia mengllingi*;腕足:*Arcosaarina ovata*;牙形石:*Neogondoella* sp., *N. polygnathiformis*, *N. prioniodina*植物:*Clathropteris meisciodes*, *Taeniopteris leclerei*	底部同晚三叠世江雄组整合接触,未见顶

4. 晚三叠世郎杰学群的岩相分析

郎杰学群为测区内分布最广的地层,岩相较为复杂,包括浊积扇、深海平原和浅水盆地沉积等。

宋热组:以浊积扇和深海平原沉积组成,其中浊积扇最为发育;划分为 9 个序列,其中下部发育 5 个退积型序列;组成一个退积型扇体;每个序列大小不一,其中以第⑤个序列最为特征。中部则发育 5 个进积型序列,组成了一个进积型扇体,其中以第⑨个序列最为特征。上部则由三个退积型序列组成。总体显示了海侵—海退—海侵的过程(图 2-17)。

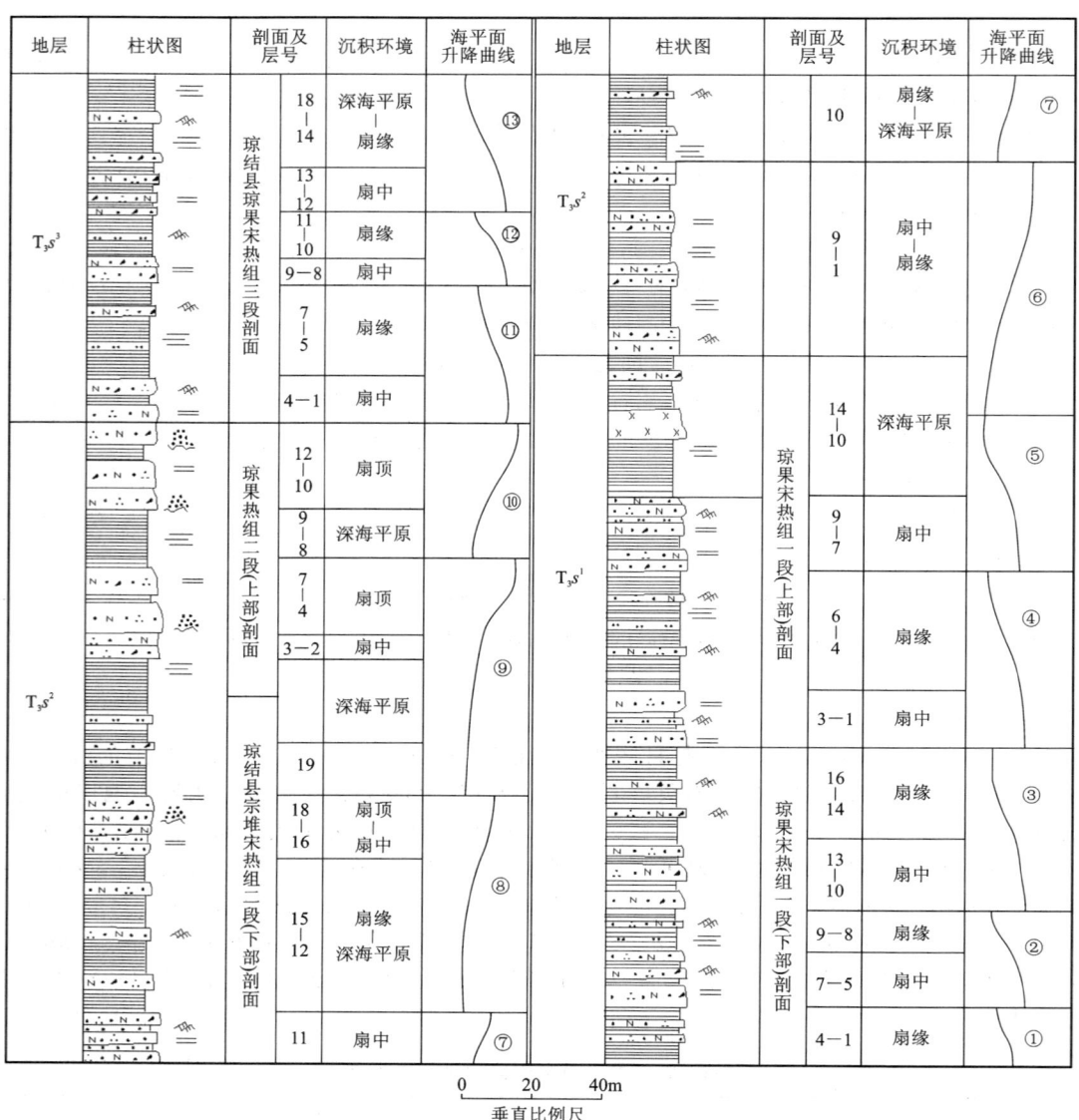

图 2-17 测区晚三叠世宋热组沉积序列图

(据 1:5 万琼果幅、曲德贡幅修改)

第⑤个序列:见于宋热组一段上部,由浊积扇和深海平原组成。

退积型浊积扇沉积:见于该序列下部,厚 38.5m,由灰色中厚层状变质中细粒长石石英杂砂岩—粉砂质绢云板岩组成,下部多发育平行层理—波状交错层理,为鲍马层序 bcd 段组合;上部则以波状交错层理和水平层理为主,为鲍马层序 cde 段组合,其中粒度分析统计平均值 Mz=2.14,标准偏差 δ_1=0.71,偏度 SK=0.48,峰态 KG=1.28;在粒度参数离散图上处于浊积岩边部。曲线由两个总体组成,跳跃总体 A 含量近 55%,集中分布于 1.5φ~2φ[φ=$\log_2 d$(d 为最大视直径的毫米值)]之间。而悬浮总体 B 则由平缓直线组成,含量近 45%,斜率仅 30°,粒径分布在 2φ~4.5φ 之间,为分选性较差的细碎屑物,具浅水浊积岩的特点(图 2-18)。从下向上,板岩含量增多,反映了一个海侵时期的退积型扇体特征。

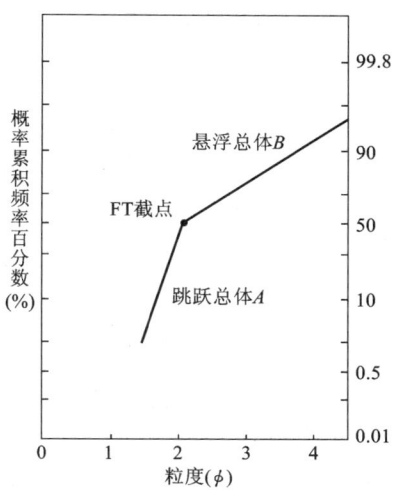

图 2-18　晚三叠世郎杰学群宋热组
概率统计粒度曲线图

深海平原:见于该序列上部,厚 25.5m,由深灰色绢云板岩组成,中见有灰色中层状变质细粒长石石英砂岩夹层,为远源浊积岩,尚有辉长岩脉顺层同期侵位。

第⑨个序列:见于宋热组二段中上部,由深海平原—浊积扇组成。

深海平原:见于该序列下部,由深灰色含粉砂质绢云板岩夹灰色薄层状粉砂岩组成,其中含有 1%～3%的黄铁矿,大小一般为 2～8mm;上部见有灰色中薄层状变质中细粒长石石英砂岩夹层,为远源浊积岩。

进积型浊积扇体:见于该序列上部,为灰色中厚层—块状变质中细粒长石石英砂岩,含粉砂质绢云板岩组成;发育平行层理—波状交错层理,上部见有正粒序层理,底具槽模构造;从下向上,砂岩厚度加大;粒序层理增多,由鲍马层序的 bcd 段组合向 ae 段组合转化,反映了海水变浅,海盆抬升过程中,从扇中—扇顶转变的特点。

江雄组以深海平原和浊积扇沉积为特征,从下向上由 7 个退积型序列和 1 个进积型序列组成(图 2-19);其中以第④个序列最为特征,由退积型扇体和深海平原组成,分述如下。

浊积扇沉积:见于该序列下部,厚 68.9m;由灰色厚层状中—细粒岩屑石英砂岩—中层状粗粉砂岩—粘土岩组成;多发育平行层理—微波状交错层理—水平层理,底具槽模构造(图版Ⅲ-3、图版Ⅲ-4)。下部仅发育前两部分,厚度比为 1∶1,每个层序厚 1.5m;为鲍马层序 bcd 段组合;上部由三者组成,仅发育波状交错层理和水平层理,厚度比为 1∶1∶2,每个层序厚 1.2～1.3m;为鲍马层序 cde 段组合;其中粒度分析统计平均值 $Mz=2.18$,标准偏差 $\delta_1=0.83$,偏度 $SK=0.312$,峰态 $KG=0.89$,在粒度参数离散图中处于浊积岩区(图 2-20)。曲线由两个总体组成,其中悬浮总体 B 含量近 55%,粒径区间宽,主要分布在 2ϕ～4.5ϕ 之间,斜率仅 35°,分选性较差。据福克(1964)粒度判别公式 $Y_{河流与浊流}=0.7875Mz-0.4030\delta_1^2+6.322SK_1+5.2927KG$,$Y=7.682<9.8433$,为浊流沉积(图 2-21)。从下向上,砂岩含量减少,粘土岩含量增多,层厚变薄,显示了海水加深的退积型扇体特征。

深海平原:见于该序列上部,厚 90.6m。由深灰色中层状具水平层理粉砂质粘土岩—粘土岩组成;在其他序列中尚可见少量薄层状具波状交错层理细粒岩屑砂岩,可能为远源浊积岩。

章村组的环境较为复杂,含介形虫的浅水盆地,含植物碎片和遗迹化石斜坡浊积扇以及具薄壳双壳的深海平原均有出露。其中以浊积扇和浅海盆地为特征,下部见少量次深海平原沉积,从下向上,由 9 个进积型序列组成(图 2-22),其中以第 4 个序列发育较为完整;由次深海平原—浊积扇—浅海盆地组成,分述如下。

深海平原:见于该序列下部,厚 530.02m,深灰色薄层状泥岩、硅质板岩,多发育水平层纹,富含黄铁矿,中见有玄武岩和细粒岩屑含长石英杂砂岩夹层,反映了在深水环境下盆地频繁振荡的特点。

浊积扇沉积:见于该序列中部,厚 479.46m,灰色中层状中—细粒含长岩屑石英杂砂岩,粉砂质绢云板岩组成,多发育平行层理—微波状交错层理—水平层理。下部多为鲍马层序 cde—de 段组合,具扇缘沉积特点;上部则以大量平行层理的发育为特点,其中见深水相遗迹化石(图版Ⅳ-6、图版Ⅳ-7)和植物化石,反映了扇中 bcd 段的组合;从下向上,砂岩含量增多,厚度加大,从扇缘—扇中转变,反映了海盆抬升的特点。

地层	柱状图	剖面及层号	厚度(m)	沉积环境	海平面升降曲线	岩性描述及化石
二段	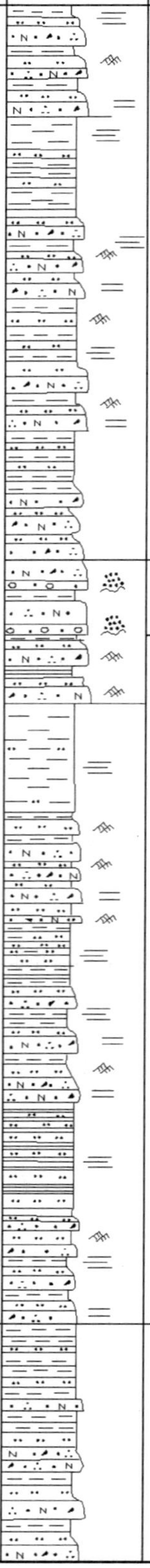	曲松剖面 18—17	25.63	扇中	 ⑨	灰色中层变质细粒岩屑石英杂砂岩、粉砂岩、绢云板岩组成，0.8~1.2 m，厚度比为3:2:1；发育平行层理—波状交错层理—水平层理，具槽模构造，为bad—cd段组合
		16—13	120.64	深海平原—扇缘		深灰色绢云板岩，薄层状粉砂岩，具水平层理，含黄铁矿晶体，为de段组合，含部分深海平原沉积
		12—10	157.58	扇缘—扇中	⑧	灰色中层变质细粒岩屑石英杂砂岩、粉砂岩、绢云板岩组成，发育平行层理—波状交错层理、水平层理，具槽模构造，为bcd—cd段组合
		9—8	108.52	扇缘		灰色变质粉砂岩、绢云板岩呈薄板状互层，具水平层理、波状交错层理
		7—5	152.61	扇中	⑦	灰色中薄层变质细粒岩屑长石石英杂砂岩—中薄层变质粉砂岩组成，0.7~1.1 m，发育平行层理—波状交错层理，具槽模构造，为bcd—bc段组合
		4	29.05	扇缘		灰色中薄层粉砂岩，粉砂质绢云板岩组成，为de—f段组合
		3—1	100.99	扇中	⑥	灰色厚层状变质细粒长石石英杂砂岩—中薄层粉砂岩，绢云板岩组成，发育槽模构造，为bcd段组合
二段 (T_3jx^2)		玉门剖面 138	38.4	扇顶		灰色块状—薄层状含砾中细粒岩屑石英砂岩—薄层状粘土岩，发育正粒序层理—水平层理，具槽模构造，为ae段组合
		137—135	184.4	扇中—扇缘	⑤	灰色中层细粒岩屑石英砂岩—粗粉砂岩—粉砂质粘土岩组成，向上粘土岩不发育；见波状交错层理—水平层理，为cde—cd—bc段组合
		134	90.6	深海平原	④	深灰色中薄层具水平层理粉砂质粘土岩—粘土岩；含少量远洋浊积岩
		133—132	68.9	扇缘—扇中		灰色厚层中—细粒岩屑石英砂岩—粗粒砂岩—粉砂岩，向上见少量粘土岩；发育平行层理—波状交错—水平层理，为bcd—cde段
		131—130	81.4	扇缘		灰色中薄层粉砂岩、泥质粉砂岩，多发育水平层理，夹少量薄层状细粒岩屑砂岩
		129—128	180.7	扇缘—扇中	③	灰色中层细粒含岩屑石英砂岩—粉砂岩—粘土岩组成，发育平行层理—波状交错层理—水平层理，为bcd—cde段组合
		127—126	191.3	深海平原	②	灰色、深灰色薄层状粉砂岩—水云母粘土岩，具水平层理；含少量远源浊积岩
		125—124	179.1	扇缘—扇中		深灰色中层细粒含白云质岩屑石英砂岩—石英粉砂岩—水云母粘土岩组成；发育平行层理—波状交错层理—水平层理，为bcd—cde段组合
一段 (T_3jx^1)		拉多剖面 12—6	467.47	深海平原—扇缘	①	深灰色粉砂质绢云板岩，变质粉砂岩，下部见有少量薄层状细粒含长石英杂砂岩夹层
		5—1	365.23	扇缘—扇中		灰色中层状变质中细粒含长岩屑石英杂砂岩，灰黑色粉砂质板岩不等厚互层

图 2-19 晚三叠世江雄组沉积序列示意图

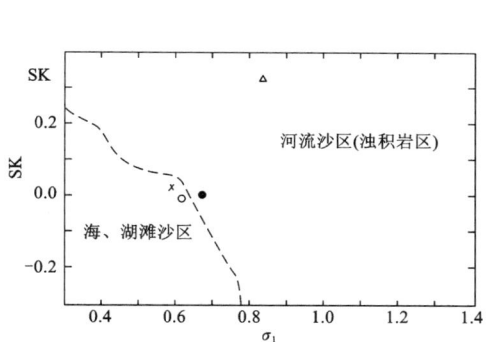

图 2-20　雅鲁藏布江地层分区晚三叠世粒度参数离散图
×.宋热组　○.章村组
△.江雄组二段　●.玉门混杂岩

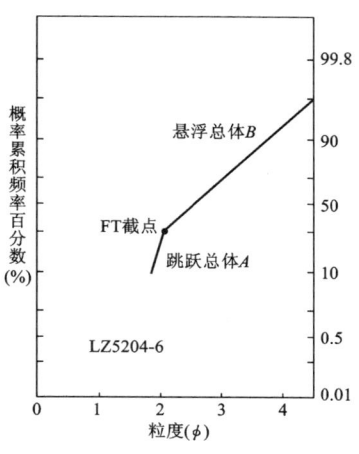

图 2-21　晚三叠世郎杰学群江雄组二段
概率统计粒度曲线图

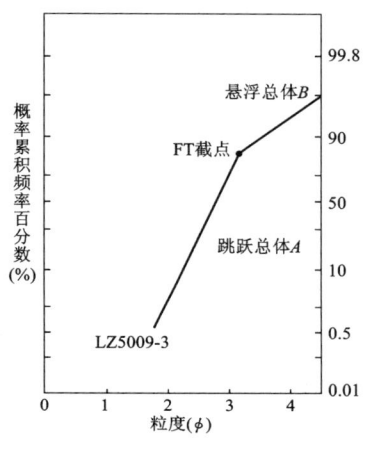

图 2-23　晚三叠世郎杰学群章村组
概率统计粒度曲线图

浅海盆地混合沉积：见于该序列下部，厚 107.19m；由灰色中层状变质含岩屑石英砂岩和粉砂质绢云板岩组成；其中见有玄武岩和安山岩夹层。上部见有少量粉晶灰岩。其中含岩屑石英砂岩粒度分析统计平均值 $Mz=2.82$，标准偏差 $\delta_1=0.62$，偏度 $SK=0.005$，峰态 $KG=1.08$。在粒度参数离散图中处于海、湖滩沙区。曲线由两个总体组成，其中跳跃总体 A 接近 90%，主要分布于 2～3.25 之间，斜率 60°，分选中等。据福克(1964)粒度判别公式 $Y_{海滩与浅海}=15.653Mz+65.7091\delta_1^2+18.1071SK+18.5043KG$ 计算，$Y=89.311>65.365$，为浅海环境(图2-23)。产双壳、菊石和牙形石化石。发育平行层理，顶面见波痕，为浅水混合沉积。

5. 晚三叠世郎杰学群的生物地层和年代地层

区内化石丰富，门类繁多，有双壳、菊石、牙形石和介形虫、植物化石和遗迹化石等，其中尤以双壳类、菊石类最为发育，根据所获化石和部分前人资料，可建立下述化石带。

表 2-5　晚三叠世章村组化石组合对比表

生物地层		双壳类	牙形石	植　物	腕　足	介形石	遗迹化石
章村组	诺利阶		Neogondoella-Prioniodia 组合带			? Hungarella subelliptica, ? H. Subtera	
		Cassianella-Schafhaeutlia 组合带			Arcosarinaovata		Nereites idhno sp. Palaodictyon ichno sp.
				Clathropteris-Taeiopteris 组合带			

双壳类：

(1) *Halobia yunnanensis-H. pluriadiata* 组合带

该组合带常见于宋热组中，重要分子有：*Halobia yunnanensis*，*H. pluriadiata*，*H. gannanensis*，*H.* cf. *comata*，*H.* cf. *styriaca* 等；呈富积状产出，伴生分子为：*Posidonia wengensis*，*Pteria* cf. *murchisoni*，

柱状图	层号	厚度(m)	沉积环境	海平面升降曲线	岩性描述及化石
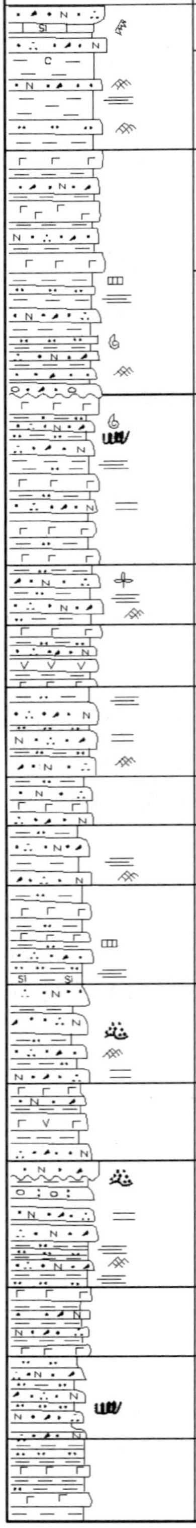	90	33.63	浅海盆地		深灰色中层含长岩屑石英杂砂岩，含炭质粉砂质绢云板岩，含少量硅质粉晶灰岩，产牙形石，多发育平行层理
	89—84	216.25	扇缘	⑧	灰黑色炭质粉砂质绢云板岩，发育水平层理，见少量薄层状变质细粒岩屑砂岩；为鲍马层序cde—de段组合
	83—76	659.61	浅海盆地		灰色薄层状变质岩屑石英砂岩与石英粉砂岩，粉砂岩呈厚层状产出，其中见大量蚀变玄武岩
	75—71	627	扇中—扇缘	⑦	浅灰色变质中细粒含长岩屑杂砂岩夹灰黑色粉砂质绢云板岩；砂岩中见少量泥砾，岩石具波状交错层理—水平层理，砂岩底部具槽模构造，为cd—cde段组合
	70—52	1093.41	浅海盆地		灰色中厚层变质细粒含长岩屑石英砂岩，泥质粉砂岩及粘板岩，发育水平层理及平行层理，有大量玄武岩夹层；产双壳化石和遗迹化石，其中含部分浊积岩
	51	203.48	扇缘	⑥	灰色变质细粒含长岩屑石英杂砂岩与粉砂岩板岩互层；发育平行层理—波状交错层理，底具槽模构造；产植物化石，为bcd段组合
	50—48	220.59	浅海盆地		浅灰色中层状含岩屑石英砂岩与粉砂质绢云板岩互层；中见有玄武岩和安山岩夹层
	47—45	288.68	扇中—扇缘	⑤	灰色中薄层含长岩屑石英杂砂岩与灰色粉砂质绢云板岩互层，发育平行—波状交错层理，为bcd段组合
	44	107.19	次深海盆地		灰色中层变质中细粒含长岩屑石英砂岩；中见少量玄武岩和粉砂质板岩
	43—40	479.46	扇中—扇缘		灰色变质中细粒含长岩屑石英杂砂岩—粉砂质绢云板岩互层，发育平行层理—微波状交错层理，为cde—bcd段组合
	39—35	630.02	浅海盆地	④	深灰色泥岩、硅质板岩，多发育水平层纹，富含黄铁矿；中见有玄武岩和细粒岩屑含长石英杂砂岩夹层
	34—30	251.75	扇顶—扇中	③	灰色变质含长岩屑石英杂砂岩，含泥砾含岩屑石英杂砂岩；发育平行层理—正粒序层理，为bcd—abk段组合
	29	73.50	浅海盆地		灰色变质细粒岩屑石英砂岩夹少量粉砂质板岩；多平行层理，见玄武岩和安山玄武岩夹层
	28—23	707.84	扇顶—扇缘	②	下部为深灰色粉砂质板岩、绢云板岩夹少量薄层状细粒岩屑长石石英杂砂岩，发育水平层理，为de段组合；中部砂岩含量增加，见微波状交错层理和平行层理，为bcd—cde段组合，顶部见泥砾岩，具正粒序层理，为abc段组合
	22	428.91	浅海盆地		灰色、灰黄色变质中厚层细粒长石石英砂岩与粉砂质板岩、绢云板岩互层，夹灰绿色玄武岩，砂岩中多发育平行层理
	21—19	257.93	扇中		灰色中层状含岩屑石英杂砂岩与粉砂质板岩不等厚互层，发育平行—波状交错层理，产遗迹化石，为鲍马层序bcd段组合
	18—14	91.54	次深海盆地	①	灰黑色含炭质绢云板岩、粉砂质绢云板岩，具砂质条带，多发育水平层理，见玄武岩夹层

图 2-22 朗县拉多剖面晚三叠世章村组沉积序列图

Krumbeckiella sp., ? *Chlamyas* sp., ? *Pleuronectires* sp. 等；属种繁多，其中 *Halobia* 属有 5 个种，均为云南晚三叠世 *Halobia* 组合中的组合分子，时限为晚三叠世卡尼期，包含部分诺利期。

（2）*Burmia-Unionitea* 组合带

该组合带常见于江雄组，重要分子有：*Burmia* sp., *Unionita* sp., *Monotis salinaria*，伴生分子有：*Halobia* cf. *austrica*, *H.* cf. *tyopitum*, *H. plicosa* 等；其中前三种属种常见于云南晚三叠世诺利期 *Burmia lirata-Myophoria* 组合，为其重要组合分子，故组合时代为诺利期。

（3）*Cassianella nyanangensis-Schafhaeutlis mengllingi* 组合带

该组合带常见于章村组中下部，属种较为单一，以 *Cassianella nyanangensis*, *Schafhaeutlis mengllingi*, *S. sphaerioides* 高丰度产出为特征，伴生产出腕足 *Arcosarina ovata*；其中 *Cassianella nyanangensis* 为晚三叠世诺利期的重要分子。

牙形石：*Neogondoella polygnathiformis-Prioniodina excavata* 组合带。

该组合带常见于章村组顶部硅质粉晶灰岩中，重要分子有：*Neogondoella* sp., *N. polygnathiformis*, *Hungarella subtera*, *H. subelliptica* 等；覆于双壳类 *Cassianella nyanangensis-Schafhatutlia mengllingi* 组合带之上；为云南上三叠统三合洞组中的重要分子，时代为晚三叠世诺利期。

植物化石：*Clathropteris meisciodes-Taeniopteris leclerei* 组合带。

该组合带常见于章村组下部浊积扇中，化石保存较差，常见分子有：*Clathropteris meisciodes*, *Taeniopteris leclerei*, *Equisetites* sp., 多为华南植物群 TD 组合中的带化石，时代为晚三叠世诺利期。

此外，在章村组中尚有腕足类 *Arcosarina ovata*，介形类? *Hungarella subelliptica*，? *H. subtera* 以及复理石相遗迹化石：*Nereitesichno* sp., *Palaeodictyonichno* sp. 等，时代多为晚三叠世。

6. 晚三叠世郎杰学群的层序地层

通过对测区晚三叠世岩石地层单位的划分，背景沉积与特殊地质体的调查，将层序界面性质和由层序界面限定的层序初步划分为两个正层序（Ⅲ级层序）（图 2-24），现分述如下。

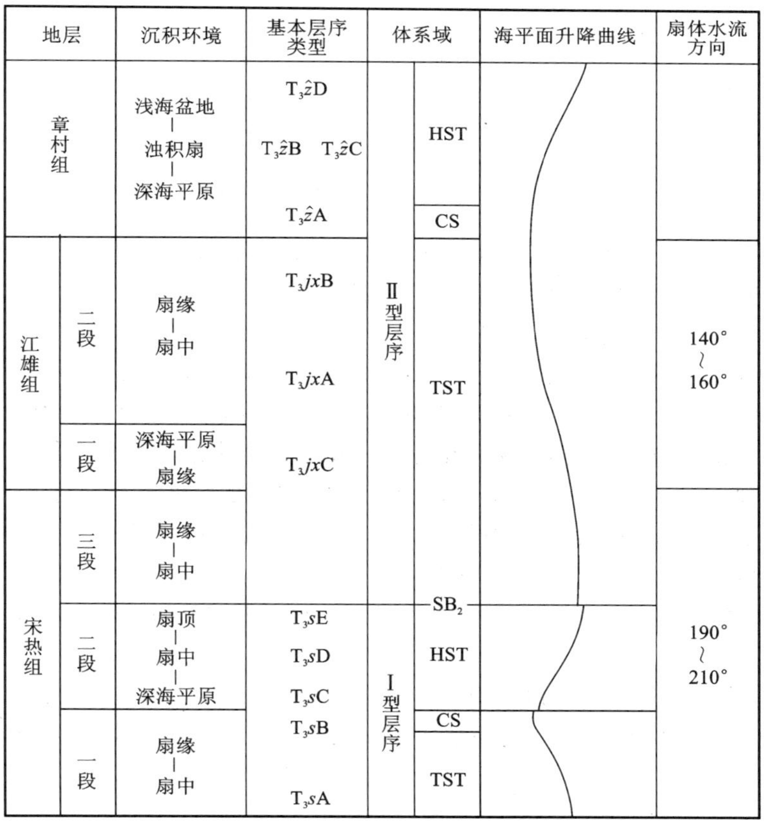

地层		沉积环境	基本层序类型	体系域		海平面升降曲线	扇体水流方向
章村组		浅海盆地―浊积扇―深海平原	$T_3\hat{z}D$ $T_3\hat{z}B$ $T_3\hat{z}C$ $T_3\hat{z}A$		HST CS		
江雄组	二段	扇缘―扇中	T_3jxB T_3jxA	Ⅱ型层序	TST		140°～160°
	一段	深海平原―扇缘	T_3jxC				
宋热组	三段	扇缘―扇中			SB$_2$		190°～210°
	二段	扇顶―扇中―深海平原	T_3sE T_3sD T_3sC	Ⅰ型层序	HST		
	一段	扇缘―扇中	T_3sB T_3sA		CS TST		

图 2-24 雅鲁藏布江地层分区上三叠统层序地层体系域划分图

第一个正层序:由宋热组一段和二段组成,包括海侵体系域和高水位体系域,未见底,推测为I型层序。

海侵体系域(TST):常见于宋热组一段,由基本层序 T_3sA 和 T_3sB 组成。前者由灰色中厚层状变质中细粒石英杂砂岩—粉砂质绢云板岩组成,多发育平行层理—水平层理,底具槽模构造;每个层序厚 0.8~1.1m,砂泥比为 1:1~2:1,为鲍马层序 bcd—cde 段组合,为扇中—扇缘沉积,体现了退积型层序的特点。后者由深灰色绢云板岩组成,具垂向加积—微退积型层序的特征,其中见有少量细粒岩屑长石石英砂岩夹层;为深海平原沉积,两个层序类型共同构成了从斜坡扇—深海平原的半旋回性退积型序列。

饥饿段(CS):见于宋热组一段顶部,由深灰色绢云板岩组成,富含黄铁矿,与深海平原垂向加积层序类同。

高水位体系域(HST):常见于宋热组二段;由基本层序 T_3sC、T_3sD、T_3sE 组成(图 2-25)。

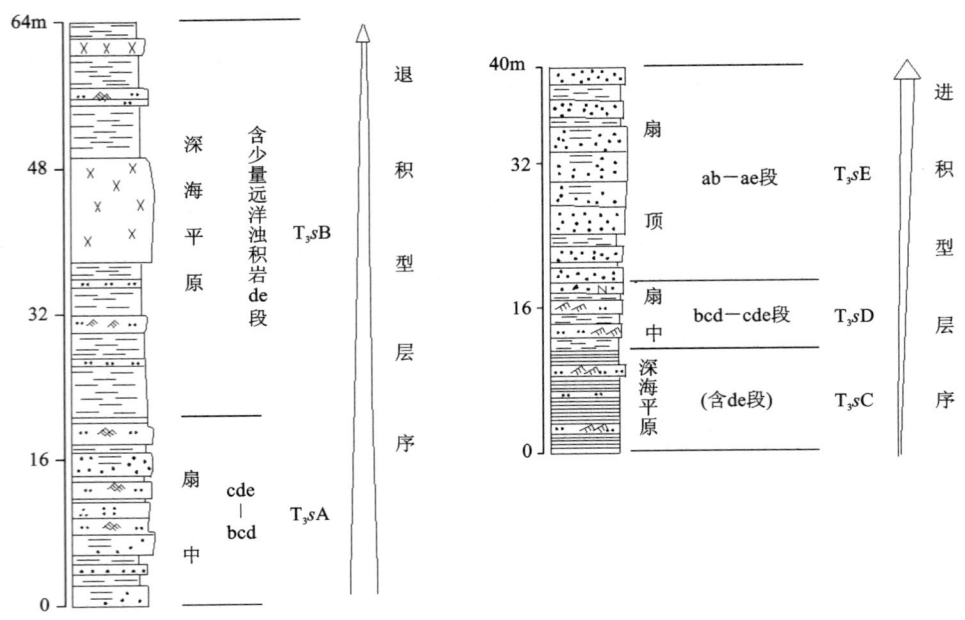

图 2-25 晚三叠世宋热组层序示意图

T_3sC:为深水平原沉积,由灰、深灰色粉砂质绢云板岩和薄层状粉砂岩组成,多发育水平层理,每个层序厚 0.3~0.4m,砂泥比为 1:5~1:4,为加积型—弱进积型层序。

T_3sD:由灰色中层状—中厚层状细粒岩屑石英砂岩,含粉砂质绢云板岩组成;多发育平行层理—微波状交错层理—水平层理,每个层序厚 0.8~1.2m,从下向上,砂岩厚度增多,从 2:1~4:1 转变,从鲍马层序 cde 段组合向 bcd 段组合转变,反映水体不断变浅,海平面总体下降的特征。

T_3sE:为该正层序最顶部的组合,由灰色中厚层—块状变质中细粒长石石英砂岩,粉砂质绢云板岩组成;多发正粒序层理—平行层理—水平层理,底具槽模构造,底部见少量泥砾岩,为鲍马层序 ab—ae 段组合,具浊积扇扇顶沉积特点。上述 3 种基本层序,完整构成了从深海平原—扇中—扇顶的演化,显示了海盆萎缩的海退过程,具高水位体系域特点。

第二个正层序:由宋热组三段和江雄组、章村组组成,包括海侵体系和高水位体系,底界为 SB_2 界面。

SB_2 界面:分布于宋热组三段和二段之间,在区域上反映为整合接触;该界面野外不甚明显,上下岩性相似,仅反映了层序转换界面的特点,为下伏进积型层序与上覆退积型层序的界面。

海侵体系域(TST):包含宋热组三段和江雄组,组成较为单一,其中以 T_3jxA、T_3jxB 和 T_3jxC 最具代表性(图 2-26)。

T_3jxA:由灰色薄层状中—细粒岩屑石英砂岩,中层状粉砂岩组成,发育平行层理—微波状交错层理,底具槽模构造,厚度比为 1:1,每个层序厚 1.5m;为鲍马层序 bcd 段组合。从下向上,粘土岩含量增

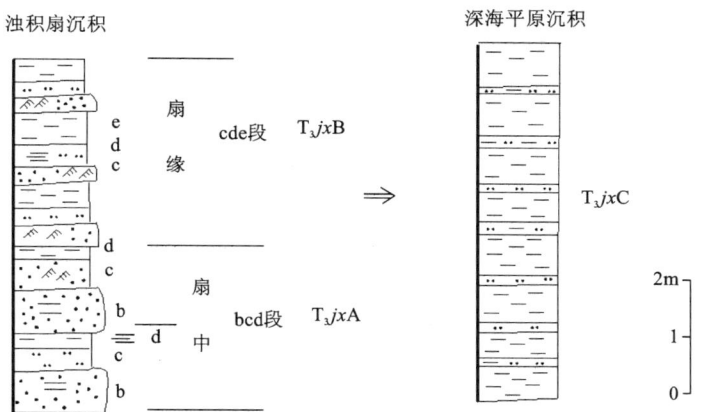

图 2-26　晚三叠世江雄组退积型沉积层序示意图

大,上述两种层序构成了一个完整的退积型浊积扇体。

T_3jxB:由灰色中厚层状细粒岩屑石英砂岩、中层状粉砂岩、粘土岩组成,发育波状交错层理—水平层理,厚度比为1:1:2,每个层序厚1.1～1.3m;从下向上,粘土岩含量增大,上述两种层序构成了一个完整的退积型浊积扇体。

T_3jxC:常见于浊积扇之上,由深灰色中层状具水平层理粉砂质粘土岩、粘土岩组成,呈韵律性互层状产出;为弱退积—加积型层序,具深海平原沉积特点,上述3种基本层序,完整构成了从扇中—扇缘—深海平原的演化,显示了海盆持续上升的海侵体系域特点。

高水位体系域(HST):仅见于章村组中,包含$T_3\hat{z}$A、$T_3\hat{z}$B、$T_3\hat{z}$C 和 $T_3\hat{z}$D 4种基本层序(图2-27)。

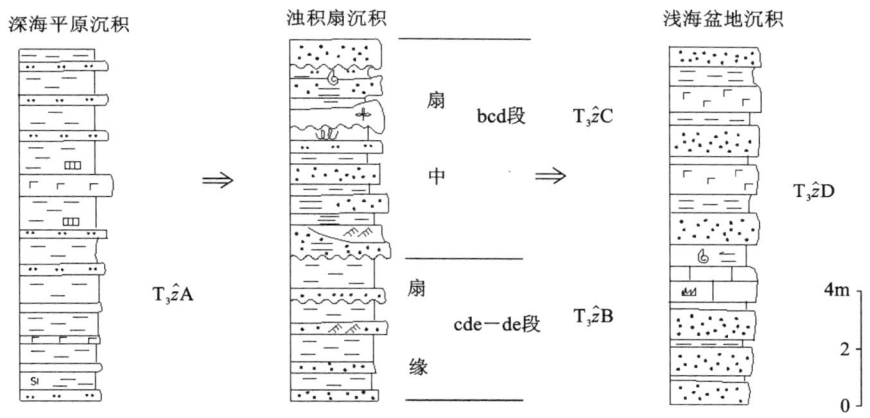

图 2-27　晚三叠世章村组进积型沉积层序示意图

$T_3\hat{z}$A:由深灰色薄层状泥岩,少量硅质板岩组成,多发育水平层纹,富含黄铁矿。为垂向加积—弱进积型层序,具深海平原沉积特点;中见有玄武岩和薄层状细粒含长石英杂砂岩夹层,产薄壳双壳。

$T_3\hat{z}$B:由灰色中层状细粒含长岩屑石英杂砂岩,砂质绢云板岩组成,发育微波状交错层理—水平层理,厚度比为1:1～2:1,每个层序厚0.6～0.9m,为鲍马层序 cde 段组合。

$T_3\hat{z}$C:岩性组合同前,多发育平行层理—微波状交错层理,较前砂岩含量增多;产植物化石和复理石相遗迹化石;为鲍马层序 bcd 段组合;两种层序类型构成了从 cde—bcd 段组合的转变,具进积型层序特点。

$T_3\hat{z}$D:由灰色中层状变质含长岩屑石英砂岩和粉砂质绢云板岩相间产出,发育平行层理和水平层理,砂岩顶部具波痕,厚度比为1:1～2:1,每个层序厚0.8～1.0m,其中见深灰色杏仁状玄武岩和安山岩夹层;在层序上部时常含牙形石粉晶灰岩;为浅海盆地混合沉积,层序体现弱进积+加积的特点。

上述4种基本层序,从下向上,由深海平原—扇缘—扇中—浅海混合沉积,显示了一个持续的海退过程,具高水位体系域的沉积特点。

7. 晚三叠世郎杰学群的岩石化学特征

郎杰学群岩石化学特征,包括岩石的常量元素、微量元素及稀土元素特征,现将其分述如下。

(1) 常量元素特征

砂岩的常量元素地球化学特征,在一定程度上可反映物源区性质和古代沉积盆地的构造背景(Bhatia,1983)。郎杰学群各组的砂岩岩石化学成分(表2-6)的平均值,与Bhatia(1983)活动大陆边缘典型砂岩类型相近似。在其砂岩主要氧化物构造环境判别图解(图2-28)中,均主要落入活动大陆边缘区内。而在图2-29、图2-30、图2-31中,亦集中落在活动大陆边缘区内。在图2-32则均落在优地槽区内。

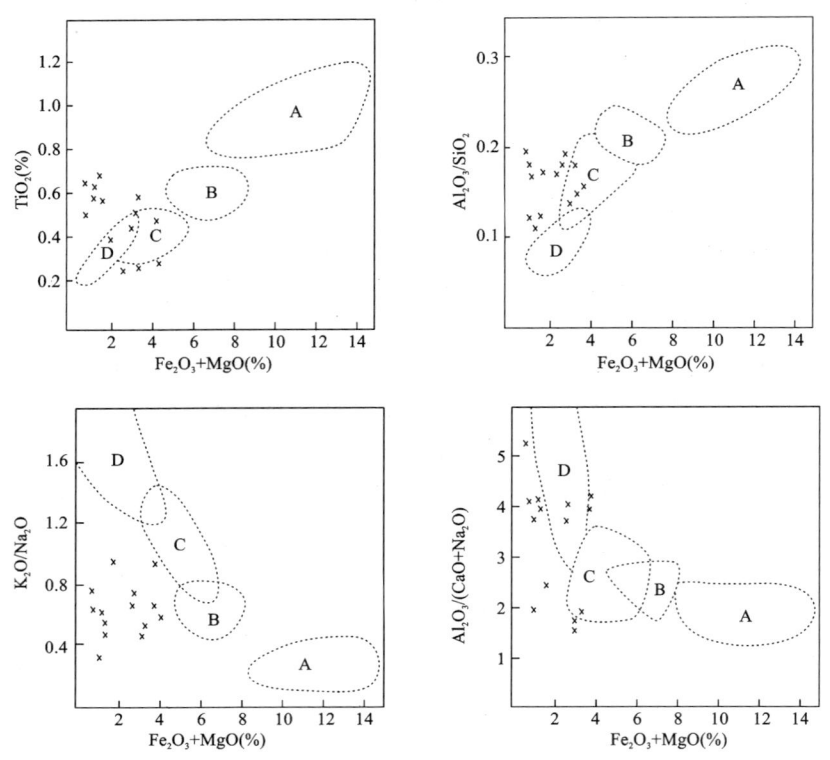

图 2-28 郎杰学群砂岩主要氧化物构造环境判别图解

(据 Bhatia,1983)

A. 大洋岛弧;B. 大陆岛弧;C. 活动大陆边缘;D. 被动大陆边缘

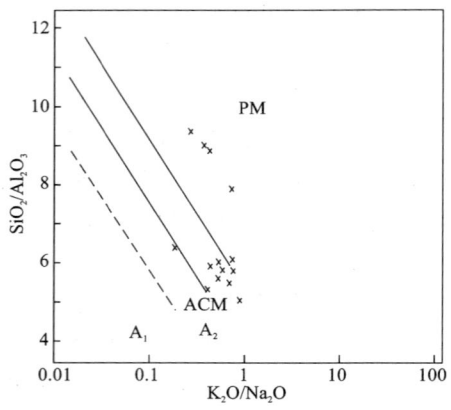

图 2-29 郎杰学群砂岩 SiO_2/Al_2O_3 与 K_2O/Na_2O 构造背景判别图

(据 Maynard 等,1982)

PM. 被动陆缘;ACM. 活动陆缘

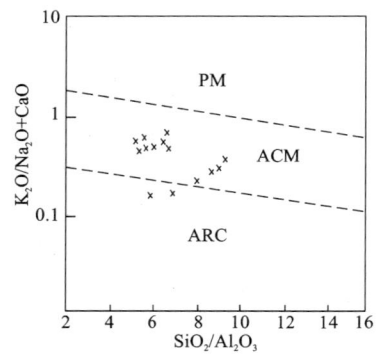

图 2-30 郎杰学群砂岩 $K_2O/(Na_2O+CaO)$-SiO_2/Al_2O_3 判别图

(据方国庆,1993)

PM. 被动大陆边缘;ACM. 活动大陆边缘;ARC. 大洋岛弧

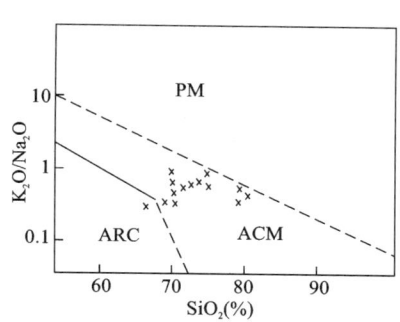

图 2-31 郎杰学群砂岩 K_2O/Na_2O-SiO_2 图解
(据 Rose 等,1986)
PM.被动大陆边缘;ACM.活动大陆边缘;ARC.大洋岛弧

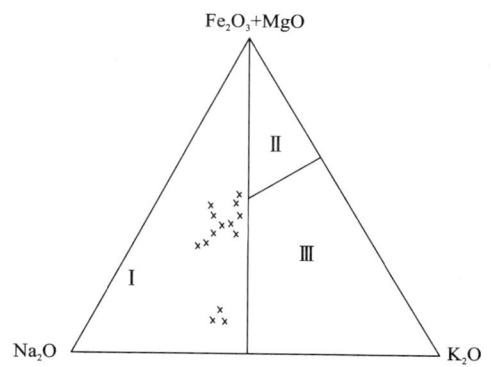

图 2-32 郎杰学群砂岩 Fe_2O_3＋MgO-Na_2O-K_2O 图解
(据 Blatt 等,1972)
Ⅰ.优地槽;Ⅱ.准地槽;Ⅲ.断裂地槽

(2) 微量元素特征

测区郎杰学群的微量元素含量(表 2-7),从表中可以看出,微量元素在砂岩相对较富,与涂和费(1962)相较,Sr、U、Co、Hf、Sc、Th、As、Zn 偏高,其他元素则较为接近。与 Bhatia M R 和 Crook K A W(1986)的活动大陆边缘砂岩的微量元素含量相近似。在 Bhatia(1983)La-Th 判别图解(图 2-33)、La-Th-Sc 判别图解(图 2-34)、Th-Co-Zr/10 判别图解(图 2-35)和 Th-Sc-Zr/10 判别图解(图 2-36)中,砂岩的投点均多接近或较集中地落在大陆岛弧区内。

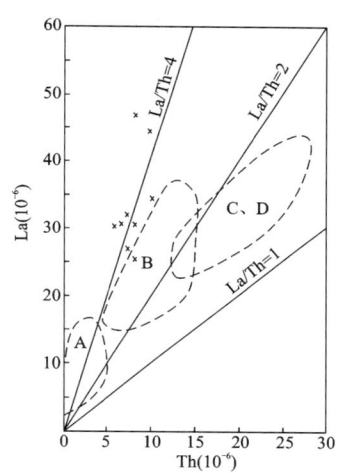

图 2-33 郎杰学群砂岩构造环境 La-Th 判别图解
(据 Bhatia,1981)
A. 大洋岛弧;B. 大陆岛弧 C. 活动陆缘;D. 被动陆缘

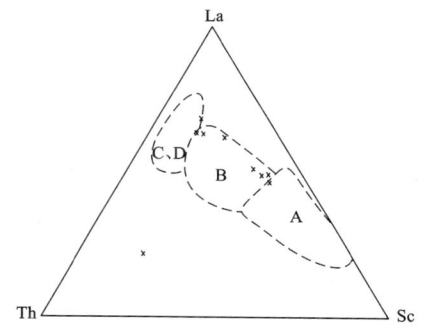

图 2-34 郎杰学群砂岩构造环境 La-Th-Sc 判别图解
(据 Bhatia,1981)
A. 大洋岛弧;B. 大陆岛弧 C. 活动陆缘;D. 被动陆缘

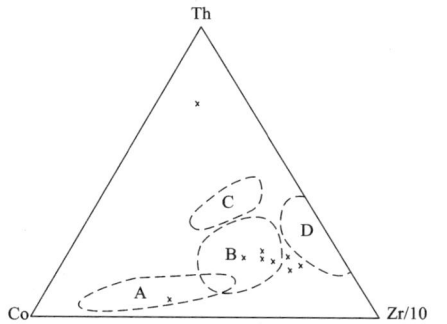

图 2-35 郎杰学群砂岩构造环境 Th-Co-Zr/10 判别图解
(据 Bhatia,1981)
A. 大洋岛弧;B. 大陆岛弧 C. 活动陆缘;D. 被动陆缘

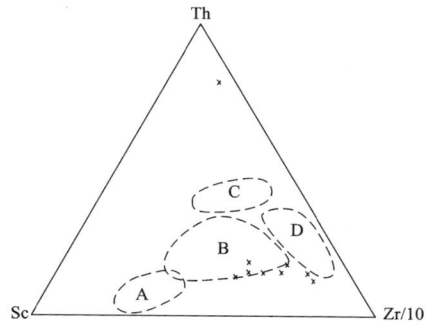

图 2-36 郎杰学群砂岩构造环境 Th-Sc-Zr/10 判别图解
(据 Bhatia,1981)
A. 大洋岛弧;B. 大陆岛弧 C. 活动陆缘;D. 被动陆缘

表 2-6 郎杰学群砂岩化学成分及特征参数表

样品 氧化物	ZR5008-43	ZR5110-9	5*	6*	8*	9*	10*	13*	14*	1300-7**	1301-5**	1309-1**	1315-5**	1317-1**	$\bar{X}$
SiO_2（%）	80.43	80.20	70.24	73.68	72.68	66.53	74.74	75.94	81.92	73.64	75.11	76.18	72.63	71.71	74.69
TiO_2（%）	0.75	0.59	0.57	0.55	0.63	0.54	0.62	0.47	0.60	0.39	0.43	0.24	0.27	0.26	0.49
Al_2O_3（%）	8.31	8.96	10.49	12.57	14.05	11.68	12.15	11.93	9.16	12.66	9.45	12.10	13.16	12.16	11.35
Fe_2O_3（%）	1.01	1.08	2.87	0.06	0.04	3.09	0.63	1.23	1.04	0.36	2.51	2.78	1.06	0.83	1.33
FeO（%）	1.01	1.71	2.65	8.09	4.39	1.74	3.78	2.76	2.39	2.79	0.79	1.39	4.34	3.89	2.98
MnO（%）	0.092	0.064	0.21	0.05	0.03	0.19	0.05	0.02	0.07	0.05	0.19	0.11	0.05	0.04	0.09
MgO（%）	0.56	0.65	0.62	0.98	0.83	0.30	0.79	0.80	0.61	1.62	0.92	1.06	1.40	1.37	0.89
CaO（%）	1.41	0.84	3.40	0.35	0.16	4.91	0.43	0.23	0.29	0.95	3.05	0.70	0.33	0.55	1.26
Na_2O（%）	2.93	2.50	2.67	2.78	2.49	3.37	2.49	2.62	2.23	2.33	2.18	2.33	2.64	2.70	2.59
K_2O（%）	0.74	1.23	1.15	1.71	1.87	1.55	1.50	1.46	0.94	2.16	1.56	1.94	1.77	1.56	1.51
P_2O_5（%）	0.18	0.19	0.10	0.13	0.21	0.14	0.14	0.10	0.11	0.11	0.12	0.12	0.06	0.15	0.13
烧失量（%）	1.92	2.032													
总 量（%）	99.342	100.046	94.97	100.95	97.38	94.04	97.32	97.56	99.36	97.06	96.31	98.95	97.71	95.22	97.587
Fe_2O_3+MgO（%）	1.60	1.76	3.49	1.04	0.85	3.39	1.42	4.03	1.65	1.98	3.57	3.88	2.51	2.31	2.39
Al_2O_3/SiO_2	0.1034	0.1117	0.15	0.17	0.19	0.18	0.16	0.16	0.11	0.1720	0.1258	0.1585	0.1812	0.1696	0.15
K_2O/Na_2O	0.2542	0.4902	0.43	0.62	0.75	0.46	0.60	0.56	0.42	0.9277	0.7168	0.8340	0.6703	0.5775	0.59
Al_2O_3/Na_2O+CaO	1.9187	2.6804	1.73	4.02	5.43	1.41	4.16	4.19	3.63	3.867	1.8066	3.9968	4.4309	3.7339	3.3575
SiO_2/Al_2O_3	9.679	8.951	6.45	5.88	5.26	5.56	6.25	6.25	9.09	5.817	7.948	6.230	5.519	5.897	6.7701
K_2O/Na_2O+CaO	0.77	0.60	0.19	0.55	0.68	0.19	0.51	0.51	0.37	0.659	0.298	0.640	0.596	0.48	0.5031

注：*据1：5万琼果幅、曲德贡幅，2002；**据1：20万加查幅，1995。

第二章 地层及沉积岩

表 2-7 郎杰学群砂岩微量元素特征表（$\times 10^{-6}$）

元素 样品	Rb	Sr	U	Ba	Cr	Co	Yb	Hf	Zr	Y	La	Ce	Th	Sc	Ti	Ni	Cu	Pb	Zn	Cs	W	As	Sb	Sn
ZR5008-43						6.3			423	17.63	28.82	56.09	7.5	6.6	2456	11.9								
ZR1110-9						9.0			300	18.42	27.13	55.14	7.9	7.0	1887	18.9								
5*	52.4	140	2.6	250	31.6	7.6	2.49	5.6	180		31.2	56.7	5.7	11			28.2	6.0	66.7	4.7	1.61	13.4	2.37	2.5
6*	80.9	64	3.1	470	34.7	11.4	1.96	5.3	220		31.7	55.6	8.0	10			36.8	12.0	72.0	4.8	1.26	7.0	1.09	10
8*	26.5	56	2.4	190	29.8	7.3	2.23	10	270		29.5	52.4	5.1	8.4			18.6	14.0	81.4	2.2	0.88	5.3	0.62	0.3
9*	79.8	94	3.3	300	36.0	5.5	2.26	8.0	245		32.0	55.3	6.8	9.2			4.8	1.0	41.3	5.2	2.1	34.8	0.56	1.5
10*	82.6	92	2.7	365	50.1	10.0	2.21	9.0	270		33.3	60.4	9.1	12			19.8	11.0	89.9	5.7	1.26	5.7	0.5	2.0
13*	66.9	58	2.7	280	34.9	6.8	2.61	15	445		44.4	82.0	9.1	7.3			15.1	4.0	68.1	4.2	0.82	7.4	0.57	1.2
14*	49.4	59	2.7	260	34.5	8.2	2.45	6.5	220		47.2	81.7	6.8	7.0			14.2	11.0	90.8	3.6	0.75	4.9	0.65	1.5
$\overline{X}$	62.6	80.4	2.79	302	35.9	8.01	2.32	8.49	286	18.0	33.9	61.70	7.33	8.72	2172	15.4	19.6	8.43	72.9	4.34	1.24	11.2	0.17	2.71
涂和费(1962)	60	20	0.45		35	0.3		3.9	220				1.7	1				7	15	3.6	0.75	1	1	

注：* 据1:5万琼果幅、曲德贡幅资料，2002。

(3)稀土元素特征

郎杰学群砂岩的稀土元素含量(表2-7),其$\sum$REE为$132.72\times10^{-6}\sim196.16\times10^{-6}$,LREE/HREE为$7.58\sim10.79$,$(La/Yb)_N$为$8.45\sim12.99$,$\delta$Eu平均值为0.63。其稀土配分型式为右倾轻稀土富集型,重稀土平坦型,具铕弱负异常,类似于Bhatia(1985)活动大陆边缘砂岩的稀土特征(图2-37)。

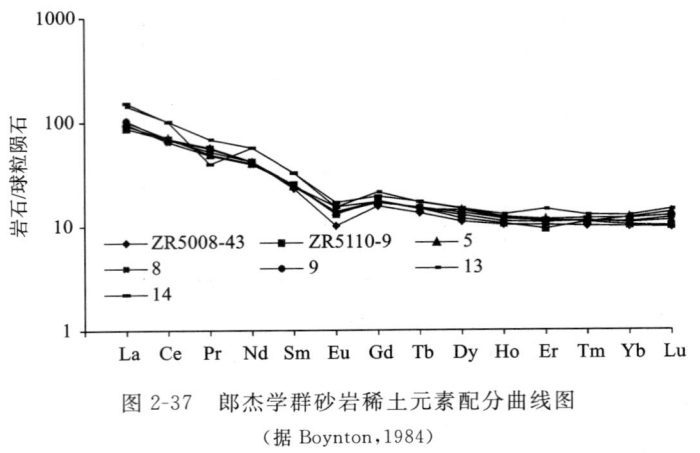

图2-37 郎杰学群砂岩稀土元素配分曲线图

(据Boynton,1984)

综上所述,晚三叠世郎杰学群砂岩的常量元素地球化学特征、微量元素地球化学特征和稀土元素地球化学特征,均与活动大陆边缘环境相近似,故晚三叠世郎杰学群可能为活动大陆边缘斜坡浊积扇沉积。

(二)晚三叠世玉门混杂岩(T_3Y)

玉门混杂岩主要分布于测区中部,东西向延伸展布,面积约291km²,位于朗贡断裂与邛多江—卡拉—玉门断裂之间,在西部一带呈线状构造显示。为本项目根据隆子县玉门—邛多江一带新发现的超基性—基性岩混杂岩带在邻区1:25万扎日区幅新建的构造地层单位(表2-8);建组剖面为邻区隆子县玉门剖面,此外,在测区尚有隆子县三安曲林卡拉辅助剖面。现将其分述如下。

表2-8 晚三叠世玉门混杂岩新建地层单位简表

建组位置	原来归属	建组依据			接触关系
		岩性	古生物		
西藏自治区隆子县玉门乡 起点坐标:东经93°04′26″ 北纬28°37′53″ 终点坐标:东经93°02′06″ 北纬28°40′53″	晚三叠世郎杰学群	深灰色薄层状粘土岩粘土质硅质岩、粉砂岩和少量细粒岩屑砂岩组成,其中见大量辉橄岩、辉长辉绿岩、枕状玄武岩构造块体	双壳:*Monotis solinaria*,*M. haueri*,*Posidonia guangyuanensis*; 放射虫:*Copunchosphoaera* sp. *Bertraccilium* sp. *Pseudostylosphaera* sp.		南部与被动大陆晚三叠世涅如组呈断层接触,北部与活动大陆边缘郎杰学群章村组呈断层接触
层型剖面					
隆子县玉门晚三叠世玉门混杂岩剖面					

1. 隆子县玉门晚三叠世玉门混杂岩实测剖面(图2-38)

剖面位于隆子县玉门乡北,起点坐标:东经93°04′26″,北纬28°37′53″;终点坐标:东经93°02′06″,北纬28°40′53″。剖面主要顺新修国防公路测制,露头良好,基岩露头达90%以上,地质现象清楚。

上覆地层:晚三叠世郎杰学群江雄组(T_3jx)

============ 断层 ============

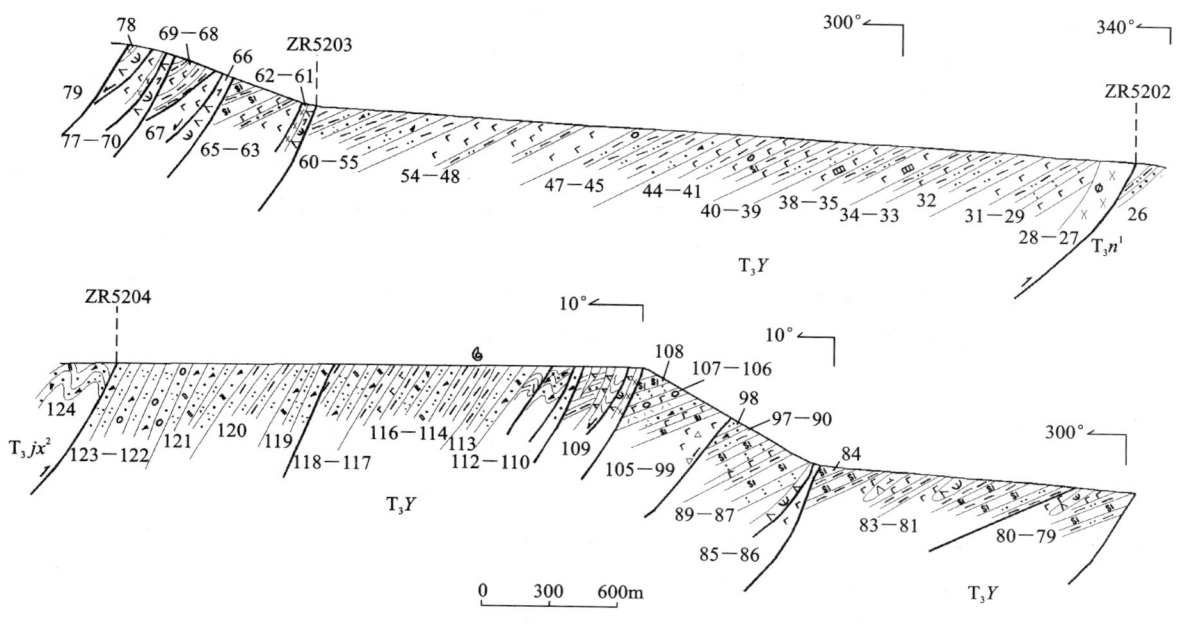

图 2-38 隆子县玉门晚三叠世玉门混杂岩（T_3Y）实测剖面图

晚三叠世玉门混杂岩（T_3Y）　　　　　　　　　　　　　　　　　　　　　　　　　　　　>5208m

123. 灰色块状具正粒序层理不等粒岩屑石英砂岩,深灰色薄层状泥岩组成的层序,砂岩底部具槽模构造,砂泥比为 3:1,每个层序厚 2.1～2.2m,为鲍马层序 ae 段组合,反映了海盆抬升,河道急剧下切的特点　　　　　　　　　　　　　　　　　　　　　　　　　　　　>68.8m

122. 灰色块状含泥屑、泥砾不等粒岩屑石英砂岩,灰色中层状石英粉砂岩组成,厚度比为 3:1,每个层序厚 2m 左右,发育正粒序层理—平行层理—波状交错层理,砂岩底部见槽模构造,为鲍马层序 abc 段组合　　　　　　　　　　　　　　　　　　　　　　　　　　　　190.6m

121. 浅灰色厚层—块状细粒含白云质岩屑石英砂岩,灰色中层状石英粉砂岩,每个层序厚 1.5m 左右,发育平行层理—波状交错层理—水平层理,底部见槽模构造,为鲍马层序 bcd 段组合,其中见灰绿色中等蚀变中细粒辉绿岩岩脉,围岩具角岩化　　　　　　　　　　　　　　　　　　　223.4m

120. 灰色中层状石英粉砂岩,深灰色中薄层粉砂质泥岩,厚度比为 1:1～2:1,每个层序厚 0.5～0.7m,多发育水平层理,为鲍马层序 de 段组合;其中见有少量灰色辉绿岩平行层面侵入,顺走向尖灭　　　　　　　　　　　　　　　　　　　　　　　　　　　　132.3m

119. 灰色厚层细粒含白云质岩屑砂岩,深灰色中层状石英粉砂岩;厚度比为 2:1,每个层序厚 1.4～1.5m;发育平行层理—波状交错层理—水平层理,底具槽模构造,为鲍马层序 bcd 段组合　　　　　　　　　　　　　　　　　　　　　　　　　　　　169.6m

118. 灰色厚层细粒含白云质岩屑石英砂岩,深灰色薄层石英粉砂岩;少量粘土岩,厚度比为 3:2:1,每个层序厚 2m,发育微波状交错层理—水平层理,为鲍马层序 cde—cd 段组合　　　　　　　　　　　　　　　　　　　　　　　　　　　　63.1m

117. 灰色中层细粒含白云质岩屑石英砂岩,深灰色薄层状粉砂岩,粘土岩,厚度比为 3:2:1～7:2:2,每个层序厚 3～4m;多发育微波状交错层理—水平层理,底部见槽模构造,为鲍马层序 cde 段组合　　　　　　　　　　　　　　　　　　　　　　　　　　　　96.0m

116. 灰、深灰色中层细粒含白云质岩屑石英砂岩、深灰色薄层状粉砂质粘土岩、浅灰色含高岭土碳酸盐化杏仁状玄武岩,厚度比为 1:5:1;每个韵律厚 3～4m　　　　　　　　　　　　　　　　　　　　　　　　　　　　84.6m

115. 灰色中层细粒含白云质岩屑石英砂岩、薄层状石英粉砂岩、深灰色中层状粘土岩;发育微波状交错层理—水平层理,厚度比为 1:2:4,厚 0.8～1m,砂岩底部见槽模构造,为鲍马层序 cde—de 段组合　　　　　　　　　　　　　　　　　　　　　　　　　　　　62.0m

114. 下部为灰色薄层状粉砂质粘土岩及粘土岩,每个层序厚 0.4～0.5m,多发育水平层理,夹少量灰色中层状细粒岩屑石英砂岩,发育槽模构造;上部块状粘土岩,为鲍马层序 cde—def 段;产双壳化石:*Posidonia* cf. *wengenensis*　　　　　　　　　　　　　　　　　　　　　　　　192.1m

113. 灰色中厚—厚层状细粒含白云质岩屑石英砂岩,条纹状泥质粉砂岩,灰色厚层状粘土岩组成,发育微波状交错层理—水平层理。砂岩底部见槽模,辉绿岩平行层理侵入,产遗迹化石:Nereits sp.,为鲍马层序 cde 段组合	>127.0m

===== 断层 =====

112. 灰色中厚层细粒含白云质岩屑石英砂岩,条纹状泥质粉砂岩组成,每个层序厚1.2~1.3m,发育微波交错层理—水平层理,为鲍马层序 bcd 段组合,辉绿岩平行于层理侵入,多揉皱	>26.8m

===== 断层 =====

111. 灰色厚层状粉砂质泥岩,灰色中层状细粒含白云质岩屑石英砂岩;发育微波状交错层理—水平层理,为鲍马层序 cde 段组合,见 1.2m 左右的辉绿岩顺层侵入,具冷凝边	>28.2m

===== 断层 =====

110. 灰色块状粘土岩,灰色中层状细粒含白云质岩屑石英砂岩,厚度比为 2:1,其中见有两层厚 1.2~1.5m 的基性岩,呈岩墙状	>21.4m

===== 断层 =====

109. 灰色中层状凝灰质硅质岩、细砂质粉砂岩,其中多发育小型正断裂,见大量中等—强蚀变单辉橄榄岩,中—强蚀变玄武岩构造块体	>78.7m

===== 断层 =====

108. 灰色中厚层状具粒序层理黄铁矿化蚀变沉凝灰岩,含黄铁矿凝灰质泥质硅质岩,厚度比为 5:1,灰绿色中等蚀变细粒辉绿岩顺层侵入	>58.5m
107. 灰色块状—厚层状黄铁矿化沉火山角砾岩、灰黑色块状粉砂质粘土岩,角砾为玄武岩、凝灰岩、硅质岩和少量砂岩,砾径为 1~3cm 及 0.3~0.5cm,胶结物为凝灰质和砂泥质	46.6m
106. 灰黑色块状粘土岩、粉砂质粘土岩,夹3层厚约 1.5m 的灰色微黄铁矿化沉火山角砾岩	31.1m
105. 灰色中基性火山岩	49.6m
104. 浅灰、浅灰绿色中层细粒含岩屑石英砂岩,石英粉砂岩,灰色粘土,厚度比为 3:2:1,每个层序厚 1~1.3m,底见槽模构造	50.1m
103. 灰黑色块状粘土岩、硅质岩	42.8m
102. 下部灰绿色绿泥石化硅化火山灰凝灰岩夹凝灰质硅质岩及灰绿色硅质岩,每个互层厚 8~10cm;上部灰色具枕状构造强—中等蚀变杏仁状玄武岩	33.6m
101. 深灰色块状泥岩,夹少量灰色细粒岩屑石英砂岩	23.7m
100. 灰、深灰色中等—强蚀变玄武岩	11.9m
99. 灰色微片理化碎裂蚀变含黄铁矿玄武质火山质火山角砾岩,火山角砾在 0.5~1cm 间,玄武岩角砾呈次棱角状,含量约70%	>43.0m

===== 断层 =====

98. 灰、浅灰色中层状中细粒含钙质岩屑石英砂岩—灰色薄层石英粉砂岩,每个层序厚 0.8~1cm,发育平行—微波状交错层理,底见重荷模,为鲍马层序 bcd—cde 段组合	>68.4m
97. 深灰、灰色块状粘土岩,其中有灰色薄层状凝灰质硅质岩夹层,见有 2m 宽的中等蚀变细粒辉绿岩顺层侵入	42.1m
96. 灰色具枕状构造强蚀变杏仁状玄武岩	16.7m
95. 灰色中薄层状凝灰质硅质岩	8.3m
94. 灰、深灰色块状粘土岩,夹少量灰色、灰绿色中层凝灰质硅质岩	20.8m
93. 灰、深灰色块状粘土岩,夹少量灰色、灰绿色中层凝灰质硅质岩	31.5m
92. 灰色中等—强蚀变玄武岩	19.0m
91. 灰、深灰色块状粘土岩	19.0m
90. 灰色碎裂岩化中等—强蚀变玄武岩	38.1m
89. 深灰色块状粘土岩,夹灰绿色中层中粗粒岩屑石英砂岩	53.2m

88. 灰绿色渌泥石化硅化火山灰球凝灰岩夹凝灰质硅质岩,浅灰绿色薄层状沉凝灰岩;每个韵律厚 0.8m 左右,厚度比为 1∶3,顶部见少量灰、深灰色中等蚀变玄武岩　　52.6m
87. 绿灰、浅灰色中薄层沉凝灰岩　　>8.7m
86. 下部灰、深灰色强—中等钠黝帘石化玄武岩;上部深灰色含碳酸盐蛇纹石化超基性岩;整体以构造块体形式产出　　>34.1m

============ 断层 ============

85. 深灰色块状水云母粘土岩夹浅色中薄层状硅质粘土岩,见浅灰绿色中等钠黝帘石化粒玄岩　　>73.0m

============ 断层 ============

84. 灰、深灰色块状粘土岩,灰色薄层状石英粉砂岩,薄层泥岩;底部见有少量灰色中层状细粒岩屑石英砂岩、石英粉砂岩　　>36.8m
83. 灰黑色中等蛇纹石化单辉橄榄岩,灰色强—中等钠黝帘石化玄武岩和灰黑色块状硅质岩构造块体混杂　　5.1m
82. 深灰色块状粘土岩,夹灰色中层状细粒岩屑石英砂岩、石英粉砂岩,每个夹层厚 1.5～1.8m,底部见槽模构造　　>63.1m
81. 灰、深灰色块状粘土岩,灰色中薄层状硅质粘土岩,夹少量灰色薄层状石英粉砂岩,底部和中部见有深灰色强蛇纹石化—滑石化单辉橄榄岩和灰色中等硅化白云石化杏仁状玄武岩构造块体　　>93.2m

============ 断层 ============

80. 下部为灰、灰绿色中等钠黝帘石化粒玄岩;上部为灰色、深灰色块状粘土岩,浅灰色中薄层硅质泥岩,见有深灰色强蛇纹石化—滑石化单辉橄榄岩和灰色中等硅化杏仁状玄武岩构造块体　　>38.9m
79. 灰、浅灰色中薄层碎裂粘土质硅质岩,块状粘土岩,夹少量灰色碎裂中等钠黝帘石化致密状玄武岩　　>119.5m

============ 断层 ============

78. 灰色中等钠黝帘石化辉长辉绿岩及橄榄岩构造块体　　>4.3m

============ 断层 ============

77. 灰黑色中等—强透闪石化蛇纹石化单辉橄榄岩、灰色中等钠黝帘石化玄武岩构造块体产出　　>50.6m

============ 断层 ============

76. 浅灰绿色中薄层状蚀变沉凝灰岩、深灰色块状粘土岩　　>15.1m
75. 灰色致密状弱黝帘石化玄武岩、灰色弱钠黝帘石化杏仁状玄武岩　　>83m
74. 灰色中等钠黝帘石化辉绿岩,与橄榄岩间为侵入关系　　>3.8m
73. 深灰色、灰黑色强蛇纹石化单辉橄榄岩;其中见有灰色碎裂岩化中等—强钠黝帘石化杏仁玄武岩块体,多发育次级断裂,整体以构造块体形式产出　　>48.2m

============ 断层 ============

72. 下部灰黑色块状粘土岩,硅质粘土岩,上部以蚀变沉凝灰岩为主　　>17.6m
71. 灰、深灰色碎裂岩化绿泥石化硅化玄武岩　　>4.2m

============ 断层 ============

70. 灰黑色碎裂化强蛇纹石化单辉橄榄岩构造岩块　　>20.1m

============ 断层 ============

69. 浅灰色中—薄层含粘土质微生物硅质岩,灰黑色中层状硅质粘土岩,底部见少量灰绿色中等绿泥石化碳酸盐化含杏仁状玄武岩　　52.3m
68. 灰色中薄层状含粘土质硅质岩、水云母粘土岩　　>28.8m

============ 断层 ============

67. 灰黑、浅灰绿色中等钠黝帘石化粒玄岩,碎裂岩化橄榄岩构造块体　　>38.4m

========== 断层 ==========

66. 灰黑色中等蛇纹石化单辉橄榄岩构造块体　　　　　　　　　　　　　　　　　　　　　　　>9.6m

========== 断层 ==========

65. 灰绿色碳酸盐化玄武岩,灰色中薄层粘土质生物硅质岩、含钙质水云母粘土岩,厚度比为
    1:3,每个韵律厚 5~6m　　　　　　　　　　　　　　　　　　　　　　　　　　　　　　>78.7m

64. 灰绿、深灰色玄武岩,深灰色薄层粉砂质泥岩,厚度比为 2:1　　　　　　　　　　　　　　80.3m

63. 深灰、灰绿色致密状玄武岩　　　　　　　　　　　　　　　　　　　　　　　　　　　　>48.9m

========== 断层 ==========

62. 灰、浅灰绿色弱绿泥帘石化辉绿岩构造块体　　　　　　　　　　　　　　　　　　　　　>5.4m

61. 灰黑色块状强蛇纹石化单斜橄榄岩构造块体　　　　　　　　　　　　　　　　　　　　　>12.2m

========== 断层 ==========

60. 深灰色块状粘土岩,见有少量具水平层理的粉砂质条带,间距在 0.1~0.2cm 间,为欠补偿
    垂向加积　　　　　　　　　　　　　　　　　　　　　　　　　　　　　　　　　　　　>36.2m

59. 灰色薄层状具水平层理石英粉砂岩与深灰色薄板状粉砂质粘土岩,厚 0.6~0.7m,为鲍马
    层序 de 段组合　　　　　　　　　　　　　　　　　　　　　　　　　　　　　　　　　　30.8m

58. 深灰色中层状细粒岩屑石英砂岩,深灰色薄板状粉砂质粘土岩,砂泥比为 1:5,发育微波状
    交错层理—水平层理,每个层序厚 1.5~1.8m,为鲍马层序 cde 段组合　　　　　　　　　　45.1m

57. 深灰色中薄层石英粉砂岩与灰色薄板状粉砂质粘土岩近等厚互层,发育水平层理,每个层
    序厚约 0.5m,为鲍马层序 de 段组合　　　　　　　　　　　　　　　　　　　　　　　　45.1m

56. 灰色中层状细粒岩屑石英砂岩,深灰色薄板状砂质粘土岩,砂泥比为 1:4~1:3,每个层序厚
    2~3m,发育微波状交错层理—水平层理,为鲍马层序 cde 段组合　　　　　　　　　　　　45.7m

55. 深灰色薄板状粉砂质粘土岩与灰色薄层状沉凝灰岩呈不等厚互层,从下向上,由 1:2~2:1　130.0m

54. 深灰色、灰绿色绿泥石化钠黝帘石化致密状玄武岩与灰黑色沉积凝灰岩呈不等厚互层,厚
    度比为 10:1,每个韵律厚 3~4m　　　　　　　　　　　　　　　　　　　　　　　　　　34.6m

53. 深灰、灰绿色绿泥石化钠黝帘石化致密状玄武岩　　　　　　　　　　　　　　　　　　　61.0m

52. 灰色杏仁状玄武岩、浅灰色薄层状沉凝灰岩、灰色薄板状粉砂质粘土岩组成的韵律,厚度比
    为 5:1:2,每个韵律厚约 8m　　　　　　　　　　　　　　　　　　　　　　　　　　　　33.6m

51. 灰、浅灰色杏仁状玄武岩,含星点状黄铁矿　　　　　　　　　　　　　　　　　　　　　28.9m

50. 灰色杏仁状玄武岩、浅灰色薄层状沉凝灰岩、灰色薄板状粉砂质粘土岩组成韵律,三者厚度
    比为 5:1:2,每个韵律厚 7~8m　　　　　　　　　　　　　　　　　　　　　　　　　　　48.6m

49. 灰、浅灰色杏仁状玄武岩,含星点状黄铁矿　　　　　　　　　　　　　　　　　　　　　46.8m

48. 深灰色薄板状粉砂质粘土岩与浅灰色强—中等钠黝帘石化玄武岩近等厚互层,每个互层厚
    约 4m　　　　　　　　　　　　　　　　　　　　　　　　　　　　　　　　　　　　　　84.5m

47. 深灰色薄板状粉砂质粘土岩,见铁泥质结核,大小在 3~4cm 之间,为欠补偿的次深海沉积　84.2m

46. 深灰色薄板状粉砂质粘土岩,中见有少量灰色薄层状石英粉砂岩,厚度比为 4:1~5:1,每个
    层序厚 0.7~0.8m,为鲍马层序 de 段组合　　　　　　　　　　　　　　　　　　　　　　82.3m

45. 灰、深灰色中层状具微波状交错层理—水平层理的细粒岩屑石英砂岩,灰色薄层状石英粉
    砂岩,深灰色薄板状粉砂质粘土岩;砂岩底部见槽模构造,三者厚度比为 1:2:4,为鲍马层序
    cde 段组合　　　　　　　　　　　　　　　　　　　　　　　　　　　　　　　　　　　64.1m

44. 深灰、灰绿色致密状玄武岩　　　　　　　　　　　　　　　　　　　　　　　　　　　　55.5m

43. 灰、浅灰色块状强绿泥石化碳酸盐化杏仁状玄武岩,灰黑色致密状玄武岩,浅灰色薄层状沉
    凝灰岩,深灰色薄板状粉砂质粘土岩;厚度比为 2:4:1:8,每个喷发—沉积韵律厚 18~19m　100.5m

42. 灰色块状强绿泥石化碳酸盐化杏仁状玄武岩,灰黑色致密状玄武岩组成　　　　　　　　　77.6m

41. 灰、浅灰色块状强绿泥石化碳酸盐化杏仁状玄武岩,灰、浅灰色薄层状沉积凝灰岩,灰黑色
    块状硅化泥岩组成,厚 3~4m,厚度比为 10:1:5　　　　　　　　　　　　　　　　　　　58.5m

40. 深灰色薄板状粉砂质粘土岩,发育水平层理,上部夹少量薄层状石英砂岩	82.6m
39. 深灰色薄板状粉砂质粘土岩与灰色薄层状具水平层理沉凝灰岩,近等厚互层,每个互层在0.7~0.8m间	54.9m
38. 深灰、灰绿色粗玄岩,含星点状黄铁矿	27.3m
37. 深灰色薄板状粉砂质粘土岩与灰色薄层状具水平层理沉凝灰岩,厚度比为3∶1,每个层序厚2.5m	83.9m
36. 灰绿色粗玄岩与灰色薄板状粉砂质粘土岩近等厚互层,每个互层厚3~5m	81.1m
35. 灰绿色粗玄岩,含星点状黄铁矿	50.4m
34. 深灰色薄板状粉砂质粘土岩夹灰色薄层状石英粉砂岩,厚度比为2∶1,每个互层厚约0.5m,发育水平层理,为鲍马层序 de 段组合	49.6m
33. 灰黑色致密状玄武岩,灰色中层状沉凝灰岩,深灰色薄板状粉砂质粘土岩互层,每个互层厚1.5~2m,厚度比3∶1;常5~6个互层与粉砂质粘土岩组成一个韵律,厚15~20m	66.4m
32. 深灰色薄板状粉砂质粘土岩与灰色薄层状具水平层理石英粉砂岩互层,每个互层厚0.5~0.7m,为鲍马层序 de 段组合。见2.3m的浅灰色辉绿岩顺层侵入,围岩具角岩化	128.1m
31. 深灰色块状玄武岩,浅灰色中层状沉凝灰岩互层,每个互层厚1.5~2m,厚度比为2∶1	47.1m
30. 灰色、深灰色薄块状板状粉砂质粘土岩,灰色中薄层沉凝灰岩互层,每个互层厚2.5m左右,厚度比为5∶1~4∶1	80.3m
29. 灰、深灰色块状玄武岩,深灰色片理化沉凝灰岩互层,每个互层厚1.5~2m,厚度比为3∶1	59.1m
28. 灰、深灰色帘石化弱钠黝帘石化细粒辉绿岩,中有少量灰黑色粉砂质泥岩捕房	>53.9m
27. 灰、深灰色弱钠黝帘石化细粒辉绿岩构造块体,含少量星点状黄铁矿	>64.4m

======== 断层 ========

下伏地层:晚三叠世涅如组(T_3n)

2. 隆子县三安曲林卡拉晚三叠世玉门混杂岩剖面(图 2-39)

剖面位于隆子县三安曲林乡北,起点坐标:东经92°55′59″,北纬28°41′10″;终点坐标东经:92°56′23″,北纬28°38′28″,剖面主要顺国防公路测制,露头中等—好,基岩出露达80%以上,地质现象清楚。

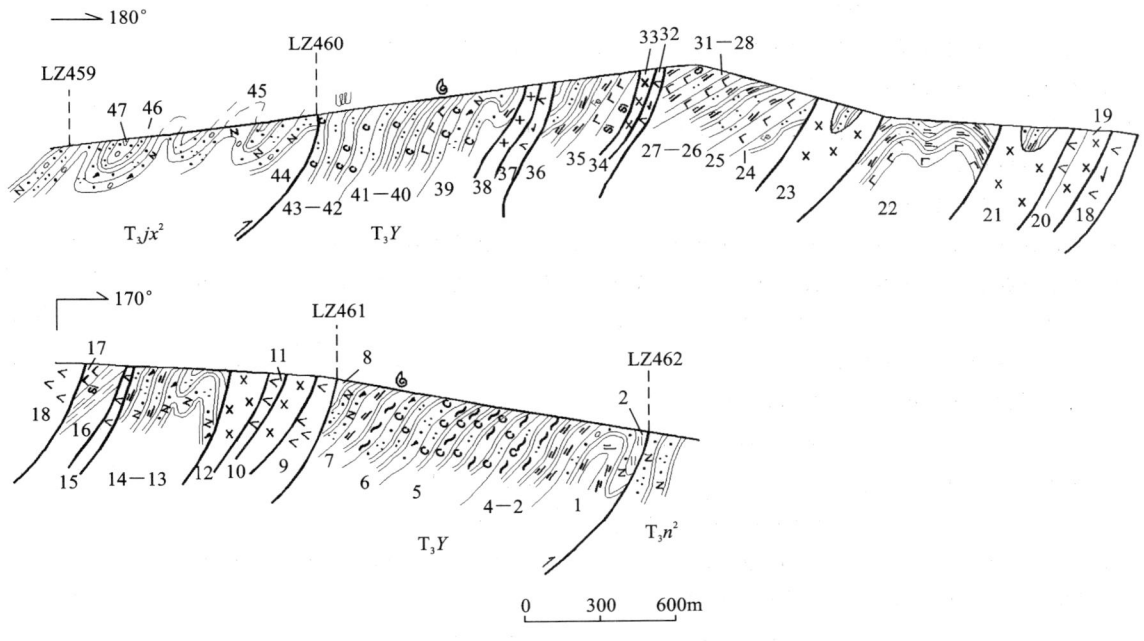

图 2-39 隆子县卡拉晚三叠世玉门混杂岩(T_3Y)实测剖面图

上覆地层：晚三叠世郎杰学群江雄组（T_3jx）

========== 断层 ==========

晚三叠世玉门混杂岩（T_3Y）　　　　　（未见顶）　　　　　　　　　　　　$>$4228.3m

43. 灰色含粉砂质炭质板岩，夹灰色薄层板状粉砂岩，具水平层理，产遗迹化石：Nereites sp.，
    Paleodietyon sp.　　　　　　　　　　　　　　　　　　　　　　　　　　　　　$>$152.9m

42. 灰色含粉砂质炭质板岩，其中夹有厚约 10m 的灰色块状不等粒含钙质岩屑长石石英杂砂岩
    块体　　　　　　　　　　　　　　　　　　　　　　　　　　　　　　　　　　　100.14m

41. 灰色粉砂质板岩与灰色含粉砂质炭质板岩互层，每个互层厚 0.2m；夹灰色薄层状细粒岩屑
    长石石英杂砂岩，产遗迹化石：Nereites sp.，Paleodietyon sp.　　　　　　　　　283.48m

40. 灰色粉砂质板岩与灰色含粉砂质炭质板岩近等厚互层，每个互层厚 0.2～0.3m；夹 1～2m 厚
    的灰色全蚀变玄武岩数层，产双壳化石：Montis tenuicostata.，Posidonia guangyuanensis.，
    P. subrugosa　　　　　　　　　　　　　　　　　　　　　　　　　　　　　　　46.51m

39. 灰色中厚层轻变质不等粒岩屑长石石英杂砂岩与灰色炭质绢云粉砂质板岩呈不等厚互层，
    厚度比为 3∶1～4∶1，厚 0.7～1m　　　　　　　　　　　　　　　　　　　　　　$>$78.37m

========== 断层 ==========

38. 浅灰绿色强碳酸盐化绢云母化钠长石化二辉辉橄岩构造块体　　　　　　　　　　$>$64.96m

========== 断层 ==========

37. 深灰绿色蚀变橄榄岩构造块体　　　　　　　　　　　　　　　　　　　　　　　$>$29.98m

========== 断层 ==========

36. 灰色褐铁矿化绢云板岩，偶夹薄层状粉砂岩　　　　　　　　　　　　　　　　　$>$273.91m
35. 浅灰色蚀变玄武岩　　　　　　　　　　　　　　　　　　　　　　　　　　　　　77.40m
34. 浅灰色薄层状硅质泥岩　　　　　　　　　　　　　　　　　　　　　　　　　　$>$15.01m

========== 断层 ==========

33. 浅灰绿色蚀变橄榄绿岩构造块体　　　　　　　　　　　　　　　　　　　　　　$>$61.96m

========== 断层 ==========

32. 深灰绿色全绿泥石化、滑石化橄榄岩构造块体　　　　　　　　　　　　　　　　$>$11.99m

========== 断层 ==========

31. 灰色粉砂质绢云板岩，中见少量灰色薄层变质细粒岩屑长石石英杂砂岩　　　　　$>$108.88m
30. 浅灰紫色蚀变杏仁状玄武岩　　　　　　　　　　　　　　　　　　　　　　　　38.27m
29. 灰色、粉砂质绢云板岩夹灰色薄层状细粒岩屑长石石英杂砂岩，厚度比为 5∶1，夹有 3 层厚
    1～3m 的蚀变粗玄岩　　　　　　　　　　　　　　　　　　　　　　　　　　　　65.53m
28. 浅灰白色蚀变粗玄岩　　　　　　　　　　　　　　　　　　　　　　　　　　　116.34m
27. 灰色褐铁矿化粉砂质绢云板岩，底部见有少量灰绿色强蚀变橄榄粗玄岩构造块体　32.69m
26. 灰色含粉砂质钙质凝灰质板岩夹灰色薄层状含云粉砂岩，厚度比为 4∶1，每个互层厚 0.2～
    0.4m；中见少量灰色中层变质岩屑长石石英杂砂岩　　　　　　　　　　　　　　56.34m
25. 浅灰绿色碎裂蚀变基性岩　　　　　　　　　　　　　　　　　　　　　　　　　$>$37.82m
24. 灰色褐铁矿化粉砂质绢云板岩，板理近直立　　　　　　　　　　　　　　　　　$>$39.53m

========== 断层 ==========

23. 浅灰绿色全蚀变辉长岩构造块体，中见有灰色褐铁矿粉砂质板岩捕房体　　　　　$>$279.29m

========== 断层 ==========

22. 灰色、深灰色绢云板岩夹灰绿色绿泥石化蚀变玄武岩，中部见少量含绿泥石亮—粉晶灰岩透
    镜体，每个韵律厚 20～40m，玄武岩厚 3～5m　　　　　　　　　　　　　　　　　$>$200.85m

========== 断层 ==========

21. 灰绿色、浅灰绿色蚀变二辉橄绿岩构造块体　　　　　　　　　　　　　　　　　$>$298.71m

========== 断层 ==========

20. 深灰绿色蛇纹石化橄榄岩构造块体	>33.98m
========断层========	
19. 灰绿色蚀变二辉辉岩构造块体	>125.92m
========断层========	
18. 深灰绿色蚀变滑石化、蛇纹石化橄榄岩构造块体	宽>103.9m
========断层========	
17. 浅灰色碳酸盐化蚀变玄武岩	>72.37m
16. 灰色薄层硅质泥岩	>61.59m
========断层========	
15. 深灰绿色绿泥石化、蛇纹石化、滑石化橄榄岩构造块体	宽>23.99m
========断层========	
14. 灰色厚层状变质含泥屑、泥砾细粒岩屑长石石英杂砂岩,灰色粉砂质绢云板岩,厚度比为4:1～5:1;发育正粒序—平行层理—水平层理,底具侵蚀界面	>40.67m
13. 灰色中层状变质细粒岩屑长石石英杂砂岩,深灰色粉砂质绢云板岩,厚度比为3:1,每个层序厚0.5～0.6m;砂岩中发育平行层理	>127.33m
========断层========	
12. 灰绿色蚀变辉绿岩构造块体	宽>165.09m
========断层========	
11. 深灰绿色、蛇纹石化绿泥石化橄榄岩构造块体	宽>17.9m
========断层========	
10. 灰绿色蚀变辉绿岩构造块体	宽>170.35m
========断层========	
9. 深灰绿色绿泥石化蛇纹石化橄榄岩构造块体	宽>59.64m
========断层========	
8. 灰色中层变质细粒岩屑长石石英杂砂岩夹灰色绢云板岩,每个韵律厚0.5～0.6m,厚度比为3:1	>79.35m
7. 灰色绢云板岩夹灰色含粉砂质含钙质炭质绿泥石板岩,每个韵律厚0.2～0.3m,厚度比为2:1;多发育水平层理,产丰富的双壳化石:*Monotis salainiria*,*M. digona.*,*M. haueri.*	73.25m
6. 灰色中薄层—中厚层细粒含炭质岩屑长石石英砂岩夹灰色含粉砂质炭质板岩,厚度比2:1～5:1,每个互层厚0.2～1m,从下向上砂岩含量增多	153.74m
5. 灰色含粉砂质绿泥石炭质板岩与灰色含粉砂质含钙质炭质绿泥石板岩近等厚互层,每个互层厚0.2～0.3m,水平层理发育,中部夹少量薄层含炭质岩屑长石石英砂岩	231.6m
4. 灰色含粉砂质含钙质炭质绿泥石板岩与灰色薄层变质细粒含炭质岩屑长石石英砂岩互层,厚度比为1:1～2:1,每个互层厚约0.2m	72.48m
3. 灰色绢云板岩,夹灰绿色蚀变玄武岩,单个韵律厚3～5m,厚度比3:1～5:1	24.73m
2. 灰色绢云板岩与灰色含粉砂质绿泥石炭质板岩呈薄板状近等厚互层,每个互层厚0.2～0.3m	73.11m
1. 灰色、深灰色绢云板岩,夹灰色薄层状含泥屑细粒岩屑长石石英砂岩,砂岩中发育正粒序—平行层理	>46.62m

（未见底）

========断层========

下伏地层:晚三叠世涅如组(T_3n)

3. 混杂岩特征

混杂岩底部同被动大陆边缘涅如组间为断层接触,上部同郎杰学群江雄组构造接触;叠置厚度大于5208.8m。主体岩性由深灰色粘土岩、含生物硅质泥岩、硅质岩和少量玄武岩组成。底部和中部多见深灰色蛇纹石化辉橄岩、辉长辉绿岩和枕状玄武岩构造块体；顶部见少量火山角砾岩和细粒岩屑砂岩岩块，可划分为基质和构造块体两部分。

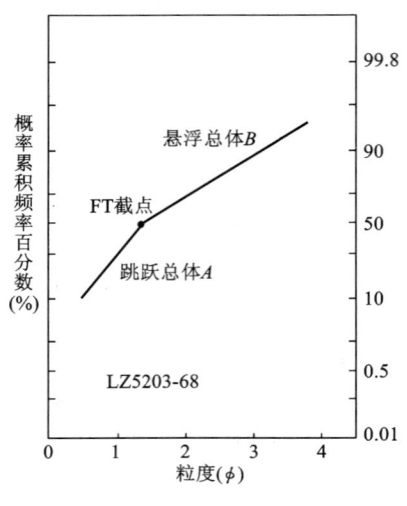

图 2-40　上三叠统玉门混杂岩概率统计粒度曲线图

(1) 基质（海盆—盆地斜坡相）：灰色、深灰色薄层状粘土岩、粘土质硅质岩、粉砂岩和少量玄武岩；见薄层状细粒岩屑石英砂岩，多发育水平层理，为一种欠补偿的次深海盆地沉积。其中包括部分远洋浊积岩，细粒岩屑石英砂岩粒度分析统计平均值 $Mz=1.48$，标准偏差 $\delta_1=0.69$，偏度 $SK=0.16$，峰态 $KG=0.92$。在粒度参数离散图中位于浊积岩区（图 2-40）。曲线由两个总体组成，跳跃总体 A 和悬浮总体 B 之间为渐变关系，FT 截点不甚清晰，含量近乎相等，斜率从 $35°\sim 48°$，反映了分选较差的特点。据福克（1964）粒度判别公式 $Y_{河流与浊流}=0.7875Mz-0.4030\delta_1^2+6.322SK_1+5.2927KG$ 计算，$Y=6.853<65.365$，为浅海浊流沉积。硅质岩中见环状生物骨屑，送样鉴定未获成果，薄片经王玉净（南京古生物研究所）鉴定，认为环状生物体为微体生物，门类不清。上部粉砂岩中获薄壳双壳：*Halobia subyunnanensis*，*H.* sp.；*Posidonia* cf. *wengenensis*，*Monotis tenuicostata*；*M. salaniniria*；*M. digona.*；*M. haueri*；*Posidonia guangyuanensis*；*P. subrugosa*；时代为晚三叠世。此外，获复理石相遗迹化石：*Nerites* sp. 和 *Paleodictyon* sp. 等。

(2) 构造块体：岩性较为复杂，包括蛇纹石化辉橄岩岩片、辉长辉绿岩岩片、枕状玄武岩岩片、蚀变玄武质火山角砾岩岩片等。

蛇纹石化辉橄岩岩片，常见于混杂岩中下部，以大小数米至数百米的块体与深海盆地细碎屑呈构造接触（图版 Ⅺ-7），普遍具碎裂岩化为特征。

辉长辉绿岩岩片，呈构造岩片侵位于蛇纹石化辉橄岩岩片之上，常与之共同构成同一构造块体，大小不一，与围岩间为断层接触。

枕状玄武岩岩片，常见于辉长辉绿岩之上，具枕状构造，枕状体大小在 $0.2\sim 0.3m$ 之间，呈椭圆状、球状，少量扁平状、肾豆状。边部见 $1\sim 2m$ 的冷凝边，发育放射状节理（图版 Ⅺ-3）。

蚀变玄武质火山角砾岩岩片，仅见于混杂岩上部，含量较少，与深水相复理石基质为断层接触。灰、灰绿色火山角砾状结构，半定向—定向构造；岩石由粒径为 $2\sim 8mm$ 的火山角砾和少量沉积碎屑物，以及胶结物组成。火山角砾大小在 $0.5\sim 1cm$ 之间，呈次棱角状，含量在 70% 左右。角砾成分为灰色玄武岩，胶结物为基性岩浆和细小角砾。含大量星点状和细脉状黄铁矿，岩石受动力挤压明显，角砾压碎拉长，呈半定向—定向，片理化强烈。

在西部三安曲林卡拉剖面上，同玉门剖面相比辉长岩含量增多，超基性岩类和枕状玄武岩—硅质岩含量减少，无火山碎屑岩残片。

综上所述，混杂岩的基质岩性较为单一，由深灰、灰色薄层状粘土岩、粘土质硅质岩、粉砂岩和少量玄武岩组成，在卡拉山口一带，多为粉砂质炭质板岩。发育水平层理，为次深海盆地沉积，其中见有少量薄层状岩屑长石石英砂岩，具槽模构造，为远源浊积岩。而构造块体复杂，包括超基性岩、辉长辉绿岩、玄武岩类和火山碎屑岩等。其中超基性岩类化学分析成分：$\Sigma REE 24.83\times 10^{-6}\sim 83.63\times 10^{-6}$，$LREE/HREE\ 1.4\sim 2.74$，$\delta Eu\ 0.92\sim 1.11$，稀土配分曲线弱富集—中等富集，与我国秦巴造山带中的松树岩体相似。辉长辉绿岩中 $\Sigma REE\ 90.2\times 10^{-6}$，$\Sigma Ce/\Sigma Y\ 1.81$，$\delta Eu\ 1.05$，轻稀土富集型，边缘裂陷盆地相似。玄武岩化学分析成分 $\Sigma REE 72.30\times 10^{-6}\sim 255.36\times 10^{-6}$，$\Sigma Ce/\Sigma Y\ 1.14$，$\delta Eu\ 1.04\sim 1.14$，轻稀土富集型。从以上岩石地球化学特征认为玉门混杂岩火山岩形成的构造环境可能为陆间裂谷；但从原始序列恢复超基性岩—辉长岩—枕状玄武岩—深海平原的组合来看，具有夭折初始洋盆的色彩。

4. 混杂岩时代讨论

在混杂岩的基质深海平原沉积中获双壳类：*Monotis tenuicostata*，*M. salaniniria*，*M. digona*，*M. haueri*；*Posidonia guangyuanensis*，*P. subrugosa*，*P.* cf. *wengenensis*，*Halobia subyunnanensis* 等，可建立 *Monotis salinaria-M. haueri* 组合带，其时代为晚三叠世诺利期。此外在泽当一带硅质岩获放射虫：*Copnuchosphoaera* sp.，*Betraccilum* sp.，*Pseudostylosphaera* sp. 等，与 Rb-Sr 同位素年龄为 215.57±20.68Ma 的枕状玄武岩共生（1:20 万泽当幅，1994）。表明在玉门一带雅鲁藏布江洋盆中三叠世晚期开始拉张，晚三叠世末期裂谷夭折，而在玉门带之北的罗布莎带继续扩张。

二、康马隆子地层分区

本区仅出露涅如组（T_3n），分布于测区中部，北以邛多江—卡拉—玉门断裂为界，南以曲折木—觉拉断裂为界，面积约 3453km²，未见底，与下伏曲德贡岩组（$Pt_3\epsilon q$）呈断层接触，厚度大于 3387.2m。有隆子县打拉上三叠统涅如组实测剖面和隆子县三安曲林乡卡拉上三叠统涅如组实测剖面控制。此外在邻区尚有隆子县玉门上三叠统涅如组实测剖面。

1. 隆子县打拉晚三叠世涅如组实测剖面（图 2-41）

剖面位于隆子县城西北打拉山口—俗坡检查站一带，起点坐标：东经 92°13′08″，北纬 28°37′28″；终点坐标：东经 92°16′46″，北纬 28°26′51″。剖面主要顺泽错公路测制，交通方便，露头中等，化石丰富，但受断裂破坏较强。

上覆地层：早侏罗世日当组（J_1r）

══════ 断层 ══════

晚三叠世涅如组三段（T_3n^3）　　　　（未见顶）

32. 浅灰紫、紫红色块状—中层含泥质、泥砾中细粒岩屑长石砂岩，灰绿色、杂色粉砂质板岩呈互层，厚度比近 8:1，每个层序厚 2.0~2.2m，砂岩底部具侵蚀界面，板岩中具薄层泥晶灰岩，产菊石化石：*Guembelites philostrati*　　>83.98m

31. 灰色中层状细粒岩屑砂岩与灰色粉砂质板岩近等厚层，每个互层厚 0.6~0.7m。板岩中见有少量薄层状硅化泥晶灰岩，产双壳化石：*Halobia yandongensis*，*H. plicosa*，*H. norica*，*Schafhaeutlia laticostata*，*Cassianella* sp.　　105.44m

30. 深灰色粉砂质板岩，灰色中、厚、块状变质细—中粒岩屑砂岩，泥砂比为 1:2，每个层序厚 3~4m。向上砂岩含量增多，层厚增大，多发育轴面北倾的紧闭同斜褶皱，产双壳化石：*Halobia norica*，*H. yandongensis*，*H. plicosa*，*Posidinia subrugosa*，*Schafhaeutlia laticostata*　　143.24m

29. 灰色、浅灰色厚—块状变质中细粒岩屑石英砂岩夹少量灰色粉砂质板岩（5:1，厚 12~15m）与浅灰、浅灰绿色含钙粉砂质板岩组成的旋回，厚 35~50m，厚度比 1:2~1:1。砂岩底部含泥屑、泥砾，底具冲刷侵蚀界面，含钙板岩中见有硅质结核，发育同斜紧闭褶皱，产双壳化石：*Halobia parasicula*，*Hoernesia filosa*，*Posidonia guangyuanensis*，腹足类化石：*Sororcula yunnanensis*　　47.52m

28. 浅灰色中层细粒岩屑石英砂岩与深灰色粉砂质板岩近等厚互层，每个互层厚 0.6~0.7m　　112.24m

27. 灰色中厚层—厚层细粒岩屑石英砂岩与灰色含钙砂质板岩互层，厚度比为 3:1~4:1，每个互层厚 1.1~1.3m。中发育轴面北倾的紧闭尖棱状同斜褶皱，40~50m 一个重复　　>81.13m

══════ 断层 ══════

晚三叠世涅如组二段（T_3n^2）

26. 灰、浅灰色厚—块状细粒含云细粒岩屑砂岩，深灰色粉砂质绢云板岩互层，砂岩中发育平行层理，厚度比为 5:1~6:1，每个层序厚 1.7~2.0m，为近源浊积砂体　　>209.38m

25. 深灰色粉砂质绢云板岩，夹少量灰色薄层状细粒岩屑砂岩　　318.77m

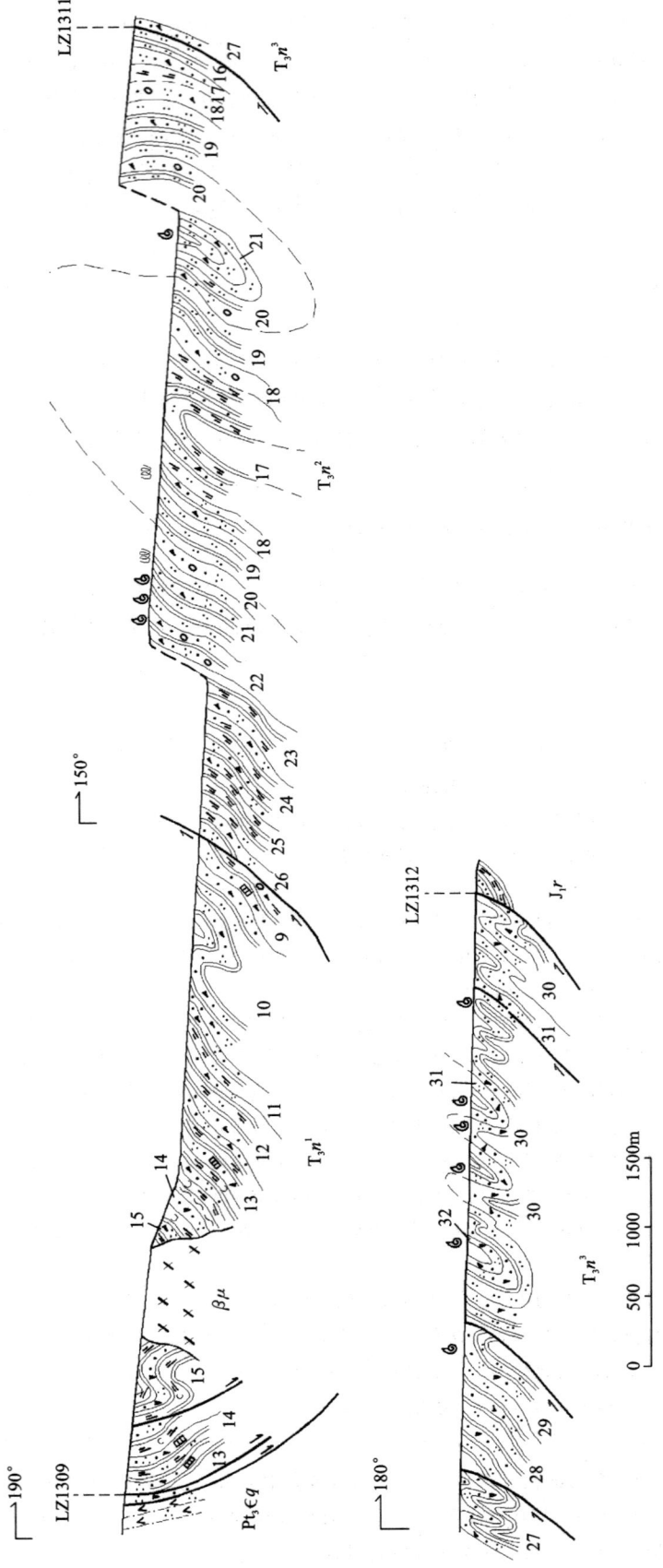

图2-41 西藏自治区隆子县打拉晚三叠世涅如组实测剖面图

24. 灰色块状—厚层状片理化含云细粒岩屑砂岩,深灰色粉砂质绢云板岩。砂岩中发育平行层理,底具侵蚀界面。厚度比为 6:1～10:1,每个层序厚 1.7～1.8m   104.39m
23. 灰色中薄层状具平行层理含云细粒岩屑砂岩,深灰色具砂质条带粉砂质绢云板岩,厚度比近 4:1,每个互层厚 0.6～0.7m   76.4m
22. 上部灰、浅灰色块状—厚层状含泥屑、泥砾中细粒岩屑砂岩,见少量粉砂质绢云板岩,每个层序厚 1.2～1.3m,厚度比为 10:1,板岩中见薄层、透镜状泥灰岩,产双壳化石:*Halobia suporbecens*,*H. yandongensis*,为近源浊积砂体。下部深灰色粉砂质绢云板岩与灰色中薄层细粒变质细粒岩屑砂岩近等厚互层,砂岩具粒序层理—平行层理,含泥砾,具生物觅食构造,为盆地沉积   116.24m
21. 浅灰色中层—薄层变质细粒岩屑砂岩,深灰色薄层具水平层纹变质粉砂岩,厚度比为 1:1～4:1,每个层序厚 0.5～0.8m,含薄层状、透镜状硅化泥灰岩,产菊石化石:*Stenarcestes* cf. *leiostracus*,*Arcestes* cf. *rothpletzi*,*A. regularis*。;腹足类化石:*Natiria costata*,*Euomphalus* sp.,*patychilina cainalloi*,*Entolium quotidianum*;双壳类化石:*Schafhaeutlia sphaerioides*,*Myophoriopsis* sp.,*Manticula* sp.,*Halobia plicosa*,*H. paraplicosa*,*Indosinion danduense*,*plagiostoma* sp.   267.71m
20. 深灰色块状—厚层状—中薄层具平行层理波状交错层理含泥砾细粒岩屑砂岩夹少量灰色粉砂质绢云板岩及薄层—透镜状硅化泥晶灰岩,每个层序厚 2.5～3m   93.78m
19. 深灰色粉砂质板岩,夹少量灰色中薄层状细粒岩屑砂岩   190.16m
18. 浅灰色块状—厚层状片理化变质含泥砾中—细粒岩屑长石石英砂岩,少量浅灰色中薄层状具水平层理粉砂岩,发育平行—波状交错层理,厚度比近 4:1,每个互层厚 1.5～1.6m,为浊积扇砂体沉积   134.22m
17. 浅灰色粉砂质水—绢云母板岩与薄层状细粒岩屑砂岩近等厚互层,每个互层厚 0.3～0.4m,夹灰色中层状含云细粒岩屑砂岩,为远源浊积岩—盆地相沉积   127.69m
16. 灰色中层状细粒岩屑砂岩与浅灰色粉砂质板岩不等厚互层,厚度比为 3:1～4:1,每个互层厚 0.7～1m   >78.84m

========== 断层 ==========

晚三叠世涅如组一段（T_3n^1）

15. 灰色、深灰色中厚层含云细粒岩屑石英砂岩夹深灰色含粉砂质绢云板岩,厚度比为 3:1～6:1,每个互层厚 0.9～1.5m   >223.38m
14. 灰色中层状变质绢云细粒长石石英砂岩与灰黑色炭质绢云板岩互层,每个互层厚 0.3～0.6m,厚度比为 1:1～3:1;其中见有灰色、浅灰色片理化变基性火山岩夹层,发育平卧褶皱,砂岩底部具槽模构造   452.04m
13. 灰色、浅灰色中层状变质细粒岩屑石英砂岩与灰黑色粉砂质绢云板岩近等厚互层,每个互层厚 0.7～0.8m,富含黄铁矿晶体   164.18m
12. 灰、浅灰色中层状片理化变质细粒岩屑砂岩夹少量深灰色粉砂质绢云板岩,厚度比近 4:1,每个互层厚 0.8～0.9m   300.06m
11. 灰色、浅灰色中层状片理化变质细粒岩屑石英砂岩与深灰色粉砂质绢云板岩近等厚互层,每个互层厚 0.6～0.7m   129.73m
10. 深灰色中薄层变质细粒岩屑石英砂岩,少量深灰色粉砂质板岩   171.56m
9. 灰色、深灰色中—薄层状含黄铁矿晶体变质中细粒岩屑石英砂岩,深灰色薄板状变质粉砂岩,厚度比近 4:1:2,每个层序厚 1.2～1.0m   >166.52m
8. 灰黑色厚层变质细粒岩屑砂岩与灰黑色绿泥绢云长石石英粉砂岩互层,揉皱发育,显示了上盘下降   >16.71m

(未见底)

========== 断层 ==========

下伏地层:曲德贡岩组（$Pt_3\epsilon q$）

2. 隆子县三安曲林乡卡拉晚三叠世涅如组实测剖面(图 2-42)

剖面位于隆子县三安曲林—卡拉山口,起点坐标:东经 92°56′23″,北纬 28°38′28″;终点坐标:东经 92°53′07″,北纬 28°32′16″,剖面主要顺图防公路测制,露头良好。

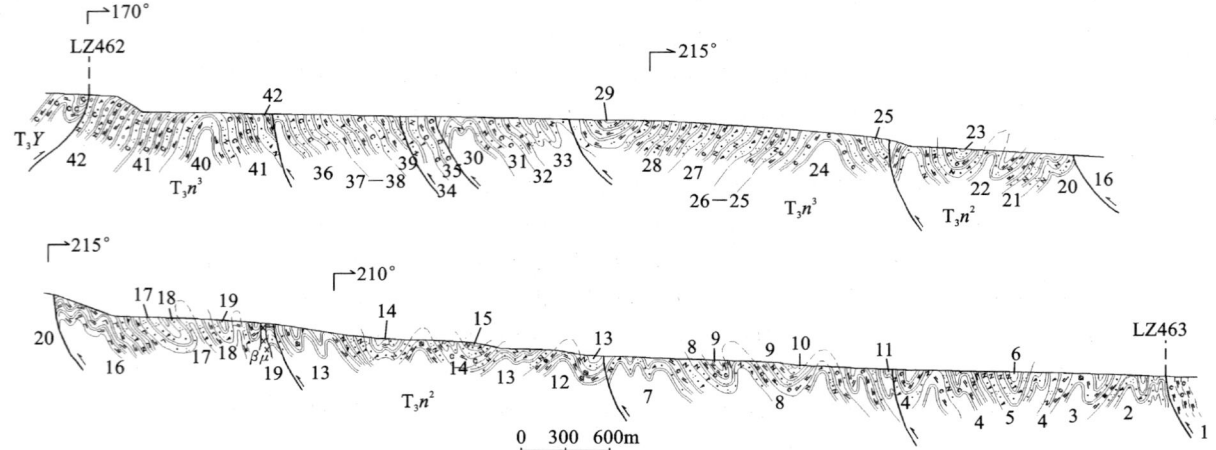

图 2-42　西藏自治区隆子县卡拉晚三叠世涅如组二、三段实测地层剖面图

上覆地层:晚三叠世玉门混杂岩(T_3Y)

================ 断层 ================

晚三叠世涅如组三段(T_3n^3)　　　　　(未见顶)　　　　　　　　　　　　　**>2794.45m**

42. 灰色厚层状含泥砾、泥屑细粒岩屑长石石英杂砂岩夹灰色粉砂质炭质板岩,厚度比为 4:1～
　　5:1,每个层序厚 1.2～1.5m;砂岩底部见泥屑,发育正粒序—平行层理,板岩中见水平层理　　>388.01m

41. 灰色、深灰色粉砂质绢云板岩与灰色粉砂质绢云炭质板岩呈薄板状互层,中部见有灰色中层
　　状含泥砾、泥屑细粒岩屑长石石英杂砂岩,发育正粒序—平行层理　　290.02m

40. 下部深灰色粉砂质绢云板岩,上部厚层状变质细粒岩屑长石石英杂砂岩夹深灰色粉砂绢云
　　板岩,厚度比为 5:1,单层厚 1.2m;发育平行层理,砂岩底部具槽模构造　　>82.76m

================ 断层 ================

39. 灰色薄层状变质细粒含岩屑长石石英杂砂岩夹灰色粉砂质绢云板岩,厚度比为 2:1,每个韵
　　律厚 0.6m　　>74.14m

38. 深灰色粉砂质绢云板岩与灰色粉砂质绢云炭质板岩呈薄板状互层,多发育水平层理　　100.58m

37. 灰色含粉砂质绢云板岩,中见少量灰色薄层状变质细粒岩屑石英杂砂岩,含星点状黄铁矿,
　　片理化强烈　　92.3m

36. 灰色中厚层变质细粒岩屑石英杂砂岩夹灰色含粉砂质绢云炭质板岩,单个互层厚 0.8～
　　1.5m,厚度比为 3:1～6:1　　>260.61m

================ 断层 ================

35. 灰色细砂质水绢云母炭质板岩,中见少量灰色薄层状变质细粒岩屑石英杂砂岩,片理化强烈　　>75.27m

34. 灰色中厚层状变质细粒岩屑长石石英杂砂岩夹灰色细砂质绢云炭质板岩,单个互层厚 0.8～
　　1.0m,厚度比为 3:1,片理化强烈　　>120.56m

================ 断层 ================

33. 灰色中层细粒长石石英杂砂岩夹灰色细砂质水—绢云母炭质板岩,每个层厚 0.4～0.5m,厚
　　度比为 2:1～3:1;普遍发育紧闭同斜褶皱,轴面南倾　　>51.08m

32. 灰色细砂质水—绢云母炭质板岩与灰色薄层状变质粉砂岩呈不薄板状互层,每个互层厚
　　0.3m,厚度比为 1:1～2:1　　54.98m

31. 灰色中层状中细粒长石石英杂砂岩夹深灰色水—绢云母炭质板岩,厚度比近 3:1～4:1　　136.61m

30. 灰色厚层状中细粒长石石英杂砂岩夹深灰色细砂质水—绢云母炭质板岩，厚度比近5:1，每个互层厚0.8～1.0m，其中发育紧闭褶皱，轴面南倾 　　>34.51m
29. 灰色粉砂质绢云板岩，中见少量灰色薄层状细粒岩屑长石石英杂砂岩互层 　　>170.81m
28. 灰色厚层状轻变质中细粒岩屑长石石英杂砂岩夹灰色粉砂质绢云板岩，厚度比为4:1～5:1，每个互层厚1.0～1.2m 　　359.11m
27. 灰色中—中厚层变质细粒岩屑长石石英杂砂岩夹灰色含砂质绢云炭质板岩；从下向上，每个互层从0.5～2.5m，厚度比为2:1 　　300.69m
26. 灰色厚层状变质细粒含岩屑长石石英杂砂岩夹灰色含砂质绢云炭质板岩，厚度比为4:1～5:1，每个互层厚1.2～1.5m 　　43.14m
25. 灰色中层状变质细粒含岩屑长石石英杂砂岩夹灰色含砂质绢云炭质板岩，厚度比为2:1～3:1，每个互层厚0.6～0.8m 　　31.16m
24. 灰色含砂质绢云炭质板岩与灰色粉砂质板岩呈薄板状互层，每个互层厚0.2～0.4m，其中有少量灰色薄层状细粒含岩屑长石石英杂砂岩夹层 　　>128.11m

============ 断层 ============

晚三叠世涅如组二段（T_3n^2） 　　**>1506.06m**

23. 灰色厚层变质含岩屑长石石英杂砂岩夹灰色含砂质绢云炭质板岩，厚度比为5:1～6:1，每个互层厚1.5～1.8m 　　>118.88m
22. 灰色中层状变质含岩屑长石石英杂砂岩，夹灰色含砂质绢云板岩，厚度比近3:1，每个互层厚0.6～0.8m 　　119.71m
21. 灰色厚层变质含岩屑长石石英杂砂岩夹少量灰色炭质绢云板岩，厚度比为5:1～6:1，每个层序厚1.2～1.5m；多发育紧闭尖棱褶皱，轴面南倾 　　41.76m
20. 灰色中层状变质含岩屑长石石英杂砂岩夹灰色炭质绢云板岩，厚度比近3:1，每个互层厚0.6m 　　>43.85m

============ 断层 ============

19. 灰色中层状变质含岩屑长石石英杂砂岩夹灰色含钙质炭质绢云板岩，厚度比为2:1～3:1，单个层序厚0.4～0.5m 　　>56.6m
18. 灰色厚层状变质含岩屑长石石英杂砂岩夹灰色含钙炭质绢云板岩，厚度比为4:1，单个层序厚1.2～1.5m；发育同斜褶皱，轴面南倾 　　75.13m
17. 灰色中层状变质细粒含钙岩屑长石石英杂砂岩夹灰色含钙炭质绢云板岩，厚度比为4:1～5:1，每个层序厚0.6m；次级褶曲及杆状构造发育 　　40.90m
16. 灰色含钙质绢云板岩，夹少量灰色薄层变质含钙岩屑长石石英杂砂岩，每个层序厚0.2～0.3m；从下向上，砂岩含量减少 　　>57.55m

============ 断层 ============

15. 灰色厚层变质细粒岩屑长石杂砂岩夹灰色炭质水—绢云母板岩，单个层序厚2～2.5m，厚度比为3:1～4:1，发育宽缓开阔褶皱 　　>25.74m
14. 灰色中薄层变质细粒岩屑长石石英砂岩夹灰色炭质水—绢云母板岩，单个层序厚0.3～0.4m，厚度比为2:1～3:1，广泛发育紧闭尖棱褶曲，轴面南倾 　　27.70m
13. 灰色厚层-块状变质细粒岩屑长石石英杂砂岩，夹少量灰色硅质水—绢云母板岩，厚度比为4:1～5:1，每个层序厚1.8～2.2m；其中发育褶皱，总体轴面南倾 　　62.85m
12. 灰色硅质水—绢云母板岩，中见少量灰黄色薄层状变质细粒岩屑长石石英杂砂岩夹层 　　>46.33m

============ 断层 ============

11. 灰色炭质水—绢云母板岩夹灰、灰黄色薄层变质细粒岩屑长石石英杂砂岩，厚度比为2:1，每个层序厚0.3～0.4m，多发育紧闭尖棱褶曲，轴面近直立 　　>15.72m

10. 灰色中厚层变质中细粒含岩屑长石石英杂砂岩夹灰色炭质水—绢云母板岩,厚度比为3:1,厚0.6~0.8m;其中夹有厚3.5m的块状砂体;发育紧闭尖棱褶皱　　69.34m

9. 灰色炭质水—绢云母板岩夹灰、灰黄色薄层变质细粒岩屑长石石英杂砂岩,厚度比为2:1,单个层序厚0.3~0.4m;形成同斜褶皱,轴面南倾　　170.59m

8. 灰色中厚层变质细粒岩屑长石石英杂砂岩夹灰色炭质水—绢云母板岩,厚度比为3:1,每个层序厚0.8m,含铁泥质斑点　　81.42m

7. 灰色中薄层变质细粒岩屑长石石英杂砂岩夹灰色炭质水—绢云母板岩;厚度比为2:1,每个层序厚0.4m;含铁泥质斑点;发育紧闭尖棱褶曲,轴面南倾　　>50.97m

================ 断层 ================

6. 灰色中厚层状变质细粒含岩屑长石石英杂砂岩夹灰色炭质绢云板岩,单个层序厚0.8~1.0m,厚度比为3:1~4:1,发育紧闭尖棱褶曲　　>96.99m

5. 灰色厚层-块状变质细粒含岩屑长石石英杂砂岩夹灰色炭质绢云板岩,单个层序厚1.8~2.0m,厚度比为5:1,绢云板岩中见铁泥质斑点,多发育紧闭同斜褶皱　　31.33m

4. 灰色中厚层变质细粒含岩屑长石石英杂砂岩夹灰色炭质绢云板岩,单个层序厚0.6~2.0m,厚度比为3:1~5:1;绢云板岩中见铁泥质斑点　　110.10m

3. 灰色含粉砂质硅质水绢云母粘板岩夹灰色薄层变质细粒含岩屑长石石英杂砂岩,厚度比为2:1,单个层序厚0.3m,广泛发育紧闭尖棱褶曲,轴面北倾　　80.17m

2. 灰色厚层状变质细粒含岩屑长石石英杂砂岩夹灰色炭质绢云千枚岩,厚度比为4:1~5:1,每个层序厚1.2~2.2m,发育紧闭尖棱褶曲,轴面近于直立,见有2~3m宽的含绢云母化绿泥石化碳酸盐化辉绿岩　　>69.08m

================ 断层 ================

1. 灰色炭质绢云千枚岩夹灰色中薄层变质细粒含岩屑长石石英杂砂岩,厚度比为2:1,单个层序厚0.6m　　>17.27m

(未见底)

3. 隆子县玉门晚三叠世涅如组实测剖面(图 2-43)

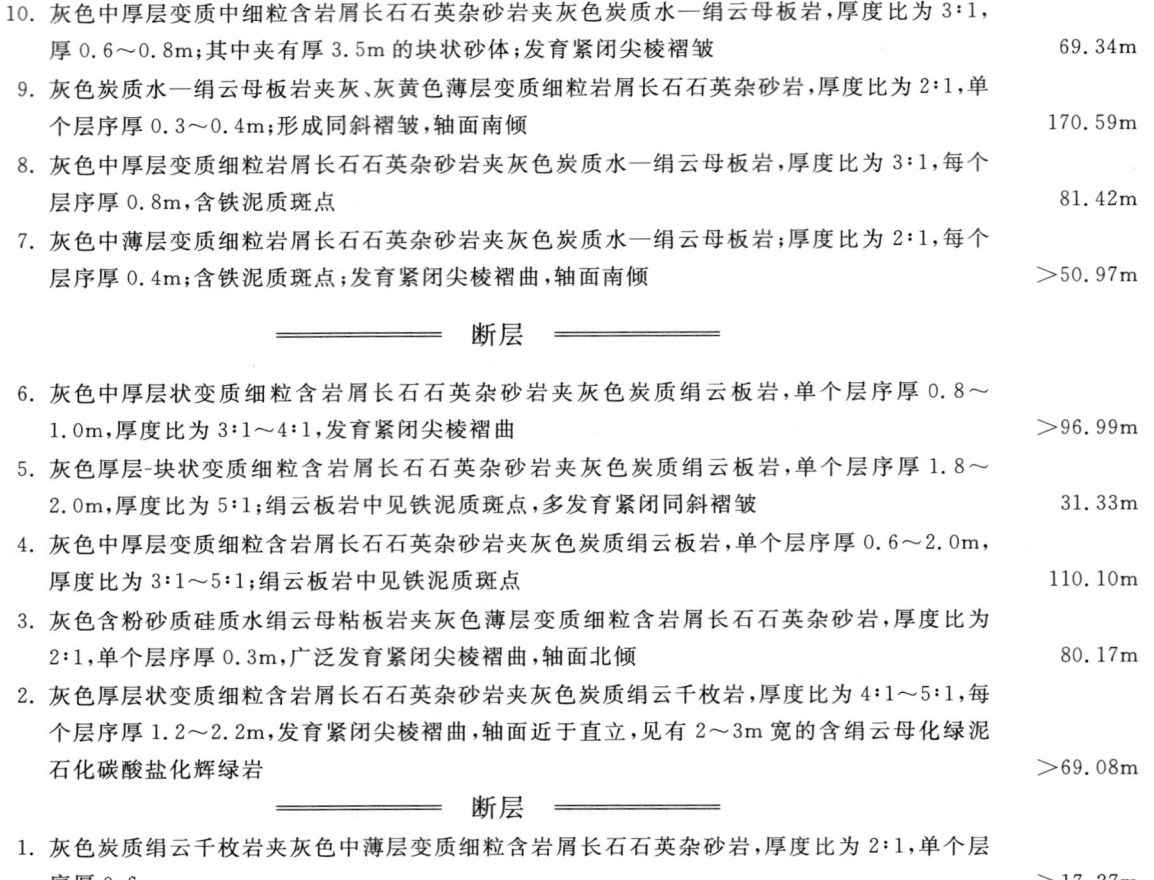

图 2-43　西藏自治区玉门晚三叠世涅如组二段(T_3n^2)实测地层剖面图

上覆地层:晚三叠世玉门混杂岩(T_3Y)

================ 断层 ================

晚三叠世涅如组二段(T_3n^2)　　(未见顶)

26. 深灰色薄层状粉砂质粘土岩,具砂质条带,另有少量灰色薄层状石英粉砂岩,多发育水平层理　　>104.7m

25. 灰、深灰色厚层状细粒岩屑石英砂岩,灰色中层状石英粉砂岩,深灰色粉砂质粘土岩,层理以水平层理发育,厚度比为1:2:5;每个层序为2.2~2.5m　　36.1m

24. 深灰色薄层状粉砂质粘土岩,见有少量灰色薄层状石英粉砂岩,多发育水平层理　　125.5m

23. 灰色厚层细粒岩屑石英砂岩,灰色中层状石英粉砂岩,深灰色粉砂质粘土岩,厚度比为3:1:1,每个层序厚1.5m左右;多发育波状交错层理—水平层理,砂岩底部见槽模构造　　69.9m

22. 深灰色薄层状粉砂质粘土岩,灰色中层状含细粉砂水云母粘土岩与沉凝灰岩、灰色中等钠黝帘石化杏仁状玄武岩互层,每个韵律厚20~25m,厚度比近1:1:2　　117.2m

21. 灰色、深灰色粉砂质粘土岩,见有少量灰色薄层状具水平层理石英粉砂岩　　83.1m

20. 深灰色薄层状粉砂质粘土岩,灰色中层状含细粉砂水云母粘土岩与沉凝灰岩互层,夹有灰色中等钠黝帘石化杏仁状玄武岩;每个韵律厚20m,厚度比为5:1:2　　155.6m

19. 灰色、深灰色中厚层弱黄铁矿化细粒岩屑石英砂岩,灰色薄层状粘土质粉砂岩,厚度比为4:1~5:1,每个层序厚1.5~1.7m　　44.5m

18. 深灰色薄层状石英粉砂岩与深灰色细粉砂质水云母粘土岩近等厚互层,厚0.4~0.5m,发育水平层理　　46.6m

17. 深灰色中厚层细粒岩屑石英砂岩,灰色薄层状粘土质粉砂岩,发育微波状—水平层理,厚度比为1:2,厚约1.5m左右,砂岩底部见槽模构造　　83.5m

16. 深灰色薄层状石英粉砂岩与深灰色薄层状细粉砂质水云母粘土岩,厚0.3~0.4m;夹数层厚1m的灰色中厚层状细粒岩屑石英砂岩,发育微波状交错层理　　115.7m

15. 灰色、深灰色薄层状细粉砂质水云母粘土岩,少量灰色薄层状石英粉砂岩,夹有数层深灰色块状泥岩　　105.6m

14. 灰色、深灰色中厚层细粒岩屑石英砂岩,深灰色薄板状细粉砂质水云母粘土岩,厚度比为3:1,发育微波状交错层理—水平层理　　151.8m

13. 灰色厚层细粒岩屑石英砂岩,深灰色薄板状细粉砂质水云母粘土岩,灰色中薄层粘土质生物硅质岩　　88.0m

12. 灰色薄层状细粉砂质水云母粘土岩,夹少量薄层状石英粉砂岩,发育水平层理　　90.0m

11. 灰色中厚层中细粒岩屑石英砂岩,灰色薄层细粒岩屑石英砂岩,灰色薄层状细粒砂质水云母粘土岩,发育波状交错层理—水平层理　　58.1m

10. 灰色、深灰色厚—块状中细粒发育石英砂岩,灰色薄层状细粒岩屑石英砂岩,发育平行层理—波状交错层理;见宽3~5m顺层侵入的浅灰色全硅化高岭土化白云石化基性岩脉,围岩具角岩化　　177.1m

9. 灰色薄板状细粉砂岩,细粉砂质水云母粘土岩与灰色、深灰色中等钠黝帘石化玄武岩互层,厚度比为2:1,每个互层厚10~18m,从下向上,厚度变薄　　191.1m

8. 灰色、深灰色厚—块状中细粒长石石英砂岩,灰色含细粉砂质水云母粘板岩,每个层序厚1.7m,砂泥比为3:1,发育平行层理—微波状交错层理;砂岩底部有槽模构造,夹少量灰绿色中等钠黝帘石化玄武岩　　136.0m

7. 灰色、深灰色厚—块状中—细粒长石石英砂岩,灰色含细粉砂质水云母粘板岩,每个层序厚1.5~2m,砂泥比为5:1~6:1。发育平行层理—微波状交错层理—水平层理　　88.5m

6. 灰色、深灰色中层状细粒长石石英砂岩,薄层状石英粉砂岩,灰色粉砂质粉板岩,厚度比为1:2:3;每个层序厚1.5~2m。发育微波状交错层理—水平层理,砂岩底部见槽模构造　　72.1m

5. 灰色、深灰色含粉砂质绢云板岩,夹数层厚2.5m绿色钠帘石化玄武岩　　100.3m

4. 灰色、深灰色含粉砂质绢云板岩,中见有水平砂质条带,间距为0.2~0.5m　　111.9m

3. 灰色、深灰色含粉砂质绢云板岩与灰色中层状石英粉砂岩呈不等厚互层,从下向上,粉砂岩含量减少,厚度比为3:1~4:1,发育波状交错层理—水平层理　　115.4m

2. 浅灰色、浅灰色中层状细粉砂质粉砂岩夹灰色含粉砂质水—绢云板岩;厚度比为3:1,夹灰色硅化白云石化蚀变玄武岩　　43.5m

1. 灰色、深灰色中层细粒含岩屑石英砂岩—深灰色粉砂质板岩组成的韵律层,厚度比为2:1,每个层序厚0.7~1.2m。砂岩发育平行层理,底具冲刷痕　　>29.0m

(未见底)

涅如组依据岩性及化石组合,自下而上划分为3个岩性段,涅如组一段(T_3n^1)为深灰色中—中薄层变质细粒石英砂岩,夹少量粉砂质绢云板岩,多具平行层理—水平层理,砂岩底部具冲刷界面,具波痕,为陆棚相沉积;厚度大于1624.2m;涅如组二段(T_3n^2)为深灰色块状—厚层状—中薄层具平行层理—波状交错层理含泥砾细粒岩屑砂岩夹粉砂质绢云板岩,具槽模构造(图版Ⅵ-1),为鲍马层序bcd段组合,与之相伴产出的多为浅灰色中—薄层细粒岩屑砂岩—具水平层纹粉砂岩组成的cde段组合,产双壳化石、菊石和腹足化石,以斜坡相沉积为主。其中部见有厚约318.8m的粉砂质板岩,含少量灰色薄层状细粒岩屑砂岩夹层,为盆地相—远源浊积岩,厚度大于1717.6m;涅如组三段(T_3n^3)为灰、浅灰色中厚层变质中细粒岩屑石英砂岩夹少量灰色粉砂质板岩,板岩中见薄层泥晶灰岩。砂岩中发育平行层理,具波痕构造,产双壳、菊石和腹足化石,为浅海陆棚相沉积。顶部见灰紫、紫红色块状含泥砾中细粒岩屑长石砂岩和灰紫、紫红色粉砂质板岩,发育波痕和冲刷痕,具平行层理和交错层理,具陆相沉积色彩,反映了造陆作用增强的特点,厚度大于573.6m。

根据岩性组合、沉积构造和生物特征,涅如组主要由浅海陆棚相、陆棚斜坡相、次深海盆地相和海陆交互相(图2-44)。

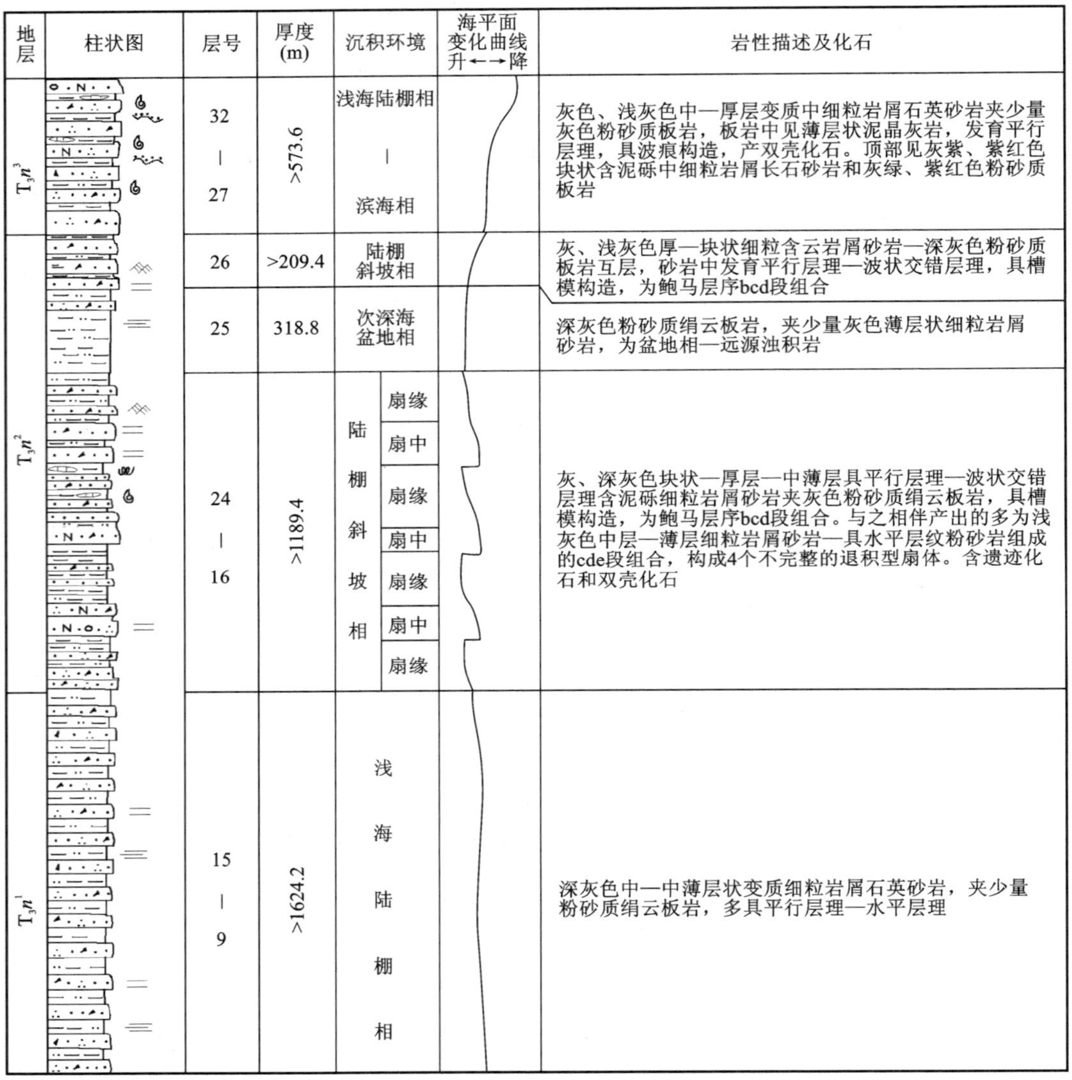

地层	柱状图	层号	厚度(m)	沉积环境		海平面变化曲线 升←→降	岩性描述及化石
T_3n^3		32—27	>573.6	浅海陆棚相—滨海相			灰色、浅灰色中—厚层变质中细粒岩屑石英砂岩夹少量灰色粉砂质板岩,板岩中见薄层状泥晶灰岩,发育平行层理,具波痕构造,产双壳化石。顶部见灰紫、紫红色块状含泥砾中细粒岩屑长石砂岩和灰绿、紫红色粉砂质板岩
T_3n^2		26	>209.4	陆棚斜坡相			灰、浅灰色厚—块状细粒含云岩屑砂岩—深灰色粉砂质板岩互层,砂岩中发育平行层理—波状交错层理,具槽模构造,为鲍马层序bcd段组合
		25	318.8	次深海盆地相			深灰色粉砂质绢云板岩,夹少量灰色薄层状细粒岩屑砂岩,为盆地相—远源浊积岩
		24—16	>1189.4	陆棚斜坡相	扇缘/扇中/扇缘/扇中/扇缘/扇中/扇缘		灰、深灰色块状—厚层—中薄层具平行层理—波状交错层理含泥砾细粒岩屑砂岩夹灰色粉砂质绢云板岩,具槽模构造,为鲍马层序bcd段组合。与之相伴产出的多为浅灰色中层—薄层细粒岩屑砂岩—具水平层纹粉砂岩组成的cde段组合,构成4个不完整的退积型扇体。含遗迹化石和双壳化石
T_3n^1		15—9	>1624.2	浅海陆棚相			深灰色中—中薄层状变质细粒岩屑石英砂岩,夹少量粉砂质绢云板岩,多具平行层理—水平层理

图2-44 康马—隆子分区上三叠统涅如组沉积序列示意图

海侵期浅海陆棚相,常见于涅如组一段,由基本层序T_3nA组成。浅灰色中—中薄层变质细粒岩屑石英砂岩—浅灰色粉砂质绢云板岩组成,厚度比为3:1~4:1,每个层序厚0.8~0.9m,从下向上,板岩含量增多,海侵特征增强,为退积型层序(图 2-45)。

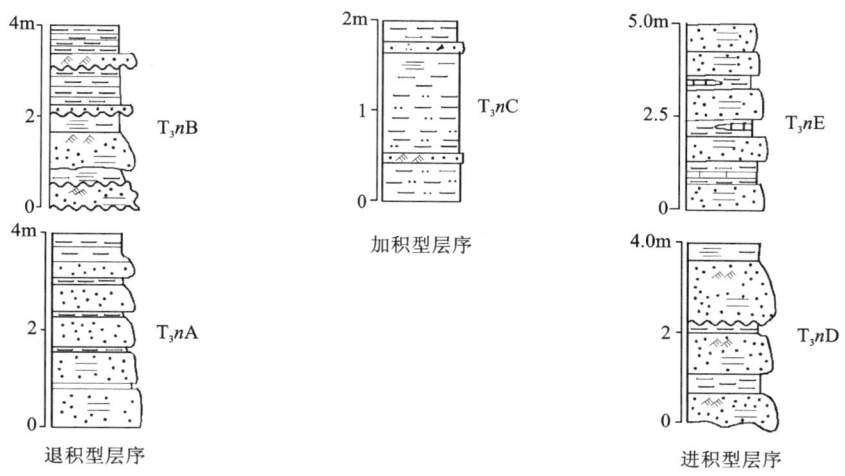

图 2-45 康马—隆子分区上三叠统涅如组基本层序示意图

海侵期陆棚斜坡相,常见于涅如组二段中下部,由基本层序 T_3nB 组成灰、深灰色块状—厚层—中薄层具平行层理—波状交错层理,含泥砾细粒岩屑砂岩—灰色粉砂质绢云板岩,砂岩底部具槽模构造,产复理石相遗迹和双壳化石。从下向上,砂泥比为 1:3～2:1,每个层序厚 0.8～1.2m 不等,由鲍马层序 bcd 段至 cde 段组合构成,包括 4 个不完整的退积型扇体的斜坡相扇中—扇缘沉积。

高水位期次深盆地相,常见于涅如组二段上部,厚 318.8m,由基本层序 T_3nC 组成。岩性较为单一,由深灰色粉砂质绢云板岩组成。多发育水平层理,为低能垂向加积型层序。其中见有少量灰色薄层状细粒岩屑砂岩夹层,可能为远源浊积岩。

海退期陆棚斜坡相,常见于涅如组二段顶部,由基本层序 T_3nD 组成。为灰、浅灰色厚—块状细粒含云岩屑砂岩—深灰色粉砂质板岩互层,砂岩中发育平行层理—波状交错层理,底具槽模构造,砂泥比为 2:1～4:1,每个层序厚 1.2～1.5m 不等。其中粒度分析统计平均值 $Mz=3.14$,标准偏差 $\delta_1=0.78$,偏度 $SK=0.19$,峰态 $KG=0.89$。曲线由两个总体组成,其中悬浮总体含量大于 50%,粒径区间较宽,分布在 $2.25\phi\sim4.5\phi$ 之间,斜率仅 38°,分选性较差(图 2-46)。据福克(1964)粒度判别公式 $Y_{河流与浊流}=0.7875Mz-0.4030\delta_1^2+6.322SK+5.2927KG$ 计算,$Y=8.140<9.8433$,为浊流沉积。从下向上,砂岩含量增多,层厚增大,为鲍马层序 bcd 段组合,具进积型特点。

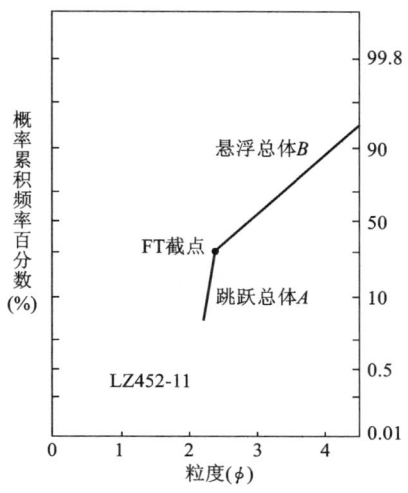 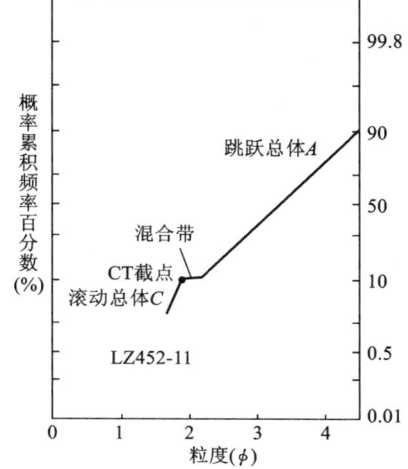

图 2-46 上三叠统涅如组二段概率统计粒度曲组图　　图 2-47 上三叠统涅如组三段概率统计粒度曲线图

海退期浅海陆棚相,常见于涅如组三段,由基本层序 T_3nE 组成,灰色、浅灰色中—厚层变质中细粒岩屑石英砂岩夹少量粉砂质板岩,板岩中产薄层状泥晶灰岩。砂岩中发育平行层理,顶部具波痕构造,其中粒度分析统计平均值 Mz=3.26，标准偏差 δ_1=0.413，偏度 SK=0.25，峰态 KG=1.08。粒度曲线由两个总体组成，滚动总体含量 7%，斜率 67°，集中分布于 2.2φ～2.5φ 之间，分选较好，跳跃总体 A 含量近 75%，斜率 48°，区间跨度较大，分布于 2.75φ～4.5φ 之间，CT 截点清晰，呈突变关系，其中存在一个混合带，含量近 3%（图 2-47）。据福克（1964）粒度判别公式 $Y_{海滩与浅海}$ = 15.653Mz + 65.709δ_1^2 + 18.1071SK$_1$ + 18.5043KG = 86.747 > 65.3650，为浅海环境，灰岩中产双壳化石。顶部见灰紫、紫红色块状含泥砾中细粒岩屑长石砂岩和灰绿、紫红色粉砂质板岩相伴产出，发育槽状交错层理，陆相沉积特征明显加强。

综上所述，测区涅如组包括了一个较为完整的海进—海退的过程，由海侵体系域和高水位体系域组成，未见底，界面性质不清。

海侵体系域，包括涅如组一段和二段中下部，由基本层序 T_3nA—T_3nB 组成，从下向上由浅海陆棚相—陆棚斜坡相组成，反映水体不断变深的海侵过程。

饥饿段，位于涅如组二段中上部，由灰色粉砂质绢云板岩的垂向加积型层序 T_3nB 组成，为次深海盆地相沉积，中部为 cmf 界面。

高水位体系域，包括涅如组二段顶部和三段，由基本层序 T_3nD—T_3nE 组成，从下向上由陆棚斜坡相—陆棚相转变，顶部陆相沉积的特点明显。反映了一种水体逐渐变浅的海退过程。

涅如组化石丰富，门类繁多，包括菊石类、双壳类、腹足类、海百合、方锥石和遗迹化石等，其中尤以菊石类、双壳类、腹足类发育，可建立 2 个双壳组合、2 个菊石组合带和 1 个腹足类组合。

（1）双壳类

Ontis haueri-Monotis salinaria 组合带：常见于涅如组一段，化石属种以 *Monotis* 属发育，包括 *Monotis digona*，*M. haueri*，*M. tenuicostata* 等，为晚三叠世诺利期的重要分子，常见于康马县涅如组剖面。

Halobia poicosa-H. noria 组合带：常见于涅如组二段，可延伸至一、三段，常覆于 *Monotis* 层之上。其重要分子有：*Halobia plicosa*，*H. noria*，*H. paracicula*，*H. superbescens*，*H. yunnanensis*，*H. yandongensis*，伴生分子有：*Entolium quotididianum*，*Myophoricardium tulongense*，*Nuculana yunnanensis*，*Posidouia yuangyuanensis* 等，化石以漂浮类为主，包括少量底栖类，为云南 *Halobia plicosa-Pergamidia eumenea* 带中的常见分子，时代为晚三叠世诺利期。

（2）菊石类

Arcestes rothplozi-Stenarcestes leiotracus 组合带：常见于涅如组二段，与双壳类 *Halobia plicosa-H. moria* 组合带伴生产出，重要分子有 *Arcestes rothpltzi*，*Stenarcestes leiotracus*，*Distichites concretus* 等，化石延伸时期较长，常见于晚三叠世。

Gumbelites philostrati 带：常见于涅如组三段，与双壳类 *Halobia plicosa-H. noria* 组合带伴生产出，化石种属较多，以 *Gumbelites philostrati*，*Plaeites perautus* 种属高丰度产出为特征，为珠峰地区 *Pimacoceras-Indijuvavites* 带中的常见分子，时代为晚三叠世诺利期。

三、北喜马拉雅分区

本区仅出露曲龙共巴组（T_3q），分布于测区西南部，北以曲析木—觉拉断裂为界，南测区外以贡荣—斗玉断裂为界，面积约 72km^2，在错那县娘中测有剖面控制。剖面位于错那县城北西娘中乡一带，起点坐标：东经 92°01′19″，北纬 28°01′02″；终点坐标：东经 92°01′56″，北纬 28°01′02″。沿山间公路和河谷测制，露头中等—好，构造简单，化石丰富（图 2-48）。

上覆地层：早白垩世拉康组（K_1l）

================ 断层 ================

晚三叠世曲龙共巴组（T_3q）   **>644.44m**

11. 灰、深灰色薄中层状粉晶灰岩与粉砂质板岩互层，前者厚 20～50cm，后者厚 4～6cm，厚度比为 7:1   >92.65m

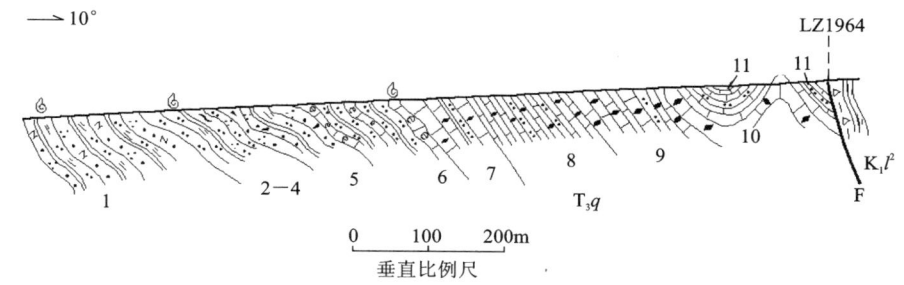

图 2-48 措那县娘中晚三叠世曲龙共巴组(T_3q)实测剖面图

10. 灰、深灰色粉晶灰岩,发育水平层理,由中层与厚层组成向上变厚的层序,前者厚 0.8m,后者厚 1～1.2m　　28.42m

9. 灰、深灰色薄中层状粉晶灰岩与粉砂质板岩互层,前者厚 5～20cm,后者厚 3～5cm。厚度比为 10∶1　　88.29m

8. 灰、深灰色薄层状粉晶灰岩夹粉砂质黑云绢云板岩,前者厚 6～8cm,后者厚 1～2m　　105.66m

7. 灰色灰岩与红柱石斑点板岩组成的韵律层,前者厚 1～2m,后者厚 2～3cm,向上总体增厚　　53.61m

6. 灰、深灰色中薄层状生物碎屑粉晶灰岩与粉砂质板岩互层,前者厚 2～8cm,后者发育水平条纹及砂质条带,厚度比为 1∶3,总体向上变厚,获双壳化石:*Pseudolimea planoplicata*,*Pichleria incrassata*,*Pichleria inaegualis*　　109.89m

5. 灰色厚层状变质中细粒岩屑石英砂岩与浅灰色粉砂质板岩互层,前者厚 0.8～1.2m,发育水平层理,后者厚 1.5～2m,厚度比为 1∶2,局部发育顺层侵入的辉绿岩脉　　66.53 m

4. 灰、深灰色中黑云绿泥石英粉砂质板岩　　48.92m

3. 灰、深灰色中薄层状变质钙质粗粉砂岩与黑云绢云母粉砂质板岩组成的互层层序,前者厚 20～30cm,向上增厚,后者厚 20～25cm。获双壳化石:*Praechlamys dingriensis*(J. Chen),*Lopha* cff. *mantiscaprilis*(Klipstein)　　16.33 m

2. 灰色厚层状变质绿泥黑云长石石英砂岩与绢云粉砂质板岩互层,前者厚 8～10cm,发育水平层理,后者厚 20～25cm,二者厚度比为 2∶3　　6.35m

1. 灰色变质细粒长石石英砂岩与浅灰色绢云细—粉砂质板岩互层,后者厚 30～80cm,向上变薄,前者厚 1～1.5m,获双壳化石:*Praechlamys dingriensis*(Lamarck),*Pichleria incrassata* J. Chen,*Praechlamys* sp.　　＞26.79m

(未见底)

曲龙共巴组岩性具明显的两分性,下部以灰、深灰色中薄层状石英粉砂岩,绢云粉砂质板岩为主,夹灰色厚层状细粒变质中细粒岩屑石英砂岩,多发育水平层理和微波状交错层理,产双壳化石,为浅海陆棚相沉积。上部则以灰色中薄层生物碎屑粉晶灰岩—粉晶灰岩为主,夹少量浅灰色粉砂质板岩,发育平行层理和水平层理,产双壳化石,为浅海台地—台地生物浅滩相沉积,未见底,厚度大于 657m。

根据岩性组合、沉积构造和生物特征,可划分为 3 种岩相。

海侵期浅海陆棚相,常见于曲龙共巴组下部,由基本层序 T_3qA 组成(图 2-49)。浅灰色、深灰色绢云粉砂质板岩,底部见少量灰色厚层状变质中细粒岩屑砂岩,每个层序厚 0.8～1.3m 不等,砂泥比为 7∶4～1∶6,其中粒度分析统计平均值 $Mz=2.92$,标准偏差 $\delta_1=0.68$,偏度 $SK=-0.25$,峰态 $KG=1.03$,曲线由 3 个总体组成,滚动总体 C 含量近 10%,区间跨度较大,从 1.5ϕ～2.25ϕ,斜率较小。而跳跃总体 A 含量为 80%,斜率 55°,分选性中等—好。而悬浮总体 B 含量近 80%,直线较为平缓(图 2-50),在粒度参数离散图中投入海、湖滩沙区,据福克(1964)$Y_{海滩与浅海}=15.6534Mz+65.7091\delta_1^2+18.1071SK_1+18.5043KG$ 计算,$Y=95.078＞65.8650$,为浅海环境。从下向上,砂岩含量减少,多发育水平层理,产双壳化石。

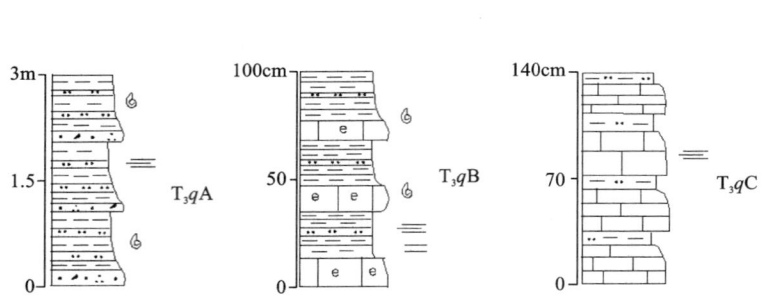
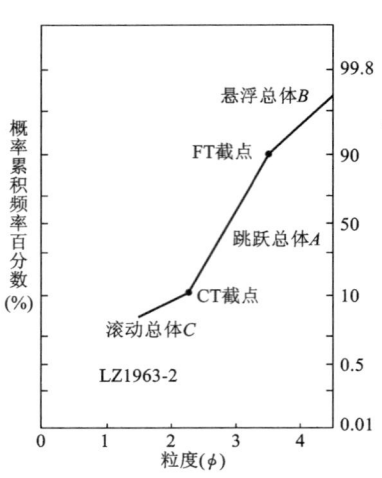

图 2-49 北喜马拉雅分区晚三叠世曲龙共巴组(T_3q)基本层序示意图

图 2-50 晚三叠世曲龙共巴组概率统计粒度曲线图

海侵期浅海台地生物浅滩相,常见于曲龙共巴组中部,由基本层序 T_3qB 组成,以灰色、深灰色中薄层生物碎屑粉晶灰岩—粉砂质板岩组成,层序厚 0.3~0.4m,厚度比为 1:4~1:2;生物碎屑灰岩中产大量生物骨屑,大小不一,具正粒序层理—平行层理,具浅水高能特征,产双壳和腕足化石,见海百合茎。

海侵期浅海台地相,常见于曲龙共巴组上部,由基本层序 T_3qC 组成,以灰色中层—中薄层粉晶灰岩组成,夹少量粉砂质绢云板岩,每个层序厚 0.3~0.4m,厚度比为 2:1~3:1,大量发育平行层理。

曲龙共巴组中化石产出主要集中于中下部,化石门类包括双壳、腕足和少量海百合茎,其中双壳类化石种类属较多,以浅海底栖为主,包括 *Palaeocardita* cf. *beneckei*, *P. vuruca*, *P. rhomboidalis*, *Praechlamys dingriensis*, *Pseudolimea planoplicata*, *Pichleria inaequalis*, *P. mcrassata*, *Lopha* aff. *montiscaprilis*, *Mysidioptera yunnanensis* 等,其中可建化石 *Prachlamys dingriensis-Paleocardita buruca* 组合带,该带常见于云南弯甸坝组,具有浓厚的诺利期色彩。此外与之伴生产出的腕足 *Holorella jianchuanensis*, *Sinuplicorhyhchia pentagona* 亦为诺利期的重要分子。

第四节 侏罗纪地层

侏罗纪地层广泛分布于测区中部,康马—隆子地层分区内。根据岩性、岩石组合和生物特征,从下向上划分为日当组、陆热组、遮拉组、维美组和桑秀组。

1953 年李璞最先在江孜开始工作,将该套侏罗纪地层统称江孜系。1963 年西藏第一地质队在贡嘎县遮拉山创建晚三叠世遮(执)拉段。1976—1980 年王义刚等在隆子县日当地区采获大量的菊石、双壳,将早侏罗世的黑色碎屑岩系命名为日当组,将江孜县维美含火山岩组合划为中侏罗世,其上浅海粗碎屑岩沉积划为晚侏罗世维美组。1976—1983 年,王乃文等对侏罗纪地层进行较为全面的研究,在羊卓雍错地区将相当于日当组及其上覆的一套火山岩组成统称打隆群,并把日当组上部含大量碳酸盐岩的地层新命名为早中侏罗世陆热组和浪久组;在贡嘎县将遮(执)拉段改称遮拉群,划分为中侏罗世巴纠尚组、夏西组、湖滨组;在浪卡子县多久乡卡东村一带创名鱼浪白加群,该群包括卡东组、桑秀组、日莫瓦组。1994 年,陕西区调队将原卡东组的上岩段和桑秀组的下岩段称为桑秀组,时代为晚侏罗世—早白垩世。至此,测区侏罗纪地层划分、对比格架已基本建立和完善。

此外,1983 年西藏综合队在康马地区(1:100 万日喀则幅、亚东幅)创名田巴群,划分为上、下两组;1993—1997 年,《西藏自治区区域地质志》和《西藏自治区岩石地层》认为隆子县羊卓雍错地区的日当组、遮拉组相当于田巴群的两个岩组,时代为早、中侏罗世,但均未见到顶、底,接触关系不清,并认为在浪卡子县一带出露的卡东组石英砂岩为维美组的东延部分。1999年,陕西区调队1:5万然巴等四幅采用了日当组、遮拉组、卡东组和桑秀组的划分方案,但认为日当组和遮拉组间为Ⅰ型不整合,不能置于同一群中;卡东组和桑秀组含义同前。2003年,安徽省地质调查院1:25万洛扎幅,也基本采用了同一方案,仅将日当组上部含大量灰岩的层位划分为陆热组,时代为早—中侏罗世;将卡东组修正为维美组,代表了晚侏罗世沉积。本书认为,安徽省地质调查院的划分方案,顾及了命名优先的原则,又适合本区的沉积特点,在野外工作中岩性特征标志、界面清晰,兼顾了岩石地层、层序地层和年代地层的综合协调,基本采用该划分方案(表2-9)。

表2-9 康马—隆子地层分区侏罗系划分沿革表

李璞等(1953)	王义刚等(1976)	西藏综合队(1:100万拉萨幅)(1979)	西藏综合队(1:100万日喀则亚东幅)(1983)	王乃文等(1983)	《西藏自治区区域地质志》(1993)	《西藏自治区岩石地层》(1997)	陕西区调队(1:5万然巴、白地、罗布岗、浪卡子县幅)(1999)	西藏自治区地质调查院(1:5万琼果、曲德贡幅)(2002)	安徽省地质调查院(1:25万洛扎幅)(2003)	本书(2004)
江孜系 J	加不拉组 K_1	中、上侏罗统	鱼浪白加群 J_3—K_1	桑秀组 J_3—K_1	加不拉组 J_3—K_1	鱼浪白加群 J_3—K_1	桑秀组 J_3—K_1	鱼浪白加群 K_1	甲不拉组 K_1	甲不拉组 K_1
	维美组 J_3			卡东组 J_3—K_1					桑秀组 J_3—K_1	桑秀组 J_3—K_1
					维美组 J_3	维美组 J_3	卡东组 J_3	卡东组 J_3	维美组 J_3	维美组 J_3
	?		田巴群 J_{1-2}	上组 J_2	巴纠淌组	遮拉组 J_2	遮拉组 J_2	遮拉组 J_2	遮拉组 J_2	遮拉组 J_2	遮拉组 J_2
					夏西组 湖滨组 浪久组	田巴群 J_{1-2}	田巴群 J_{1-2}				
				打隆群 J_{1-2}	陆热组					陆热组 J_{1-2}	陆热组 J_{1-2}
	日当组 J_1		日当组 J_1	扎日组		日当组 J_1	日当组 J_1	日当组 J_1	日当组 J_1	日当组 J_1

一、剖面列述

1. 隆子县杀渔朗早侏罗世日当组—晚侏罗世维美组实测剖面(图2-51)

剖面位于隆子县城西南5km处赤勒村—明达村,起点坐标:东经92°19′11″,北纬28°18′43″;终点坐标:东经92°20′28″,北纬28°23′03″。剖面主要沿新修国防公路测制,露头良好,化石丰富,构造简单,从下向上控制了早侏罗世日当组、早中侏罗世陆热组、中侏罗世遮拉组及晚侏罗世维美组,分述如下。

晚侏罗世维美组二段(J_3w^2)

48. 浅灰色透镜状含火山质复成分砂砾岩,灰色块状—中厚层状含火山质细粒长石石英砂岩二者之比为1:8~1:7,每个层序厚1.5~2m。砾石成分复杂,有玄武岩、砂岩、泥岩等,磨圆中等,分选差,砂泥质胶结,砾岩底部具侵蚀界面,多发育正粒序—平行层理　　　　　　　　　37.74m

================ 整合 ================

晚侏罗世维美组一段(J_3w^1)

47. 灰黑色薄层状具砂质条带泥岩　　　　　　　　　　　　　　　　　　　　　　　　　　　　98.13m

46. 深灰色厚层状含钙粉砂质泥岩,灰黑色中薄层状具平行层理含机质条带含植物碎屑含凝灰质细粒岩屑砂岩。二者之比为2:1,每个层序厚1.2~1.4m,泥岩中见铁泥质结核　　　　115.90m

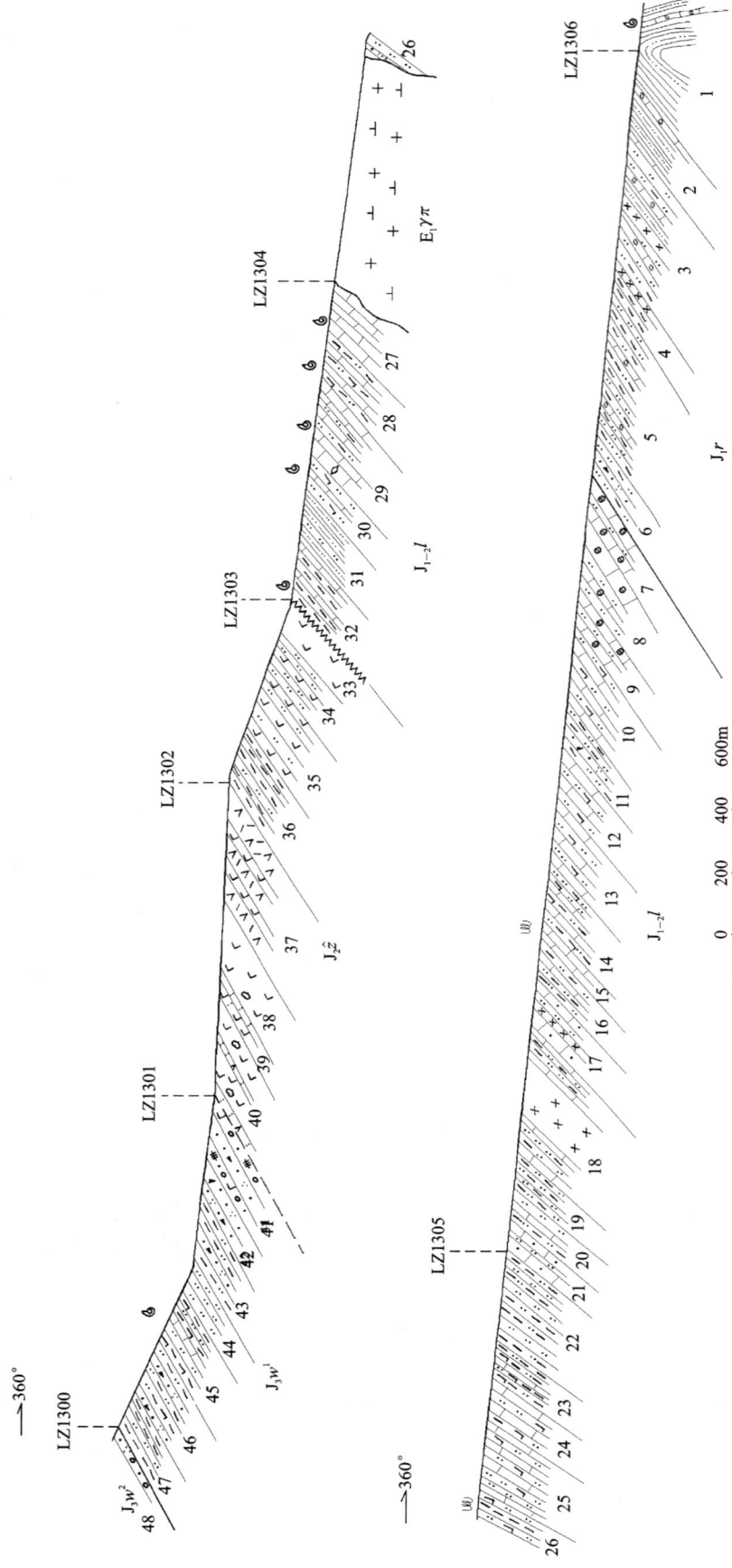

图2-51 隆子县杀渔朗早侏罗世日当组—晚侏罗世维美组二段实测地层剖面图

45. 深灰色薄层状含钙含云粉砂岩与灰色薄层状含凝灰质钙质泥岩互层。从下向上,砂岩含量减少,由1:1～3:1转变,每个层序厚0.1～0.2m,中部夹黄色中层状含藻泥晶灰岩　　100.37m
44. 浅灰色厚层块状具水平层纹含钙粉砂岩。多具球状风化　　32.39m
43. 深灰色薄层状粉砂质泥岩。发育水平层理,夹少量(0.1～0.3m)灰色细粒岩屑石英砂岩　　55.12m
42. 灰色中厚层状具平行层理—低角度冲刷层理含火山质中粗粒岩屑石英砂岩,薄层状粉砂质泥岩。砂泥比为4:1～5:1。每个层序厚0.8～0.9m　　68.87m
41. 浅灰、浅灰绿色块状火山质复成分砂砾岩,灰色中厚层状含火山质细粒岩屑砂岩,二者之比为3:1～4:1,每个层序厚1.2～1.5m。砾岩中砾石成分复杂,有基性火山岩、砂岩、泥岩及脉石英等,大小多为1～2cm,分选中等,磨圆好,砂泥质、火山质胶结　　89.08m

———————— 假整合 ————————

中侏罗世遮拉组二段(J_2z^2)

40. 灰、深灰色杏仁状玄武岩与紫红色晶屑玻屑熔结凝灰岩。二者之比为5:1～10:1;每个层序厚1.5～2m　　164.49m
39. 深灰色杏仁状玄武岩与灰色中厚层状沉凝灰岩呈不等厚互层,二者之比为3:1,每个层序厚2～2.5m　　35.82m
38. 上部为深灰色致密状细粒玄武岩与灰色杏仁状玄武岩组成的韵律,厚度比为2:1,每个韵律厚3～4m;下部为灰色、钢灰色致密状细粒安山玄武岩　　138.80m
37. 上部为灰、深灰色含斜斑玄武岩。块状构造,斑状结构,斑晶含量10%,岩石风化后呈灰绿色;中部为灰、深灰色致密块状玄武岩。斑状结构,斑晶含量20%～30%,岩石蚀变强烈,见大量星点状黄铁矿;下部为灰绿色片理化强蚀变玄武岩。块状构造,斑状结构,岩石风化后呈灰色　　174.23m

中侏罗世遮拉组一段(J_2z^1)

36. 深灰色厚层块状含云粉砂岩、泥岩　　158.86m
35. 灰色致密状斜斑玄武岩与深灰色厚层状含云粉砂岩近等厚互层。每个韵律厚8～10m　　85.73m
34. 深灰色厚层状具水平层纹粉砂岩。夹数层厚0.8～1m的灰黑色玄武岩　　86.39m
33. 浅灰色致密块状玄武岩　　93.69m

～～～～～～ 喷发不整合 ～～～～～～

中—早侏罗世陆热组($J_{1-2}l$)

32. 灰色厚层状具水平层理泥岩夹数层厚3～5cm的泥粉晶灰岩。二者之比为10:1,每个层序厚0.5～0.6m。夹约6m的灰色厚层块状具条带状豆状凝灰质粉晶灰岩　　119.54m
31. 深灰色粉砂质页岩。夹少量薄层状具水平纹层含钙粉砂岩,二者之比为10:1,每个层序厚1.2～1.3m　　130.29m
30. 浅灰色中厚层状含钙含云粉砂岩,夹薄层状泥晶灰岩,发育有机质条带,灰岩中产双壳:*Steinmania bronnii*,*Posidonia liassica*,*Fimbria regularis*,*Modiolus* sp.,*Positra* sp.　　78.55m
29. 上部为浅灰色厚层状具平行层理亮晶灰岩与浅灰色中层状泥晶灰岩,每个层序厚0.9～1m;下部为深灰色薄层状含泥粉砂岩与薄层状泥晶灰岩不等厚互层,二者之比为3:1,每个层序厚0.2～0.3m,泥晶灰岩中产双壳化石:*Luciniola problematica*,*Unicardium cardioides*;底部为深灰色厚层状具纹层豆状粉晶灰岩　　145.69m
28. 深灰色薄层状含钙粉砂质泥岩夹薄层状泥晶灰岩,二者之比为4:1,每个层序厚0.2～0.4m,泥灰岩中产双壳化石:*Steinmania bronnii*,*Posidonia liassica*,*Prodactylioceras enode*,*Salpigoteuthis* sp.,*Atractites* sp.,*Cardinia* sp.　　140.97m
27. 上部为深灰色厚层块状泥晶灰岩,产双壳化石:*Fimbria regularis*,*Astarte delicata*;下部为深灰色中厚层状具纹层含粉砂质泥晶灰岩与深灰色薄层状泥晶灰岩,二者之比为2:1,每个层序厚1.1～1.3m　　187.39m
26. 深灰色薄层状含钙粉砂岩与薄层状具水平层纹泥岩呈薄板状互层,二者之比为2:1～3:1,每个层序厚0.15～0.25m,层面上见生物扰动构造　　99.84m

25. 灰色中层状泥晶灰岩与深灰色薄层状含钙粉砂岩互层。二者之比为 1:3～1:1,每个层序厚 0.7～1m	199.94m
24. 深灰色中层状泥晶灰岩与深灰色薄层状含钙粉砂质泥岩呈近等厚互层。每个层序厚约 0.8～1.2m	122.19m
23. 深灰色薄层状含钙粉砂质泥岩与深灰色中薄层状泥晶灰岩互层。二者之比为 5:1～6:1,每个层序厚 1.5～2m	112.14m
22. 深灰色中厚层—薄层状粉砂质泥岩与中薄层状粉砂岩互层。从下向上,二者之比由 1:1～3:1变化,发育水平层理、脉状、透镜状层理,每个层序厚 0.2～0.3m	255.68m
21. 灰绿、粉红、杂色薄板状砂屑泥晶灰岩夹少量灰色粉砂质板岩。二者之比为 3:1,每个层序厚 0.8～1m	6.97m
20. 深灰色粉砂质板岩与灰黑色中层状泥晶灰岩互层。二者之比为 3:1～4:1,每个层序厚 1.1～1.2m	56.97m
19. 灰、浅灰绿色粉砂质板岩	75.19m
18. 深灰色粉砂质板岩与灰色中层状泥晶灰岩互层,二者之比为 3:1,每个层序厚 0.5～0.6m	164.72m
17. 上部为深灰色厚层块状具平行层理砂屑泥粉晶灰岩;下部为深灰色粉砂质板岩与厚层状泥晶灰岩互层,二者之比为 5:1～6:1,每个层序厚 0.4～0.5m;底部灰黑色、深灰色厚层块状具平行层理砂屑粉晶灰岩。岩石中见辉绿岩脉顺层侵入	83.53m
16. 深灰色粉砂质板岩夹少量薄层状(5～10cm)泥晶灰岩	126.70m
15. 灰色中厚层状泥粉晶灰岩与灰色钙质粉砂质板岩互层。二者之比为 3:1,每个层序厚 1.2～1.5m,灰岩中见生物钻孔遗迹	49.14m
14. 上部深灰色含钙粉砂质板岩。夹少量薄—透镜状泥晶灰岩;发育生物扰动遗迹;中部深灰色厚层状泥晶灰岩与深灰色含钙粉砂质板岩不等厚互层。二者之比为 3:1～4:1,每个层序厚 1.8～2m;下部深灰色含钙粉砂质板岩。夹少量泥晶灰岩透镜体;板岩中见生物扰动遗迹	156.89m
13. 上部深灰色中薄层状泥晶灰岩与灰色钙质粉砂质板岩互层产出,二者之比 2:1,每个层序厚 0.4～0.5m;中部深灰色含钙粉砂质板岩夹少量灰色中薄层状泥晶灰岩;下部浅灰色厚层块状—中层状泥晶灰岩与深灰色含钙粉砂质板岩近等厚互层。每个层序厚 1.2～2.5m	165.40m
12. 上部深灰色含钙粉砂质板岩与深灰色中—厚层块状泥晶灰岩互层。见 1.2～1.4m 宽的基性脉岩顺 S_1 方向侵入;中部浅灰色含钙粉砂质板岩与灰色具水平层理泥晶灰岩(钙质板岩)呈不等厚互层,二者之比为 3:1,每个层序厚 0.8～0.9m,产核形石:*Oncolites* sp.;下部灰色中厚层状含生物碎屑泥粉晶灰岩与深灰色含钙粉砂质板岩呈不等厚互层,二者之比为 2:1,每个层序厚 0.9～1.1m,见有宽约 2.5m 的灰黄色煌斑岩脉侵入	1.62m
11. 浅灰色夹绿色粉砂质板岩。岩石中见少量厚 0.15m 的细粒岩屑砂岩透镜体,砂岩表面具波痕	137.88m
10. 深灰色中层泥晶灰岩夹浅灰色含 Ca 粉砂质板岩与具薄层状泥晶灰岩(5～10cm)、浅灰色含 Ca 粉砂质板岩组成的韵律,每个韵律厚 40～50m	65.70m
9. 深灰色中层状含生物碎屑泥晶灰岩与深灰色粉砂质板岩近等厚互层。从下向上,每个层序厚 0.3～0.7m。底部见 1 层厚约 7m 的灰色厚层块状含生物碎屑灰岩	94.42m
8. 深灰色含钙粉砂质板岩与浅灰、深灰色中薄层状泥晶灰岩的韵律层,每个韵律厚 1.5～2m,二者之比为 4:1	150.85m
7. 灰色块状—中厚层状生物骨屑泥晶灰岩与灰色粉砂质板岩呈不等厚互层。二者之比为 1:1～2:1,每个层序厚 1.8～2.5m;灰岩中具平行层理,层面上含白云质,显暴露特点	85.58m

-------- 假整合 --------

早侏罗世日当组（J_1r）

6. 灰、浅灰色粉砂质板岩夹少量薄层状细粒岩屑石英砂岩	46.39m
5. 浅灰色、浅灰绿色粉砂质板岩。每隔 1.5～3.7m,见 0.5～40cm 厚的灰黑色泥屑粉晶灰岩、生物骨屑灰岩(风暴岩)夹层,钢灰色蚀变辉玢岩沿 S_1 面侵入	309.44m
4. 浅灰、浅灰绿色薄层状具水平层纹泥岩	92.30m

3. 浅灰绿色粉砂质板岩夹灰色中层具粒序层理、平行层理泥晶灰岩、生物骨屑灰岩。二者之比
   为 4:1～5:1,每个层序厚 1.2～2m,灰岩底部具侵蚀面   240.72m
2. 浅灰色、浅灰绿色粉砂质页岩,每隔约 0.5m 夹 5～20cm 的灰黑色生物骨屑灰岩;灰岩底部
   具侵蚀面,含下伏泥岩的团块,正粒序层理。岩石表面分布大量菊石、腕足化石,大小混杂,
   为 1～3cm,多磨损,为异地搬运沉积,可能为风暴岩。产化石:*Jurphyllites kavasensis*, *J.*
   sp., *Phylloceras* cf. *sclateri*, *Parainoceramus matsumotoi*, *P. lunaris*, *Longziceras longziense*,
   Hiatella curta, *H.* cf. *rotundata*, *Luciniola cingulata*, *Positra* sp. 及核形石:*Oncolites* sp.   126.47m
1. 深灰、浅灰绿色粉砂质页岩   >55.62m

（未见底）

2. 隆子县日当区果座朗曲—多巴剖面

该剖面为日当组建组剖面,位于隆子县日当镇西侧,由西藏综合队 1976 年测制,本项目野外进行了修测。该剖面主要沿果座朗曲测制,剖面掩盖较大,岩体侵位强烈,总体反映了一个倒转向斜,但化石丰富,总体岩性清晰。

早侏罗世日当组(J_1r)　　　　（未见顶）

7. 灰黑色页岩与钙质页岩互层。含硅质结核,向上钙质增多变为泥质灰岩,结核中产菊石:
   Phylloceras sp.,*Lytoceras* sp.,?*Prodactylioceras* sp.   >25m
6. 灰黑、深灰色页岩。偶夹钙质页岩,并含硅质和泥质灰岩条带,产菊石:*Prodactylioceras
   enodum*,*Hantheniceras* sp.,*Phylloceras* sp.,*Sulciferites* sp.,*Ayietites* sp.   30m
5. 深灰色、灰黑色页岩。含燧石结核和灰色灰岩团块,产菊石:*Phylloceras* sp.   25m
4. 灰黑色页岩与灰色泥灰岩和灰黑色钙质粉砂岩互层   300m
3. 灰黑色页岩及钙质页岩为主,上部与灰黑色细砂岩互层,下部与泥质灰岩互层,产菊石
   Galaticeras sp.   70m
2. 灰、灰黑色薄层状泥灰岩、含镁泥质灰岩、含钙硅质结核,底部为浅灰绿色晶屑凝灰质砂岩   320m
1. 灰黑色薄层状泥灰岩夹薄层灰岩透镜体   >220m

（未见底）

3. 措美县古堆日玛曲雄晚侏罗世维美组—早白垩世甲不拉组实测剖面（图 2-52）

剖面位于错美县古堆乡西南日玛曲雄,起点坐标:东经 91°40′51″,北纬 28°24′31″;终点坐标:东经 91°40′57″,北纬 28°27′33″。剖面主要顺山沟测制,露头较好,层序清晰,构造简单,化石丰富,从下向上控制了晚侏罗世维美组二段,晚侏罗世—早白垩世桑秀组、下白垩统甲不拉组,分述如下。

上覆地层:早白垩世甲不拉组(K_1j)

──────── 假整合 ────────

晚侏罗世—早白垩世桑秀组二段($J_3K_1s^2$)

31. 上部为灰绿色蚀变致密状玄武岩、绿灰色英安流纹质火山角砾凝灰岩。顶部见少量紫红色
    英安流纹质凝灰熔岩,具红顶现象;下部为灰绿色绿泥石化黝帘石化钠长石化杏仁状玄武
    岩;底部为灰绿色蚀变玄武质火山角砾岩   42.76m
30. 顶部灰绿色粉砂质板岩与浅灰绿色中层状细粒含海绿石石英砂岩互层,每个层序厚 0.6～
    0.8m,砂岩中多发育平行层理;上部灰色中厚层状含火山质含砂屑骨屑灰岩夹灰色粉砂质
    板岩,厚度比为 2:1,每个层序厚 0.6～0.7m,含大量骨屑,多磨损,其中见有大量双壳和箭石
    化石:*Belemnopsis elongata*, *Hibolithes jiabulensis*, *H. subfusiformis*, *H. xizangensis*, *H.
    jiangziensis*;中部灰黑色粘板岩与灰色中层状含云粉砂岩互层,厚度比近 2:1,每个层序厚
    0.4～0.6m,粉砂岩中多发育水平层理;下部灰色中层状细粒含长石海绿石岩屑石英砂岩与
    灰色粘板岩近等厚互层,二者之比为 1:1～2:1,每个层序厚 0.6～1.0m;底部灰色粘板岩夹
    灰色中薄层状细粒岩屑砂岩。二者之比约 2:1,单个层厚厚 0.3～0.4m,发育水平层理,从下
    向上,砂岩增多,厚度加大   13.51m

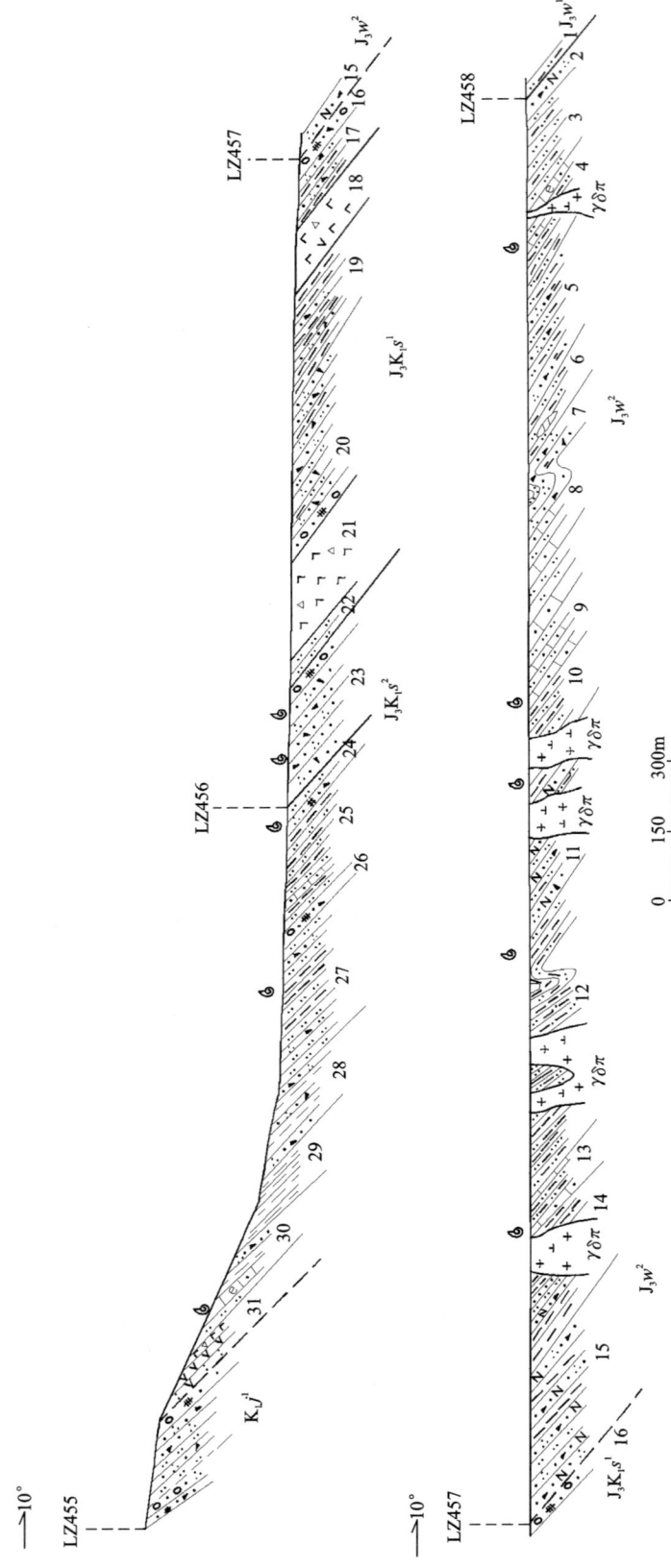

图2-52 措美县日玛曲雄侏罗世维美组、晚侏罗世—早白垩世桑秀组实测剖面图

29. 灰黑色粘板岩,风化易形成碎片,为饥饿段沉积 　　　　　　　　　　　　　　　　　110.03m
28. 灰色粘板岩夹灰色薄层状细粒岩屑砂岩。厚度比为 3:1~8:1,每个层序厚 0.3~0.4m,从下
    向上,砂岩含量减少,板岩中见砂质结核 　　　　　　　　　　　　　　　　　　　151.57m
27. 上部灰色粉砂质板岩与灰色薄层状细粒岩屑石英砂岩不等厚互层,每个层序厚 0.6m,从下
    向上,砂岩含量减少,厚度比由 1:1~3:1 转变;下部灰黑色粘板岩夹灰色薄层状含云粉砂岩,
    二者之比为 2:1,单个层序厚 0.4m,粉砂岩中发育水平层理,岩层中见结晶灰岩透镜体;底部
    灰色粉砂质板岩夹灰色中层状具平行层理细粒岩屑砂岩,二者之比为 2:1~3:1,单个层序厚
    1.0m,从下向上砂岩减少 　　　　　　　　　　　　　　　　　　　　　　　　　　93.55m
26. 灰色中层状含砾细粒碳酸盐化海绿石岩屑砂岩,灰绿色中层状细粒含海绿石质岩屑砂岩,灰
    色中层状含海绿石砂屑粉砂质泥岩组成的退积型层序。厚度比为 1:2:3,每个层序厚 0.8~
    1.0m,含砾砂岩底部具侵蚀界面 　　　　　　　　　　　　　　　　　　　　　　　 9.96m
25. 上部灰色粘板岩与灰色中层状含云粉砂岩互层,每个层序厚 0.3~0.5m;底部见少量细粒海
    绿石岩屑砂岩,板岩中含砂质结核,岩石中含少量薄层状—透镜状泥晶灰岩,从下向上,灰岩
    含量渐增;下部灰色粘板岩与灰色薄层状含云粉砂岩近等厚互层,每个层序厚 0.2~0.3m,
    粉砂岩中发育水平层理 　　　　　　　　　　　　　　　　　　　　　　　　　　　117.43m
24. 灰色粉砂质板岩夹灰色中薄层状细粒海绿石质岩屑砂岩。厚度比为 2:1,单个层序厚 0.5~
    0.6m,砂岩中含菊石化石：*Himalayites seideli* 　　　　　　　　　　　　　　　　　44.25m
23. 灰色厚层块状细粒含岩屑石英砂岩。砂岩中化石丰富,有箭石、菊石、双壳类等,箭石个体粗
    大,斜交或垂直于层面,有：*Berriasella oppeli*, *Hibolithes hastatus*, *H. gracilis*, *Belemnopsis
    gerardi*, *B. sinensis*, *Haplophylloceras pinque*;底部为：浅灰绿色厚层状复成分砂砾岩,灰绿
    色中厚层状中细粒复成分岩屑砂岩组成。厚度比为 2:1,每个层序厚 1.2~1.5m,砾石成分
    复杂,有灰岩、粉砂岩、硅质岩及基性火山岩,呈次圆状,分选中等,砂泥质、钙质胶结;为滨浅
    海相沉积 　　　　　　　　　　　　　　　　　　　　　　　　　　　　　　　　　134.91m

晚侏罗世—早白垩世桑秀组一段($J_3K_1s^1$)

22. 灰色粉砂质板岩夹灰绿色中厚层状玄武质岩屑砂岩。厚度比为 2:1~1:1,每个层序厚 0.5
    ~0.6m。从下向上砂岩增多 　　　　　　　　　　　　　　　　　　　　　　　　　 32.75m
21. 上部为灰绿色碳酸盐化玄武岩,底部见灰绿色蚀变玄武质火山角砾岩;下部为浅黄绿色碳酸
    盐化高岭土化安山玄武岩 　　　　　　　　　　　　　　　　　　　　　　　　　　114.18m
20. 顶部灰绿色中厚层状复成分砂砾岩,灰绿色中层状中细粒复成分岩屑砂岩,厚度比为 2:1,每
    个层序厚 0.6~0.8m,砾石成分复杂,以中基性火山岩为主,少量石英和中酸性火山岩,呈次
    棱角—次圆状,分选中等,砂质及方解石胶结;上部灰色中层状细粒火山质岩屑长石石英砂
    岩夹灰色粉砂质板岩,厚度比为 2:1,单个层序厚 0.4~0.6m;下部灰色中层状细粒含长岩屑
    石英砂岩夹灰色粘板岩,二者之比约 2:1,单个层序厚 0.6m 　　　　　　　　　　　189.10m
19. 灰色粘板岩夹灰绿色薄层状细粒含长岩屑石英砂岩。二者之比为 3:1,单个层序厚 0.3~0.4m 　131.05m
18. 上部灰绿色安山玄武岩;下部灰绿色火山角砾岩,角砾成分以玄武岩为主,砾径为 0.5~1m,
    呈次棱角状,玄武凝灰质胶结 　　　　　　　　　　　　　　　　　　　　　　　　 81.64m
17. 灰色板岩夹灰黄色中层状细粒铁染岩屑石英砂岩。二者之比为 2:1~1:1,单个层序厚 0.8
    ~1m,从下向上砂岩减少 　　　　　　　　　　　　　　　　　　　　　　　　　　 57.65m
16. 灰黄色中厚层状复成分砂砾岩,灰色中层状细粒岩屑石英砂岩。单个层序厚 1.0~1.2m;砾
    岩成分以石英为主,少量基性火山岩,大小多在 1.2mm 左右,呈滚圆状,砂泥质、钙质胶结。
    与下伏维美组二段呈假整合接触 　　　　　　　　　　　　　　　　　　　　　　　 17.38m

———————— 假整合 ————————

晚侏罗世维美组二段(J_3w^2)

15. 上部灰色粉砂质板岩,灰色厚层状细粒含长岩屑石英砂岩组成的进积型层序,二者之比为
    1:3~1:2,单个层序厚 0.8~1m,向上砂岩含量增多;下部灰色粘板岩、灰色细粒含长岩屑砂
    岩呈薄板状互层与灰色厚层状细粒含长岩屑石英砂岩组成的进积型层序,单个层序厚 2.5m 　162.61m

14. 上部灰色粘板岩夹透镜状泥灰岩,含大量砂质结核,有灰黄色辉绿岩脉侵入;中部灰色薄层状具平行层理细粒含长岩屑石英砂岩与灰色粉砂质板岩呈近等厚互层,每个层序厚 0.2～0.3m;下部灰黑色粉砂质板岩,含大量砂质结核,底部浅灰色蚀变花岗闪长斑岩脉　　85.88m

13. 灰色粉砂质板岩夹灰色薄层状砂屑灰岩。二者之比为 2:1,单个韵律厚 0.4m,灰岩中产双壳类:*Hibolithes flemingi*, *Bakevellia* sp., *Pseudolimea* sp., *Belemnopsis* cf. *alfuricus*, *B. gerardi*　　44.95m

12. 上部灰黑色粉砂质板岩。含砂质结核;中部灰色粉砂质板岩夹薄层状具水平层理粉砂质泥岩,二者之比为 3:1,每个层序厚 0.5m,发育浅白色蚀变花岗闪长斑岩脉;下部灰色中层状含云粉砂岩与灰色粉砂质板岩近等厚互层,单个层序厚 0.6m,粉砂岩中产丰富的箭石:*Hibolithes windhouweri*, *Belemnopsis uhligi*, *B. aucklandic*, *B.* cf. *alfuricus*　　179.01m

11. 上部灰色中层状细粒含长岩屑石英砂岩夹灰色粉砂质板岩,二者之比为 3:1,单个层序厚 0.5～0.6m;下部灰色粉砂质板岩夹灰色薄层状细粒含长岩屑石英砂岩,二者之比为 1:1～2:1,单个层序厚 0.3～0.4m,底部见灰白色花岗闪长斑岩脉　　49.27m

10. 灰色粘板岩与灰黑色薄层状含云钙质粉砂岩互层。二者之比为 2:1,单个层序厚 0.2～0.3m。板岩中含较多的砂质结核,产双壳类化石:*Haplophylloceras strigile*,见浅灰色花岗闪长斑岩脉　　82.91m

9. 灰色中层状砂屑灰岩与灰色粉砂质板岩近等厚互层。每个层序厚 0.5m,灰岩中产丰富双壳类、箭石:*Hibolithes jiabulensis*, *H. jiabulensis acutus*, *H. hastatus*, *Belemnopsis extenuatus*, *Astarte spitiensis*, *Plagiostoma* sp., *Buchia blanfordiana*　　83.85m

8. 灰色板岩夹灰色薄层状含生物骨屑砂屑泥灰岩,二者之比为 3:1,每个层序厚 0.3～0.4m;板岩中含砂质结核　　182.50m

7. 灰色中厚层状细粒含云岩屑石英杂砂岩夹灰色粉砂质板岩。二者之比为 2:1～3:1,单个层序厚 0.6m;发育次级褶皱,见有辉锑矿细脉　　25.41m

6. 灰黄色粉砂质板岩,夹泥灰岩透镜体　　56.19m

5. 灰色粉砂质板岩与灰黄色薄层状细粒含云岩屑杂砂岩近等厚互层。二者之比为 1:1～2:1,每个层序厚 0.2～0.3m　　134.94m

4. 灰色粉砂质板岩、粉砂岩夹灰黄色薄层状含生物骨屑砂屑泥灰岩。二者之比为 4:1,每个层序厚 1.0～1.2m。板岩中含砂质结核,产菊石化石:*Haplophylloceras pinque*, *Phylloceras ellipticum*,底部见灰白色蚀变花岗闪长斑岩脉　　90.11m

3. 浅灰绿色板岩夹灰色薄层状含云砂质泥岩,二者之比为 3:1,单个层序厚 0.3～0.4m,板岩中夹泥灰岩透镜体,含砂质结核;底部为灰色中厚层状含云钙质粉砂岩夹灰色板岩,二者之比为 3:1,单个层序厚 0.8m　　139.49m

2. 灰黄色中厚层状中细粒硅化含长岩屑石英细砂岩,灰色中层状含云钙质粉砂岩。单个层序厚 1.2m,砂岩成熟度较高,发育平行层理　　28.00m

―――――― 整合 ――――――

下伏地层:晚侏罗世维美组一段(J_3w^1)

二、岩石地层特征综述

1. 日当组(J_1r)

西藏综合队(1976)首先发现隆子县日当地区的下侏罗统,同年经王义刚等进一步观测,采获丰富的菊石化石,创名日当组。主要分布于测区中部隆子县日当镇和错美县哲古错一带,呈东西向条带状展布,出露面积约 910km²。岩性以灰、深灰色粉砂质绢云板岩、粉砂岩、页岩为主,少量具"杂色层"特点,夹少量灰黑色、深灰色薄层状、透镜状生物骨屑灰岩,局部见灰色薄层状具中小型交错层理,波痕岩屑石英砂岩。灰岩中见大量介壳、腕足碎片,底具侵蚀面,含下伏泥岩的团块,为生物介壳风暴岩沉积。板岩中多发育水平层理,炭质含量较高,具铁泥质、硅质结核,为三角洲沼泽—滨浅海沉积。产菊石化石: *Psiloceras psilonotum*, *P. provincialis*, *Wachnerceras latum*, *Arnioceras arnouli*, *Longziceras longziensis*。双壳类化石:*Hiatella arenicola*,*H. simemuriensis* 等,时代为早侏罗世,与下伏晚三叠世涅如组为整合接触,厚度大于1405.01m。

2. 陆热组($J_{1-2}l$)

1976—1983年,王乃文对侏罗系地层进行了较为全面的研究,认为日当组上部含大量碳酸盐岩,在区域上延伸较为明显,可填图性较强,新建陆热组。主要分布于测区中部隆子县日当镇和错美县哲古错一带,呈东西向条带状展布,出露面积约939km²。岩性为深灰色、灰黑色中层状泥晶灰岩夹灰色中层状粉砂岩、粉砂质板岩。灰岩与板岩常呈互层状产出,风化后形成"肋骨状"地貌(图版Ⅶ-2)。灰岩中常见平行层理,低角度冲洗层理,有淡水渗透灰岩,反映了一种浅水高能,频繁暴露的浅海台地—台地浅滩沉积。化石丰富,其中含菊石化石:*Prodactylioceras enode*,*Nyalamoceras nyalamoensis*;双壳类化石:*Parainceramus matsumotoi*,*Steinmamia broani*,*Posidonia liassia* 等;箭石:*Araotites longissima*,时代为早—中侏罗世,与下伏日当组为整合接触,厚3273.8m。

3. 遮拉组($J_2\hat{z}$)

遮拉组源于中上侏罗统"遮拉群"(王乃文,1983),《西藏自治区区域地质志》根据菊石化石限定为中侏罗世,降群为组,原始含义为含中基性火山岩的深—浅海细碎屑岩。

测区内遮拉组主要分布于藏不再复式向斜两翼,岩性及沉积厚度变化较大,出露面积约1311km²,在隆子县南—错美县古堆一带,以深灰色、灰绿色致密状、杏仁状玄武岩,灰色致密状英安岩为主;底部多与灰色薄层状变质粉砂岩、板岩呈互层状产出。反映了喷溢-沉积的特点,顶部多见紫红色、灰绿色凝灰岩,具"红顶"现象。在南部错那县觉拉拥果岗和西部那日雍错一带以灰色、深灰色粉砂质板岩为主,夹少量灰色蚀变玄武岩,见中层状泥粉晶灰岩夹层。产双壳类化石:*Costamussium zandaensis*,*Quenstedtia xizangfensis*,菊石:*Choffatiaobtus costata*,*Dorsefensis* cf. *edourdiana*;箭石:*Holcobelus* cf. *blainvillei* 等,时代为中侏罗世,与下伏陆热组为喷发不整合—整合接触(图2-53),厚度大于938.0m。

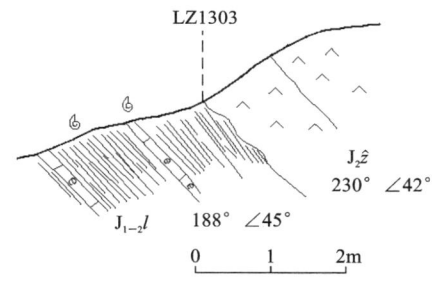
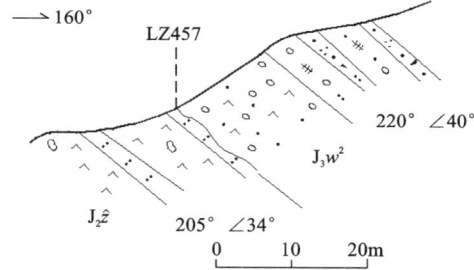

图2-53 隆子县杀渔朗遮拉组与陆热组喷发不整合接触素描图

图2-54 隆子县杀渔朗维美组与遮拉组假整合接触素描图

4. 维美组(J_3w)

王义刚(1980)在江孜县维美将位于早侏罗世之上的含火山岩的细碎屑岩命名为维美组。测区内主要分布于藏不再复式向斜核部及两翼,出露面积约302km²,可细分为两个岩性段。

维美组一段(J_3w^1)为灰色中厚层状变质细粒石英砂岩,灰色厚层状粉砂质板岩夹灰色中薄层状变质粉砂岩。砂岩底部见浅灰色厚层状复成分砂砾岩、砾岩。发育水平层理—微波状交错层理、炭化植物屑和黄铁矿,为三角洲相沉积,与下伏遮拉组呈假整合接触(图2-54),厚559.6m。

维美组二段(J_3w^2)为灰色粉砂质绢云板岩夹灰色薄层状粉砂岩、砂屑灰岩,底部为石英质砾岩及含砾石英砂岩,具冲刷侵蚀界面。下部发育平行层理—波状交错层理,为浅海高能滨海碎屑岩-碳酸盐岩沉积;中部多水平层理-块状层理,具生物暴死层,为垂向加积为主的浅海盆地相沉积;上部则以细粒岩屑砂岩和陆屑灰岩增多为特征,厚1345.2m。维美组中获箭石:*Hibolites flemingi*, *H. hastatus*, *Beoemnopsis* sp.,双壳类:*Pseudolimea* sp.,菊石:*Haplophylloceras strigile*, *H. pinque*,时代为晚侏罗世。

5. 桑秀组（J_3K_1s）

1976—1983年,王乃文等在浪卡子县多久乡卡东一带,将位于遮拉组之上的一套地层创名鱼浪白加群,该群包括了卡东组、桑秀组、日莫瓦组。其中桑秀组的含义为碎屑岩夹火山岩的一套地层组合。

测区内桑秀组主要分布于藏不再复式向斜核部,出露面积约276km²,可细分为两个岩性段。

桑秀组一段（$J_3K_1s^1$）为灰色板岩、灰黄色中层状变质细粒岩屑石英砂岩,底部见灰黄色中厚层状复成分砾岩。多发育平行层理、冲洗层理,底具侵蚀界面,为三角洲沉积,其中见有灰色、灰绿色玄武岩、玄武质火山角砾岩,与下伏维美组呈假整合接触图（图2-55）,厚度大于623.75m。

桑秀组二段（$J_3K_1s^2$）为灰色厚层状钙质含海绿石细粒岩屑石英砂岩、深灰色粉砂质绢云板岩、陆屑粉晶灰岩,顶部见玄武质火山角砾岩—玄武岩,具"红顶"现象。碎屑岩中发育平行层理—波状交错层理,常见水平层理。

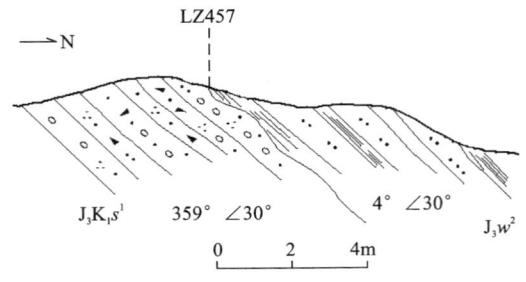

图2-55 措美县古堆乡日玛曲雄桑秀组与维美组假整合接触素描图（倒转）

产箭石化石:*Hibolithes hastatus*, *H. xizangensis*, *H. jiangziensis*, *Belemnopsis gerardi*, *B. elongata*;菊石:*Himalayites seideli*, *Haplophyllocera pinque*,时代为晚侏罗世—早白垩世,厚917.97m。

三、岩相分析

测区侏罗系出露较为完整,沉积环境变化复杂,主体为浅海沉积,包含了三角洲相、海陆交互相、滨海—浅海陆棚相、浅海碳酸盐岩相、浅海火山喷溢相等,从下向上分述如下。

（1）日当组:以低水位期潮坪碎屑岩相为主,含少量浅海风暴岩和陆棚席状砂（图2-56）。

低水位期潮坪碎屑岩相:潮坪是十分平缓的海岸地带,其沉积物平行于岸线呈条状分布;测区内主要由深灰、浅灰绿色粉砂质板岩、绢云板岩为主,广泛发育水平层理。为高潮线以上的低能泥坪沉积,发育钙泥质结核。

低水位期风暴岩相:在广阔的潮坪碎屑岩相中,飓风和台风造成海平面升高,海面流速增大,产生具粒序层理的密度流的风暴流。测区内主要由灰黑色薄层状、透镜状介壳灰岩、骨屑灰岩和上覆细碎屑物组成;灰岩底部具明显的侵蚀面,发育退积型层序,具平行层理,多由介壳碎片组成,结构成熟度和成分成熟度中等—好,具良好的分选性,为风暴期滞留沉积。上覆为细粉砂岩和泥岩互层,常见生物潜穴和扰动构造,为风暴悬浮物和非风暴期悬浮沉积。

低水位期浅海陆棚席状砂相:在测区及邻区,日当组中上部常见一套灰黄色中厚—厚层状含岩屑石英砂岩与深灰色粉砂质板岩互层,砂岩中广泛发育平行层理、波状交错层理,表面具干涉波痕。板岩富产双壳类、箭石、腹足类、海百合茎等。砂岩中石英含量较高（70%～75%）,多呈次棱角状—次圆状,接触式胶结,为浅水高能沉积。在区域上呈带状和席状分布,以砂体形式产出。

（2）陆热组:以浅海沉积为主,包括了台地浅滩相,浅海陆棚相—台地混合沉积和浅海盆地相等。

海侵期台地生物浅滩相:由灰色、深灰色厚层—中厚层状生物骨粒灰岩,浅灰色中薄层状泥粉晶灰岩组成;发育平行层理—水平层理。生物骨粒灰岩中含大量（50%～60%）生物骨粒,大小多在0.05～

0.2mm 之间，大小不一，多磨圆，为介壳、海百合茎等，由亮—粉晶方解石充填，为浅水高能沉积。该相在区域上较为稳定，其底界为陆热组与日当组的划分界面，性质为海侵界面（TS 面）。

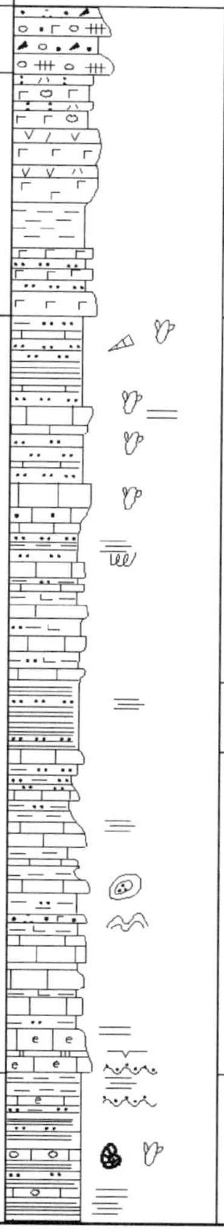

地层	岩性柱	环境		基本层序类型	体系域	岩性、沉积构造及化石
J_3w^1		三角洲河流相			低水位体系域 SB₁	浅灰绿色厚层—块状火山质复成分砾岩，发育板状交错层理，底具侵蚀界面
J_2z		海陆交互相	爆发—喷溢相	$J_2\hat{z}C$	高水位体系域 (HST)	上部为深灰色杏仁状玄武岩，紫红色熔结凝灰岩，具"红顶"现象；下部为深灰色玄武岩，浅灰色英安岩
			喷溢相			
		海相	浅海盆地	$J_2\hat{z}B$	cmf 海侵体系域 (TST)	深灰色厚层—块状泥岩，具水平层理，为饥饿段沉积
			喷溢—沉积相	$J_2\hat{z}A$		深灰色玄武岩与灰色中厚层粉砂岩互层产出
$J_{1-2}l$		浅海	陆棚相	$J_{1-2}lE$	SB₁ 高水位体系域 (HST)	灰、浅灰色中厚层状泥晶灰岩与灰色粉砂质板岩、钙质板岩互层，发育水平层及生物扰动构造，富产双壳类和箭石
			台地相			
			陆棚相			
			台地相			
			陆棚相			
			台地相	$J_{1-2}lD$		
		浅海盆地		$J_{1-2}lC$	cmf 海侵体系域 (TST)	灰色薄层—纹层状泥岩，夹少量粉砂质条纹，为饥饿段沉积
		浅海	陆棚—台地相	$J_{1-2}lB$		灰色中层状泥晶灰岩与灰、深灰色粉砂质板岩互层，风化后呈肋骨状，发育平行层理—水平层理，夹少量薄层细粒石英砂岩，具波痕，产核形石
			台地相	$J_{1-2}lA$		灰、灰黑色中厚层生物骨屑灰岩，少量钙质板岩；局部含白云质，发育平行层理，侵蚀底面，有暴露标志
J_1r		潮坪		J_1rA	TS 低水位体系域 (LST)	深灰、浅灰绿色粉砂质板岩，粉砂质页岩。夹薄层状介壳灰岩风暴岩，灰岩中富产异地埋藏的双壳类、菊石，板岩发育水平层理

图 2-56　早中侏罗世日当组、陆热组、遮拉组沉积层序图

0　　300　　600　　900m
垂直比例尺

海侵期浅海陆棚—台地混合沉积相：为灰色中层状泥晶灰岩与深灰、灰色粉砂质板岩互层，两者厚度比为 1:2~1:1，风化后呈肋骨状，发育平行层理—水平层理，见少量薄层状细粒岩屑石英砂，具波痕构造。产双壳化石及核形石。

高水位期浅海盆地相：由灰色薄层状—纹层状泥岩组成，见少量薄层状粉砂岩。发育垂向加积层序，中部为层序转换界面，常见菱铁矿和结核，见生物觅食迹，为低能静水欠补偿饥饿段沉积。

海退期浅海陆棚—台地混合沉积相：为灰、浅灰色中厚层状泥晶灰岩与灰色粉砂质板岩、钙质板岩互层，发育水平层理，富产双壳类和箭石，见生物扰动痕迹。

（3）遮拉组：相变较大，以浅海和海陆交互相火山喷溢—沉积为主，包含了火山爆发—喷溢—沉积相，爆发—喷溢相，喷溢—沉积相，次深海盆细碎屑相，浅海台地相及潮坪相等。

海侵期火山爆发—喷溢—沉积相：为浅灰色致密块状玄武岩、玄武质火山角砾岩及灰色厚层状具水平层纹粉砂岩。火山角砾大小在 5~10cm 之间，呈棱角—次棱角状，大小混杂，成分为玄武岩、凝灰岩，由玄武质岩浆胶结。在西部琼结县扎邦一带，见大量深灰色薄层状硅质岩、凝灰质硅质岩，反映了与火山作用密切相关的特点。

海侵期喷溢—沉积相：为灰、深灰色厚层状具水平层纹粉砂岩、粉砂质泥岩，夹灰色致密状玄武岩及灰色中厚层状细粒火山质岩屑长石砂岩夹层。玄武岩以高钛低钾为特征，显示了板内裂谷的特点。细粒火山质岩屑长石砂岩岩屑中含大量玄武质、凝灰质，砂岩结构，成分成熟度均低。该相在区域上较为稳定，为遮拉组下部的主控岩相。

高水位期次深海盆细碎屑岩相：由灰色厚层—块状泥岩、粉砂质泥岩组成，发育块状层理和水平层理，见大量硅质结核和黄铁矿晶体，反映了一种欠补偿的沉积环境。

海退期喷溢—沉积相：为深灰色致密状玄武岩与浅灰色英安岩相间互层，火山岩具典型的双峰式特点。在西部碎屑岩含量增多，以硅质泥岩、泥岩为主，显示了远离火山喷发中心，而以火山沉积为主导的海退沉积。该相在区域上较为稳定，为遮拉组上部的主控岩相。

海退期浅海台地相：该相仅见于测区南部，在测区西部琼结县扎邦一带亦有出露，岩性为灰色中层状微晶灰岩、细晶灰岩，层厚一般为10～30cm，出露宽50～500m，呈不连续条带—透镜状分布。常见于遮拉组中上部，总体不甚发育，为浅海碳酸盐岩台地相。

海退期潮坪细碎屑相：该相常见于测区西部错美县古堆—琼结县扎邦一带，以深灰色薄层状粉砂岩和泥岩相间为特征，广泛发育水平层理，脉状—透镜状层理，其中见有少量浅灰色薄层状—透镜状中—细粒岩屑石英砂岩，底部常见冲刷界面，可能为潮汐通道沉积。

海退期海陆交互火山爆发—喷溢相：在测区内较为普遍，由深灰、灰色杏仁状玄武岩，紫红色、灰绿色凝灰岩组成，在错美县古堆一带则以凝灰岩为主，具氧化"红顶"现象。

(4) 维美组：以三角洲—滨浅海沉积为主，其中包括低水位期三角洲河流相，低水位期三角洲平原相，海侵期滨岸滞留砾岩—海侵砂岩相，海侵期陆棚相，高水位期浅海盆地相，海退期浅海台地相，海退期浅海陆棚相(图2-57)。

低水位期三角洲河流相：由灰、浅灰色厚—块状复成分砂砾岩，厚层状细粒岩屑石英砂岩，粉砂岩组成，发育大型交错层理—平行层理，具二元结构。砂砾岩中砾石成分复杂，以玄武岩、凝灰岩为主，少量砂岩、泥岩，多呈次棱角—次圆状，略具定向性和分选性，砂泥质、火山质胶结。其底界与下伏火山岩间为侵蚀界面。

低水位期三角洲平原相：灰色、深灰色薄层状粉砂岩、泥岩为主，发育水平层理和微波状交错层理，见大量砂质、钙质结核，富含有机质。其中见有少量海相核形石灰岩和含植物岩屑砂岩夹层，反映了受海陆双重作用的影响。从下向上，灰岩含量增多，反映了海洋作用逐渐加强的特点。

上述两种沉积相，在测区内较为稳定，从东向西，逐渐变薄，至邻区浪卡子县一带未见发育。

海侵期滨海滞留砾岩—海侵砂岩相：在区域上延伸较为稳定，以灰色中厚层状石英质砂砾岩、灰色中厚层状中细粒含岩屑石英砂岩为主，发育平行层理，局部见冲洗层理，多侵蚀冲刷面。砂砾岩中砾岩成分较为单一，以石英质为主，少量砂岩，大小在1～3cm之间，次圆状，成分成熟度和结构成熟度较高，含岩屑石英砂岩中碎屑物石英较高，多达75%～85%，次棱角—次圆状，成分成熟度及结构度较高，接触式胶结，反映了一种受水动力反复冲洗的高能沉积特征。

海侵期浅海细碎屑岩—碳酸盐岩混合沉积：在区域上较为稳定，为维美组下部的主控岩相。由灰色薄层粉砂岩、泥岩组成，下部多见灰、灰黄色中层状砂屑生物骨屑灰岩与灰色薄层状粉砂岩互层，粉砂岩中见钙质结核，中上部多见深灰色中薄层细粒岩屑石英砂岩。普遍发育水平层理—微波状交错层理，

常见钙质结核，粉砂岩中产菊石化石。

灰岩中含大量生物骨屑，含量近30%～40%，大小不一，略具定向性，主要为腕足类、介壳、海百合茎碎片等。泥粉晶胶结，另有少量砂屑、石英，含量为3%～5%，其中细粒岩屑石英砂岩粒度分析统计平均值$Mz=2.87$，标准偏差$\delta_1=0.52$，偏度$SK=-0.04$，峰态$KG=1.03$。曲线由两个总体组成，特点

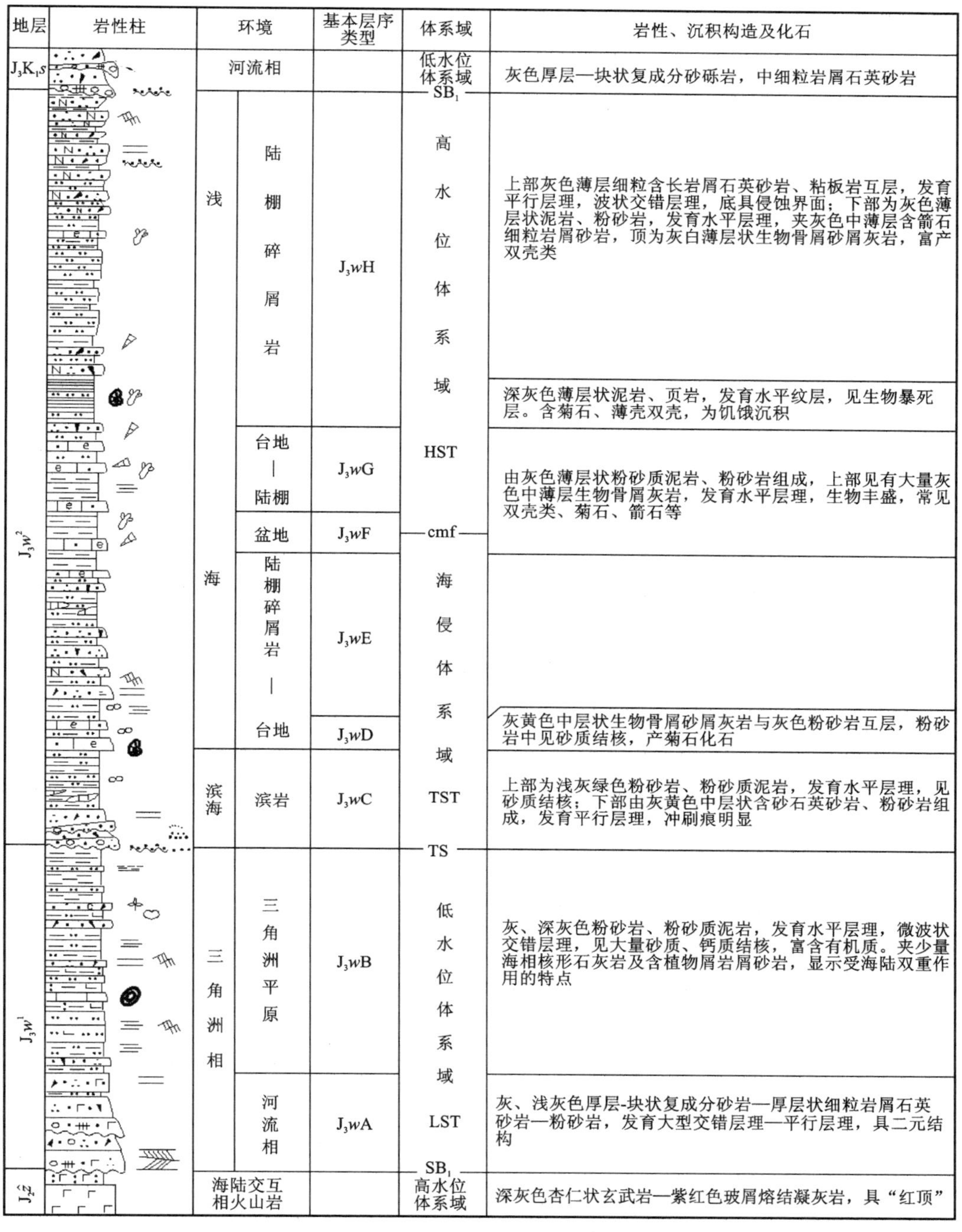

地层	岩性柱	环境	基本层序类型	体系域	岩性、沉积构造及化石
J_3K_1s		河流相		低水位体系域 SB₁	灰色厚层—块状复成分砂砾岩,中细粒岩屑石英砂岩
J_3w^2		浅海	陆棚碎屑岩	J_3wH	高水位体系域	上部灰色薄层细粒含长岩屑石英砂岩、粘板岩互层,发育平行层理,波状交错层理,底具侵蚀界面;下部为灰色薄层状泥岩、粉砂岩,发育水平层理,夹灰色中薄层含箭石细粒岩屑砂岩,顶为灰白薄层状生物骨屑砂灰岩,富产双壳类
			台地—陆棚	J_3wG	HST	深灰色薄层状泥岩、页岩,发育水平纹层,见生物暴死层。含菊石、薄壳双壳,为饥饿沉积
						由灰色薄层状粉砂质泥岩、粉砂岩组成,上部见有大量灰色中薄层生物骨屑灰岩,发育水平层理,生物丰盛,常见双壳类、菊石、箭石等
			盆地	J_3wF	cmf	
			陆棚碎屑岩—台地	J_3wE	海侵体系域	
				J_3wD		灰黄色中层状生物骨屑砂灰岩与灰色粉砂岩互层,粉砂岩中见砂质结核,产菊石化石
		滨海	滨岩	J_3wC	TST	上部为浅灰绿色粉砂岩、粉砂质泥岩,发育水平层理,见砂质结核;下部由灰黄色中层含砂石英砂岩、粉砂岩组成,发育平行层理,冲刷痕明显
J_3w^1		三角洲相	三角洲平原	J_3wB	TS 低水位体系域	灰、深灰色粉砂岩、粉砂质泥岩,发育水平层理,微波状交错层理,见大量砂质、钙质结核,富含有机质。夹少量海相核形石灰岩及含植物屑岩屑砂岩,显示受海陆双重作用的特点
			河流相	J_3wA	LST	灰、浅灰色厚层-块状复成分砂岩—厚层状细粒岩屑石英砂岩—粉砂岩,发育大型交错层理—平行层理,具二元结构
J_3z		海陆交互相火山岩		SB₁ 高水位体系域	深灰色杏仁状玄武岩—紫红色玻屑熔结凝灰岩,具"红顶"

图 2-57 晚侏罗世维美组沉积层序图

0　100　200　300m
垂直比例尺

是以跳跃总体为主,与悬浮总体 B 的 FT 截点呈突变关系。跳跃总体 A 含量较高,近 85%,斜率为 76°,集中分布于 2φ～3φ 之间。粒度较粗,具有良好的分选性。悬浮总体 B 有较大的粒径分布于 3φ～4.5φ 之间,为一条平缓直线,反映了一种水动能相对较高的浅海陆棚沉积特点(图 2-58)。

高水位期浅海盆地相:该相在区域上呈条带状分布,岩性较为单一,以灰黑、深灰色薄板状泥岩、粉砂质泥岩为主,发育水平层理,为低能欠补偿沉积。在浪卡子县张达一带以灰色薄层状硅质岩为特征。

海退期浅海碳酸盐岩—细碎屑岩混合沉积:在测区内均有发现,以灰色、浅灰色中薄层—中厚层粉晶骨屑灰岩为主,见有少量灰色中厚层具水平层理粉砂岩、粉砂质泥岩呈互层。灰岩中多发育平行层

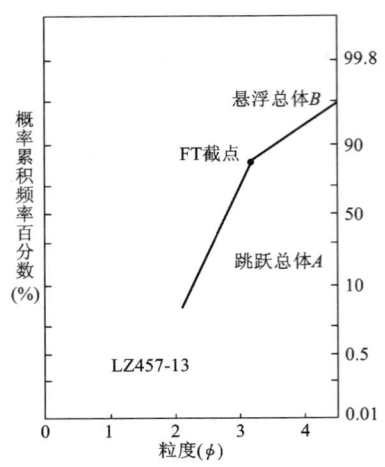

图 2-58 晚侏罗世维美组二段
概率统计粒度曲线图

理,富产化石,有箭石、双壳类、菊石等。

海退期浅海陆棚相:测区内广泛发育,为维美组上部的主控岩相,以灰色薄层状泥岩、粉砂岩为主,广泛发育水平层理—微波状交错层理,见少量灰色中薄层含箭石细粒岩屑砂岩。顶部见灰白色薄层状生物骨屑砂屑灰岩,富产双壳类。向上灰色薄层状细粒含长岩屑石英砂岩、粘板岩互层,发育平行层理—波状交错层理,底具侵蚀面。砂岩最明显的特征是矿物成熟度和结构成熟度高,泥质岩屑和不稳定的矿物组合很少,常呈块状或粒序层构造,具浅水成因特点,为强烈风暴期形成的"风暴砂",呈面状或席状产出。

(5)桑秀组:岩相上与下伏维美组较为相似,以滨—浅海陆棚沉积占主导地位。其中包括海侵期沉积,海侵期滨浅海碎屑岩沉积,海侵期浅海混合沉积;海侵期浅海陆棚相沉积,高水位期陆棚盆地细碎屑沉积,海退期浅海混合沉积(图 2-59)。

海侵期滨浅海碎屑岩沉积:浅灰绿、灰色厚层状石英质砾岩、块状含长岩屑石英砂岩,发育平行层理—冲洗层理,富产箭石、双壳类、菊石等。砾岩成分较为复杂,成分以石英为主,另有部分玄武岩、灰岩等。大小在 0.5~1cm 间,分选磨圆均好,具定向性,接触式胶结。胶结物为砂泥质、钙质,具正粒序层理—平行层理和冲洗层理,冲刷界面清晰。含长岩屑石英砂岩中 SiO_2 为 73.69%,$FeO+Fe_2O_3$ 为 6.66%,Al_2O_3 为 9.61%,石英碎屑分选磨圆均好,粒径较为集中,反映了一种受水流反复冲洗的特征。其中含长岩屑石英砂岩粒度分析统计平均值 $Mz=2.02$,标准偏差 $\delta_1=0.58$,偏度 $SK=0.047$,峰态 $KG=0.24$。曲线由三个总体组成,各截点间呈渐变关系。其中跳跃总体总量较高,含量近 95%。跳跃总体 A 含量较高,近 50%,斜率为 60°,集中分布于 1.5ϕ~2ϕ 之间。具中等—好的分选性。而跳跃总体 A' 含量近 45%,斜率仅为 46°,粒径跨度较大,分布于 2ϕ~3.5ϕ 之间。其中 S 截点为突变关系,反映了受海浪冲刷与回流双重作用影响的特点(图 2-60)。

海侵期浅海混合沉积:覆于滨海碎屑岩沉积之上,下部常见深灰、灰色粘板岩,中见少量薄层状细粒含长岩屑砂岩,板岩中多发育水平层理—微波状交错层理,为三角洲平原沉积;上部为灰色中层状细粒火山质岩屑砂岩夹灰色粘板岩、粉砂质板岩,广泛发育水平层理、波状交错层理,为三角洲前缘沉积;顶、底部均为灰绿色玄武质火山角砾岩、玄武岩、安山玄武岩。

海侵期浅海陆棚沉积:该相为桑秀组最具特征岩相。由灰色粘板岩和粉砂质板岩组成。发育水平层理和微波状交错层理,盛产双壳类。其中见有浅灰绿色中薄层状具平行层理细粒含海绿石岩屑石英砂岩,含 3%~5% 的海绿石。砂岩底部见透镜状砂砾岩及少量泥晶灰岩。其中粒度分析统计平均值 $Mz=3.55$,标准偏差 $\delta_1=0.53$,偏度 $SK=0.08$,峰态 $KG=0.95$。曲线仅由一个跳跃总体组成,由陡倾直线组成,斜率 62°,粒径集中分布于 2.5ϕ~4.5ϕ 之间,以细碎屑物占主导地位(图 2-61)。

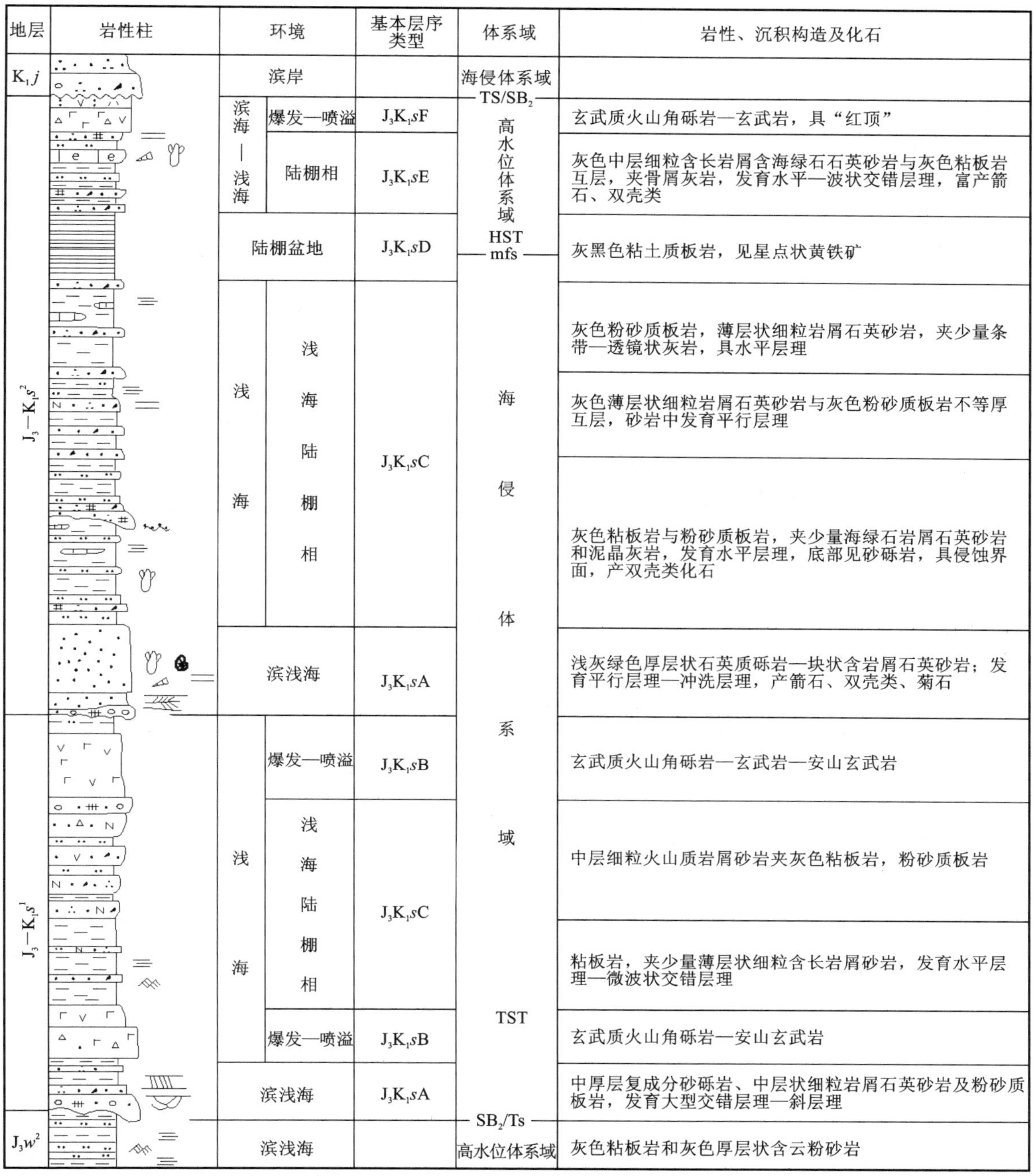

地层	岩性柱	环境	基本层序类型	体系域	岩性、沉积构造及化石
K_1j		滨岸		海侵体系域 TS/SB$_2$	
		滨海—浅海	爆发—喷溢	J_3K_1sF	高水位体系域 HST	玄武质火山角砾岩—玄武岩，具"红顶"
			陆棚相	J_3K_1sE		灰色中层细粒含长岩屑含海绿石石英砂岩与灰色粘板岩互层，夹骨屑灰岩，发育水平—波状交错层理，富产箭石、双壳类
			陆棚盆地	J_3K_1sD	mfs	灰黑色粘土质板岩，见星点状黄铁矿
$J_3-K_1s^2$		浅海陆棚相	J_3K_1sC	海侵体系域	灰色粉砂质板岩，薄层状细粒岩屑石英砂岩，夹少量条带—透镜状灰岩，具水平层理
					灰色薄层状细粒岩屑石英砂岩与灰色粉砂质板岩不等厚互层，砂岩中发育平行层理
					灰色粘板岩与粉砂质板岩，夹少量海绿石岩屑石英砂岩和泥晶灰岩，发育水平层理，底部见砂砾岩，具侵蚀界面，产双壳类化石
		滨浅海	J_3K_1sA		浅灰绿色厚层状石英质砾岩—块状含岩屑石英砂岩；发育平行层理—冲洗层理，产箭石、双壳类、菊石
		爆发—喷溢	J_3K_1sB		玄武质火山角砾岩—玄武岩—安山玄武岩
$J_3-K_1s^1$		浅海陆棚相	J_3K_1sC	TST	中层细粒火山质岩屑砂岩夹灰色粘板岩，粉砂质板岩
					粘板岩，夹少量薄层状细粒含长岩屑砂岩，发育水平层理—微波状交错层理
		爆发—喷溢	J_3K_1sB		玄武质火山角砾岩—安山玄武岩
		滨浅海	J_3K_1sA	SB$_2$/Ts	中厚层复成分砂砾岩、中层状细粒岩屑石英砂岩及粉砂质板岩，发育大型交错层理—斜层理
J_3w^2		滨浅海		高水位体系域	灰色粘板岩和灰色厚层状含云粉砂岩

图 2-59 晚侏罗世—早白垩世桑秀组沉积层序图

0　100　200　300m
垂直比例尺

高水位期陆棚盆地相：为单一的灰黑色粘土质板岩，见星点状黄铁矿，发育水平层理，为低能欠补偿沉积。

海退期滨浅海混合沉积：常见于桑秀组上部，为灰、浅灰黄色中层细粒含长岩屑海绿石石英砂岩与灰色粘板岩互层，从下向上，砂岩含量增多。发育水平层理—微波状交错层理，夹灰、浅灰色中薄层骨屑灰岩，富产箭石、双壳类化石。顶部见有灰、钢灰色玄武质火山角砾岩、玄武岩及紫红色英安质凝灰岩，具氧化"红顶"暴露特征。

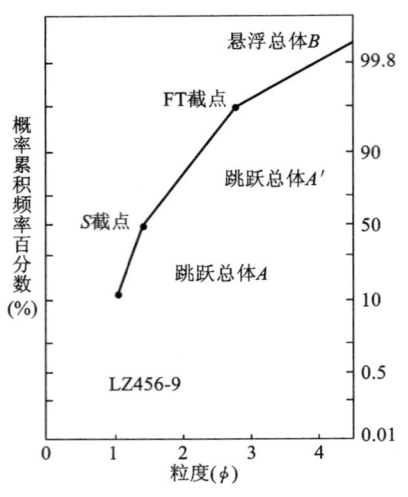

图 2-60 晚侏罗世—早白垩世桑秀组一段概率统计粒度曲线图

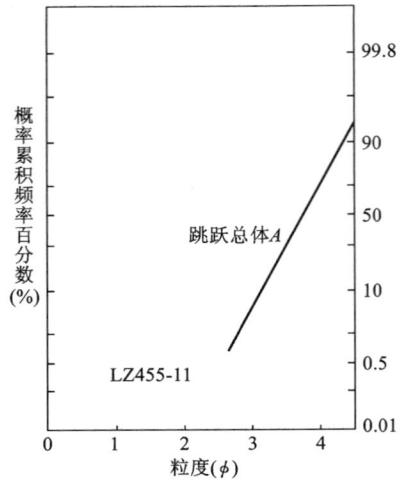

图 2-61 晚侏罗世—早白垩世桑秀组二段概率统计粒度曲线图

四、生物地层和年代地层

区内化石丰富，门类繁多，其中以双壳类、菊石类、腹足类、箭石类尤为发育，根据所获化石和部分前人资料，可建立各门类化石带（表 2-10）。

表 2-10 测区侏罗纪生物分带序列表

地层			生物带		双壳类组合带	菊石类组合带	箭石类组合带
白垩系	下统	凡兰吟阶	K_1^2	桑秀组二段 $J_3K_1s^2$	Inoceramus concenfricu-Oxytoma suboliqua 亚带	Himalayites seidew 带	
		贝利阿期阶	K_1^1				
侏罗系	上统	提塘阶	J_3^3	桑秀组一段 $J_3K_1s^1$	Budhia conceilfrica-B. blangfordiana 组合带	Berriasella oppeli-Haplophylloceras pinque 组合带	Belemnopsis uhligi-Hibolithes hastatus 组合带
		基末里阶	J_3^2	维美组二段 J_3w^2			Belemnopsis geradi-B. rostatus 组合带
		牛津阶	J_3^1	维美组二段 J_3w^1			
	中统	卡洛堆阶	J_2^3	遮拉组 $J_2\hat{z}$	Costamussium zandensis-Quenstedtia xizangensis 组合带	Dolirkepalites-Inocephalites 组合带	Holcobelus cf. biainvillei-Hastites 组合带
		巴通阶	J_2^2			Dorsetensia-Garatiana 组合带	
		巴柔阶	J_2^1				Aractites longissima-Salpigotheuthis 组合带
	下统	土阿辛阶	J_1^4	陆热组 $J_{1-2}l$	Paraninoceramus matsumotoi-Steimania brinni 组合带	Nyalamoceras nyalamoensis 组合带	
		普林斯巴赫阶	J_1^3			Prodactylioceras enodum 带	
		辛涅缪尔阶	J_1^2	日当组 J_1r	Hiatella arenicola-H. simemuriensis 组合带	Arnioceras arnouli-Longziceras longziensis 组合带	
		赫唐阶	J_1^1			Psiloceras psilontum-Waehherceras latum 组合带	

1. 双壳类

双壳类为区内重要的生物类别，可建立4个组合带。

（1）*Hiatella arenicola-H. simemuriensis* 组合带

该组合带常见于日当组下部，其重要分子有：*Hiatella arenicola*，*H. simemurensis*，*H. curta*；组合分子有：*Astarte subvoltzii*，*Fimbra regularis*，*Luciniola prblematica*，*Posidonia liassica* 等。其中 *Hiateua arenicola*，*H. simemuriensis* 为早侏罗世赫唐阶—辛涅谬尔阶的重要分子，其组合时代为早侏罗世赫唐期—辛涅谬尔期。

（2）*Parainoceramus matsumotoi-Steimamia bronni* 组合带

该组合带常见于日当组上部和陆热组底部，其重要分子有：*Parainoceramus matsumotoi*，*P. lunaris*，*Steinmania bronni*，*S.* cf. *stoliczkai*；组合分子有：*Mytiltus* sp.，*Parainoceramus subrotunda*，*Positra* sp.，*Luciniola cingulata*，*Inoceramus* sp. 等，局部较为丰富，以漂浮—底栖混合伴生为特征，其中其重要分子常见于早侏罗世普林斯巴赫期—土阿辛期，少量见于巴柔期；其组合时代为早侏罗世普林斯巴赫期—中侏罗世巴柔期。

（3）*Costamussium zandensis-Quenstedtia xizangfensis* 组合带

该组合带常见于遮拉组，重要分子有：*Costamussium zandensis*，*Quenstedtia xizangfensis*，组合分子有：*Entolium demissum*，*E. corneolum*。该带化石时代延伸较长，多为巴通期—卡洛维期的常见分子，亦见于巴柔期，故组合时代为中侏罗世巴柔期—卡洛维期。

（4）*Buchia conceilfrica-B. blangfordiana* 组合带

该组合带常见于维美组和桑秀组底部，其重要分子有：*Buchia conceilfrica*，*B. blangfordiana*，*B. curtusa*，*Astarte spitiensis*；组合分子甚多，常见有：*Astartoides dingriensis*，*A. gonbaensis*，*Entolium* sp.，*Oxytoma* sp.，*Plagiostoma* sp.，*Pleuromya spitiensis* 等；该组合以丰富的 *Buchia* 属为特征，其中有大量的 *Astartoides* 属混生。*Buchia blangfordiana* 常见于基末里期—提塘期，而 *Oxytoma* sp.，*Entolium* sp. 则以牛津期—基末里期为主，故该组合为晚侏罗世牛津期—提塘期。

（5）*Inoceramus concenfricus -Oxytoma suboliqua* 亚带

该组合带常见于桑秀组上部，其重要分子有：*Inocermus concenfricus*，*Oxytoma suboliqua*，*O.* cf. *expansa* 等，组合分子有：*Oxytoma* cf. *gyangzensis*，*Neithea aequicostata*，*N. aketoensis*；此外尚见有菊石类与其伴生，重要的有 *Dipoloceras dingriensis*，*D. varicostatum* 等。其中 *Inoceramus* 限于晚侏罗世—早白垩世，而 *Oxytoma suboliqua* 则常见于早白垩世贝利阿斯期—欧特里夫期，故该亚带应为早白垩世贝利阿斯期—欧特里夫期。

2. 菊石类

菊石类在测区内极为丰盛，分异度较高，为该时期最为重要的化石，可建立7个组合带，从老到新，分述如下。

（1）*Psiloceras psilontum-Waehneroceras* 组合带

该组合带常见于日当组底部，其主要分子有：*Psiloceras psilontum*，*P. provincialis*，*Wachnerceras latum*，*Schlotheimia* sp.；其中 *Psiloceras psilontum* 是欧洲早侏罗世赫唐阶最下部的化石，而 *Wachnerceras latum* 则为阿尔卑斯东北地区 *Psiloceras calliphyllum* 带的主要分子；*Schlotheimia* 属则是欧洲、喜马拉雅地区早侏罗世晚期的重要分子，故该组合时代基本可以肯定为早侏罗世赫唐期。

（2）*Arnioceras arnouli - Longziceras longziensis* 组合带

该组合带常见于日当组中上部，主要分子有：*Arnioceras arnouli*，*Longziceras longziensis*，*Ectocentrites longziensis*；组合分子有：*Gleviceras* sp.，*Hantkenicera* cf. *hantkeniensis*，*Juraphyllites kavasensis*，*Phylloceras* cf. *sclateri* 等，化石属种非常丰富，其中 *Arietites psilonotum*，*Ectocentrites longziensis* 与欧洲的 *Arietites buckland* 带层位相当，其时限为辛涅谬尔阶早期。而 *Arnioceras arnouldi* 是欧洲 *Arnioceras semicostatum* 带的重要分子，与喜马拉雅西段库蒙地区的 *Arnioceras—*

Schlotheimia 层的上部可对比，时代为辛涅缪尔中晚期。而 *Oxynoticeras* sp. 的层位略高，故该组合时代应为早侏罗世辛涅缪尔期。

(3) *Prodactylioceras enodum* 带

该组合带常见于日当组顶部和陆热组底部，其重要分子有：*Prodactyliocera enodum*，*Hantkeniceras* cf. *hantkeniensis*，*Juraphyllites* sp.，*Lytoceras* cf. *fimbriatum*，*Phylloceras* cf. *scrateris* 等，其中前两个属种可与欧洲普林斯巴赫阶的 *Prodactylioceras* cf. *davoei* 带对比，*Phylloceras* cf. *sclateris* 则时限较少，可以延至土阿辛期；故该带时代主要为早侏罗世普林斯巴赫期。

(4) *Nyalamoceras nyalamoensis* 带

该组合带常见于陆热组中下部，重要分子有：*Nyalamoceras nyalamoensis*，*Lytoceras* cf. *fimbriatum*，组合分子有：*Hantkericeras* sp.，*Geyeroceras* sp.，*Galaticera* sp. 等。其中重要分子 *Nyalamoceras nyalamoensis*，*Lytoceras* cf. *fimbriatum* 常见于欧洲土阿辛阶 *Nyalamoceras* 带，故该带时代主要为早侏罗世土阿辛期。

(5) *Dorsetensia-Garatiana* 组合带

该组合带常见于陆热组上部和遮拉组中下部，化石较少，重要分子有：*Dorsetensia* cf. *edouardiana*，*Garatiana* sp.，以 *Garatiana* 属高丰度产出为特征，是欧洲、北非、高加索等地晚巴柔期—巴通期的重要分子。故该组合时代为中侏罗世巴柔期—巴通期。

(6) *Dolirkephalites-Inocephalites* 组合带

该组合带常见于遮拉组上部，重要分子有：*Dolikephalite* sp.，*Inocephalites* sp.，组合分子有：*Phylloceras* sp.，*Choffatia obtucostata* 等，其中两个带化石为广泛分布于欧洲、北非、高加索、印度卡奇等地中下卡洛阶的标准分子，故该组合时代为中侏罗世卡洛维期。

(7) *Berriasella oppeli-Haplophylloceras* 组合带

该组合带常见于维美组和桑秀组下部，主要分子有：*Haplophylloceras pinque*，*H. strigile*，*Berriasella oppeli*，组合分子有：*Phylloceras ellipticnm*，*Uhligites griesbachi*。该组合中化石较为简单，时限较长，多以基末里阶—提塘阶为主；故该组合时代应为晚侏罗世基末里期—提塘期。

(8) *Himalayites seidew* 带

该组合带常见于桑秀组中上部，化石较为简单，以 *Himalayites seidew* 高丰度产出为特征，少量：*Haplophylloceras* sp.，*Berriasella* sp.，*Blanfordicera* sp. 等。*Himalayites* 属为早白垩世贝利斯期—凡兰吟期的重要分子，兴盛于凡兰吟期，故该组合时代为早白垩世凡兰吟期。

3. 箭石类

箭石类在测区内极为繁盛，从早到晚，个体逐步变大，可建立 5 个化石带。

(1) *Aractites longissima-Salpigotheuthis* 组合带

该组合带常见于陆热组中上部，箭石个体较小，有 *Aractites longissima*，*Salpigotheuthis* sp.，*Hastitets* sp.，*Belemnopsis* sp. 等。其中 *Aractites* 和 *Salpigotheuthis* 在区内产出众多，兴盛于土阿辛阶—巴柔阶，故组合时代应为早侏罗世土阿辛期—中侏罗世巴柔期。

(2) *Holcobelus* cf. *blainvillei-Hastites* 组合带

该组合带常见于遮拉组中，化石属种较少，以 *Holcobelus* cf. *blainvillei* 高丰度为特征。其时限较长，可能包括了中侏罗世巴柔期—卡洛维期。

(3) *Belemnopsis geradi-B. rostatus* 组合带

该组合带常见于维美组中下部，其重要分子以 *Belemnopsis geradi* 为主，组合分子有：*Belemnopsis extenuate*；有大量双壳类 *Astare spitiensis*，*A. dingriensis*。其中 *Belemnopsis geradi* 常见于喜马拉雅地区牛津期—基末里早期，故该化石组合时限为晚侏罗世牛津期—基末里早期。

(4) *Belemnopsis uhligi-Hibolithes hastatus* 组合带

该组合带常见于维美组中上部及桑秀组中，该组合中箭石属种较为丰富，其重要分子有：*Belemnopsis uhligi*，*B.* cf. *alfuricus*，*Hibolithes hastatus*，*H. flemingi* 等，组合分子有：*Belemnopsis aucklandica*，*B. extenuatus*，*Hibolithes jiabulensis*，*H. windhouweri* 等。此外，尚有大量双壳类和菊石 *Astarte spitiensis*，*Buchia blanfordina*，*Hoplophylloceras pinque* 等伴生。其中 *Belemnopsis uhligi* 在北喜马拉雅地区上侏罗统门卡墩组上部产出。同盐岭地区的 Neocomian 箭石层可以对比，组合时代应为晚侏罗世提塘期，可能包括部分贝利阿斯期。

(5) *Hibolites jiabulensis*-*H. xizangensis* 组合带

该组合带常见于桑秀组上部，重要分子有：*Hibolites jiabulensis*，*H. xizangensis*，组合分子有：*H. subfusiformis*，*H. jiangziensis*，*Belemnopsis elongatus*。此外，尚可见少量菊石与之伴生，有 *Himalayites seideli* 等。其中 *Hibolites jiabulensis*，*H. xizangensis* 为贝利阿斯阶—欧特里夫阶的重要分子，故该组合时限为早白垩世贝利阿斯期—欧特里夫期。

通过上述化石带的建立，测区内年代地层基本可以确定。

(1) 日当组：生物较为丰富，盛产混生双壳和飘浮类菊石。包含了 5 个化石带。双壳类：①*Hiatella arenicola*-*H. simemuriensis* 组合带；②*Parainoceramus matsumotoi*-*Steinmamia bronni* 组合带。菊石类：③*Psilocera psilontum*-*Waehneroceras latum* 组合带；④*Arniocera arnouli*-*Longziceras longziensis* 组合带；⑤*Prodactyliocera enodum* 带等。其中尤以菊石化石分异较为明显，演化清晰，基本上可与欧洲赫唐期—普林斯巴赫期的化石带对比，故日当组时限应为早侏罗世赫唐期—普林斯巴赫期。

(2) 陆热组：生物丰盛，盛产漂浮类双壳和菊石，见少量箭石。包括了 5 个化石带。双壳类：①*Parainceramus matsumotoi*-*Steinmamia bronni* 组合带。菊石类：②*Prodactyliocera enodum* 带；③*Nyalamoceras nyalamoensis* 带；④*Dorsetensia*-*Garatiana* 带。箭石类：⑤*Aractites longissima*-*Salpigteuthis* 组合带。其中菊石分带较为清晰，可与欧洲普林斯赫期—巴柔期化石带对比，故陆热组时代应为早侏罗世普林斯巴赫期—中侏罗世巴柔期。此外，底部化石带与陆热组顶部相同，说明在不同地区具同时异相沉积特点。

(3) 遮拉组：化石较为稀少，仅在火山喷发间期及沉积相中产少量双壳类、菊石和箭石；包括了 4 个化石带。双壳类：①*Costamussium zandaensis*-*Quenstedtia xizangensis* 组合带。菊石类：②*Dorsetensia*-*Garatiana* 组合带；③*Dolirkephalites*-*Inocephalites* 组合带。箭石类：④*Holcobelus* cf. *blainvillei*-*Hastites* 组合带。其中两个菊石化石带分别为欧洲、北非等地巴柔期—巴通期、卡洛维期的标准分子，故遮拉组时限应为中侏罗世巴柔期—卡洛维期。

(4) 维美组：生物丰富，盛产双壳类、菊石、箭石等，包括了 4 个化石带。双壳类：①*Buchia conceifrica*-*B. blonfordiana* 组合带。菊石类：②*Berriasella oppeli*-*Haplophylloceras pinque* 组合带。箭石类：③*Belemnopsis geradi*-*B. rostatus* 组合带；④*Belemnopsis uhligi*-*Hibolithes hastatus* 组合带。其中两个箭石带为喜马拉雅地区牛津期—基末里早期、提塘期的箭石层对比，故维美组时限应为晚侏罗世牛津期—提塘期。

(5) 桑秀组：生物丰盛，产双壳类、菊石、箭石等，其中尤以箭石发育；化石具明显的两分性；下部可见双壳类：①*Buchia conceifrica*-*B. blonfordiana* 组合带。菊石类：②*Berriasella oppeli*-*Haplophylloceras pinque* 组合带。箭石类：③*Belemnopsis uhligi*-*Hibolithes hastatus* 组合带。化石带具明显的晚侏罗世提塘期色彩，与维美组上部的化石带完全一致；显示了桑秀组底界为穿时界面。上部则见双壳类：④*Inoceramus concenfricus*-*Oxytoma subobliqua* 组合带。菊石类：⑤*Himalayites seideli* 带。箭石类：⑥*Hibolithes jiabulensis*-*H. xizangensis* 组合带。化石多为早白垩世的标维分子，显示了贝利阿斯期—欧特里夫期的色彩。故桑秀组为一跨纪的地层单位，时限为晚侏罗世提塘期—早白垩世欧特里夫期。

五、层序地层

通过对测区侏罗纪层序岩石地层单位的划分、背景沉积与特殊地质沉积体的调查，对层序界面性质和由层序界面限定的层序进行初步划分为 2 个中层序（Ⅱ级层序），4 个正层序（Ⅲ级层序）。

第一个中层序由早侏罗世日当组、早—中侏罗世陆热组和中侏罗世遮拉组组成，包含以下两个正层序。

第一个正层序：由日当组和陆热组组成，包括了低水位体系域、海侵体系域、高水位体系域，其底界显示 SB_1 界面特点，为Ⅰ型层序。

SB_1 界面位于日当组与涅如组之间，为区域性的层序转换界面，显示为假整合及与假整合界面相当的整合界面，在觉拉一带为整合接触。其下伏地层涅如组俗坡一带顶部见紫红色、灰紫色中厚层状含砾岩屑砂岩、长石岩屑砂岩，为海陆交互沉积，局部具氧化暴露特征。

低水位体系域(LST)由日当组潮坪碎屑岩组成；发育两种类型的基本层序(图 2-62)。

$J_1 rA$ 灰、深灰色薄板状粉砂质泥岩，薄层状泥岩呈互层，构造发育脉状层理—透镜状层理、水平层理，向上夹薄—中层状具平行层理细粒含岩屑砂岩。顶部具波痕构造。每个层序厚 3~4m，为弱加积—进积型。

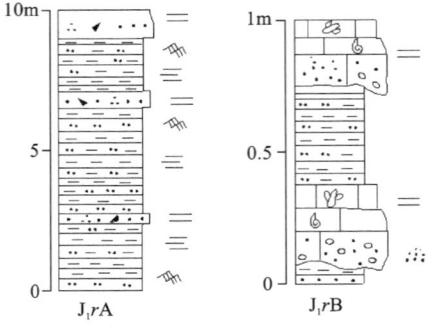

图 2-62 日当组基本层序示意图

$J_1 rB$ 位于 $J_1 rA$ 中呈随机性产出，为事件层序。由灰黑、深灰色中薄层状生物骨屑灰岩组成。发育正粒序—平行层理，灰岩中富产双壳、菊石化石，大小分选较好，显示高水动能下的沉积，底多具侵蚀界面，为风暴岩层序；厚 0.1~0.4m，从下向上，含量逐渐增多，反映了海侵逐渐增强的特点，为退积型层序。

海侵体系域(TST)由陆热组下部的浅海台地相、浅海陆棚相、浅海陆棚盆地相组成。发育退积型层序，包含两种基本层序(图 2-63)。

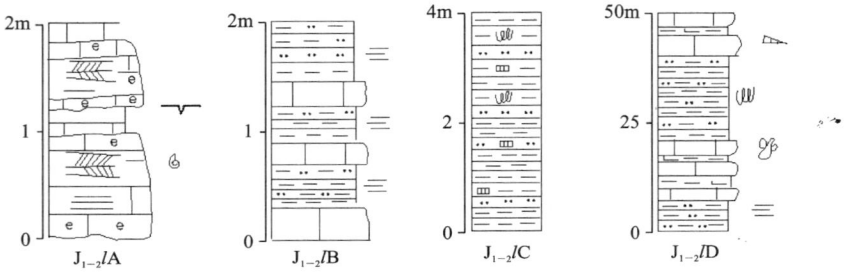

图 2-63 陆热组基本层序示意图

$J_{1-2} lA$ 位于陆热组底部，由灰、灰黑色中厚层状生物骨屑灰岩、中层状含骨屑粉晶灰岩组成，夹少量钙质板岩，发育平行层理、低角度冲洗层理，具侵蚀底面，含泥裂等暴露标志。厚度比为 3:1~4:1，每个层序厚 0.8~1.1m，从下向上，粉晶灰岩含量增多，水动力减低，水体逐渐变深，为退积型层序。

$J_{1-2} lB$ 位于陆热组中下部，为灰色中层状泥晶灰岩，深灰色粉砂质板岩互层，发育平行层理—水平层理，厚度比为 1:3~1:1，每个层序厚 0.8~1.5m，从下向上，板岩含量逐渐增多。层序以退积型为主，底部产核形石。

饥饿段(CS)位于陆热组中部，为浅海陆棚盆地相，基本层序为 $J_{1-2} lC$ 由灰色薄层—厚层状泥岩组成垂向加积层序，见少量薄层状粉砂岩，厚度比为 4:1~5:1，常见黄铁矿和结核，见深水相生物觅食迹，其中部为 cmf 界面。

高水位体系域(HST)：位于陆热组上部，由浅海碳酸盐岩和陆棚碎屑混合沉积组成，岩相上较为简单，基本层序如下。

$J_{1-2} lD$ 由灰、浅灰色中—厚层状粉晶灰岩，灰色钙质板岩与深灰色粉砂质板岩、粘板岩组成的韵律层序。厚度比为 1:3~1:1，向上碎屑岩含量增大，顶部见细粒砂岩、粉砂岩夹层，并且厚度增大，由 20m 向 30m 转变。化石丰盛，富产双壳类、箭石。具生物觅食迹，总体为一种水体逐渐变浅的进积层序。

第二个正层序由遮拉组组成。包括了海侵体系域和高水位体系域。其底部为 TS/SB_1 界面，为Ⅰ型层序。

SB_1 界面在区内反映为遮拉组与日当组之间的喷发不整合接触。下部为日当组浅灰色钙质板岩、粉砂质板岩，上部为灰绿色玄武岩，两者间为平行—微角度相交。

海侵体系域(TST)由遮拉组底部的浅海喷溢—沉积相组成。基本层序为$J_2\hat{z}A$,由深灰、灰绿色玄武岩,灰色中厚层状粉砂岩组成。厚度比为2∶1～3∶1,每个韵律厚3～5m,向上粉砂岩增多,发育水平层理,为海侵期退积型层序(图2-64)。

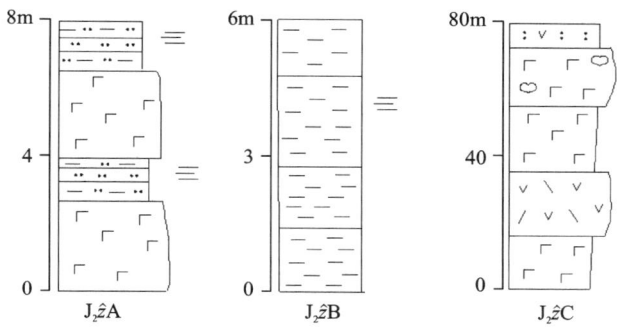

图2-64 遮拉组基本层序示意图

饥饿段(CS)位于遮拉组中下部。基本层序$J_2\hat{z}B$由灰、深灰色厚层—块状泥岩组成。具水平层纹,为低能垂向加积,发育加积型层序,中部为cmf界面。

高水位体系域(HST)位于遮拉组中上部。基本层序$J_2\hat{z}C$主要由深灰色玄武岩浅灰色英安岩组成。从下向上,水体变浅,火山岩由深灰色杏仁状玄武岩向紫红色熔结凝灰岩转变,顶部具"红顶"暴露特征,为海退期进积型层序。

第二个中层序由晚侏罗世维美组和桑秀组组成。包括以下两个正层序。

第一个正层序主要由维美组组成。包括了低水位体系域、海侵体系域和高水位体系域。其底界为SB_1界面,显示为Ⅰ型层序。

SB_1界面位于维美组与遮拉组之间,为区域性的假整合界面。下伏遮拉组顶部见紫红色凝灰岩,具氧化暴露特点。上覆维美组底部见灰色复成分砂砾岩。砾石成分以玄武岩、凝灰岩为主,少量砂岩、泥岩。多呈次棱角—次圆状,略具定向性和分选性,砂砾质、火山质胶结。具二元结构,两者间呈侵蚀界面。

低水位体系域(LST)位于维美组中下部。由三角洲河流相、三角洲平原相组成。包含两种基本层序(图2-65)。

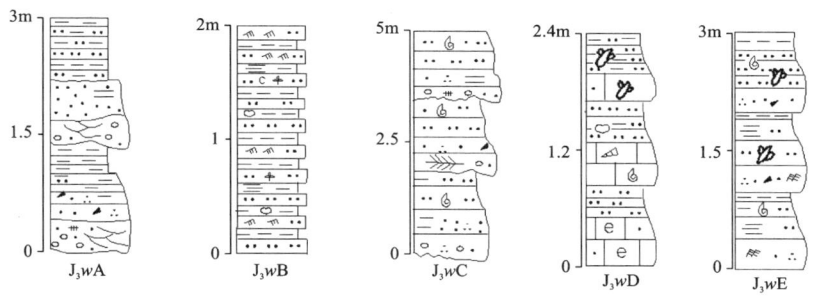

图2-65 维美组中下部低水位体系域—海侵体系域基本层序示意图

J_3wA由灰、浅灰色厚层—块状复成分砂砾岩,厚层状细粒岩屑石英砂岩,粉砂岩组成。发育大型交错层理—平行层理—水平层理,具二元结构。厚度比为1∶2∶1～1∶2∶3,每个层序厚1.2～1.8m,为河流相沉积。

J_3wB灰、深灰色薄层状粉砂岩与粉砂质泥岩的韵律层,每个层厚0.2～0.3m,发育水平层理,季节层纹,少量见微波状交错层理。见大量砂质、钙质结核及植物碎屑,为弱加积—进积型层序。

海侵体系域(TST)位于维美组中部。由滨海碎屑岩、浅海台地、浅海陆盆相组成。包含以下3种基本层序。

J_3wC位于维美组二段底部。由灰黄色中层状石英质砂砾岩、含砾石英砂岩、粉砂岩组成,厚度比为1∶2∶4,每个层序厚1.1～2.5m。向上粉砂岩含量增多,砂砾岩中砾石成分以石英为主,分选磨圆中等—好,发育交错层理—平行层理,为海侵期退积型层序。底部发育侵蚀界面,具海侵界面特征。

J_3wD 分布于维美组二段下部。由灰黄色中层状生物骨屑砂屑灰岩夹灰色薄层状粉砂岩组成,厚度比为 2:1～1:3,层序厚 0.4～0.8m。从下向上,粉砂岩含量增多,粉砂岩中见结核,产菊石化石,为海侵期退积型层序。

J_3wE 分布于维美组二段中下部。由灰、深灰色中薄层状细粒岩屑石英砂岩,薄层状粉砂岩组成。厚度比为 1:4～1:2,层序厚 0.8～1.2m。发育微波状交错层理—水平层理,为海侵期进积型层序。

饥饿段(CS)位于维美组二段中部。基本层序 J_3wF 由深灰色薄—纹层状泥岩组成。具粉砂质条纹,富含黄铁矿晶体,为弱退积—加积型层序,反映了一种垂向加积欠补偿沉积,中部为 cmf 界面。

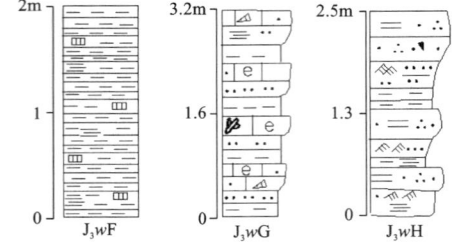

图 2-66 维美组上部高水位体系域基本序示意图

高水位体系域(HST)位于维美组中上部。由浅海陆棚碎屑岩沉积、碎屑岩与碳酸盐岩混合沉积组成,包括以下两种基本层序(图 2-66)。

J_3wG 分布于维美组中上部。为灰色薄层状粉砂质泥岩,粉砂岩与灰色中薄层状生物骨屑灰岩互层,厚度比为 1:1～3:1,每个层序厚 0.7～1.0m。产双壳类、箭石化石,发育水平层理,由下向上,粉砂岩、泥岩含量增多,层厚增大,显示了海退期进积型层序。

J_3wH 分布于维美组上部。由灰色薄层状泥岩、粉砂岩与灰色薄层状细粒含长岩屑石英砂岩组成。厚度比为 1:2～3:1,每个层序厚 0.6～1.1m。发育水平层理—微波状交错层理—平行层理。从下向上,石英砂岩含量增多,反映了水体不断变浅,水动力逐渐增加的进积型层序。

第二个正层序由桑秀组组成。包括了海侵体系域和高水位体系域。其底界为 SB_2/TS 界面,显示为 Ⅱ 级层序。

SB_2/TS 界面位于桑秀组与维美组之间。区域上呈整合接触。在测区日玛曲雄一带具假整合接触特征。下伏维美组顶部为海退期浅海陆棚相沉积,上覆桑秀组底部为灰绿色厚层状石英质砂砾岩,分选、磨圆中等—好,底具冲刷界面。

海侵体系域(TST)位于桑秀组中下部。由滨海—浅海碎屑岩,火山岩沉积组成,包括以下 3 种基本层序(图 2-67)。

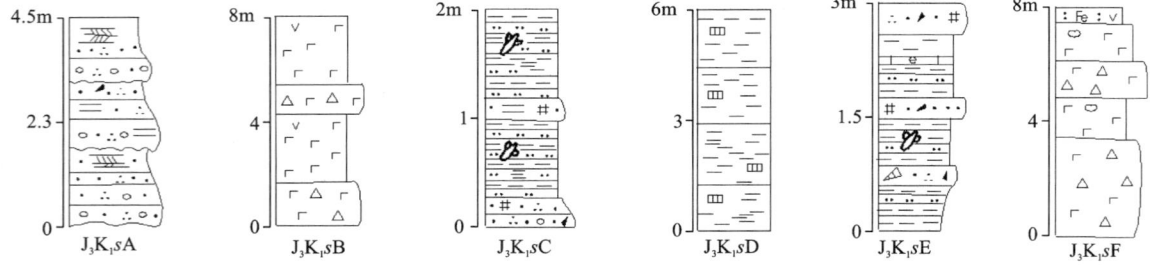

图 2-67 桑秀组基本层序示意图

J_3K_1sA 常见于桑秀组一段和二段底部。由浅灰绿、灰色厚层状石英质砂砾岩,灰色块状细粒含长岩屑石英砂岩组成。厚度比为 1:4～1:2,每个层序厚 1.2～1.8m,发育平行层理—冲洗层理,从下向上,粒度变细,层厚变薄,为海侵期退积型层序。

J_3K_1sB 常见于桑秀组一段下部和顶部。由灰绿、深灰色玄武质火山角砾岩,深灰色安山玄武岩组成的韵律,厚度比为 1:4～1:2。每个韵律厚 3～5m,从下向上,从爆发相—喷溢相转变,反映了在拉张背景下的海侵过程。

J_3K_1sC 常见于桑秀组中部。为灰色薄层状粉砂岩与泥岩呈薄板状近等厚互层,每个互层厚 0.2～0.3m,多发育水平层理,产双壳类化石。层序底部常见薄层状海绿石岩屑石英砂岩,向上含量减少,砂岩底部常夹砂砾岩,为海侵时期退积型层序。

饥饿段(CS)位于桑秀组中上部。基本层序 J_3K_1sD 由灰黑色粘土质板岩组成。岩性较为单一,发育水平层理,见星点状黄铁矿,为垂向加积型层序。其中部为 cmf 界面。

高水位体系域(HST)位于桑秀组上部。由浅海陆棚相和浅海爆发—喷溢相组成。包括两种类型的基本层序。

J_3K_1sE 常见于桑秀组上部。由灰色粘板岩—灰色中层状细粒含海绿石石英砂岩组成,厚度比为 2:1～3:1,层序厚 0.7～1.2m。在层序上部时见浅灰色中薄层状骨屑砂屑灰岩,发育水平层理—微波状交错层理,富产双壳类和箭石化石,向上砂岩含量增多,层厚加大,显示海退期进积型层序。

J_3K_1sF 常见于桑秀组顶部。由深灰色玄武质火山角砾岩,灰绿色杏仁玄武岩组成的韵律层。每个韵律厚 3～5m。在层序顶部见紫红色褐铁矿化凝灰岩,具"红顶"现象,显示了海陆交互的氧化环境。

早侏罗世早期(J_1r),测区内经历了长时期的低水位沉积,在区域上均以深灰色粉砂质板岩、黏板岩沉积为主(图 2-68)。发育水平层理—微波状交错层理,炭质含量较高,以潮坪相沉积为特征。在东部隆子县杀渔朗、错美县古堆一带,常见骨屑灰岩风暴沉积,具明显的冲刷侵蚀界面。顶部在杀渔朗等局部地区发育灰黄色中厚—厚层状含岩屑石英砂岩。砂岩中广泛发育平行层理—波状交错层理,具干涉波痕,显示席状砂体的特点。早侏罗世晚期($J_{1-2}l$),发生了区域性的海侵活动,浅灰色厚层—中厚层状生物骨粒灰岩大范围内均有出现,发育平行层理—低角度交错层理,显示了浅水高能的台地生物浅滩沉积。在哲木错一带,出现的泥裂构造,亦显示了局部暴露的特点。其后以长期的持续海侵为特征,大范围出露了浅海碳酸盐岩与浅海细碎屑相间的沉积,最终以深灰色高水位期浅海盆地沉积占主导地位。由灰色薄层状—纹层状泥岩组成,常见黄铁矿晶体和铁锰质结核及生物觅食构造,代表区域性的垂向加积欠补偿沉积。中侏罗世早期,海平面发生了缓慢下降,发育由浅海碳酸盐岩-细碎屑岩组成的进积型层序。生物丰盛,富产双壳类、箭石等。至此,受构造影响及盆地升降的不均一性,测区内盆地的构造格局已基本形成。西部陆源物质丰富,以粗碎屑岩为主,厚度较大,表明接近盆地边缘,而东部一带则以欠补偿盆地相缓慢沉积为特征。

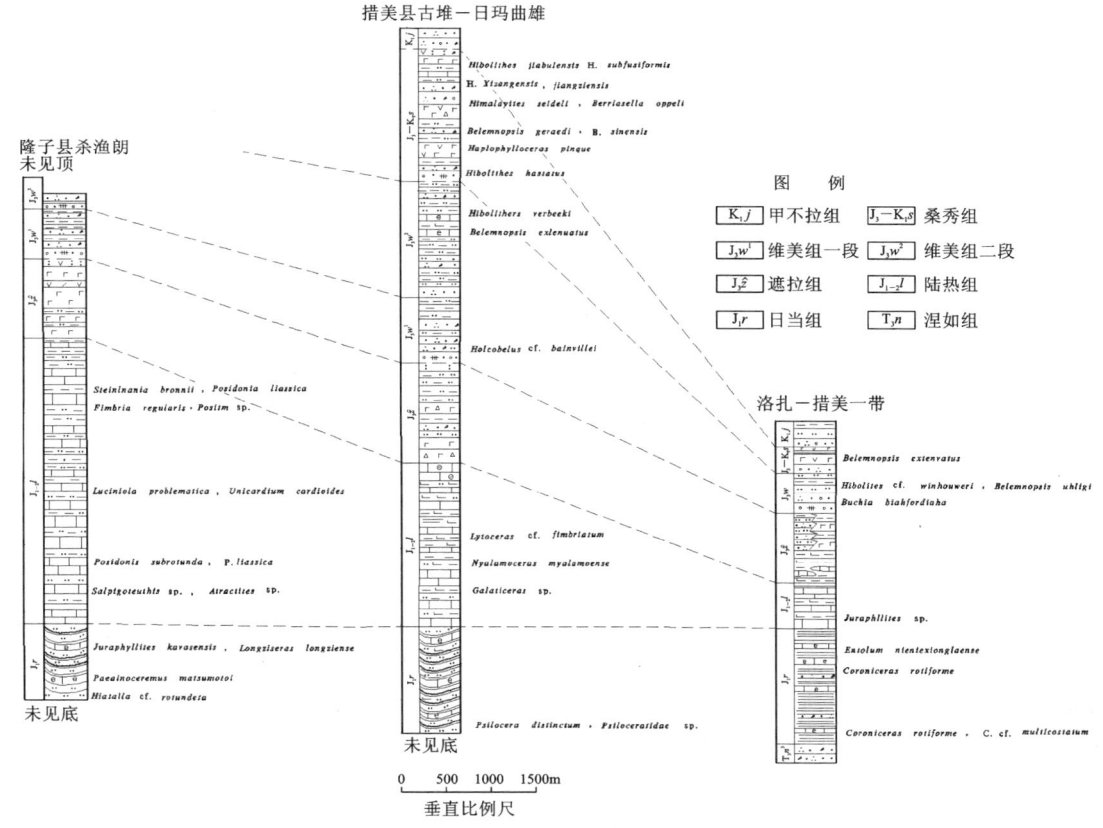

图 2-68 测区及邻区侏罗系柱状对比图

中侏罗世中期测区内侏罗纪第二次海侵开始,在拉张的背景下,出现了大量的玄武岩喷发。火山岩与浅海碎屑岩呈韵律性互层,显示了海侵期喷溢—沉积的特点。在措美县古堆一带,以爆发—喷溢相为特征。在琼结县扎邦,火山作用明显减弱,出现较多硅质泥岩和硅质岩。中侏罗世晚期,广泛发育深灰色厚层-块状泥岩、大量硅质结核和黄铁矿晶体,显示了浅海盆地的欠补偿沉积特征。其后,海退开始,在隆子县杀渔朗一带以玄武岩—英安岩相间产出,反映双峰式火山喷发特点。在古堆一带以喷溢—沉积占主导地位,而在琼结县扎邦则以硅质泥岩沉积为主,从东向西,火山作用减弱,西部出现浅海台地相碳酸盐岩沉积。中侏罗世末期在盆地边缘隆子县附近,盆地急剧抬升,发育灰绿色玄武岩、紫红色凝灰岩和氧化构造,红顶显示向陆相喷发转化的特点。在西部措美县古堆—琼结县扎邦一带,则出现了潮坪碎屑沉积,以粉砂岩、泥岩为主,向上砂岩夹层增多,河道下切作用逐渐增强(图2-69)。

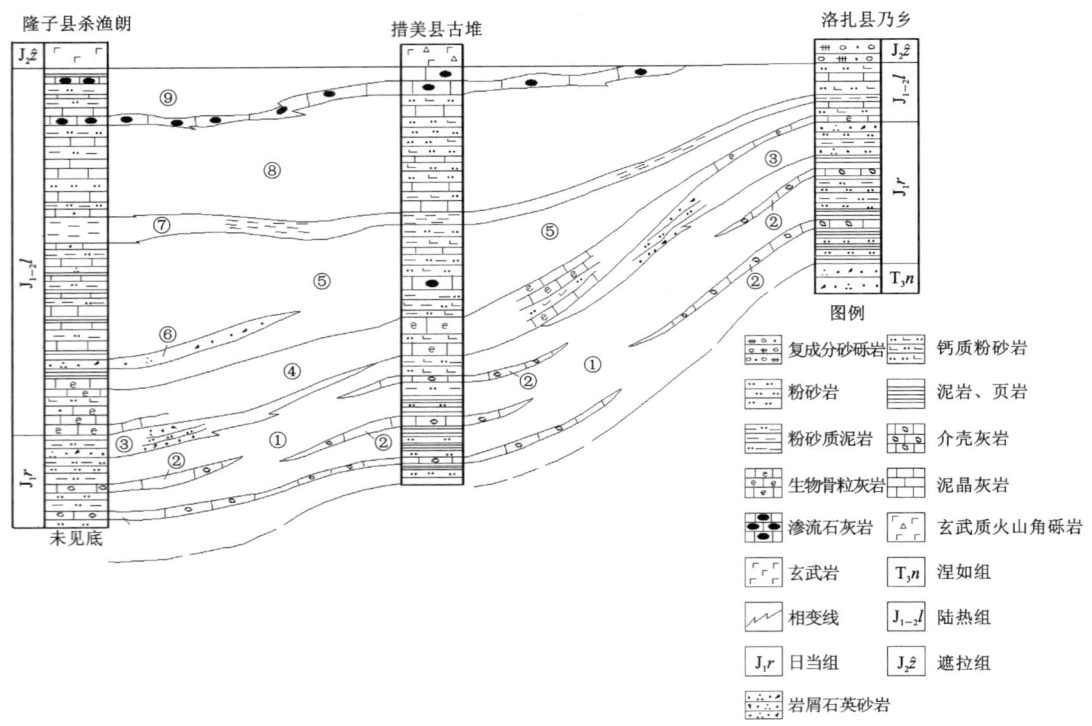

图2-69 测区及邻区早中侏罗世日当组—陆热组沉积盆地演化序列图

①低水位期三角洲—潮坪碎屑岩相;②低水位期风暴岩相;③低水位期席状砂相;④海侵期台地生物浅滩相;
⑤海侵期浅海碳酸盐岩-碎屑岩混合沉积;⑥海侵期滨浅海席状砂相;⑦高水位期浅海盆地相;
⑧海退期浅海碳酸盐岩-碎屑岩混合沉积;⑨海退期浅水碳酸盐相

晚侏罗世早期(J_3w)测区进入海陆交互相三角洲沉积时期。在隆子县—措美县一带广泛发育河流相复成分砾岩,砾石成分多为下伏遮拉组的火山岩,其底界为区域性的假整合界面(SB_1)。其上为三角洲平原粉砂岩、粉砂质泥岩沉积,局部见海相核形石灰岩和含植物屑岩屑砂岩,反映了受海陆交互沉积特点。其后区域性的海侵开始,在盆地边缘以石英质砾岩为特征,显示高能的滨岸沉积,其底界为TS界面,向西则与假整合界面重合,为SB_1/TS界面。该海侵期在区域内以长期而大规模的浅海陆棚相为主,并在措美县日玛曲雄发育了碳酸盐岩混合沉积。晚侏罗世早期末,海侵达到最高峰,沉积了具水平层理的灰、深灰色薄板状泥岩、粉砂岩。在西部浪卡子县张达附近,并出现浅灰色薄层状硅质岩。晚侏罗世中期,海平面开始缓慢下降,发育了浅海台地沉积。其后,以进积型浅海陆棚相占据了控制地位(图2-70)。

晚侏罗世晚期($J_3K_1s^1$)区内再次发生海平面上升,其海侵规模较前减弱,底界在区域上多为整合界面,而在测区内则显示为平行不整合,界面性质为SB_2/TS界面。该期海侵规模较小,海侵次数较多,反映该期海盆频繁振荡的特点。界面处为数层复成分砂砾岩、石英质砂砾岩,指示了滨浅海沉积。在浅海背景下,海盆数次拉张,出现基性火山岩喷发,形成火山岩与碎屑岩相间产出的格局(图2-71)。

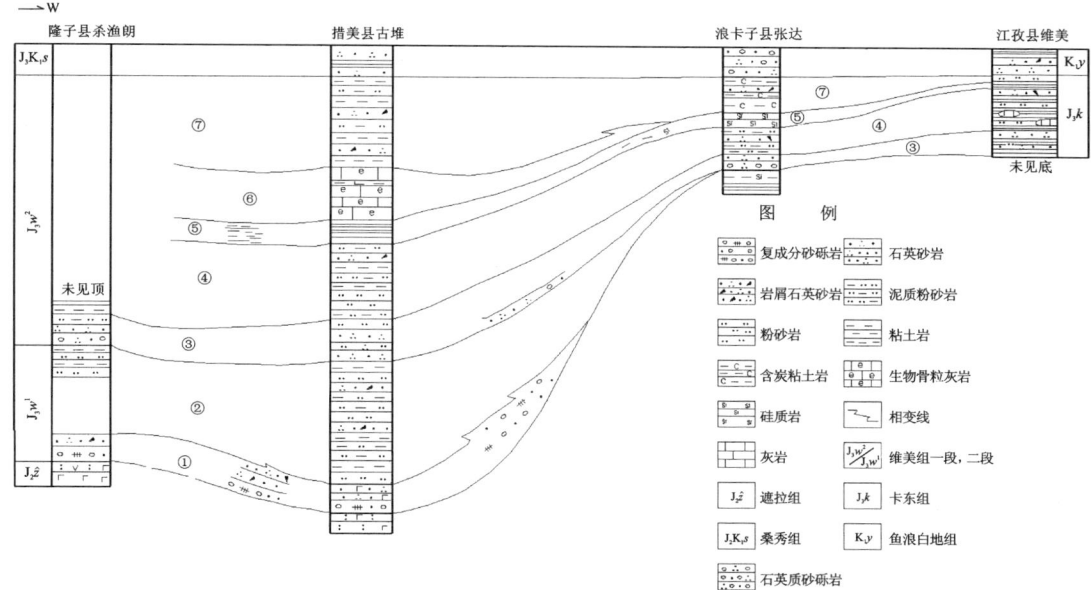

图 2-70 测区及邻区晚侏罗世维美组沉积盆地演化序列图

垂直比例尺 0 250 500m

①低水位期三角洲河流相;②低水位期三角洲平原-前三角洲沉积;③海侵期滨海滞留砾岩-海侵砂岩;
④海侵期浅海细碎屑岩-碳酸盐岩混合沉积;⑤高水位浅海盆地相;⑥海退期浅海台地相;⑦海退期浅海陆棚相

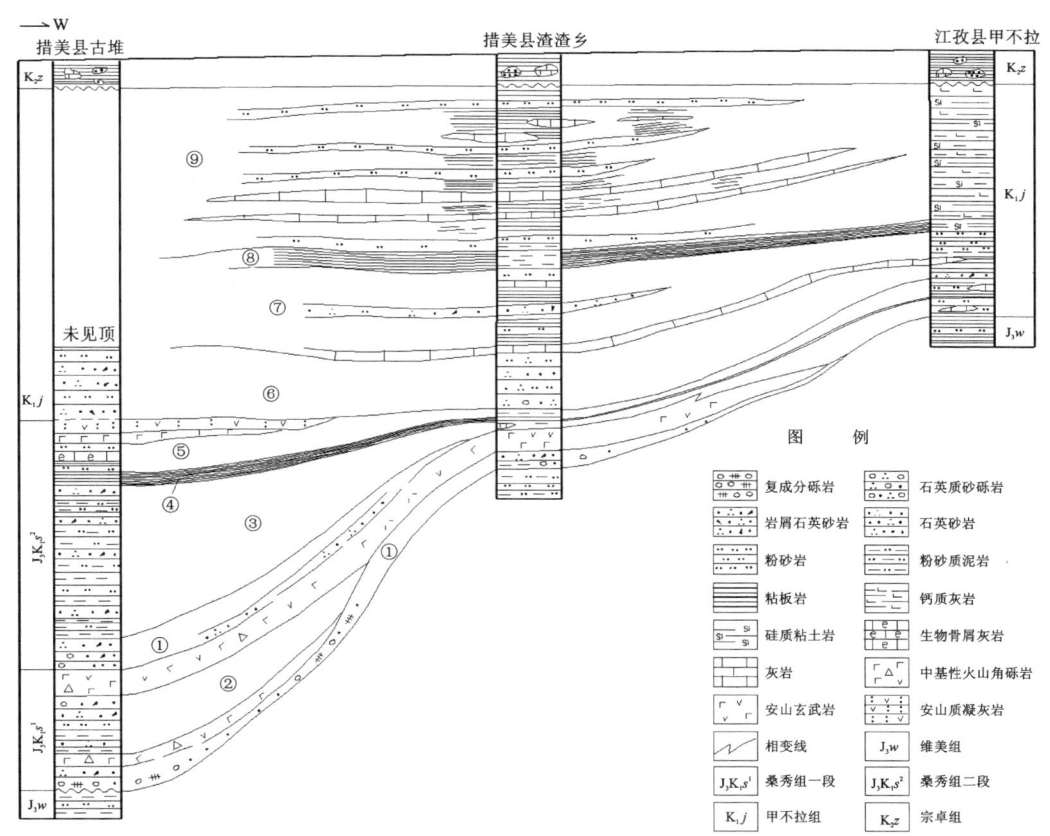

图 2-71 测区及邻区晚侏罗世—早白垩世沉积盆地演化序列图

垂直比例尺 0 250 500m

①海侵期滨海沉积;②海侵期浅海沉积—喷溢相;③海侵期浅海陆棚沉积;④高水位期陆棚盆地细碎屑沉积;⑤海退期滨浅海混合沉积;
⑥海侵期滨浅海碎屑沉积;⑦海侵期浅海陆棚沉积;⑧高水位期浅海—半深海盆地;⑨海退期陆棚碎屑岩沉积

综上所述,测区内侏罗纪总体显示了一种浅水盆地的沉积,经历了 4 次较为完整的海进—海退过程。其中除维美组外,其余各单位间均有火山活动。反映了海盆频繁升降,拉张闭合时有发生的特点。此外,东部地区沉积厚度巨大,暴露特征清晰,为物源丰富的盆地边缘。而西部及邻区一带,沉积物明显减少,厚度变薄,以欠补偿沉积为特征。各地层间均为整合接触,具盆地中心的沉积特点。

第五节　白垩纪地层

测区内白垩纪地层分布最广,除高喜马拉雅地层分区外,其他各地层分区均有出露。北部雅鲁布江分区有白垩纪朗县混杂岩(KL),中部康马隆子分区有甲不拉组和宗卓组,南部北喜马拉雅分区有拉康组。

一、雅鲁藏布江分区白垩纪朗县混杂岩(KL)

该分区分布于登木—白露断裂以北沿雅鲁藏布江两岸呈带展布,东延至米林一带,本项目新建朗县混杂岩;西延至加查、泽当一带,统称泽当蛇绿岩(1∶20 万泽当幅,1994)、罗布莎蛇绿岩(1∶20 万加查幅,1995)。朗县混杂岩是主要由原地白垩纪复理石基质和部分变形橄榄岩、变基性岩、变基性火山岩构造块体、大理岩块体、深变质结晶岩构造残片等构成的构造-岩石地层单位(表 2-11)。其顶、底均为断层接触,叠置厚度大于 14 601m。层型剖面为联测图图幅 1∶25 万扎日区幅朗县拉多剖面和 1∶25 万林芝县幅朗县朗村剖面。

表 2-11　白垩纪朗县混杂岩新建地层单位简表

建组位置	原来归属	建组依据		
		岩性	古生物	接触关系
西藏自治区朗县—白露 起点坐标:东经 93°05′15″ 　　　　　北纬 29°00′43″ 终点坐标:东经 93°02′01″ 　　　　　北纬 28°52′54″ 层型剖面 朗县拉多朗县混杂岩剖面,朗县朗村朗县混杂岩剖面	上三叠统郎杰学群	含炭质粉砂质绢云板岩、变质石英粉砂岩、粉砂质绿泥千枚岩,其中见有蛇绿岩岩片、二叠纪碳酸盐岩岩片、元古代基底岩片等构造块体	基质中获孢粉:*Erlianpoilis* sp., *Cedripites* sp., *Brebimonosulcites* sp. *Pinnspouenites elongus* 放射虫:*Poronaella* sp., *Hsuum* sp., *Cruccella* sp., *Alievium* sp.	南部同章村褶冲束晚三叠世、江雄组断层接触,北部与冈底斯带大竹卡组(E_1K_1d)断层接触

1. 朗县拉多白垩纪朗县混杂岩实测剖面

剖面位于朗县拉多乡北,起点坐标:东经 93°05′15″,北纬 29°00′43″;终点坐标:东经 93°02′01″,北纬 28°52′54″。剖面主要顺乡间公路测制,露头良好,构造发育,基岩露头达 90%以上,地质现象清楚(图2-72)。

朗县混杂岩(KL)　　　　　　　　　　　　　(未见顶)

199. 灰白色大理岩构造块体　　　　　　　　　　　　　　　　　　　　　　　　　　　　>13.19m

━━━━━━━━━━ 断层 ━━━━━━━━━━

198. 灰绿色绿泥钠长角闪片岩构造块体　　　　　　　　　　　　　　　　　　　　　　>15.00m

━━━━━━━━━━ 断层 ━━━━━━━━━━

197. 灰绿色绿泥石滑石透闪石岩、含铬斜绿泥石岩构造块体　　　　　　　　　　　　　>50.00m

━━━━━━━━━━ 断层 ━━━━━━━━━━

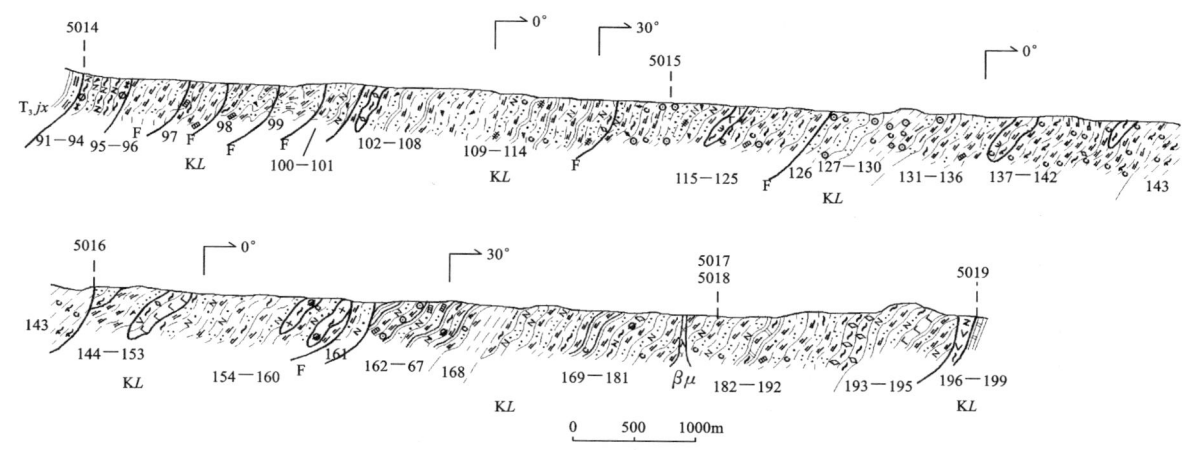

图 2-72　朗县拉多—白露白垩纪朗县混杂岩（KL）实测剖面图

196.	镁铁质、超镁铁质构造角砾岩	30.00m

============= 断层 =============

195.	深灰、浅灰色粉砂质绢云千枚岩与浅灰、灰白色斜长白云母片岩不等厚互层	>66.71m
194.	深灰色粉砂质绢云千枚岩与浅灰色薄层状变质砂质粉砂岩不等厚互层，夹浅灰绿色变基性火山岩，下部有宽 10~20m 的角闪斜长伟晶岩脉	279.35m
193.	深灰色粉砂质绢云千枚岩与浅灰绿色变质条带状斜长绿泥粉砂岩不等厚互层	99.15m
192.	浅灰绿色绿泥方解片岩	33.63m
191.	深、浅灰色粉砂质绢云母千枚岩与浅灰绿色绢云绿泥石英片岩不等厚互层	91.97m
190.	深、浅灰色粉砂质绢云千枚岩与变质长石石英砂岩互层，夹少量绢云绿泥片岩	80.93m
189.	深灰色、浅灰色粉砂质绢云千枚岩夹浅灰绿色绢云绿泥片岩	177.00m
188.	深灰色含炭质砂质绢云千枚岩与浅灰色变质长石石英细砂岩不等厚互层	58.07m
187.	深灰色含炭质砂质绢云千枚岩夹灰白色板状绢云石英粉砂岩，岩中含较多的黄铁矿	95.54m
186.	深灰色含炭质粉砂质绢云千枚岩夹灰色千枚状中细粒含长石英杂砂岩	59.66m
185.	灰色千枚状含长炭质绢云石英杂砂岩夹中层状浅灰绿色绿泥白云母大理岩	119.32m
184.	深灰色含炭质粉砂质绢云千枚岩与灰色变质长石石英粉砂岩不等厚互层，夹浅灰白色斜长白云母石英片岩	160.11m
183.	深灰色含炭质粉砂质绢云千枚岩与灰色变质长石石英粉砂岩不等厚互层	193.43m
182.	深灰色含炭质粉砂质绢云千枚岩与浅灰绿色白云母石英片岩互层	107.39m
181.	浅灰绿色白云母石英片岩、白云母片岩夹深灰色炭质白云母石英片岩，中部有灰绿色强蚀变辉绿玢岩脉	168.61m
180.	深灰色粉砂质绢云千枚岩与灰色薄层状变质长石石英粉砂岩不等厚互层，局部夹灰色孔洞状炭质白云母片岩和绢云绿泥片岩	196.21m
179.	浅灰绿色硅化碳酸盐化钠长绿帘绿泥石片岩	39.41m
178.	深灰色粉砂质绢云千枚岩与灰色白云母石英片岩构成韵律层对	107.80m
177.	深灰色含炭质粉砂质绢云千板岩，夹厚 2~3m 的浅灰绿色绢云绿泥片岩，板岩中含硅质团块	112.48m
176.	深灰色含炭质绢云板岩与绢云板岩不等厚互层，夹浅灰绿色砂质方解绿泥片岩	56.26m
175.	深灰色含炭质绢云千枚岩夹薄层状变质长石石英粉砂岩	121.65m
174.	深灰色粉砂质绢云千枚岩夹浅灰绿色榍石粉砂质绿泥千枚岩	72.38m
173.	灰色变质长石石英粉砂岩与深灰色粉砂质绢云千枚岩不等厚互层，夹碳酸盐化白云母、绿泥片岩、含云母斜长变粒岩	293.02m
172.	灰色中层状变质长石石英细砂岩	10.96m
171.	灰色含黄铁矿变质长石石英粉砂岩与深灰色含黄铁矿粉砂质绢云千枚岩互层	20.70m

170. 深灰色粉砂质绢云千枚岩夹浅灰色二长浅粒岩	40.42m
169. 深灰色粉砂质绢云千枚岩与灰色变质长石石英粉砂岩不等厚互层,夹浅灰绿色石墨绿泥二云片岩	33.24m
168. 深灰色含黄铁矿炭质绢云千糜岩	181.11m
167. 深灰色粉砂质炭质绢云板岩与灰色变质长石石英粉砂岩不等厚互层	33.50m
166. 浅灰绿色绿泥白云母片岩与深灰色炭质粉砂质绢云板岩互层	69.35m
165. 深灰色粉砂质绢云千板岩夹浅灰色钠长斜黝帘石绿泥片岩	130.54m
164. 灰色薄层状变质长石石英细砂岩与深灰色粉砂质绢云板岩不等厚互层,含少量黄铁矿	158.26m
163. 深灰色含榴绢云板岩与浅灰色变质长石石英粉砂岩构成韵律层	109.01m
162. 深灰色揉皱状含炭质砂质绢云板岩	>161.33m

========断层========

161. 灰色中层状变质长石石英细砂岩与深灰色含炭质砂质绢云千枚岩不等厚互层,偶夹变基性火山岩	>200.76m

========断层========

160. 灰色变质长石石英粉砂岩与深灰色绢云千枚岩不等厚互层,夹浅灰绿色斜黝帘透闪绿泥片岩	>32.46m

========断层========

159. 浅灰绿色斜黝帘透闪绿泥片岩	>33.36m

========断层========

158. 深灰色粉砂质绢云千枚岩与灰色变质长石石英粉砂岩不等厚互层	>177.84m
157. 深灰色粉砂质绢云千枚岩与浅灰绿色绢云绿泥石英片岩不等厚互层	111.89m
156. 深灰色粉砂质绢云千枚岩与灰色薄层状变质长石石英细砂岩构成韵律层对	99.58m
155. 灰色变质长石石英细砂岩与深灰色粉砂质绢云千枚岩不等厚互层,夹浅灰绿色绢云绿泥石英片岩	224.76m
154. 浅灰、浅灰绿色变质含长石英细砂岩夹灰黑色绢云千枚岩	>29.99m

========断层========

153. 深灰色绢云千枚岩夹浅灰绿色钠长绿泥白云蛇纹片岩	>21.00m

========断层========

152. 深灰色绢云母千枚岩与灰色薄层状绢云母岩屑石英粉砂岩构成韵律层对,夹浅灰绿色绢云母绿泥石英片岩	>65.59m
151. 浅灰、浅灰绿色蚀变玄武岩(硅化碳酸盐化钠长绿帘绿泥石片岩)	23.23m
150. 深灰色绢云千枚岩与灰色薄层状变质岩屑石英粉砂岩构成韵律层,夹浅灰绿色含硬绿泥石炭质千枚岩	77.31m
149. 灰色变质细粒长石石英砂岩、深灰色粉砂质绢云千枚岩夹浅灰绿色方解绿泥片岩	52.32m
148. 灰色薄层状变质细粒岩屑石英砂岩与深灰色粉砂质绢云千枚岩互层,夹浅灰绿色绢云绿泥石英片岩	55.77m
147. 灰色薄层状绢云母岩屑石英粉砂岩与深灰色绢云千枚岩构成韵律层	171.02m
146. 深灰色绢云千枚岩,偶夹绢云母岩屑石英粉砂岩	159.67m
145. 深灰色粉砂质绢云千枚岩夹浅灰绿色硬绿泥石绢云英片岩	108.47m
144. 浅灰绿色硬绿泥石黑云母石英片岩夹深灰色粉砂质绢云母千枚岩	>120.22m

========断层========

143. 灰、灰黑色含硬绿泥石炭质绢云千糜岩,发育石英脉并被挤压拉长呈透镜体	>264.68m

========断层========

142. 深灰色含硬绿泥石炭质绢云母千枚岩夹粉砂质绢云母千枚岩	>120.79m
141. 深灰色含炭质绢云千枚岩,夹少量浅灰绿色绿泥片岩	195.04m
140. 深灰色含炭质绢云千枚岩、灰色变质石英粉砂岩组成韵律层,夹浅灰绿色斑点状方解白云母绿泥片岩	51.06m

139. 深灰色揉皱状含炭质绢云千枚岩	94.18m
138. 深灰色硬绿泥石绢云千枚岩	125.11m
137. 深灰色含炭质绢云千枚岩	>55.85m

============ 断层 ============

136. 灰色硬绿泥石白云母石英片岩、灰绿色绿泥白云母石英片岩互层夹含炭质蛇纹石绢云千枚岩	>83.91m
135. 深灰色含硬绿泥石炭质绢云千枚岩	39.46m
134. 深灰色粉砂质绢云千枚岩	154.30m
133. 深灰色含石英团块粉砂质绢云千枚岩	82.69m
132. 浅灰绿色绢云母绿泥石英片岩与深灰色粉砂质绢云千枚岩不等厚互层	15.32m
131. 深灰色含榴绢云千枚岩夹浅灰绿色绿泥白云母片岩	81.68m
130. 深灰色粉砂质绢云千枚岩	35.69m
129. 深灰色含石榴二云石英片岩夹灰绿色绿泥绢云石英片岩	125.10m
128. 深灰色含炭质石榴石绢云千糜岩夹浅灰绿色含石榴二云石英片岩	158.78m
127. 深灰色含榴二云石英片岩与变质绢云岩屑石英粉砂岩构成韵律层	81.04m
126. 深灰色含石榴砂质绢云千枚岩	>42.77m

============ 断层 ============

125. 深灰色炭质粉砂质绢云千枚岩夹浅灰绿色变质细砂岩	>152.58m
124. 深灰色粉砂质绢云千枚岩夹浅灰绿色绢云绿泥石英片岩	100.58m
123. 灰色薄板状变质细粒岩屑石英粉砂岩与深灰色条纹、条带状含炭质砂质绢云千枚岩互层，偶夹灰绿色绿泥石英片岩，含少量黄铁矿、石榴石	117.64m
122. 深灰色含炭质绢云千枚岩夹浅灰绿色绢云绿泥石英片岩	>116.00m

============ 断层 ============

121. 深灰色含炭质绿泥绢云千枚岩、薄层状变质岩屑石英粉砂岩不等厚互层夹灰绿色绿泥石英片岩、硬绿泥石蛇纹石滑石片岩	>145.34m

============ 断层 ============

120. 深灰、灰色变质细粒含长石英杂砂岩夹粉砂绢云千枚岩	>105.91m
119. 深灰、银灰色千枚状变质细粒含长石石英杂砂岩	149.91m
118. 深灰、铅灰色粉砂质绢云千枚岩与同色变质岩屑石英粉砂岩不等厚互层，岩中含黄铁矿	82.21m
117. 深灰、银灰色含榴炭质粉砂质绢云千枚岩夹含黄铁矿绢云绿泥石英片岩	125.44m
116. 浅灰绿色片状石英绿泥白云岩	19.16m
115. 深灰色含炭质绢云千枚岩夹灰、浅灰绿色变质细粒含长石英杂砂岩	194.25m

============ 断层 ============

114. 浅灰绿色石英方解绿泥片岩夹炭质绢云千枚岩	21.82m
113. 灰色板状细粒含长石英杂砂岩与深灰色含炭质砂质绢云板岩互层	43.47m
112. 灰、深灰色千枚状细粒含长石石英杂砂岩与含炭质粉砂质绢云千枚岩互层	116.16m
111. 灰、深灰色千枚状细粒含长石石英杂砂岩与含炭质粉砂质绢云千枚岩互层，夹灰绿色含砂质绿泥石钙质板岩	72.86m
110. 浅灰、深灰色千枚状细粒含长石石英杂砂岩与灰黑色炭质绢云千枚岩夹变质泥质粉砂岩条带构成的韵律层	120.54m
109. 灰色千枚状细粒含长石石英砂岩与深灰色炭质粉砂质绢云板岩构成韵律层，砂岩中含黄铁矿	125.09m
108. 灰色千枚状细粒含长石石英杂砂岩与深灰色粉砂质绢云千枚岩不等厚互层	537.74m
107. 灰色变质细粒岩屑石英砂岩与深灰色绢云千枚岩不等厚互层	220.60m
106. 灰色千枚状细粒含长石石英杂砂岩夹灰黑色粉砂质绢云千枚岩	44.83m
105. 深灰、铅灰色含黄铁矿砂质绢云千枚岩	133.70m
104. 灰黑色粉砂质绢云千枚岩夹浅灰绿色绢云绿泥石英片岩	120.56m
103. 灰黑色粉砂质绢云千枚岩与浅灰色变质岩屑石英粉砂岩不等厚互层	>92.55m

======断层======

102. 深灰、灰黑色粉砂质绢云千枚岩,夹浅灰绿色石英绿泥片岩,岩石中有较多的石英脉及其挤压石香肠构造发育,岩石中含有黄铁矿	>204.79m

======断层======

101. 灰黑色粉砂质绢云千枚岩与灰色薄层状含长岩屑石英砂岩互层,发育揉皱,岩石破碎	>51.86m
100. 灰黑色含黄铁矿粉砂质绢云千枚岩,偶夹变质岩屑石英粉砂岩	>133.10m

======断层======

99. 深灰、灰黑色粉砂质绢云千枚岩,偶夹灰色薄层状变质细粒含长岩屑石英砂岩,揉皱发育	23.78m

======断层======

98. 灰色变质细粒含长岩屑石英杂砂岩与深灰色粉砂质绢云千枚岩不等厚互层夹浅灰绿色绿泥白云母片岩,发育揉皱和窗棂构造	>282.84m

======断层======

97. 深灰、灰黑色含黄铁矿粉砂质绢云千枚岩夹浅灰绿色绿泥白云母片岩,发育揉皱,透镜状石英脉	>319.24m

======断层======

96. 浅灰色砂质绢云千枚岩、含砂质团块绢云千枚岩,岩中含大于1%的黄铁矿,上部夹有绿泥片岩构造块体	>86.00m
95. 灰黑色粉砂质绢云千枚岩,岩石劈理发育,有较多石英脉穿插	>110.35m

======断层======

94. 灰黑色粉砂质绢云千枚岩、含粉砂绢云千枚岩、灰绿色钠长绿泥帘石阳起石岩构成韵律层	>239.78m
93. 灰绿色钠长绿泥帘石阳起石(片)岩	60.41m
92. 浅灰绿色钠长绿泥片岩夹少量深灰色粉砂质绢云千枚岩	87.02m
91. 灰色变质细粒含长岩屑石英杂砂岩与深灰色粉砂质绢云母板岩不等厚互层,中发育层间断层和揉皱及石英脉,黄铁矿化普遍发育	>92.44m

2. 朗县朗村构造混杂岩实测剖面(图 2-73)

该剖面位于朗县朗村,山南养路段南0.5km至帮布卡。起点坐标:东经93°4′15″,北纬29°4′8″。自上而下拟层序描述如下(图 2-73)。

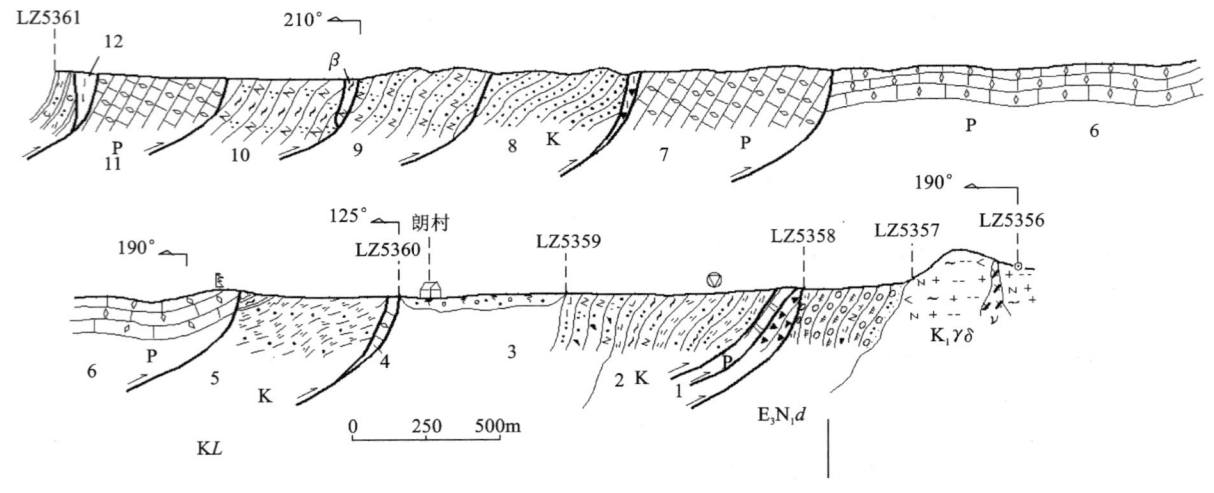

图 2-73 郎县朗村朗县白垩纪混杂岩(KL)实测剖面图

12. 上部灰绿、绿色弱纤闪石化单辉辉石岩、绿帘角闪岩、透闪、绿泥石化单辉辉石岩、强纤闪石透闪石化单辉辉石岩,沿走向尖灭再现,下部为灰绿色钠长绿帘角闪片岩,北与大理岩断层接触。边部具片理化、碎裂岩化及硅化。为一构造岩片,出露不全　　　　　　>45m

====断层====

11. 灰、浅灰色中—厚层中细晶结晶灰岩,为一构造岩片   >221.9m

====断层====

10. 灰绿、灰黄色绿泥钠长石英片岩,夹绿、灰绿色碳酸盐化绿帘钠长绿泥片岩构造块体,挤压变形和小型片褶发育,为一构造岩片   >170.28m

====断层====

9. 灰、灰绿、灰黄色变质细—中粒长石石英砂岩,发育同斜褶皱   >274.01m

====断层====

8. 灰、灰黄色变质砂岩,黄灰、灰绿色中细粒变质砂岩,夹灰、灰绿色绿帘绿泥石英角岩,岩石中常见以 S_1 面理形成的同斜褶皱,顶、底部为挤压破碎带   >239.09m

====断层====

7. 灰、灰白色条纹状结晶灰岩,岩石中发育牵引小褶皱   >338.56m

====断层====

6. 灰、灰白色中—厚层结晶灰岩。为一构造岩片,灰岩中产牙形刺:? *Diplognathodus augustus* Igo, *D. lanceolatus* Igo, *Gen. et sp. indet.* A,时代为 P_{1-2} >327.59m

====断层====

5. 灰、深灰色钙质板岩、泥质板岩、灰黄色砂质绢云千枚岩、粉砂质绢云千枚岩,夹片理化—炭化含砂质泥质结晶灰岩、深灰、灰色结晶灰岩或细晶灰岩透镜体   >342.37m

====断层====

4. 深灰、灰色含砂结晶灰岩。为一构造岩片   >9.55m

====断层====

3. 灰、灰绿色变质长石石英杂砂岩、含钙质粉砂质绢云板岩,夹绿泥板岩、泥板岩 >341.64m

====断层====

2. 灰色钙质粉砂质绢云板岩、千枚岩、绿泥板岩、绿泥千枚岩,夹变质长石石英杂砂岩。在绢云千枚岩中获孢粉:*Pinuspollenites elongus*, *P. labdacus f. maximus*, *Cedripites* sp., *Piceites* sp., *iceaepollenites gigantean*, *Poldocarpidites* cf. *amplus*, *Paleoconiferus* sp., *Erlianpollis* sp., *Brevimorosulcites* sp., *riporopollenites* sp.   >371.59m

====断层====

1. 灰色中—厚层大理岩,夹灰色板状石英粉砂岩,为一构造岩片   >43.44m

====断层====

下伏地层:大竹卡组(E_3N_1d)

(一)混杂岩的岩石特征

测区内混杂岩可以划分为基质和块体两部分,其中基质包括了含炭质粉砂质绢云板岩、变质绢云石英粉砂岩、粉砂质绿泥千枚岩、中细粒含长石石英杂砂岩、绢云绿泥石英片岩。而块体更为复杂,有蛇绿岩岩片、二叠纪碳酸盐岩岩片及结晶基底残片。

1. 复理石基质

(1)含炭质粉砂质绢云板岩:变余粉砂质泥质结构,定向构造;由鳞片状变晶水—绢云母组成(65%～70%),含少量微粒状炭质(7%～10%),另可见少量石英和白云母。原岩为含炭质粉砂质泥岩,经轻度变质,泥质组分大部分变质成具定向排列的显微鳞片状绢云母,残余少量水云母粘土及炭泥质,并被聚积成条纹相间分布其中。

(2)粉砂质绿泥千枚岩:鳞片变晶结构,千枚状构造;由定向排列的细长鳞片状绿泥石(70%±)构成,其间分布有塑性变形、压扁拉长的石英(15%～20%)与之相间排列;推测原岩为玄武质凝灰岩及凝灰质泥岩。

（3）变质绢云石英粉砂岩：变余泥质粉砂结构，鳞片变晶结构，块状构造；原岩为泥质粉砂岩，粉砂粒度在0.03～0.06mm之间，含量在47%～60%之间，另有鳞片变晶绢—水云母(35%～50%)，含少量电气石、白云母及锆石英细碎屑物。

（4）变质中细粒含长石英杂砂岩：变余细粒砂状结构，碎屑物由粒状石英(40%～50%)，长石(7%～10%)组成，见大量硅质岩岩屑(10%～15%)和泥质岩(7%～10%)，杂基含量较多，以硅质和泥质为主(13%～20%)，基底式胶结。

（5）绿泥白云母石英片岩：片状变晶结构，定向—半定向构造。岩石主要由中、细粒石英变晶(40%～50%)及片状白云母(20%～30%)、绿泥石(15%～20%)和粒状方解石(10%～15%)构成。其中片状矿物具定向排列，石英相间分布其中。推测原岩为含火山质长石岩屑石英砂岩。

2. 块体

根据岩性差异、岩石特征及时代，划分为3种岩片。

（1）蛇绿岩岩片：包括镁铁质—超镁铁质构造角砾岩、绿泥石白云蛇纹片岩、硬绿泥石蛇纹石滑石片岩、绿帘阳起片岩、钠长绿帘绿泥石片岩和变质辉长(辉绿)岩等。呈数米至数十米大小不一的块体分布于基质中。具条带状结构，与围岩呈断层接触。其中变质辉长岩具条带状结构，由浅色粒状长石和深色辉石互层产出，具堆晶岩特征。

（2）二叠纪碳酸盐岩岩片：主要分布于混杂带北端，为深、深灰色薄—中厚层状结晶灰岩、条纹条带状结晶灰岩、大理岩及条纹状大理岩。局部见糜棱岩化，含介壳化石碎片和牙形石；其中牙形石有 *Diplognathodus augustus*，*D. lanceolatus*，时代为早—中二叠世。

（3）结晶基底残片：主要分布于混杂岩北端，呈大小不等的构造岩块产出，岩性较为复杂，有绿泥钠长角闪片岩、石榴十字石片岩、二云石英片岩、蓝晶石片岩、黑云斜长片麻岩、黑云变粒岩、浅粒岩等，变质达高绿片岩相—低角闪岩相。在绿泥钠长角闪片岩中获 ^{40}Ar-^{39}Ar 坪年龄995.94Ma，时代为中—新元古代，可能与南迦巴瓦岩群有关。

综上所述，基质以薄板状泥质和粉砂质沉积夹少量长石岩屑砂岩为主。砂岩中成分成熟度较低，以含大量岩屑为特征。其中长石岩屑砂岩粒度分析统计平均值 $Mz=2.27～2.76$，标准偏差 $\delta_1=0.82～0.77$，偏度 $SK=-0.15～0.047$，峰态 $KG=0.85～1.10$。曲线特点基本上由一条平缓直线组成（图2-74），粒度区间宽，悬浮总体占绝大多数，斜率较小(27°～29°)，分选差，表示介质宽度大，粗细粒颗粒呈悬浮状态搬运。根据福克(1964)粒度参数判别公式 $Y_{河流与浊流}=0.7875Mz-0.4030\delta_1^2+6.322SK_1+5.2927KG$ 计算，$Y=6.96～7.783$，在粒度参数离散图中均落于浊流沉积区（图2-75）。发育底模构造，具鲍马层序cde—de段组合，显示了复理石砂岩特征。而蛇绿岩残片中超基性岩类化学成分 Al_2O_3 总体偏贫(0.71%～1.43%)，含 Cr_2O_3(0.36%～1.08%)较高，$\Sigma REE 3.14\times10^{-6}～22.5\times10^{-6}$，$LREE/HREE$ 0.85～1.54，δEu 0.72～1.54，稀土配分曲线为轻稀土弱亏损平坦型；与金沙江带堆晶铁质岩和橄榄岩相似。而基性岩类 SiO_2 46.5%～52.67%，TiO_2 0.71%～1.63%，Na_2O+K_2O 3.10%～6.30%，标准矿物组合Q、Or、Ab、An、Di、Hy属正常型。岩石碱度指数(δ)0.94～1.63，属亚碱性系列。从火山岩的岩石化学成分来看，具低钾中钛的深海拉斑玄武岩特征。在 TiO_2-P_2O_5 相关图均投影在洋脊玄武岩区，在 Zr-Zr/Y 图解中则多数落入大洋玄武岩区和岛弧玄武岩区。微量元素 Rb/Sr、Y/Nb、Zr/Y、Ba/Sr 比值近于洋壳。稀土元素丰度 $\Sigma REE 22.25\times10^{-6}～62.54\times10^{-6}$，$\delta Eu$ 0.97～1.14，稀土元素配分型式为轻稀土弱亏损平坦型，与现代洋脊玄武岩的特征相似。从上述岩石化学、地球化学特征认为朗县白垩纪混杂岩火山岩形成的构造环境，可能为扩张的洋盆或边缘。

对混杂岩的基质和构造块体的分析认为基质原始序列为：超基性岩(下部见含铬铁矿堆晶岩)—堆晶辉长岩—枕状玄武岩—深海浊积岩，具"三位一体"特征，与日喀则及罗布莎蛇纹岩、蛇绿岩相似，受后期构造影响，表现为蛇绿混杂岩的特点。

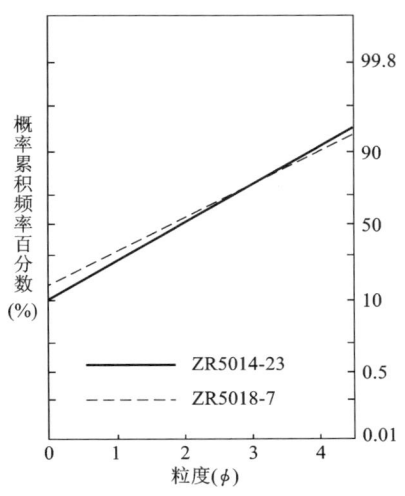

图 2-74 上白垩统朗县混杂岩概率统计粒度曲线图

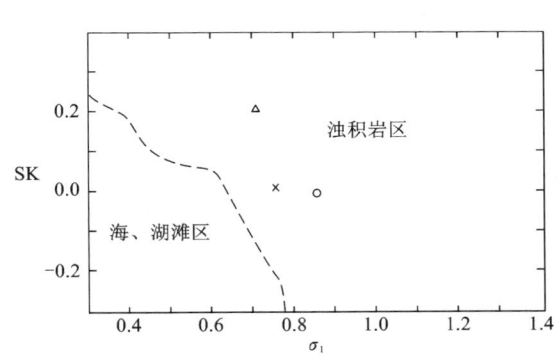

图 2-75 朗县混杂岩粒度参数离散图
△ ZR500-23；× ZR5015-2；○ ZR5018-7

（二）朗县混杂岩的地球化学特征

砂岩的部分微量元素和稀土元素具有相对稳定性，即浅变质和成岩作用对原岩部分微量元素和稀土元素的改造作用相对较弱。利用这一特性，在有效误差范围内，结合常量元素特征可以用于物源区分析和沉积环境解释，它们可以较好地反映物源区和沉积背景的地球化学特征。

1. 常量元素

砂岩的常量元素地球化学特征，在一定程度上可以反映物源区性质和古代沉积盆地的构造背景（Bhatia，1983）。Bhatia 根据古代不同构造部位大量砂岩的岩石化学数据归纳和总结的大洋岛弧、大陆岛弧、活动大陆边缘、被动大陆边缘 4 种典型的砂岩类型的平均化学成分，以及具判别意义的几种化学参数（表 2-12）。其中 Fe 和 Ti 由于迁移能力低，在海水中停留的时间短而具判别意义；Mg 在海水中停留时间较长，但因浊流沉积的大陆边缘型砂岩在埋藏期间，由于其渗透性较差而保持大体不变，从而也具有判别意义，Al_2O_3/SiO_2 比值，代表砂岩中石英的富集程度；K_2O/Na_2O 比值是岩石中钾长石和云母对斜长石含量比的比值；Al_2O_3/Na_2O+CaO 比值则是最不活泼组分与最活泼组分之比。

表 2-12 不同构造背景砂岩岩石化学特征参数表

氧化物	被动边缘	走滑断裂	大陆边缘岩浆弧	弧后盆地	弧前盆地	大洋岛弧	大陆岛弧	活动大陆边缘	被动大陆边缘
SiO_2(%)	77.9	67.8	69.5	68.8	61.5	58.83	70.69	73.86	81.95
TiO_2(%)						1.06	0.64	0.46	0.49
Al_2O_3(%)	9.8	15.6	14.1	14.4	15.2	17.11	14.04	12.89	8.41
Fe_2O_3(%)						1.95	1.43	1.30	1.32
FeO(%)						5.52	3.05	1.58	1.76
MnO(%)						0.15	0.10	0.10	0.05
MgO(%)	1.3	2.3	1.9	2.4	3.8	3.65	1.97	1.23	1.39
CaO(%)	4.2	3.6	4.4	4.4	6.7	5.83	2.68	2.48	1.89
Na_2O(%)	1.9	3.9	3.6	3.6	3.8	4.10	3.12	2.77	1.07
K_2O(%)	2.0	2.9	2.6	2.0	1.4	1.60	1.89	2.90	1.71

续表 2-12

氧化物	被动边缘	走滑断裂	大陆边缘岩浆弧	弧后盆地	弧前盆地	大洋岛弧	大陆岛弧	活动大陆边缘	被动大陆边缘
P_2O_5（%）						0.26	0.16	0.09	0.12
$Fe_2O_3 + MgO$（%）	4.2	6.0	5.8	6.9	11.5	11.73	6.79	4.63	2.89
Al_2O_3/SiO_2	0.12	0.23	0.2	0.2	0.25	0.29	0.20	0.18	0.10
K_2O/Na_2O	1.05	0.74	0.72	0.56	0.37	0.39	0.61	0.99	1.60
Al_2O_3/Na_2O+CaO	1.63	2.03	1.76	1.80	1.45	1.72	2.42	2.56	4.15
资料来源	据 Maynard(1982)					据 Bhatia(1983)			

据区内弱应变域中的部分杂砂岩常量元素化学成分（表 2-13），其各种特征参数，变化范围较大，表明物源区构造环境和母岩组合较为复杂。$Fe_2O_3+MgO(\times 10^{-2})$ 变化范围为 2.00～5.23，平均为 3.99。

表 2-13 朗县混杂带碎屑岩岩石化学特征表

元素 \ 样品	ZR5301-25	ZR5014-32	ZR5303-20	$\overline{X}$
SiO_2（%）	75.97	73.72	56.57	68.75
TiO_2（%）	0.61	0.69	0.93	0.74
Al_2O_3（%）	8.25	11.49	19.02	12.92
Fe_2O_3（%）	3.95	1.11	2.24	2.43
FeO（%）	3.09	2.23	3.74	3.02
MnO（%）	0.32	0.077	0.14	0.179
MgO（%）	1.11	0.82	2.34	1.42
CaO（%）	1.12	1.84	6.59	3.18
Na_2O（%）	1.24	2.62	3.84	2.57
K_2O（%）	0.96	1.50	1.17	1.21
P_2O_5（%）	0.27	0.16	0.23	0.22
烧失量（%）	2.88	3.221	3.22	3.107
总量（%）	99.77	99.478	100.03	99.746
Fe_2O_3+MgO（%）	5.23	2.00	4.74	3.99
Al_2O_3/SiO_2	0.1086	0.1559	0.3363	0.2003
K_2O/Na_2O	0.7734	0.5735	0.3048	0.5506
Al_2O_3/Na_2O+CaO	3.4877	2.5788	1.8247	2.6304
SiO_2/Al_2O_3	9.208	6.416	2.974	6.1993
K_2O/Na_2O+CaO	0.63	0.72	0.86	0.7367

在 Bhatia(1983)砂岩主要氧化物构造环境判别图解中（图 2-76）多数落入或接近大陆岛弧区。

在 Maynard(1982)SiO_2/Al_2O_3-K_2O/Na_2O 构造背景判别图解中（图 2-77），1 件接近被动大陆边缘环境，2 件为活动大陆边缘环境。

在方国庆(1993)$K_2O/(Na_2O+CaO)$-SiO_2/Al_2O_3 判别图解中（图 2-78）全部落入活动大陆边缘区。

在 Rose 等(1986)K_2O/Na_2O-SiO_2 图解中（图 2-79）1 件落入大洋岛弧区，另外 2 件落入活动大陆边缘区。

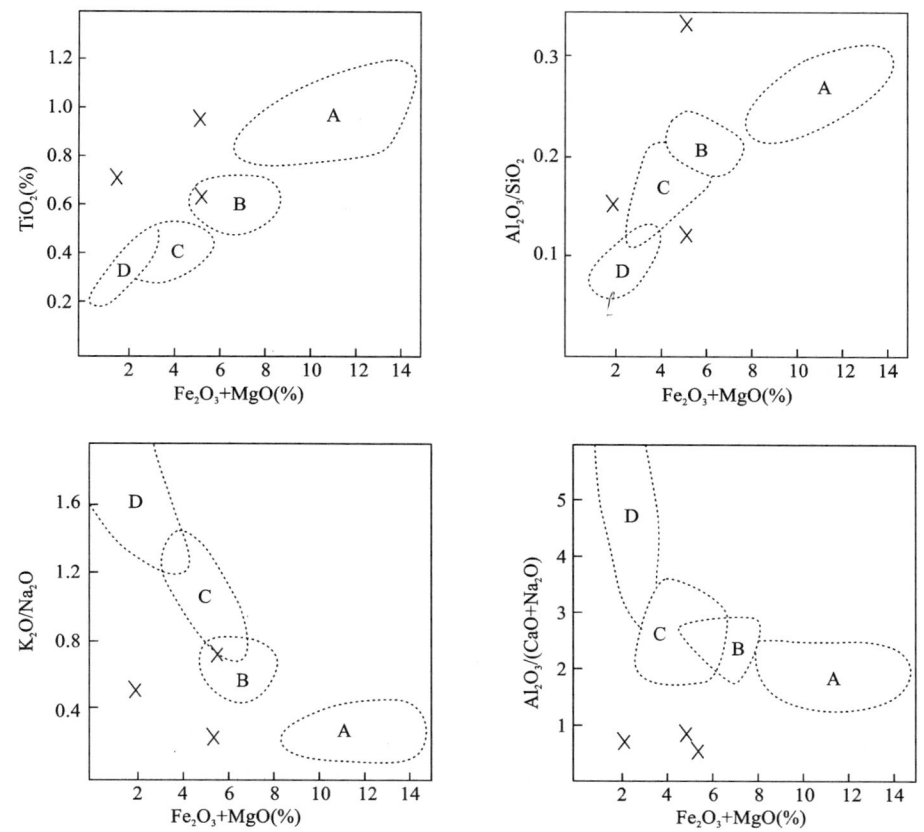

图 2-76 朗县混杂岩砂岩主要氧化物构造环境判别图解

（据 Bhatia,1983）

A. 大洋岛弧；B. 大陆岛弧；C. 活动大陆边缘；D. 被动大陆边缘

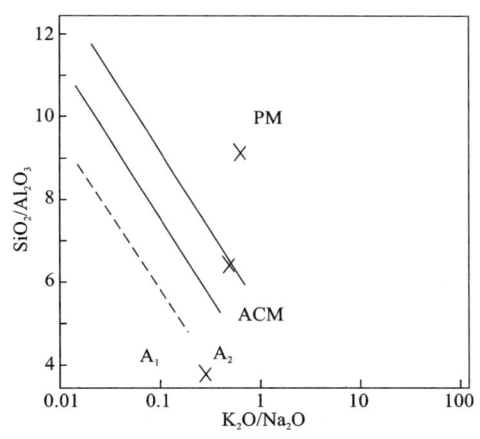

图 2-77 朗县混杂岩砂岩 SiO_2/Al_2O_3
与 K_2O/Na_2O 构造背景判别图

（据 Maynard 等,1982）

PM. 被动大陆边缘；ACM. 活动大陆边缘

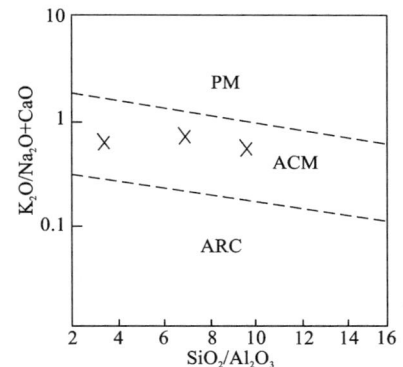

图 2-78 朗县混杂岩砂岩 $K_2O/(Na_2O+CaO)$-
SiO_2/Al_2O_3 判别图

（据方国庆,1993）

PM. 被动大陆边缘；ACM. 活动大陆边缘；ARC. 大洋岛弧

在 Blatt 等（1972）$Fe_2O_3+MgO-Na_2O-K_2O$ 图解中（图 2-80）全部落入优地槽区。

综合各种化学成分与 Bhatia、Maynard 平均参数值比较，朗县混杂岩物源区母岩组分相对复杂，是活动大陆边缘构造环境下的产物。

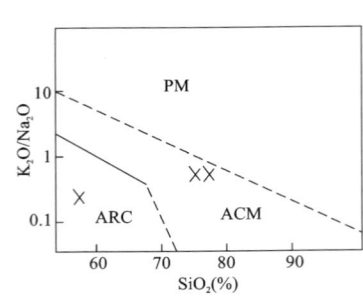

图 2-79 朗县混杂岩砂岩 $K_2O/Na_2O\text{-}SiO_2$ 图解
（据 Rose 等, 1986）
PM. 被动大陆边缘; ACM. 活动大陆边缘; ARC. 大洋岛弧

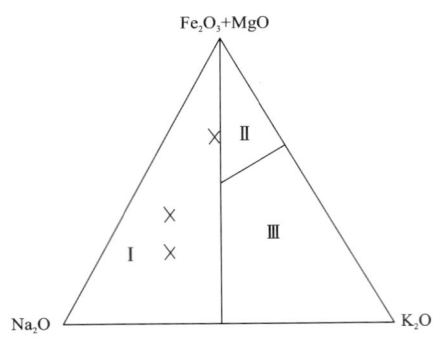

图 2-80 朗县混杂岩砂岩 $Fe_2O_3+MgO\text{-}Na_2O\text{-}K_2O$ 图解
（据 Blart 等, 1972）
Ⅰ. 优地槽; Ⅱ. 准地槽; Ⅲ. 断裂地槽

2. 微量元素

微量元素地球化学特征,也是分析母岩类型和判别物源区构造环境的有效手段之一。一般情况下,微量元素在各类沉积岩中的含量呈有规律性的变化。在沉积作用过程中,元素以不同的形式发生迁移,其中呈溶液状态搬运的元素在化学岩或生物岩中聚集,呈胶体形式搬运的元素易为粘土所吸附,最大值出现在泥质岩中。而呈碎屑矿物搬运的最大值则多集中在砂岩和粉砂岩中。随着陆源区构造活动的减弱和化学风化作用增强,各类岩石和矿物遭受破坏和分解的程度也逐渐增强,元素（除 Si 外）在砂岩中的含量变贫。而在泥质岩和硅酸盐岩中则有所聚集。陆源区化学风化作用愈强烈,元素向泥质岩、碳酸盐岩中聚集的趋势就愈强。

测区朗县混杂岩砂岩微量元素含量见表 2-14,与涂和费（1962）相比,Sc、Th、Co 偏高,与不同构造背景砂岩微量元素特征参数比较（据 hatia M R 和 Crook K A W, 1986）,为大陆岛弧构造环境。

表 2-14 朗县混杂带碎屑岩微量元素特征表

元素 样品	Sc(×10^{-6})	Zr(×10^{-6})	Th(×10^{-6})	Co(×10^{-6})	Ni(×10^{-6})	Ti(×10^{-6})	Zr/Th	La/Y	La/Th	La/Sc	Th/Sc	Ti/Zr	TiO_2（%）
ZR5301-25	8.1	379	9.7	8.4	16.3	3023	39.07	1.42	3.23	3.87	1.20	7.98	0.61
ZR5014-32	10.6	356	8.1	8.2	19.5	1726	43.95	1.38	3.68	2.82	0.76	4.85	0.69
ZR5303-20	15.7	82	1.0	17.4	29.1	3074	82.00	0.75	7.08	0.45	0.06	37.49	0.93
$\overline{X}$	11.5	272	6.3	11.3	21.6	2608	21.67	0.71	4.66	2.38	0.67	16.77	0.74

在 Bhatia（1983）La-Th 判别图解中（图 2-81）投点多落入 La/Sc=4 界线附近,1 件落入大洋岛弧区,2 件落入大陆岛弧区。

在 Bhatia（1983）La-Th-Sc 判别图解中（图 2-82）,1 件落入大洋岛弧区,2 件落入大陆岛弧区。

在 Th-Co-Zr/10（图 2-83）和 Th-Sc-Zr/10 判别图解中（图 2-84）,投点基本相同,1 件落入大洋岛弧区,2 件落入大陆岛弧区。

3. 稀土元素

稀土元素以其稳定的地球化学性质,除在特殊的风化壳或大陆上强烈的风化残余物发生富集或贫化外,一般在沉积物这些红成岩和后生改造作用的影响较小。即使在高级变质作用形成的麻粒岩相中也仅有很弱的活动性。在表生条件下,沉积物中稀土元素的含量主要受它们母岩中的丰度和物源区风化条件的控制,而后者同时受物源区构造背景的制约。因此,稀土元素的含量及配分型式。可以真实地反映沉积建造的母岩特征和物源区的构造性质（Bhatia,1986）。

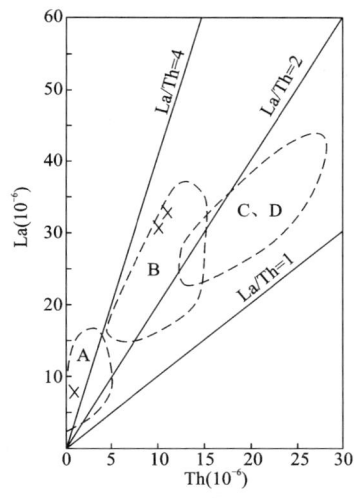

图 2-81 朗县混杂岩砂岩构造环境 La-Th 判别图解
（据 Bhatia，1981）
A. 大洋岛弧；B. 大陆岛弧；C. 活动陆缘；D. 被动陆缘

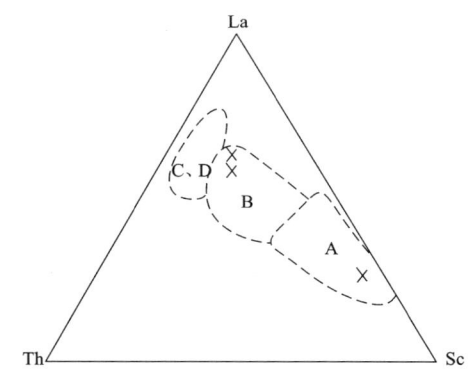

图 2-82 朗县混杂岩砂岩构造环境 La-Th-Sc 判别图解
（据 Bhatia，1981）
A. 大洋岛弧；B. 大陆岛弧；C. 活动陆缘；D. 被动陆缘

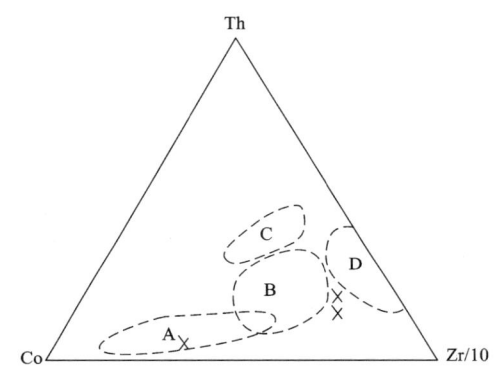

图 2-83 朗县混杂岩砂岩构造环境 Th-Co-Zr/10 判别图解
（据 Bhatia，1981）
A. 大洋岛弧；B. 大陆岛弧；C. 活动陆缘；D. 被动陆缘

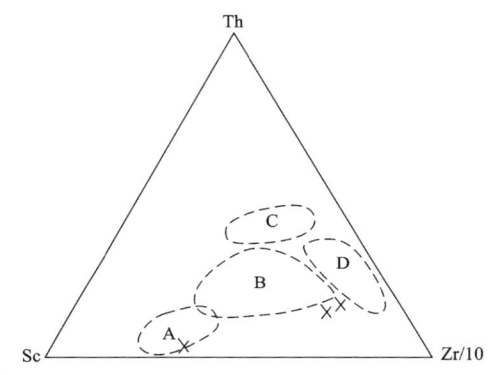

图 2-84 朗县混杂岩砂岩构造环境 Th-Sc-Zr/10 判别图解
（据 Bhatia，1981）
A. 大洋岛弧；B. 大陆岛弧；C. 活动陆缘；D. 被动陆缘

朗县混杂岩稀土元素及特征参数见表 2-15，$\sum REE$ $53.43\times10^{-6}\sim179.11\times10^{-6}$，平均 133.49×10^{-6}，LREE/HREE $1.40\sim8.97$，平均 6.16，$(La/Yb)_N$ $4.55\sim9.19$，平均 7.26，δEu $0.79\sim1.15$，平均 0.89。稀土元素据球粒陨石配分型式（Boynton，1984），呈右倾式轻稀土富集型，重稀土平坦型，Eu 负异常，类似于 Bhatia(1985)活动大陆边缘构造环境。而据北美页岩配分型式（Haskin 等，1968），δEu $0.72\sim1.65$，平均 1.17，$(La/Yb)_N$ $0.65\sim1.41$，平均 1.13，稀土元素配分型式平坦型，Eu 异常不明显（图 2-85），个别变化大，总体类似于 Bhatia(1985)活动大陆边缘构造环境。

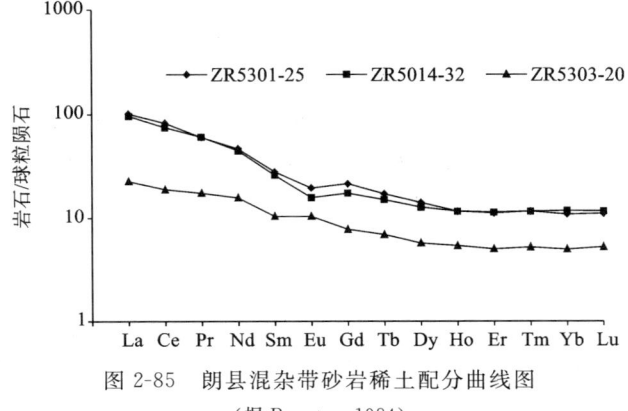

图 2-85 朗县混杂带砂岩稀土配分曲线图
（据 Boynton，1984）

综上朗县混杂岩的岩石化学及地球化学特征,其应为大陆岛弧至活动大陆边缘的构造环境的产物。

表 2-15 朗县混杂岩碎屑岩稀土元素特征表

元素 \ 样品	ZR5301-25	ZR5014-32	ZR5303-20	$\overline{X}$
La($\times 10^{-6}$)	31.34	29.84	7.08	22.75
Ce($\times 10^{-6}$)	66.15	56.09	15.36	45.87
Pr($\times 10^{-6}$)	7.31	6.92	2.14	5.46
Nd($\times 10^{-6}$)	28.08	25.05	9.50	20.87
Sm($\times 10^{-6}$)	5.49	4.54	2.04	4.02
Eu($\times 10^{-6}$)	1.45	0.71	0.77	0.98
Gd($\times 10^{-6}$)	5.60	4.03	2.03	3.89
Tb($\times 10^{-6}$)	0.82	0.63	0.33	0.59
Dy($\times 10^{-6}$)	4.60	3.54	1.85	3.33
Ho($\times 10^{-6}$)	0.84	0.73	0.39	0.65
Er($\times 10^{-6}$)	2.36	2.12	1.06	1.85
Tm($\times 10^{-6}$)	0.38	0.32	0.17	0.29
Yb($\times 10^{-6}$)	2.30	2.04	1.05	1.80
Lu($\times 10^{-6}$)	0.36	0.31	0.17	0.28
Y($\times 10^{-6}$)	22.03	17.63	9.47	16.38
$\sum$REE($\times 10^{-6}$)	179.11	167.94	53.43	133.49
LREE/HREE	8.10	8.97	1.40	6.16
(La/Yb)$_N$	1.32	1.15	0.73	1.07
δEu	1.11	1.07	1.65	1.28

(三)混杂岩时代讨论

在混杂岩的基质炭质绢云千枚岩中获孢粉:*Erlianpollis* sp.,*Brebimonosulcites* sp.,*Triporopollenites* sp.,*Cedripites* sp.,*Pinnspollenites* sp.,*P. elongus*,*P.* cf. *maximus*,*Picerites* sp.,*P. gigantea*,*Podocarpidite* cf. *amplus* 等,计有 7 个属 4 个种,时代为早白垩世。在西邻泽当一带蛇绿岩顶部硅质岩中放射虫有:*Paronaella* sp.,*Hsuum* sp.,*Cruccila* sp.,*Alievium* sp.,化石组合时代为 J_3—K_1。在玄武岩中获 Rb-Sr 等时线年龄 168.24 ± 11.03Ma,时代为 J_1。此外在基底残留岩片绿泥钠长角闪片岩中获 ^{40}Ar-^{39}Ar 坪年龄 995.94Ma,为元古代,而灰岩、大理岩岩块中含二叠系牙形石。综上所述,朗县混杂岩基质时代为早白垩世,可能包含部分晚侏罗世沉积,而火山岩时代多为侏罗纪,而构造混杂岩的时代可能为白垩纪。其中元古代绿泥钠长角闪片岩等与含 P_{1-2} 牙形石的大理岩岩块,可能为构造混杂卷入的早期不同环境、不同时代的构造块体。

二、康马—隆子分区

该分区分布于测区中部邛多江—卡拉—玉门断裂与曲折木—觉拉断裂之间的马扎拉倒转向斜核部和哲古错一带,面积约 $184km^2$。根据岩性、岩石组合和生物特征,划分为甲不拉组、宗卓组。

1979年1:100万拉萨幅将该地区的白垩纪地层划分为加不拉组,1983年王乃文等在浪卡子县绒多区将晚侏罗世—早白垩世地层命名为鱼浪加白群,从下向上为卡东组、桑秀组和日莫瓦组,而将日莫瓦组划为早白垩世沉积。1993年《西藏自治区区域地质志》将晚侏罗世地层称为维美组,晚侏罗世—早白垩世地层称为加不拉组。1994年《西藏自治区岩石地层》将晚侏罗世—早白垩世称为鱼浪白加群,早白垩世地层称为沙堆群。

1998年陕西省区调队1:5万然巴幅、白地幅等图幅沿用1:20万浪卡子幅、泽当幅的划分方案,将早白垩世地层称为多久组、晚白垩世地层称为谢里组。2002年西藏自治区地质调查院1:5万琼果幅、曲德贡幅根据岩性特征及所获微体化石降群为组,将早白垩世地层命名为鱼浪加白组,晚白垩世地层为沙堆组,两者间为整合接触。2003年安徽省地质调查院1:25万洛扎幅将鱼浪加白组划分为桑秀组和甲不拉组,时代为晚侏罗世—早白垩世;将宗卓组与沙堆组对比,划为晚白垩世地层,与下伏地层为角度不整合接触(表2-16)。

表2-16 康马—隆子地层分区白垩系划分沿革表

西藏综合队 (1:100万 拉萨幅) (1979)	王乃文等 (1983)		《西藏自治区区域地质志》 (1993)	陕西省区调队(1:20万浪卡子、泽当幅) (1994)	《西藏自治区岩石地层》 (1997)	陕西省区调队(1:5万然巴、白地、罗布岗、浪卡子县幅) (1998)	西藏自治区地质调查院(1:5万琼果、曲德贡幅) (2002)	安徽省地质调查院(1:25万洛扎幅) (2003)	本书 (2004)
加不拉组 K_1	沙堆群 K_{1-2}	多久组 K_2	加不拉组 J_3—K_1	谢里组 K_2	沙堆群 K_1	谢里组 K_2	沙堆组 K_2	宗卓组 K_2	宗卓组 K_2
		扎旺子组 K_1							
	鱼浪白加群 J_3—K_1	日莫瓦组 K_1		多久组 K_1	鱼浪白加群 J_3—K_1		鱼浪白加组 K_1	甲不拉组 K_1	甲不拉组 K_1
中上侏罗统 J_3—K_1		桑秀组 J_3—K_1				多久组 K_1		桑秀组 J_3—K_1	桑秀组 J_3—K_1
		卡东组 J_3	维美组 J_3	卡东组 J_3	维美组 J_3	卡东组 J_3	卡东组 J_3	维美组 J_3	维美组 J_3

(一) 剖面列述

1. 措美组古堆乡日玛曲雄早白垩世甲不拉组实测剖面(图2-86)

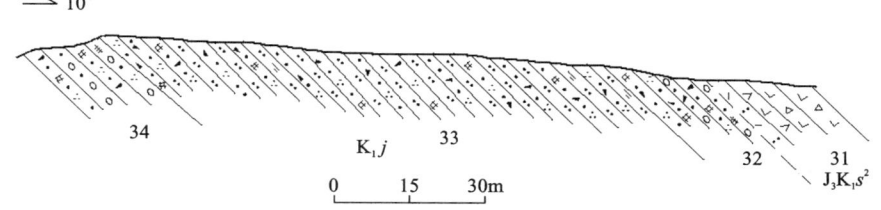

图2-86 措美县日玛曲雄早白垩世甲不拉组($K_1 j$)实测剖面图

剖面位于措美县古堆乡西南日玛曲雄,起点坐标:东经93°05′15″,北纬29°00′43″。

早白垩世甲不拉组($K_1 j$) （未见顶）

34. 灰黄色中厚层状砂砾岩与灰黄色厚层状细粒含岩屑含海绿石石英砂岩近等厚互层,厚1.2~1.5m,发育平行层理 　　>18.88m

33. 灰绿、灰黄色中层状细粒含岩屑石英砂岩与灰黑色薄层状含云粉砂岩近等厚互层,每个互层厚0.3~0.5m 　　54.23m

32. 灰色厚层状复成分砂砾岩、灰黄色厚层状细粒含岩屑石英砂岩,厚度比为 1:2～1:1,每个层
序厚 1.5m。砾石成分复杂,以石英、中酸性火山岩、基性火山岩为主,砾径 2～5mm,磨圆较
好,砂泥质、硅质胶结   13.96m
————— 假整合 —————

下伏地层:晚侏罗世—早白垩世桑秀组二段($J_3K_1s^2$)

2. 措美县邦布下白垩统甲不拉组(K_1j)实测剖面

剖面位于措美县邦布一带,出露较为局限,露头较差,据 1:5 万琼果幅、曲德贡幅资料分述如下(图 2-87)。

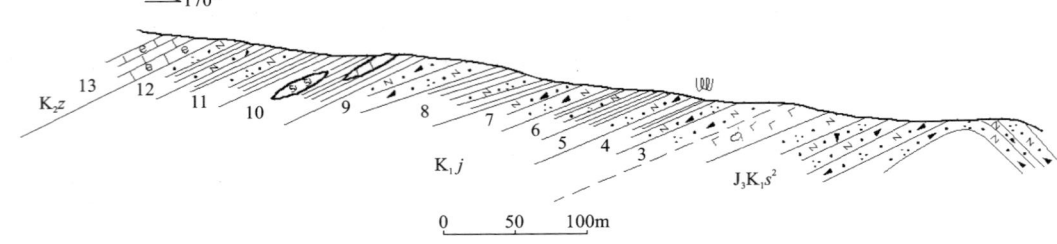

图 2-87 措美县邦布早白垩世甲不拉组(K_1j)实测剖面图

上覆地层:晚白垩世宗卓组(K_2z)
——————— 整合 ———————

早白垩世甲不拉组(K_1j)

12. 灰、深灰色页岩夹灰色薄层状细粒长石岩屑砂岩   18.95m
11. 灰色中层状细粒长石岩屑砂岩夹灰、深灰色页岩   18.95m
10. 灰、深灰色页岩夹灰色薄层状含生物碎屑硅质岩、灰色粉晶灰岩透镜体   34.12m
 9. 灰色中厚层状细粒长石岩屑砂岩   28.22m
 8. 灰、深灰色页岩夹灰色薄层状细粒长石岩屑砂岩   28.38m
 7. 灰色中厚层状细粒长石岩屑砂岩   11.85m
 6. 灰、深灰色页岩夹灰色薄层状细粒长石岩屑砂岩   9.88m
 5. 灰色中厚层状细粒长石岩屑砂岩夹少量灰、深灰色页岩,砂岩中含少量砾石。页岩层厚 5～
    10cm,见有粒序变化,砂岩局部见球状风化   5.93m
 4. 灰色中薄层状细粒长石岩屑砂岩与灰、深灰色页岩,灰色中薄层状含生物碎屑含泥硅质岩韵
    律状互层,在上部砂岩中见有虫管遗迹化石   14.83m
 3. 灰色厚层状细粒长石岩屑砂岩   8.67m
————— 假整合 —————

下伏地层:晚侏罗世—早白垩世桑秀组二段($J_3K_1s^2$)

3. 措美县邦布上白垩统宗卓组(K_2z)实测剖面

剖面位于图幅西南部,古堆复式倒转向斜核部,总体以黑色岩系夹灰岩为主,较易风化,形成低矮平缓地形(图 2-88)。

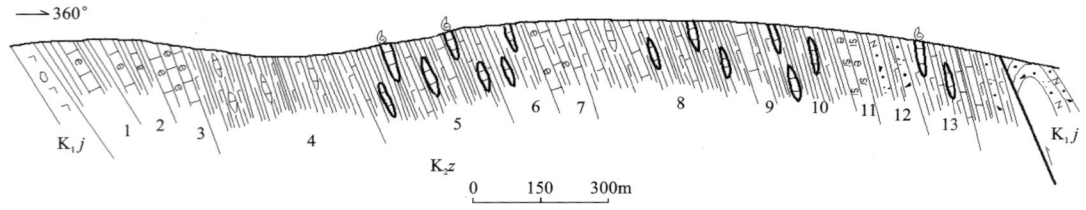

图 2-88 措美县邦布晚白垩世宗卓组(K_2z)实测剖面图

(1:5万琼果幅、世德贡幅,2002)

晚白垩世宗卓组（K_2z）　　　　　　　　（未见顶）

14. 灰、深灰色钙质页岩夹灰色极薄层状泥晶含泥灰岩及灰色薄层状长石岩屑砂岩　　＞39.82m
13. 灰、深灰色钙质页岩与灰色极薄层状泥晶含泥灰岩组成韵律，钙质页岩中偶夹粉晶灰岩透镜体。含超微古化石：*Biscutum blackii*，*Cretarhabdus crenulatus*，*Hagius circumradiatus*，*Lithastrinus floralis*，*Parhabdolithus embergeri*，*Prediscosphaera cretacea*，*Stoverius achylosus*，*Watznaueria barnesae*，*Waznueria bipora*，*Zygodiscus elegans*　　45.23m
12. 灰、深灰色钙质页岩，夹中层状细粒长石岩屑砂岩及灰岩透镜体　　52.81m
11. 灰色中薄层状含生物碎屑硅质岩夹灰、深灰色钙质页岩　　23.17m
10. 灰、深灰色钙质页岩夹灰色薄层状粉晶灰岩　　101.94m
9. 灰、深灰色钙质页岩与灰色薄层状粉晶灰岩组成韵律　　18.53m
8. 灰、深灰色钙质页岩夹灰色薄层状粉晶灰岩　　176.37m
7. 灰、浅灰色薄层状泥质灰岩与灰色中层状粉晶生物碎屑灰岩组成韵律　　32.28m
6. 灰、深灰色钙质页岩夹灰色粉晶灰岩似层状及透镜体　　67.39m
5. 灰、深灰色钙质页岩与灰、浅灰色极薄层状泥晶灰岩组成韵律，钙质页岩夹灰色粉晶灰岩透镜体，含超微古化石：*Braarudosphaera hockwoldensis*，*Hagius circumradiatus*，*Micrantholithus hoschulzi*，*Parhabdolithus embergeri*，*Stoverius achylosus*，*Watznaueria barnesae*，*Cretarhabdus crenulatus*，*Lithastrinus floralis*，*Prediscosphaera cretacea*，*Watznaueria bipora*，*Zygodiscus elegans*　　168.39m
4. 灰、深灰色钙质页岩夹灰色粉晶灰岩似层状或透镜体　　174.05m
3. 灰色中薄层状含生物碎屑粉晶灰岩，为滑混岩块　　68.64m
2. 灰、深灰色泥页岩夹灰色薄层状含生物碎屑泥岩、灰岩透镜体　　72.95m
1. 灰、深灰色泥页岩夹灰色薄层状含生物碎屑泥岩　　84.30m

――――――――――　整　合　――――――――――

下伏地层：早白垩世甲不拉组（K_1j）

（二）岩石地层特征综述

1. 甲不拉组（K_1j）

甲不拉组主要分布于错美县哲古错—曲折木一带，呈东西向面状展布，出露面积约166km²。由灰黄、灰色中厚层状细粒长石石英砂岩、含海绿石岩屑石英砂岩夹灰色薄层状粉砂岩组成。中上部见薄层状含生物碎屑硅质岩和页岩，西部见灰绿色杏仁状玄武岩，发育平行层理，见冲刷痕，为滨海—浅海沉积。产丰富的化石，有箭石、双壳类、腕足类、菊石等。重要分子有：*Thurmanniceraa* sp.，*Sarasinella* sp.，*Psilohamite* sp.，*Neocraspedites* sp.等，时代为早白垩世。在测区东部与下伏桑秀组呈假整合接触（图2-89），而在西部一带，则为连续沉积的整合关系，厚度大于179.98m。

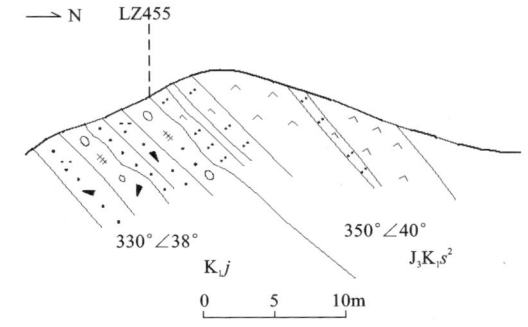

图2-89　测区甲不拉组（K_1j）
与桑秀组（$J_3K_1s^2$）平行不整合素描图

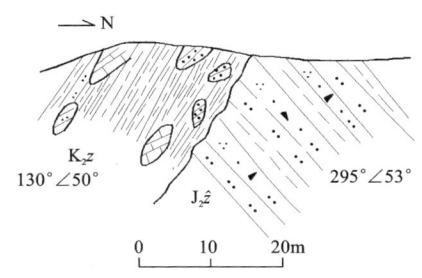

图2-90　浪卡子县张达区果解日宗卓组（K_2z）
与遮拉组（$J_2\hat{z}$）角度不整合素描图

（据1:25万洛扎幅）

2. 宗卓组（K_2z）

宗卓组主要分布于错美县哲古错一带，呈东西向条带状展布，出露面积较少，约 18km²。为灰色、深灰色泥页岩与薄层状生物碎屑泥粉晶灰岩呈不等厚互层。中见有少量灰色中薄层状长石岩屑砂岩和灰色中厚层状生物骨屑灰岩呈透镜状产出，具沉积混杂岩特点。基质为页岩和薄层状生物碎屑泥粉晶灰岩呈薄层状互层，发育微波状交错层理（包卷层理）和水平层理，具远源浊积岩—盆地沉积的特点。产微体化石，时代为晚白垩世。滑混块体成分较为复杂，有灰岩、生物屑灰岩、硅质岩、砂岩、火山岩和超基性岩等。形态、大小各异，从数米—数十米，无序嵌入基质中。在块体中采获箭石、双壳类、放射虫等化石，其时代为晚三叠世—早白垩世，说明各类岩块来自晚三叠世—早白垩世的不同层位。与下伏甲不拉组为角度不整合接触（图 2-90），厚度大于 1126.42m。

（三）岩相分析

测区内白垩系出露较少，岩相较为简单；以滨海、浅海陆棚相、陆棚斜坡相、次深海盆—深海盆沉积为主（图 2-91）。

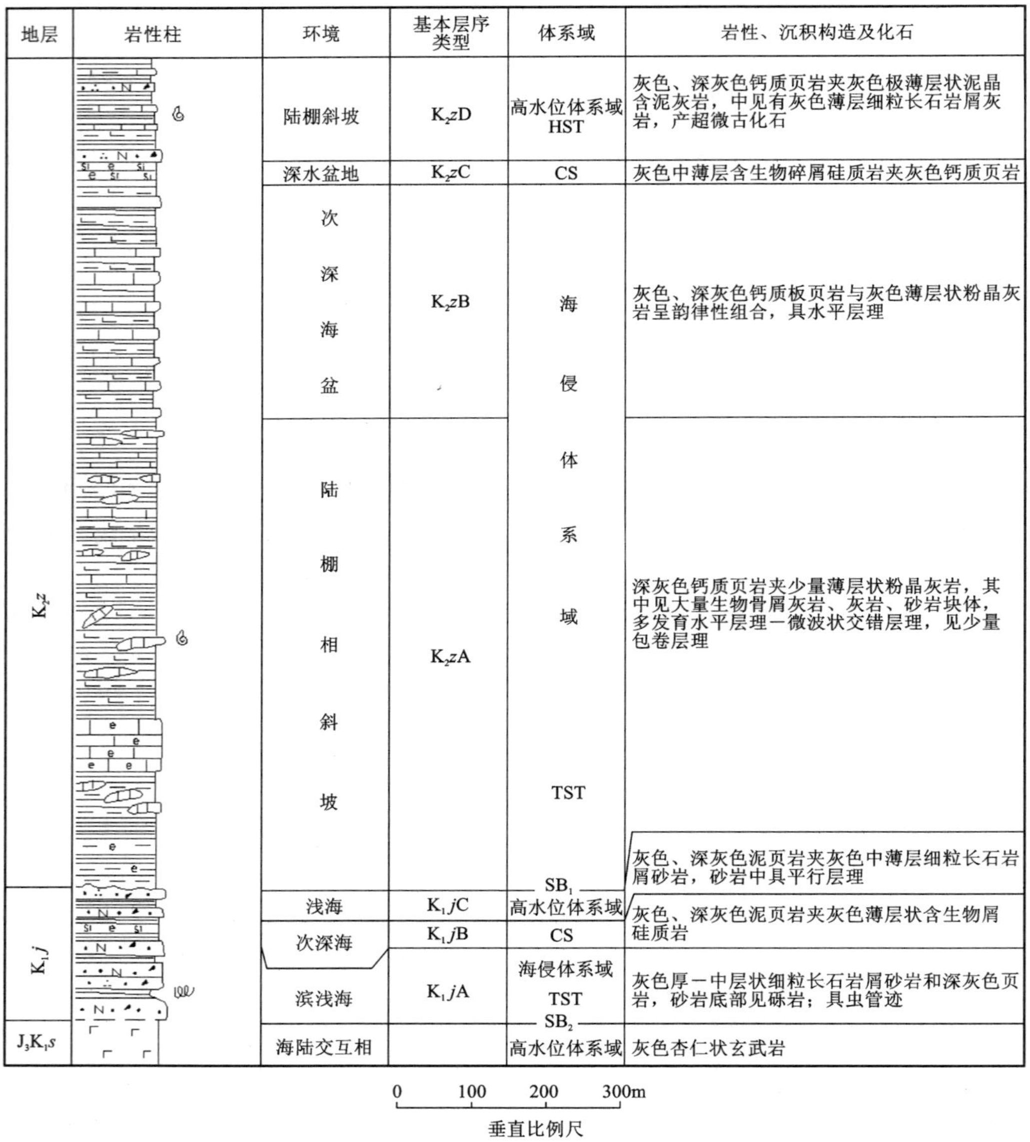

地层	岩性柱	环境	基本层序类型	体系域	岩性、沉积构造及化石
K_2z		陆棚斜坡	K_2zD	高水位体系域 HST	灰色、深灰色钙质页岩夹灰色极薄层状泥晶含泥灰岩，中见有灰色薄层状细粒长石岩屑灰岩，产超微古化石
		深水盆地	K_2zC	CS	灰色中薄层含生物碎屑硅质岩夹灰色钙质页岩
		次深海盆	K_2zB	海侵体系域	灰色、深灰色钙质板页岩与灰色薄层状粉晶灰岩呈韵律性组合，具水平层理
		陆棚相斜坡	K_2zA		深灰色钙质页岩夹少量薄层状粉晶灰岩，其中见大量生物骨屑灰岩、灰岩、砂岩块体，多发育水平层理—微波状交错层理，见少量包卷层理
				TST	
				SB₁	
K_1j		浅海	K_1jC	高水位体系域	灰色、深灰色泥页岩夹灰色中薄层细粒长石岩屑砂岩，砂岩中具平行层理
		次深海	K_1jB	CS	灰色、深灰色泥页岩夹灰色薄层状含生物屑硅质岩
		滨浅海	K_1jA	海侵体系域 TST	灰色厚—中层状细粒长石岩屑砂岩和深灰色页岩，砂岩底部见砾岩；具虫管迹
				SB₂	
J_3K_1s		海陆交互相		高水位体系域	灰色杏仁状玄武岩

图 2-91 康马—隆子地层分区白垩系甲不拉组、宗卓组沉积层序图

甲不拉组：包括海侵期滨浅海沉积、高水位期次深海盆相、海退期浅海陆棚相。

海侵期滨浅海沉积：灰、灰黄色中厚层状细粒长石岩屑砂岩和深灰色页岩组成。下部砂岩底部见有透镜状复成分砂砾岩、含砾岩屑石英砂岩。具双向交错层理和平行层理，底具冲刷界面。其中细粒含岩屑石英砂岩粒度分析统计平均值 $Mz=2.84$，标准偏差 $\delta_1=0.473$，偏度 $SK=-0.0006$，峰态 $KG=1.19$。曲线由 3 个总体组成，以跳跃总体为主（含量大于 95%），中间有一个 S 截点，可能与波浪的冲刷和回流有关。

跳跃总体 A 占主导地位，含量近 88%，斜率较大（73°），代表了较好的分选性，集中分布 $2.25\phi \sim 3\phi$ 之间，具滨浅海高能砂体的特征（图 2-92）。向上粉砂岩、页岩增多，以水平层理发育为特征，形成砂页岩互层。区域上富产双壳类、箭石、菊石等。

高水位期次深海盆相：灰、深灰色页岩夹灰色薄层状含生物屑硅质岩，发育水平层理，为深水低能沉积。

海退期浅海陆棚相：为灰、深灰色页岩夹灰色中薄层状细粒长石岩屑砂岩。砂岩多见平行层理，向上砂岩增多。区域上富产双壳类、箭石、菊石等。

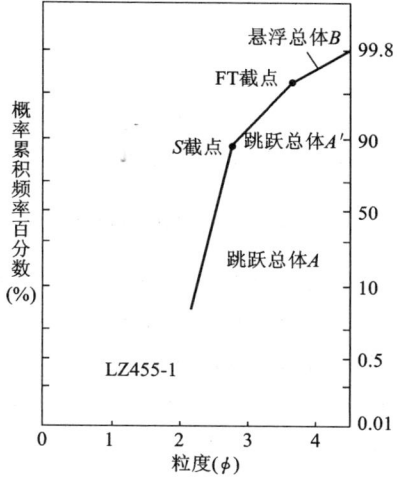

图 2-92　早白垩世甲不拉组概率统计粒度曲线图

宗卓组：总体水体较深，以陆棚斜坡相占主导地位。包括海侵期陆棚斜坡相、次深海盆地相、深水盆地相和海退期陆棚斜坡相。

海侵期陆棚斜坡相：为不连续条带状、透镜状生物骨屑粉晶灰岩、薄层状泥粉晶灰岩和深灰色钙质页岩。发育包卷层理—水平层理，泥粉晶灰岩中产超微体化石。

海侵期次深海盆相：深灰色钙质页岩，夹灰色薄层状粉晶灰岩，发育水平层理，为深水低能的沉积，其中可能包括少量远源浊积岩。

高水位期深水盆地相：岩性较为单一，以灰色中薄层状生物碎屑硅质岩为主，夹少量灰色钙质页岩，发育水平纹层，为深水低能沉积。

海退期陆棚斜坡相：灰、深灰色钙质页岩夹灰色薄层状泥晶含泥灰岩，夹灰色薄层状细粒岩屑长石砂岩。砂岩中发育平行层理，从下向上砂岩增多，为进积型浊积扇体。

（四）生物地层和年代地层

测区内未获化石，据 1:5 万琼果幅、曲德贡幅及相邻 1:25 万洛扎幅资料可建立 2 个化石带（表 2-17）。

表 2-17　康马—隆子地层分区白垩纪桑秀组、甲不拉组、宗卓组生物分带序列表

地层	生物带	化　石　带		
宗卓组	K_2^2—K_2^6	超微体化石：*Prediscosphaera cretacea-Cretarhabdus crenulatus* 组合带		
	K_1^6—K_2^2	*Braarudosphaera hodkwldensis-Stoverius achylosus* 组合带		
甲不拉组	K_2^1—K_1^6	双壳类：*Olcostephanus* cf. *schenki-Proleymerella* 组合带		
桑秀组	K_1^1—K_1^3	双壳类：*Inoceramus concenfricus-Oxytoma subobliqus* 组合带	菊石类	箭石类：*Hibolithes jiabulentis-H. xizangensis* 组合带
	J_3^3	*Buchia conceifrica-B. blonfordiana* 组合带	*Berriasella oppeli-Haplophylloceras pinque* 组合带	

1. *Olcostephanus* cf. *schenki-Proleymerella* sp. 组合带

该组合带常见于甲不拉组,生物门类繁多,含双壳类、腕足类、菊石、箭石等。其中双壳类、腕足类极为丰盛,常见分子有:*Olcostephanus* cf. *schenki*, *O. madagascriensis*, *Kilianella* sp., *Valangintes xizangensis*;*Valdedorsella* sp., *Proleymerella* sp., *Leymeriella* sp., *Oxytropidoceras* sp. 等,均为凡兰吟阶—阿尔比阶的重要分子,故甲不拉组时代为早白垩世凡兰吟期—阿尔比期。

2. *Braarudosphaera - Prediscosphaera* 超微化石组合带

该组合带产于宗卓组中,其中超微化石丰富,另获得部分微古化石。

超微化石:*Braarudosphaera hockwoldensis*, *Hagius circumradiatas*, *Micranlholithus hoschulzi*, *Parhabdolithus embergeri*, *Stoverius achylosus*, *Watznaueria barnesae*, *Cretarhabdus crenulatus*, *Lithastrinus floralis*, *Prediscosphaera cretacea*, *Watznaueria bipora*, *Zygodiscus elegans*, *Biscutum blackii*, *Cretarhabdus crenulatus*, *Prediscosphaera stoveri*, *P. bukrgi*, *Thanarla* sp., *Stichomitra* sp., *Dictyomitra* sp.。

由于超微古化石所采部位不同,而反映出不同的时代 K_1^6—K_2^1,K_2^{5-2}—K_2^6,总体为晚白垩世的生物组合面貌,表明宗卓组为晚白垩世的沉积产物。

(五)层序地层

通过对康马—隆子地层分区白垩纪地层单位的划分,对层序界面性质和层序划分为两个正层序,包括一个Ⅰ型层序,一个Ⅱ型层序。

第一个正层序:由甲不拉组组成,包括了海侵体系域和高水位体系域(图2-93)。其底界为 SB_2 界面,为Ⅱ型层序。

SB_2 界面:位于甲不拉组与桑秀组之间,在测区东部表现为假整合界面,在西部一带为整合接触。

在下伏桑秀组顶部见紫红色褐铁矿化凝灰岩,具"红顶"现象,显示了海陆交互环境下的氧化特征。上覆甲不拉组,底部见平行层理的砂砾岩、含砾砂岩,具海侵砂岩、滞留砾岩的特点。界面为具海侵面特征的 TS/SB_2 界面。

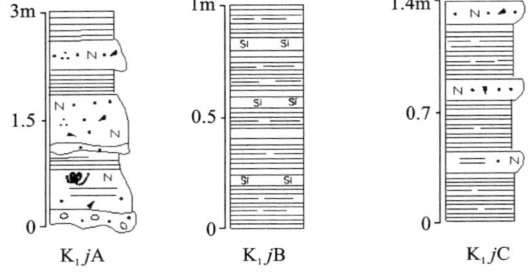

图 2-93 测区早白垩世甲不拉组基本层序示意图

海侵体系域(TST):由一种基本层序组成(K_1jA),岩性由灰、灰黄色不连续条带状、透镜状复成分砂砾岩、含砾砂岩、灰色厚—中厚层状细粒长石岩屑砂岩、深灰色页岩组成。从下向上页岩增多,每个层序厚0.8~1.2m。砂砾岩、砂岩发育平行层理,为滨浅海高能沉积。向上则以浅海陆棚相细碎屑岩为主,反映水体不断变深的退积型层序特点。

饥饿段(CS):由基本层序 K_1jB 组成,为灰色、深灰色泥页岩夹灰色薄层状含生物屑硅质岩,具水平层理,为垂向加积型层序。厚0.3~0.4m,厚度比为4:1~5:1,其中部分为cmf界面。

高水位体系域(HST):基本层序较为简单,常见 K_1jC 层序,为灰色、深灰色泥页岩、灰色中薄层状细粒长石岩屑砂岩。向上砂岩增多,发育平行层理,由4:1向3:1转变,每个层序厚0.4~0.5m,反映了水体变浅,水动能增加的进积型层序。

第二个正层序:由宗卓组组成,包括海侵体系域和高水位体系域,其底界为 SB_1 界面,为Ⅰ型层序。

SB_1 界面:位于宗卓组与甲不拉组之间,在区域上大部地区均为不整合接触,仅在哲古错一带具整合—假整合特点。下伏甲不拉组为浅海陆棚相碎屑岩,甲不拉组顶部为短暂的海平面上升。上覆宗卓组为陆棚斜坡相浊积岩,反映其间的大规模海侵的开始,伴随着海侵加剧,斜坡扇见大量来源于陆棚的滑混岩块。

海侵体系域(TST):常由基本层序(K_2zA)、(K_2zB)组成(图2-94),K_2zA由浅灰色薄层状泥粉晶灰岩—深灰色钙质页岩组成,每个层序厚0.3~0.4m,厚度比为1:3~1:2,发育水平层理,产微体化石,为鲍马层序de段组合,具退积型层序特点。部分生物骨屑灰岩、砂岩岩块,具包卷层理,显示了部分cde段组合的特点。K_2zB则具弱退积—加积型的特点,由深灰色钙质页岩及少量薄层状泥粉晶灰岩组成,可能具远源浊积岩的特点。

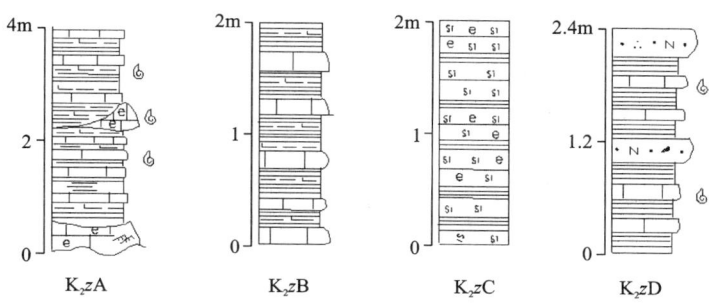

图2-94 测区晚白垩世宗卓组基本层序示意图

饥饿段(CS):由基本层序K_2zC组成,岩性单一,由灰色中薄层状含生物屑硅质岩组成,夹少量页岩,发育水平层理,为垂向加积型层序,具次深海盆特点。

高水位体系域(HST):测区内较为简单,仅见基本层序K_2zD,由灰色、深灰色钙质页岩和灰色极薄层状泥晶含泥灰岩呈韵律互层组成,底部见灰色中薄层状细粒长石岩屑砂岩,向上砂岩增多,泥灰岩产微体化石,多发育微波状交错层理和水平层理,为进积型扇体层序,具陆棚斜坡相特点。此外,测区西部一带尚见浅海陆棚进积型层序,反映了一种持续的海退。

综上所述,测区康马—隆子地层分区内白垩纪显示了两次较为完整的海盆升降。早白垩世早期,继承了晚侏罗世的构造格局,仍显示了东浅西深的沉积特点。在东部古堆一带,与下伏桑秀组间见有假整合接触,甲不拉组底部常见复成分砂砾岩,含下伏地层砂岩、玄武岩、安山岩的砾石。砾石分选差,砂泥质胶结,具假整合砾岩的特点。其上大量发育具平行层理的细粒岩屑石英砂岩,显示了滨浅海沉积的特征。而在西部哲古错一带,则以细粒岩屑石英砂岩为主的浅海陆棚相沉积为主。早白垩世中期,进入一个高水位时期,发育深灰色泥页岩和薄层状生物屑硅质岩以次深海盆沉积为主。早白垩世晚期,进入一个短暂的海退时期,夹灰色薄层状细粒长石岩屑砂岩,向上砂岩逐渐增多,为浅海陆棚沉积。晚白垩世早期,区域性出现盆地短期抬升,其后,海侵全面开始,在大部分地区与下伏甲不拉组间均见滑混岩块分布于陆棚斜坡坡脚,则表现为角度不整合。但在措美县邦布一带为整合接触,其岩性较为单一,以深灰色页岩—薄层状泥晶灰岩相间组成远源浊积岩—次深海盆低能沉积。晚白垩世中期,进入海盆发展高水位时期,均以饥饿段出现为特征,为灰色中薄层状含生物屑硅质岩的低能欠补偿沉积,具深水盆地的沉积特点。晚白垩世晚期,测区内以发育远源浊积岩为主,岩性多为深灰色页岩和薄层状泥粉晶灰岩,向上夹有岩屑砂岩,整体显示进积型扇体的特征。

三、北喜马拉雅分区

区内仅见拉康组,分布测区南部,位于曲折木—觉拉断裂与错龙—新达断裂之间,面积2328 km^2。

1983年王乃文先生创名,原指分布于洛扎以南至中国与不丹边境的浅变质地层,时代未定,疑为T_3或K_1。1:100万拉萨幅划分为晚三叠世。余静贤据王乃文先生采集的孢粉认为属早白垩世早期。2002年安徽省地质调查院1:25万洛扎幅在其中采获丰富的小型特化菊石,时代为早白垩世贝利阿斯期—阿普特期,而将其划归早白垩世拉康组。2004年本项目分别在其底部和中上部采获大量双壳类和菊石,并根据岩性特征和化石以下部断层为界,划分出下部晚三叠世曲龙共巴组,上部早白垩世拉康组。

(一) 剖面列述

剖面位于错那县娘中一带，起点坐标：东经92°01′56″，北纬28°01′02″；终点坐标：东经92°03′31″，北纬28°05′20″，剖面主要顺山间小道测制，露头中等—好，化石丰富，构造简单(图2-95)。

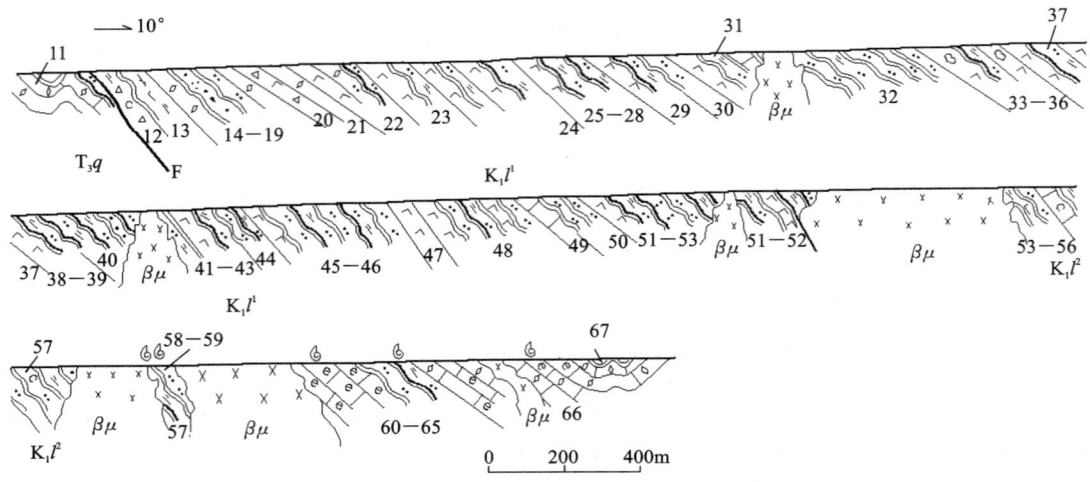

图2-95 错那县娘中早白垩世拉康组(K_1l)实测剖面图

早白垩世拉康组二段(K_1l^2)

67. 浅灰黄色薄层状变质粉砂岩与灰色绢云粉砂质板岩组成的互层，单个层厚50～90cm，二者厚度比为1:1，局部夹灰色厚层状粉晶灰岩，顶不全	>24.21m
66. 岩性以中薄层状粉晶灰岩为主，下部夹少量中厚层状泥晶灰岩和生物碎屑灰岩，含双壳类：*Dipoloceras varicostatum* Chao	292.03m
65. 灰、深灰色绢云粉砂质板岩，含砂质条带，获菊石：*Oxytropidoceras multifidum* (Douglas)，*Prohysteroceras wordiei*	19.50m
64. 灰黄色薄层状变质粉砂岩	2.79m
63. 灰、深灰色中、薄层状粉晶生物碎屑灰岩互层，向上变薄，二者厚度比为1:1～2:1，获双壳类：*Thracia loryusa* Gou	16.72m
62. 灰、深灰色粉晶生物碎屑灰岩	5.57m
61. 灰、深灰色中薄层状粉晶生物碎屑灰岩，获双壳类化石：*Thracia longusa* Gou，*Pleuromya* cf. *alduini* (Brongniart)	51.70m
60. 灰、深灰色中薄层状凝灰质板岩	14.13m
59. 灰、深灰色绢云粉砂质板岩	8.22m
58. 灰、深灰色绢云粉砂质板岩与灰色中层状变质粉砂岩互层，上部夹灰岩透镜体，下部粉砂岩中获双壳类：*Dipolceras dingriense* Chao、*Pelinella* cf. *mgakoensis* (Nagao)，局部见辉绿岩脉顺层侵入	29.44m
57. 灰、深灰色变质含钙质粉砂岩与绢云粉砂质板岩互层，前者厚1.5m，二者厚度比为1:5，顶等厚互层，见2～3cm的暴死层。获双壳类：*Oxytoma* (*Hypoxytoma*) cf. *gyangzensis* Gou，*Entolium*，*Neithea* sp.	181.74m
56. 灰、深灰色中薄层状粉晶灰岩与绢云粉砂质板岩互层，前者厚1.2m，二者厚度比为1:2	13.08m
55. 浅灰黄色变质粉砂岩	56.00m
54. 灰色中层状碎裂结晶灰岩夹灰黄色薄层状绢云粉砂质板岩，前者厚10cm，后者厚1cm左右	8.34m
53. 灰、深灰色变质粉砂岩与粉砂质绢云板岩互层，后者厚40～70cm，向上板岩增厚，夹8cm×3cm砂质透镜体，二者厚度比为2:1～4:1，层中辉绿岩脉较发育	223.33m

―――――― 整合 ――――――

早白垩世拉康组一段（$K_1 l^1$）

52. 浅灰绿色变玄武岩，含黄铁矿晶体，局部夹凝灰质板岩	>22.51m
51. 灰、深灰色蚀变玄武岩与灰、深灰色粉砂质绢云板岩组成的5个喷发—沉积韵律，前者厚2.5~3m，板岩夹7cm×3cm的砂质、火山质透镜体	100.02m
50. 灰、深灰色变质粉砂岩与粉砂质绢云板岩互层，前者厚40~60cm，板岩中夹变质细粒岩屑石英砂岩透镜体，向上板岩增厚，二者厚度比为1:1~3:1	54.44m
49. 浅灰绿色蚀变玄武岩。含黄铁矿晶体	13.40m
48. 灰、深灰色变质粉砂岩、粉砂质绢云板岩与底为灰绿、灰色蚀变玄武岩组成的16个喷发—沉积旋回，玄武岩中含黄铁矿晶体，厚2~4m，板岩中含火山质和砂质透镜体，粉砂岩中含砂质条带，并发育水平层理	166.30m
47. 灰深灰色蚀变玄武岩	39.88m
46. 灰、深灰色中层状变质粉砂板岩与绢云粉砂质板岩组成的互层层序，前者中含砂质条带及透镜体，发育水平纹层，向上板岩增多，总体表现为向上变细的层序特征，二者厚度比为1:3~1:2	264.63m
45. 灰、灰绿色蚀变玄武岩	15.54m
44. 灰、深灰色绢云粉砂质板岩，厚5~8cm，发育水平层理，夹(10~25cm)×(5~10cm)的灰色变质细粒岩屑石英砂岩透镜体	89.81m
43. 灰色片理化蚀变玄武岩，靠底部夹浅灰绿色凝灰板岩	7.05m
42. 灰、深灰色绢云粉砂质板岩夹薄层—微层状变质粉砂岩，厚度一般为5cm，水平层理发育，板岩中含砂质条带及透镜体，后者大小为8cm×3cm	57.79m
41. 灰色蚀变玄武岩	9.46m
40. 灰、深灰色绢云粉砂质板岩，含砂质条纹和透镜体，后者大小(6~8cm)×(3~4cm)	107.59m
39. 灰色蚀变玄武岩与灰、深灰色绢云粉砂质板岩组成的喷发—沉积韵律，二者厚度比为1:2，底部为绢云粉砂质板岩	65.18m
38. 灰色蚀变杏仁状玄武岩	13.52m
37. 灰色蚀变玄武岩与灰、深灰色绢云粉砂质板岩组成的5个喷发—沉积韵律。前者厚1.5~2.5m，向上板岩增厚，二者厚度比为2:1~4:1	89.02m
36. 灰色蚀变玄武岩，灰、深灰色绢云粉砂质板岩组成多个喷发—沉积韵律	38.17m
35. 灰、灰绿色蚀变玄武岩，含少量黄铁矿	33.83m
34. 灰、深灰色粉砂质绢云板岩，夹灰黄色砂质条纹条带	33.52m
33. 灰色蚀变杏仁状玄武岩	6.43m
32. 灰、深灰色粉砂质绢云板岩，含少量砂质结核，大小为0.5~3cm	175.25m
31. 灰绿色蚀变玄武岩与灰、深灰色绢云粉砂质板岩组成的多个喷发—沉积韵律	174.71m
30. 灰色蚀变玄武岩与灰、深灰色薄层状变质粉砂岩组成的多个喷发—沉积韵律，前者厚1.5~2.5m，二者厚度比为8:1~10:1	53.06m
29. 灰色蚀变杏仁状玄武岩与灰、深灰色绢云粉砂质板岩组成的多个喷发—沉积韵律，前者厚1~1.5cm，二者厚度比为3:1	66.10m
28. 灰、深灰色绢云粉砂质板岩，含少量砂质结核，大小为2~4cm	37.33m
27. 灰色蚀变玄武岩	10.95m
26. 灰、深灰色绢云粉砂质板岩，含少量砂质结核，大小为1~2cm	38.80m
25. 灰绿色蚀变玄武岩与灰、深灰色绢云粉砂质板岩组成的喷发—沉积韵律，前者厚0.8~1m，二者厚度比为2:1~3:1	42.19m
24. 灰、深灰色薄层状变粉砂岩、绢云粉砂质板岩互层与底为灰绿色蚀变玄武岩组成的喷发—沉积旋回，前两者大致等厚，后者厚1.5~2m	71.41m
23. 深灰色绢云粉砂质板岩与灰绿色蚀变玄武岩组成的喷发—沉积韵律，后者厚2~3m，二者厚度比为3:1~4:1，顶部玄武岩增厚	290.41m

22. 由灰色蚀变玄武岩与薄层状粉晶灰岩及灰、深灰色绢云粉砂质板岩组成的若干个喷发—沉积旋回,灰岩厚50～60cm,三者厚度比1:1:4,顶部玄武岩增厚　　　　　　　　　189.28m
21. 灰、深灰色薄层状粉晶灰岩与绢云钙质板岩互层,前者厚60cm,二者厚度比为1:1　　18.65m
20. 灰色蚀变玄武岩,含黄铁矿　　　　　　　　　　　　　　　　　　　　　　　　　　2.98m
19. 灰色薄层状粉晶灰岩与灰、深灰色钙质绢云板岩组成的互层层序,前者厚25～30cm,具加积型层序特征　　　　　　　　　　　　　　　　　　　　　　　　　　　　　　　　　　　17.87m
18. 灰、深灰色中层状粉晶灰岩与粉砂质板岩互层,二者厚度比为1:6,向上变细　　　　　26.73m
17. 灰、深灰色中层状变质细粒岩屑石英砂岩　　　　　　　　　　　　　　　　　　　　11.77m
16. 灰、深灰色中薄层状粉晶灰岩与粉砂质板岩互层,前者厚1.5m,二者厚度比为1:8,向上变细　35.30m
15. 灰、浅灰黄色中层状细粒变质岩屑石英砂岩　　　　　　　　　　　　　　　　　　　2.35m
14. 灰、深灰色粉含泥质条带晶灰岩,由中层与薄层互层组成的加积型层序,前者厚12～30cm,后者厚6～10cm,二者厚度比为2:1　　　　　　　　　　　　　　　　　　　　　　　　48.79m
13. 灰、深灰色红柱石斑点板岩,含少量黄铁矿,由中层—厚层—块状组成向上变厚的进积型层序　　77.64m
12. 炭质绢云板岩质构造角砾岩　　　　　　　　　　　　　　　　　　　　　　　　　＞11.56m

============= 断层 =============

下伏地层:晚三叠世曲龙共巴组(T_3q)

(二)岩石地层和层序分析

根据剖面和路线资料,拉康组可划分为两个岩性段。

拉康组一段(K_1l^1):下部以深灰、灰色中层状粉晶灰岩为主,与粉砂质板岩、钙质绢云板岩互层;中上部为灰、灰绿色蚀变杏仁状玄武岩与灰、深灰色粉砂质绢云板岩组成的喷发—沉积韵律,具水平层理,局部含砂质条带及透镜体,向上火山活动增强,产双壳类、箭石等,与下伏晚三叠世曲龙共巴组呈断层接触;厚度大于2535.38m。

拉康组二段(K_1l^2):下部为深灰色粉砂质绢云板岩夹灰色变质粉砂岩;中部为深灰色粉砂质绢云板岩与灰色中薄层状泥粉晶灰岩互层;上部则以中层状生物骨屑灰岩、粉晶灰岩为主,夹少量灰色中薄层状变质粉砂岩和绢云粉砂岩。获大量菊石、双壳类等,未见顶,厚度大于701m。

拉康组岩性、岩相均较简单,以浅海混合沉积为代表,下部夹火山岩,代表了一个不完整的海进—海退过程,包括海侵体系域和高水位体系域。

海侵体系域(HST):由拉康组一段组成,未见底,界面性质不清。包含了K_1lA、K_1lB两种类型的基本层序(图2-96)。

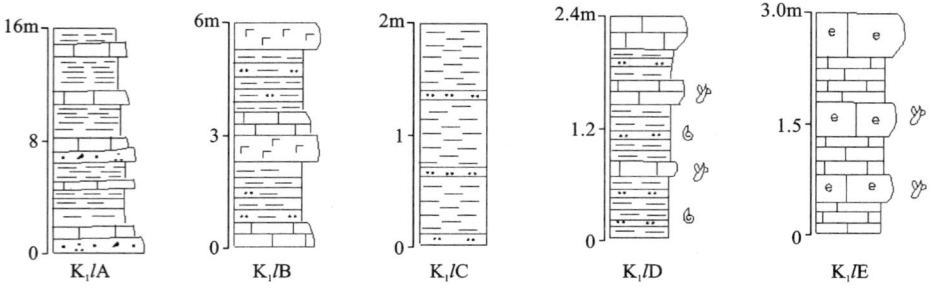

图2-96　北喜马拉雅分区早白垩世拉康组基本层序示意图

K_1lA:见于拉康组一段下部,由灰色中层状细粒长石石英砂岩、浅灰色中层状泥粉晶灰岩、粉砂质绢云板岩组成,厚度比为1:2:4,每个层序厚3～5m。从下向上,绢云板岩增多,发育水平层理。其中粒度分析统计平均值$Mz=3.41$,标准偏差$\delta_1=0.65$,偏度$SK=0.38$,峰态$KG=1.04$。曲线由3个总体组成,以跳跃总体为主,与悬浮总体B的FT截点呈突变关系。跳跃总体包括两个次级总级,中间有一个S截点,为波浪的冲刷和回流截点。跳跃总体A含量近50%,斜率较高(68°),集中分布于3ϕ～3.5ϕ

之间。具良好的分选性。跳跃总体 A' 则斜率较小，在 45°左右，分布在 $3\phi\sim4\phi$ 之间，为一条较为平缓直线，可能与悬浮质的参与有关。总体反映了受冲刷与回流双重影响的浅海陆棚相沉积特点（图 2-97）。此外尚包括少量碳酸盐岩台地，为退积型层序。

K_1lB：见于拉康组一段上部，由浅灰色中薄层状泥粉晶灰岩、粉砂质绢云板岩、灰绿色杏仁状玄武岩组成。厚度比为 1∶4∶1，每个层序厚 3～3.2m。从下向上火山岩增多，反映海侵增强，海盆拉张加剧，多为退积型层序，为浅海混合沉积。

饥饿段（CS）：见于拉康组二段底部，由基本层序 K_1lC 组成，岩性单一。主要为深灰色粉砂质绢云板岩，夹少量薄层状粉砂岩，发育水平层理，为垂向加积型层序，显示浅海陆棚盆地的特点。

高水位体系域（HST）：主要由拉康组二段组成，包含 K_1lD 和 K_1lE 两种层序。

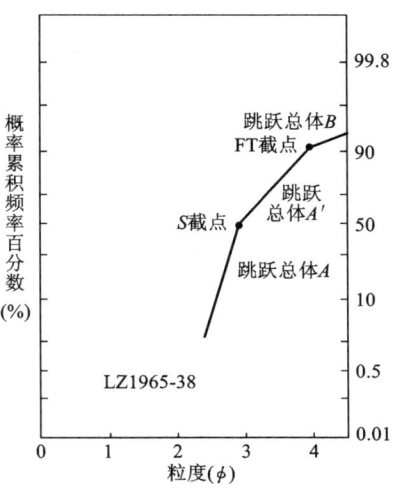

图 2-97 早白垩世拉康组概率统计粒度曲线图

K_1lD：常见于拉康组二段，由深灰色粉砂质绢云板岩、浅灰色中层状粉晶灰岩组成。厚度比为 3∶1～4∶1，层序厚 0.7～0.9m。从下向上灰岩增多，发育水平层理，富产双壳类、菊石化石，为海盆抬升时期的进积型层序，显示了浅海陆棚—台地的混合沉积。

K_1lE：常见于拉康组二段上部，由灰色中薄层状泥粉晶灰岩、中厚层状粉晶骨屑灰岩组成。厚度比为 1∶1～2∶1，每个层序厚 0.9～1.1m。从下向上骨屑灰岩增多，骨屑含量增多，为进积型层序，具浅海台地生物浅滩相沉积特点。

（三）生物地层和年代地层

拉康组化石丰盛，有双壳类、菊石、箭石等，尤以双壳类为最，可建立两个化石带。此外，菊石尚可建立一个化石带（表 2-18）。

表 2-18 北喜马拉雅地层分区早白垩世拉康组生物分带序列表

地 层		生物带		双 壳 类	菊 石 类
下白垩	拉康组	阿尔比阶	K_1^6	*Inoceramus flatus-I. eversri* 组合带	*Dipoloceras xizangensis-Prohysteroceras* 组合带
		阿普特阶	K_1^5		
		巴雷姆阶	K_1^4		
		欧特里夫阶	K_1^3	*Inoceramus concentricus-Oxtom subobique* 组合带	

1. 双壳类

（1）*Inoceramus concentricus-Oxtoma subobique* 组合带

该组合带见于拉康组下部，其重要分子有：*Inoceramus concentricus*，*Oxytoma* cf. *subobliqua*，*O.* cf. *expansa*，*O.* cf. *gyangzensis* 等，组合分子有：*Oxytoma* sp.，*Thracia longusa*，*Neithca aequicostata*，*N. akettensis* 等。其中 *Inoceramus concentricus*，*Oxytoma* cf. *subobliqua* 均为早白垩世欧特里夫阶的常见分子。

（2）*Inoceramus flatus-I. eversti* 组合带

该组合带见于拉康组上部，重要分子有：*Inoceramus flatus*，*I. eversti*，*I. minoformis*，*I. dingriensis* 等，而组合分子有：*Astarte decorosusa*，*A. subextensa*，*Entolium* sp.，*Neithea aequicostata*，*N.* sp.，

Oxytoma cf. *gyangzensis*, *O.* sp., *Pectinella* cf. *alduini*, *Pleuromya* cf. *alduini*, *Thracia longusa*, *Vangonis* sp., 化石较为繁多,计有9属12种,其中*Inoceramus flatus*, *I. eversti*为欧洲早白垩世*Inoceramus*带中的重要分子,常见于早白垩世巴雷姆阶—阿尔比阶。

2. 菊石类

*Dipoloceras xizongensis- Prohysteroceras wodiei*组合带:见于拉康组顶部,与双壳类*Inoceramus flatus-I. eversti*组合带伴生。其重要分子有:*Dipoloceras dingriensis*, *D. xizangensis*, *D. varicostatum*, *Prohysteroceras wordiei*,组合分子有:*Oxtropidocera multifidum*, *Neohoploceras bedoli*等。重要分子均为早白垩世阿尔比阶的标准分子。

从上述化石带,拉康组中的双壳类、菊石大多为早白垩世的常见分子,尤以巴雷姆阶—阿尔比阶最为常见,故拉康组时代应为早白垩世。

第六节 第四纪地质

一、第四纪地层

调查区第四系主要分布于雅鲁藏布江和布拉马普特拉河支流河谷、山间盆地、冰川谷地、高山坡地等。第四纪沉积物岩性和成因类型复杂多样,主要为冲积、湖积、冰川堆积、冰水堆积、洪积、残积、坡积等,分布面积大于773km^2。据其叠置关系、沉积环境、成因类型和古生物化石、^{14}C同位素年龄资料,划分为更新世和全新世地层。

(一)更新世地层(Qp)

更新世地层划分为早更新世河湖积堆积物(Qp^{fal})、中更新世湖积堆积物(Qp^l)、冰川堆积物(Qp^{gl})。

1. 早更新世河湖积堆积物(Qp^{fal})

早更新世河湖积堆积物分布于曲松县邛多江盆地北部江当、杰绒一带,呈南北向带状分布,面积大于3.23km^2。中国科学院青藏高原综合科学考察队(1983)测制曲松县邛多江盆地麻热曲剖面。剖面位于曲松县邛多江乡,地理坐标为东经92°07′22″,北纬28°48′32″,高程4460m±,有公路通行,交通较方便(图2-98)。

上覆地层:中更新世冰水砾石层(Qp^{gl})

~~~~~~~~~~ 角度不整合接触 ~~~~~~~~~~

早更新世河湖积堆积物(Qp^{fal})   **>65.50m**

20. 灰黑色粉砂亚粘土(样品号)垂直节理发育;节理产状走向20°;采获孢粉:桦属*Betula*,松属*Piunus*,铁杉属*Tsuga*,雪松属*Cedrus*,鹅耳枥属*Carpinus*,云杉属*Picea*,栎属*Quercus*,冷杉属*Abies*,柏科 Cupreassaceae,菊科 Compositae,石竹科 Caryophyllaceae,藜科 Chenopdiaceae,麻黄属*Ephedra*,毛茛科 Ranuculaceae,蒿属*Artemisia*,莎草科 Cyperaceae,唐松草属*Thalictrum*,唇行科 Labiatae,蓼科 Polygonaceae,十字花科 Cruciferae,虎耳草科 Saxifragaceae,禾本科 Gramineae,单子叶草本,水龙骨科 Polypodiaceae,卷柏科 Selaginellaceae,凤尾蕨属*Pteris*,铁线蕨属*Adiandium*   1.50m

19. 锈黄色中砂层,夹2cm厚的铁质层   2.00m

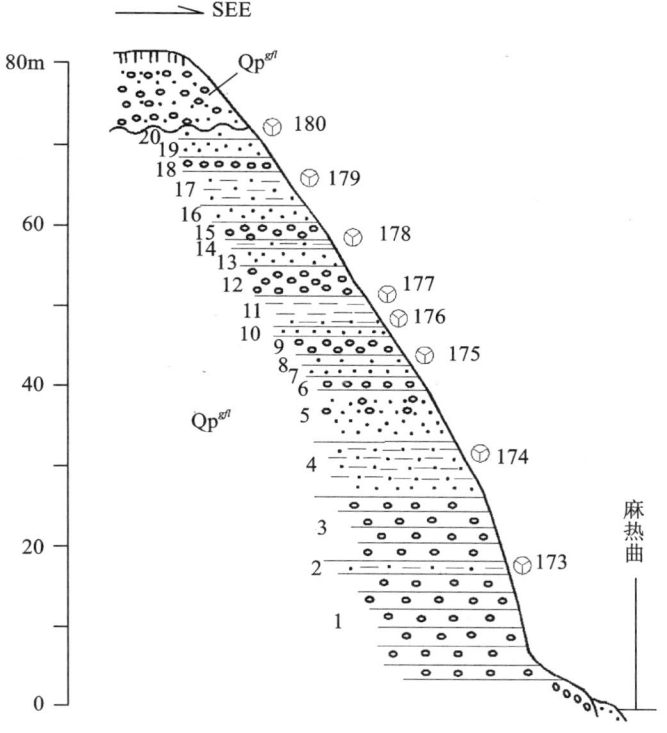

图 2-98　曲松县邛多江盆地麻热曲第四纪地层剖面图

18. 灰色夹锈黄色中砾石层，砾石成分为砂岩、板岩、脉石英等，砾径 3cm 左右，砾石磨圆度和分选性较好　　　　　　　　　　　　　　　　　　　　　　　　　　　　　　2.00m

17. 灰黑色粉砂亚粘土，含云母碎片孢粉：栎属 *Quercus*，桦属 *Betula*，冷杉属 *Abies*，冬青属 *Ilex*，铁杉属 *Tsuga*，槭属 *Acer*，柳属 *Salix*，柏科 Cupreassaceae，松属 *Piunus*，胡桃属 *Juglans*，榆属 *Ulmus*，罗汉松属 *Podocarpus*，桤木属 *Alnus*，鹅耳枥属 *Carpinus*，栗属 *Castanea*，莎草科 Cyperaceae，麻黄属 *Ephedra*，藜科 Chenopdiaceae，菊科 Compositae，蒿属 *Artemisia*，石竹科 Caryophyllaceae，唇形科 Labiatae，沙棘属 *Hippophae*，茄科 Solanaceae，茜草科 Rubiaceae，蓼科 Polygonaceae，狐尾藻属 *Myriophyllum*，龙胆科 Gentianaceae，毛茛科 Ranuculaceae，伞形科 Umbelliferae，木犀科 Oleaceae，禾本科 Gramineae，水龙骨科 Polypodiaceae，卷柏属 *Selaginella*，铁线蕨属 *Adiandium*　　　　　　　　　　　　　　　　　　　　　4.00m

16. 灰黄色中细砂层，夹 1～2cm 厚的铁质层　　　　　　　　　　　　　　　　　　2.00m

15. 灰黄色夹锈黄色细砾石层，砾石成分为砂岩、板岩、脉石英等，砾径 3cm 左右，砾石磨圆度和分选较好　　　　　　　　　　　　　　　　　　　　　　　　　　　　　2.00m

14. 灰白色夹灰黄色粉砂亚粘土，具薄层理，含铁锈色薄层；孢粉：栎属 *Quercus*，柳属 *Salix*，桦属 *Betula*，铁杉属 *Tsuga*，桤木属 *Alnus*，柏科 Cupreassaceae，冬青属 *Ilex*，鹅耳枥属 *Carpinus*，云杉属 *Picea*，雪松属 *Cedrus*，莎草科 Cyperaceae，菊科 Compositae，蓼科 Polygonaceae，石竹科 Caryophyllaceae，唇形科 Labiatae，蒿属 *Artemisia*，龙胆科 Gentianaceae，麻黄属 *Ephedra*，沙棘属 *Hippophae*，禾本科 Gramineae，毛茛科 Ranuculaceae，唐松草属 *Thalictrum*，茄科 Solanaceae，玄参科 Scrophlariaceae，豆科 Leguminosae，狐尾藻属 *Myriophyllum*，伞形科 Umbelliferae，旋花科 Convolvulaceae，藜科 Chenopdiaceae，小檗科 Berberidaceae，堇菜属 *Viola*，水龙骨科 Polypodiaceae，瘤足蕨科 Plagigyriaceae，凤尾蕨属 *Pteris*　　　1.00m

13. 锈黄色粗砂层，顶部有 2cm 厚的铁质层，倾向 330°，倾角 7°　　　　　　　　　2.50m

12. 锈黄色中砾石层，砾石成分为砂岩、板岩、脉石英等，砾径 3cm 左右，砾石磨圆度和分选性较好　　　　　　　　　　　　　　　　　　　　　　　　　　　　　　　3.50m

11. 上部为灰黑色粘土层,下部为灰黑色粉砂亚粘土层,粘土层中垂直节理发育,节理产状走向 20°;孢粉:栎属 *Quercus*,柳属 *Salix*,冬青属 *Ilex*,桦属 *Betula*,桤木属 *Alnus*,槭属 *Acer*,柏科 Cupreassaceae,冷杉属 *Abies*,云杉属 *Picea*,松属 *Piunus*,栗属 *Castanen*,榆属 *Ulmus*,铁杉属 *Tsuga*,胡桃属 *Jughans*,鹅耳枥属 *Carpinus*,藜科 Chenopdiaceae,石竹科 Caryophyllaceae,蒿属 *Artemisia*,菊科 Compositae,麻黄属 *Ephedra*,蓼科 Polygonaceae,莎草科 Cyperaceae,茄科 Solanaceae,伞形科 Umbelliferae,唐松草属 *Thalictrum*,茜草科 Rubiaceae,唇形科 Labiatae,蔷薇科 Rosaceae,堇菜属 *Viola*,豆科 Leguminosae,狐尾藻属 *Myriophyllum*,龙胆科 Gentianaceae,玄参科 Scrophlariaceae,杜鹃科 Ericaceae,小檗科 Berberidaceae,旋花科 Convolvulaceae,十字花科 Cruciferae,虎耳草科 Saxifragaceae,鼠李科 Rhamnaceae,木犀科 Oleaceae,禾本科 Gramineae,毛茛科 Ranuculaceae,水龙骨 Polypodiaceae,卷柏属 *Selaginella*,铁线蕨属 *Adiandium*,蛇足石松 *Lycopodium serratum* 4.00m
10. 锈黄色砂层,顶部有 2cm 厚的铁质层 1.00m
9. 锈黄色细砾石层 2.00m
8. 灰色与灰黑色的粉细砂层夹薄层粘土(样品号 175);介形类:湖浪介未定种 *Limnocythere* sp.,玻璃介未定种 *Candona* sp. 等介形类;孢粉:桦属 *Betula*,冬青属 *Ilex*,柳属 *Salix*,栎属 *Quercus*,漆树科 Anacardiaceae,槭属 *Acer*,柏科 Cupreassaceae,云杉属 *Picea*,桤木属 *Alnus*,冷杉属 *Abies*,铁杉属 *Tsuga*,雪松属 *Cedrus*,榆属 *Ulmus*,莎草科 Cyperaceae(图版Ⅳ-4),菊科 Compositae,麻黄属 *Ephedra*(图版Ⅳ-5),龙胆科 Gentianaceae(图版Ⅳ-6),蒿属 *Artemisia*,旋花科 Convolvulaceae,石竹科 Caryophyllaceae,唐松草属 *Thalictrum*,蓼科 Polygonaceae,狐尾藻属 *Myriophyllum*,禾本科 Gramineae,藜科 Chenopdiaceae,唇形科 Labiatae,毛茛科 Ranuculaceae,玄参科 Scrophlariaceae,豆科 Leguminosae,伞形科 Umbelliferae,蔷薇科 Rosaceae,沙棘属 *Hippophae*,木犀科 Oleaceae,单子叶草本及未能鉴定花粉 1.50m
7. 锈黄色砂层,夹铁质薄层 1.50m
6. 锈黄色细砾石层 2.00m
5. 灰色与锈黄色的粗砂夹细砾石层,中部具水平层理,下部具斜层理 7.00m
4. 灰黑色粉砂亚粘土,夹铁质薄层;下部铁质薄层较多,并含砂层(样品号 174)。孢粉:栎属 *Quercus*,柳属 *Salix*,柏科 Cupreassaceae,桤木属 *Alnus*,桦属 *Betula*,铁杉属 *Tsuga*,槭属 *Acer*,冷杉属 *Abies*(图版Ⅳ-7),云杉属 *Picea*,冬青属 *Ilex*,松属 *Pinus*,漆树科 Anacardiaceae,麻黄属 *Ephedra*,藜科 Chenopdiaceae,石竹科 Caryophyllaceae,菊科 Compositae,莎草科 Cyperaceae,蓼科 Polygonaceae,旋花科 Convolvulaceae,蒿属 *Artemisia*(图版Ⅳ-8),唐松草属 *Thalictrum*(图版Ⅳ-8),龙胆科 Gentianaceae,小檗科 Berberidaceae,毛茛科 Ranuculaceae,豆科 Leguminosae,伞形科 Umbelliferae,玄参科 Scrophlariaceae,蔷薇科 Rosaceae,沙棘属 *Hippophae*,狐尾藻属 *Myriophyllum*,木犀科 Oleaceae,唇形科 Labiatae,禾本科 Gramineae 7.00m
3. 锈黄色与灰色砾石层,夹有 40cm 厚的粉细砂透镜体。砾石砾径为 3~5cm,半胶结 9.00m
2. 灰色粉砂亚粘土,中间有细砾石和粗砂穿插 1.00m
1. 锈黄色铁质中砾石层,砾石砾径为 3~5cm,铁质胶结或半胶结 ....>10.00m

上述剖面 8 层中介形类 *Limnocythere*、*Candona* 属常见于我国华北、西北和苏北地区新近纪上新世以后的淡水沉积中,以第四纪出现为多。

从图 2-99 中,可以看出,邛多江早更新世河湖堆积物中古植物孢粉基本上反映了森林草原的植被类型。剖面的上、下部乔木植物花粉变化不大,以阔叶树栎属、桦木科、柳属最多,混生有针叶的松科植物。草本植物十分丰富,有 20 多个科,以湿生的莎草科花粉最多,它在剖面中出现两个高峰值,分别占草本花粉的 60% 和 45%,并伴生有水生植物狐尾藻,而适于干燥环境的灌木植物麻黄、草本植物蒿属和藜科的花粉明显减少。这两个显示莎草植物生长茂盛的高峰值可能代表两次特别湿润的气候,认为邛多江剖面这套河湖相沉积的时代属上新世—早更新世。从孢粉组合来看,早更新世古盆地至少存在 5 个植物群落:①莎草科-狐尾藻属植物群落,分布于古盆地的低湿处,可能是河流流经或经常积水的地

第二章 地层及沉积岩

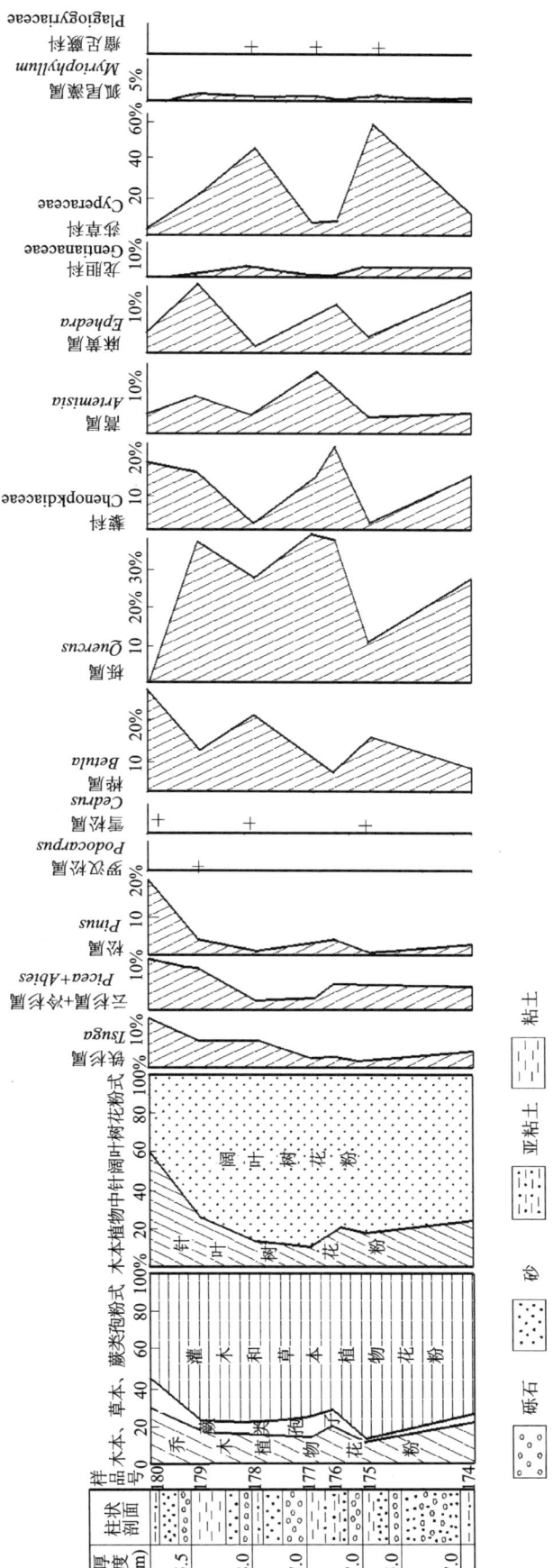

图2-99 邛多江早更新世沉积的孢粉图式

方,除湿生植物莎草科和水生植物狐尾藻外还有菊科、石竹科和唐松草等伴生;②铁杉属-栎属,槭属,蔷薇科,冬青属植物群落,分布于古盆地边缘以及低山、坡地处,属于山地暖温带针阔混交林类型,林下有桤木属和瘤足蕨、蛇足石松等植物生长,局部平地上还有胡桃属和栗属,反映了较为温暖湿润的自然环境;③桦属-松属植物群落,分布于第②植物群落之上的山地,属于山地温带针阔混交林型,林下生长着毛茛科、唇形科、旋花科、豆科等草本植物,反映温和、半湿润的环境;④冷杉-云杉植物群落,分布于较高的山地,属寒温带山地针叶林类型,气候比较寒冷;⑤柳属、麻黄科-蓼科、藜科、蒿属植物群落,分布在更高的山地上,属高山灌丛草甸类型,缺乏乔木植物,灌木和草本植物发育较好,反映出更为高寒的环境。上述植物群落组成的自然景观,现今可见于东喜马拉雅山地区,以离邛多江盆地最近的两处作对比:一是错那县勤布区、达旺和洛扎县拉康等地,海拔 2400～3200m 之间分布着暖温带针阔混交林,主要成分有铁杉属、栎属、槭属,相当于第②植物群落;另一地区是朗县—米林沿江谷地,类似的植物群分布于海拔 3200m 以下的两岸山地。这两个地区 3200m 以上是松、栎林带,云杉-冷杉林带,再往上是灌丛草甸带或高山草甸带。依此孢粉分析推断,早更新世时期,邛多江盆地植被的大致面貌,与现今东喜马拉雅山某些地段的植被分布相似,古气候较为温暖、湿润。根据古今植被分布对比,推测古盆地的海拔高度,最能代表盆地的古环境是生长在古盆地边缘的第②植物群落,即分布在海拔 2400～3200m 的铁杉属-栎属、槭属、蔷薇科、冬青属群落,林下生长有瘤足蕨和蛇足石松,前者是温带中型蕨类植物,后者生长于阴湿环境,两者现今分布在我国西南山区 2800m 或 2800m 以下的针阔混交林中(中国科学院古植物研究室孢粉组,1976),因而古盆地的第②植物群落可能是在海拔 2400～2800m,现今盆地中部海拔约 4400m,由此推算,早更新世以来,盆地随高原隆升,约抬升了 1600～2000m。隆升活动直接影响本区植被发展的历史和气候环境的变化,当初盆地内林木苍翠,草场丰茂,现今却缺乏高大乔木,只有种类单调的高山草原。

综上所述,邛多江剖面的地层时代属早更新世暖期,植被为森林草原,具有阔叶树为主的温带山地针阔叶混交林成分和湿生的草本植物,气候温暖湿润。

2. 中更新世湖积堆积物(Qp^l)

中更新世湖积堆积物为邛多江盆地组成部分,分布于调查区北中部曲松县洛村、叉错,林可淌牛场、错锐、酱错、错嘎、邛多江村、隆子县生格淌牛场等地,呈南北向断续分布,面积大于 $99km^2$。湖积堆积物为灰、深灰、灰黄色粘土层、砂砾层、砾石层,厚度大于 16m。向北在曲松县曲松盆地下洛一带采获更新世孢粉:桦属 *Betula*,松属 *Pinus*,榆属 *Ulmus*,蒿属 *Artemisea*,菊科 Compositae,藜科 Chenopodiaceae,禾本科 Gramineae,莎草科 Cyperacea,石松属 *Lycopodium* 等,依据区域岩性、岩相、成因类型划分对比为中更新世。

3. 中更新世冰川堆积物(Qp^{gl})

中更新世冰川堆积物为邛多江盆地组成部分。分布于区内北中部曲松县罗木朗牛场—桑若朗牛场、邦机—隆子县生过朗牛场、隆子县只中更新世冰川堆积物五等地,面积大于 $99.5km^2$,为黄、黄褐、灰色冰川泥砾、冰水泥砾、漂砾、砾石、砂土混杂堆积。砾石成分为砂板岩、脉石英、花岗岩、片麻岩、片岩、石英岩等。砾石大小悬殊,分选差,砾石磨圆度呈圆、次圆状,厚度大于 10m。据 1:20 万加查幅所采孢粉,其组合包括木本植物、草本植物和蕨类植物花粉,时代为中更新世。

在乃东县亚堆乡古麦等地一带高阶地分布着更新世冰川泥砾、漂砾、砾石及砂土混杂堆积物,砾石成分,有片麻岩、片岩、脉石英、伟晶岩、板岩、混合花岗岩等,砾石大小悬殊混杂堆积,砾石具一定磨圆度和磨光度,厚度 20m±。因其分布范围太小,图上未予表示。

(二)全新世地层(Qh)

全新世松散堆积物在调查区内各地均有分布。根据堆积物成因类型的主要标志地貌、岩性、岩相等,划分为冰川堆积、冰水堆积、河湖积、洪冲积、洪积、冲积等。

1. 全新世冰川堆积物(Qh^{gl})

全新世冰川堆积物分布于调查区南部错那—拿日雍错盆地北部大木切牛场、错马库牛场等地,面积大于 48.4km²。在拿日雍错之南扭曲牛场—大木切牛场一带，冰川堆积物为灰、灰褐、灰黄色冰川泥砾、冰碛砾石、漂砾及砂土堆积。砾石成分有花岗岩、片麻岩、板岩、砂岩、石英岩、片岩等。砾石大小悬殊混杂，无分选性，漂砾大者大于2m。砾石磨圆度呈次圆—棱角状，厚153.10m。在杨错冰川堆积物形成冰碛垅地形。拿日雍错—压巴错有多级冰碛垅地形，分别高出谷底 50m、130m、200m，壅塞了南北向宽谷，并分隔成 3 个湖盆。

2. 全新世冰水堆积物（Qh^{gfl}）

全新世冰水堆积物分布于错那—拿日雍错盆地北部杨错一带，面积大于 15.9km²。由冰川融化沉积砂粘土、砂砾石堆积而成，具一定分选性和韵律变化，厚5～8m。

3. 全新世河湖积堆积物（Qh^{fal}）

全新世河湖积堆积物分布于调查区西部错陇握把、哲古错、拿日雍错、压巴错、错龙等地，面积大于 282.3km²。河湖积堆积物为灰色细砾石、砂土、粘土层，厚0～8m。现将中国科学院青藏高原综合科学考察队（1983）测制的拿日雍错北岸道班沟剖面描述如下。

错那县拿日雍错北岸道班沟剖面，位于公路道班东南面的沟边，由河湖堆积物组成 3 级阶地；地理坐标为东经 91°55′52″，北纬 28°19′47″，海拔 4760m。曲松县—错那县有公路通行，交通方便。

全新世河湖积堆积物（Qh^{fal}）	**5.27m**
11. 土黄色亚砂土	0.32m
10. 锈黄色粉砂层，含孢粉：蔷薇属 *Rosa*，松属 *Pinus*，杜鹃科 Ericaceae，桤木属 *Alnus*，桦属 *Betula*，冷杉属 *Abies*，云杉属 *Picea*，铁杉属 *Tsuga*，胡桃属 *Juglans*，麻黄属 *Ephedra*，槭属 *Acer*，柳属 *Salix*，栎属 *Quercus*，蓼科 Polygonacea，藜科 Chenopodiaceae，毛茛科 Ranuculaceae，唐松草属 *Thalictrum*，小檗科 Berberidaceae，十字花科 Cruciferae，大戟属 *Euphoubia*，狐尾藻属 *Myriophyllum*，龙胆科 Gentianaceae，旋花科 Convolvulaceae，唇形科 Labiatae，菊科 Compositae，蒿属 *Artemisea*，莎草科 Cyperaceae，葱属 *Allium*，骨碎补科 Dvalliaceae，蕨属 *Pteridium*，凤尾蕨属 *Pteris*，水龙骨科 Polypodiaceae	0.20m
9. 灰褐色草炭层和棕褐色亚粘土，含孢粉：蔷薇属 *Rosa*，鹅耳枥属 *Carpinus*，杜鹃科 Ericaceae，铁杉属 *Tsuga*，栎属 *Quercus*，冷杉属 *Abies*，柳属 *Salix*，槭属 *Acer*，蓼科 Polygonacea，藜科 Chenopodiaceae，毛茛科 Ranuculaceae，唐松草属 *Thalictrum*，龙胆科 Gentianaceae，旋花科 Convolvulaceae，唇形科 Labiatae，菊科 Compositae，蒿属 *Artemisea*，卷柏科 Selaginellaceae，骨碎补科 Dvalliaceae，凤尾蕨属 *Pteris*，水龙骨科 Polypodiaceae。草炭经 ^{14}C 年龄测定为距今 3625±100 年	0.10m
8. 灰色粉砂土亚粘土，含孢粉：松属 *Pinus*，云杉属 *Picea*，铁杉属 *Tsuga*，柳属 *Salix*，冷杉属 *Abies*，栎属 *Quercus*，蔷薇属 *Rosa*，蓼科 Polygonacea，藜科 Chenopodiaceae，毛茛科 Ranuculaceae，唐松草属 *Thalictrum*，十字花科 Cruciferae，龙胆科 Gentianaceae，旋花科 Convolvulaceae，唇形科 Labiatae，茜草科 Rubiaceae，菊科 Compositae，蒿属 *Artemisea*，莎草科 Cyperaceae，葱属 *Allium*，卷柏科 Selaginellaceae，骨碎补科 Dvalliaceae，蕨属 *Pteridium*，凤尾蕨属 *Pteris*，金粉蕨属 *Onychium*，水龙骨科 Polypodiaceae	0.10m
7. 冰缘扰动层为锈黄色细砂层、砂、灰色粘土层和黑色草炭互相穿插，粘土成球状穿插在粗砂细砾石层中	0.80m
6. 砾石层，半胶结，砾石以石英岩为主，次为花岗岩、板岩，夹 10cm 的粘土层，砾石表面被铁染成棕红色。含孢粉：松属 *Pinus*，毛茛科 Ranuculaceae，菊科 Compositae，水龙骨科 Polypodiaceae	1.00m
5. 灰褐色草炭层，含孢粉：松属 *Pinus*，云杉属 *Picea*，铁杉属 *Tsuga*，冷杉属 *Abies*，桤木属 *Alnus*，栎属 *Quercus*，蓼科 Polygonacea，藜科 Chenopodiaceae，石竹科 Caryophyllaceae，龙胆科 Gentianaceae，菊科 Compositae，莎草科 Cyperaceae，骨碎补科 Dvalliaceae，蕨属 *Pteridium*，金粉蕨属 *Onychium*，水龙骨科 Polypodiaceae	0.23m

4. 棕黄色的粉细砂层，夹锈黄色小砾石和 5 层单层厚 1～2cm 的草炭，其下为薄层的青灰色粘土。含孢粉：桦属 Betula，杜鹃科 Ericaceae，松属 Pinus，蔷薇科 Rosaceae，栎属 Quercus，桤木属 Alnus，铁杉属 Tsuga，蔷薇属 Rosa，榛属 Corylus，鹅耳枥属 Carpinus，冷杉属 Abies，云杉属 Picea，麻黄属 Ephedra，柳属 Salix，胡桃属 Juglans，栗属 Castanea，榆属 Ulmus，木犀科 Oleaceae，蓼科 Polygonacea，藜科 Chenopodiaceae，石竹科 Caryophyllaceae，毛莨科 Ranuculacea，银莲花属 Anemonea，唐松草属 Thalictrum，小檗科 Berberidaceae，十字花科 Cruciferae，必柏石属 Biebersteinia，狐尾藻属 Myriophyllum，龙胆科 Gentianaceae，旋花科 Convolvulaceae，唇形科 Labiatae，鼠尾草属 Salvia，茄科 Solanaceae，茜草科 Rubiaceae，菊科 Compositae，蒿属 Artemisea，泽泻属 Alisma，莎草科 Cyperaceae，骨碎补科 Dvalliaceae，蕨属 Pteridium，金粉蕨属 Onychium，水龙骨科 Polypodiaceae ... 1.33m

3. 灰褐色草炭层，草炭经 ^{14}C 年龄测定为距今 6380±100 年。含孢粉：冷杉属 Abies，云杉属 Picea，铁杉属 Tsuga，柏科 Cuperassaceae，柳属 Salix，桤木属 Alnus，桦属 Betula，鹅耳枥属 Carpinus，榛属 Corylus，栎属 Quercus，栗属 Castanea，蔷薇属 Rosa，杜鹃科 Ericaceae，木犀科 Oleaceae，蓼科 Polygonaceae，藜科 Chenopodiaceae，石竹科 Caryophyllaceae，毛莨科 Ranuculaceae，唐松草属 Thalictrum，狐尾藻属 Myriophyllum，菊科 Compositae，莎草科 Cyperaceae，凤尾蕨属 Pteris，水龙骨科 polypodiacede ... 0.04m

2. 灰黑色亚粘土夹草炭，含孢粉：云杉属 Picea，松属 Pinus，铁杉属 Tsuga，柏科 Cuperassaceae，桤木属 Alnus，桦属 Betula，栎属 Quercus，榆属 Ulmus，蔷薇属 Rosa，花楸属 Sorbus，杜鹃科 Ericaceae，蓼科 Polygonaceae，藜科 Chenopodiaceae，石竹科 Caryophyllaceae，毛莨科 Ranuculaceae，唐松草属 Thalictrum，大戟属 Euphoubia，必柏石属 Biebersteinia，龙胆科 Gentianaceae，菊科 Compositae，香青属 Anaphalis，顶羽菊属 Acroptilon，蒿属 Artemisea，莎草科 Cyperaceae，骨碎补科 Davalliaceae，凤尾蕨属 Pteris，水龙骨科 Polypodiaceae ... 0.15m

1. 砾石层，砾石以石英岩为主，次为花岗岩、板岩。夹厚 10cm 的粘土层，砾石表面被铁染成棕红色彩 ... >1.00m

上述剖面孢粉组合分为 3 个带：底部（2 层）草本植物花粉占优势，占 80% 左右，其中近半数为莎草科花粉，还有毛莨科、蓼科花粉，木本植物花粉占 16.2%，以桦属和桤木属最多，还有栎属、蔷薇属、杜鹃科；中下部（3～8 层）草本植物花粉下降到 50%～60%，但花粉种类丰富，草本植物花粉有蓼科、菊科、毛莨科和水生植物泽泻属等，木本植物花粉有松属、栎属、桦属、鹅耳枥属、桤木属、榛属，以及杜鹃科、蔷薇科等；上部（9～10 层）草本植物花粉上升到 70.5%～88.7%，以蓼科，菊科，毛莨科花粉为主，木本植物花粉降到 22.2%，以松属和蔷薇科花粉较多。据剖面中 ^{14}C 年龄数据和孢粉组合特征，其时代属中全新世（Qh_2）较妥。

4. 全新世洪冲积堆积物（Qh^{pl}）

全新世洪冲积堆积物主要分布于措美县哲古错西侧字巴北西、朗松岩等地，呈延伸较广、坡度较缓的扇形地貌，并组成 3～6 级洪冲积台地，面积大于 23.3km²。岩性为灰色砾石、砂、粘土等，具有多元结构洪积物和二元结构的冲积物特征，其成分随基岩性质不同而定，厚 79m。

5. 全新世洪积堆积物（Qh^{pl}）

全新世洪积堆积物主要分布于调查区东部隆子县浦容朗—错木尼折、隆子县城北—列麦一带，常呈扇形地貌，地形上形成 3～6 级洪积台地，面积大于 61.8km²。由灰色砾石、砂土等堆积组成。其碎屑成分随各地基岩性质不同而异，一般厚度大于 12m。

6. 全新世冲积堆积物（Qh^{pl}）

全新世冲积堆积物广布于调查区内河流及其主要支流的低阶地和近代山间小冲积盆地中，以隆子县当下—县城的雄曲、错那县娘中的错久雄曲、扎同等地分布较广，总面积大于 139.8km²。冲积堆积物以隆子县雄曲河漫滩相灰色松散砾石、砂、粘土层为主，在较宽缓的河谷中冲积物较细，分选较好，砾石和砂土组成二元相结构，发育斜层理和水平层理，厚度大于5m。此外，调查区内还有泉华堆积物（Qh^{as}）、坡积（Qh^{dl}）、残积（Qh^{d}）堆积物等，因其分布范围有限等，图上未予表示。

二、第四纪冰川

（一）冰期的划分与对比

调查区第四纪冰川遗迹发育，是研究西藏冰川资源现状、变化和趋势、冰川旅游资源开发、水资源和气候监测等方面的理想地区。依据中国科学院青藏高原综合科学考察队出版的《西藏冰川》（1986）和《西藏自治区区域地质志》（1993），结合测区实际将区内第四纪冰川划分对比，如表2-19所示。

表2-19 测区第四纪冰期划分与对比表

时代		《西藏冰川》(1986)		《西藏自治区区域地质志》(1993)		1:25万隆子县幅(2004)		
		珠穆朗玛峰地区		喜马拉雅区				
		冰期、间冰期	特征			冰期、间冰期	分布高度(m)	特征
全新世	冰后期	现代	现代冰川长数千米至20余千米，雪线5800～6200m，末端5000m以上	沉错组		现代	>5000	现代冰川、雪线、冰陡崖、冰裂缝、冰迹、角峰、刃脊、冰斗
		绒布德小冰期	距现代冰川末端2.2km，海拔5100m的绒布德前进型终碛			新冰期	4700～5000	冰碛、冰川扇、鼓丘、冰川阶地及冰川沉积
		亚里期	聂拉木北面亚里石灰华台地（高山灌丛植物化石）			第三间冰期	3610～5000	阶地、风化剥蚀、冲积、坡积、残积、洪积等堆积
晚更新世	珠穆朗玛冰期	珠穆朗玛冰期Ⅱ绒布寺阶段	海拔5000m的绒布寺终碛	挪捏普冰碛		风化剥蚀、无沉积		
		间阶段	中级冰水阶地	碳酸岩风化壳				
		珠穆朗玛冰期Ⅰ基龙寺阶段	海拔4780m的基龙寺残破终碛	凯尔戈冰碛				
中更新世		加布拉间冰期	加布拉4900～5100m的湖相沉积（针叶林孢粉，叶化石）、佩枯湖高湖岸阶地（针阔混交林孢粉）	高岭石风化壳		第二间冰期	4000～4920	湖积、冲积阶地（针阔混交林孢粉）
				沙爪弄冰碛				
		聂聂雄拉冰期	聂聂雄拉冰碛平台大型山麓冰川的冰碛平台和冰流间冰水砾石	高岭石风化壳		第二冰期	4400～4920	冰碛、冰川扇、鼓丘、冰川阶地及冰川沉积
				阿伊拉冰碛				
早更新世		帕里间冰期	帕里湖相沉积（含针阔混交林孢粉）	涝玛切冰碛		第一间冰期	4340～4460	河湖积（含针阔混交林孢粉）
		希夏邦马冰期	希夏邦马北坡5700～6200m的高冰碛平台、贡巴砂砾岩（含麻黄属等孢粉）	香孜组	香巴冰碛	第一冰期	3500～4300	冰川谷、冰碛（冰川沉积物）

（二）冰川特征

第一冰期：分布于主要支流河谷阶地上的冰碛物及冰缘—冰水扇、冰蚀台地，海拔 3500～4300m。因受新构造抬升作用，为现代沟谷切割、剥蚀，其冰川遗迹保存较差。在朗县折木朗、隆子县加玉、曲松县匠嘎、琼结县重噶吓、错那县洞嘎等地有冰蚀谷、冰川沉积物分布。

第二冰期：本次冰期在喜马拉雅山南北两侧较为发育，分布高度 4400～4920m。保留的第四纪冰川地形较显著，以图幅内曲松县罗木朗、隆子县生过朗等地一带最为特征。由于冰雪区供给面积较大，剥蚀物质丰富，形成了较厚的冰碛砾石层、泥砾层，并形成多级台地及扇形地形。冰川遗迹有冰川"U"形谷、角峰、刃脊、冰斗、侧碛、终碛、冰川湖泊等。除上述冰蚀地形、冰碛地形外，还有散布于冰斗、冰窖、冰川谷地底部消融碛、冰川漂砾、鼓丘、羊背石等。

全新世新冰期：主要分布于现代冰川末端大木切、错马库一带，以中碛、底碛冰碛垅和冰川沉积物为主，海拔 4700～5000m。此期冰川遗迹地貌特征较发育，一般保存较好，有冰蚀地形和冰碛地形、冰缘地形、冰川扇地形。

全新世现代冰川：在区内高峰林立，6000m 以上的山峰有 56 座以上。现代冰川主要分布在海拔 5000m 以上地区，面积大于 455.5km^2。冰川大者长 8～35km，宽 0.5～17km。其中较大冰川有也拉香波倾日冰川、低多卡波嘎波冰川、空布岗冰川、雄布学格冰川、浪嘎子冰川、代莎浦冰川等。位于调查区东南隅的代莎浦冰川—觉姆拉冰川海拔最高（6883m）、分布面积最大，为调查区内地理风貌之最。由于古、今冰川作用的结果，现代冰川分布区地形险峻，角峰林立、刃脊纵横，并发育典型的"U"形谷和保存完整的冰斗、冰窖、冰舌和冰川扇地形，在不同的高度上点缀着宝珠般的大小冰川湖泊，在一些冰川"U"形谷的冰湖上下、冰坎附近，保存有完好的基岩羊背石等种种冰川遗迹。现今海拔 4500m 以上的地区，融冻物理风化作用强烈，发育融冻岩屑，在平缓处形成石海，于山坡堆积岩屑坡。融冻岩屑上尚无植被覆盖，表明这类地带冰川的刨蚀作用仍在继续。

调查区喜马拉雅山脉，在西部错那县库曲一带地形雪线与冰舌离森林线仅 200m 左右；隆子县三安曲林西南地形雪线与冰舌离森林线 1km 左右；在调查区东南隅代莎浦冰川—觉姆拉冰川，地形雪线与冰舌低到海拔 4200m 以下伸入森林中，形成冰川修剪线。上述特征表明，本区现代冰川属季风海洋性冰川。

第三章 岩浆岩

测区岩浆侵入活动较频繁,基性、中性及酸性侵入岩均有,但多为规模小的小岩体及岩体群,总面积为 $141.1km^2$(图 3-1、表 3-1)。

表 3-1 测区侵入岩体一览表

编号	岩体名称	主要岩石类型	代号	面积(km^2)	编号	岩体名称	岩石类型	代号	面积(km^2)
(1)	聂贡拉	石英闪长岩	$E_2\delta o$	2	(18)	卡拉山山口	变超基性岩	$K_1\Sigma$	2.2
(2)	郭西嘎	变基性岩	KN	0.15	(19)	丈古浦	闪长岩	$K_1\delta$	12
(3)	堆许	变基性岩	KN	0.1	(20)	尤龙	辉绿岩	$K_2\beta$	1
(4)	折木朗	辉橄岩	$K\psi\sigma$	0.1	(21)	奴拉	辉绿岩	$K_2\beta$	3
(5)	日那	闪长岩	$K_1\delta$	1.5	(22)	热不拉	辉绿岩	$K_2\beta$	1
(6)	虾知	石英闪长岩	$E_2\delta o$	0.6	(23)	下堆	辉绿岩	$K_2\beta$	0.7
(7)	也拉香波倾日曲德贡	二云二长花岗岩	$N_2\eta\gamma$	25	(24)	索纳箐	闪长岩	$K_1\delta$	0.8
(8)	毕日	二云二长花岗岩	$N_2\eta\gamma$	5	(25)	象日	辉绿岩	$K_2\beta$	3.8
(9)	龙真	辉橄岩	$T_3\psi\sigma$	0.15	(26)	马扎拉	闪长岩	$K_1\delta$	2.5
(10)	不多曲雄	闪长岩	$K_1\delta$	0.3	(27)	456 高程点	闪长岩	$K_1\delta$	0.25
(11)	统将布	闪长岩	$K_1\delta$	1.5	(28)	亚扭拉	辉绿岩	$K_2\beta$	6
(12)	嘎弄	闪长岩	$K_1\delta$	0.3	(29)	俗坡努	黑云母花岗岩	$E_2\gamma$	0.3
(13)	卓木错	辉绿岩	$K_2\beta$	2.5	(30)	朗多扎	花岗斑岩	$N_1\gamma$	1.8
(14)	打拉	二云二长花岗岩	$N_2\eta\gamma$	12	(31)	拉轨拉	花岗斑岩	$N_1\gamma$	1
(15)	极拉	辉绿岩	$T_3\beta\mu$	0.15	(32)	错那洞	白云母花岗岩	$N_1\gamma$	32
(16)	卡布	辉橄岩	$T_3\psi\sigma$	0.25	(33)	库曲	白云母花岗岩	$N_1\gamma$	20
(17)	神浦	辉绿岩	$T_3\beta\mu$	0.15	(34)	见金作果	辉绿岩	$K_2\beta$	1

从表 3-1 可以看出,全区共圈出各类岩体 34 个。依据岩石类型、接触关系及同位素年龄资料,将该区侵入岩归纳为晚三叠世超基性、基性侵入岩,白垩纪超基性、基性、中性侵入岩,渐新世花岗斑岩,始新世中性、酸性侵入岩和中新世花岗岩,以及各种脉岩。现将其基本特征分述如下。

第一节 基性—超基性岩侵入岩

一、晚三叠世超基性、基性侵入岩

晚三叠世侵入岩主要见于宗许、勒木及卡拉山口等地,岩石有超基性、基性岩类,一般出露宽 0.5~

1.5km，长 1～2.5km，面积约 5.2km²。呈东西向小岩体（群）分布于玉门混杂岩带中。岩群一般呈挤压紧密的构造块体产出（图版Ⅺ-7），为玉门混杂岩带的重要组成部分。现将带内超基性、基性岩分述如下。

（一）超基性岩

本类岩石计有卡布（16）、卡拉山山口（18）两个小岩体群。岩体群由 2～3 个小岩体组成，岩体与围岩呈断层接触，围岩未见接触变质现象。一般在外接触带产生碎裂岩化，内接触带时有蛇纹石、滑石及片理化特征。岩石以辉石橄榄岩为主，少量为变质超基性岩。

强蛇纹石（滑石）化单辉橄榄岩：辉石反映边结构，主要矿物成分以自形粒状橄榄石为主，半自形短柱状单斜辉石 22%，棕色普通角闪石 3%，副矿物有磁铁矿 4%。

全白云石滑石化辉石橄榄岩：自形粒状假象结构（图版Ⅻ-3），块状构造，主要矿物成分以橄榄石（全为白云石滑石所取代）为主，短柱状辉石（全为白云石滑石所取代）20%，棕色普通角闪石 2%，副矿物有粉末状金属矿物及磷灰石等。

蛇纹石化含斜长单辉橄榄岩：自形—半自形粒状结构（图版Ⅺ-8、图版Ⅻ-1、图版Ⅻ-2），包嵌结构，块状构造，主要矿物成分自形粒状橄榄石 70%～75%，半自形—他形单斜辉石 15%，他形斜长石 8%。次生蚀变矿物有蛇纹石、绿泥石，副矿物有铬尖晶石 1%、钛铁矿、磁铁矿等。

全碳酸盐化蛇纹石化超基性岩：全蚀变粒状假像结构，块状构造，主要矿物成分以蛇纹石（呈粒状橄榄石假像）为主，辉石（为隐晶、显微微粒状集合体取代）35%，他形粒状棕色角闪石 2%～3%，无色纤状次闪石 4%～5%，副矿物有粉末状金属矿物 4%、磷灰石等。岩石的化学成分（表3-2），与中国同类岩石纯橄榄岩平均化学成分相比，SiO_2 34.23%～39.66%，基本一致。Al_2O_3、CaO、TiO_2 较高，MgO、碱质普遍偏低，成分介于角闪橄榄岩和纯橄榄岩之间，含铁指数较低（24.9～35.6），镁质指数高（64.4～75.1）。标准矿物组合主要为 Or、Ab、An、Di、Hy、Ol，仅个别出现刚玉分子，主要属正常类型。

表 3-2 晚三叠世卡拉山、卡布超基性岩岩石化学成分表

岩石名称	氧化物含量（%）												
	SiO_2	TiO_2	Al_2O_3	Fe_2O_3	FeO	MnO	MgO	CaO	Na_2O	K_2O	P_2O_5	烧失量	总量
强蛇纹石化单辉橄榄岩	39.66	0.78	6.48	4.16	7.17	0.17	27.16	5.22	0.08	0.31	0.14	7.72	99.05
蛇纹石化单辉橄榄岩	38.33	0.46	4.26	6.59	4.97	0.16	31.64	2.36		0.13	0.05	9.89	98.84
蛇纹石化单辉橄榄岩	38.6	0.53	5.36	5.35	5.78	0.14	29.67	3.33		0.1	0.07	9.39	98.32
强蛇纹石化单辉橄榄岩	39.64	1.01	7.25	4.08	8.3	0.15	24.44	6.03	0.2	0.12	0.21	7.02	98.45
全白云石滑石化辉石橄榄岩	34.23	0.48	4.47	0.75	8.56	0.11	28.12	2.64		0.01	0.06	19.01	98.44
全碳酸盐化蛇纹石化超基性岩	38.75	0.98	9.05	0.78	9.75	0.16	19.04	9.49		0.05	0.1	10.19	98.34
蛇纹石化含斜长单辉橄榄岩	38.4	0.59	8.41	6.06	5.73	0.15	26.85	2.83	0.28	0.25	0.17	12.67	102.39

岩石名称	CIPW 标准矿物含量（%）									岩石化学指数		
	An	C	Di	Hy	Ab	Or	Ol	Ap	Il	Mt	铁质指数	镁质指数	f/m
强蛇纹石化单辉橄榄岩	16.2		6.52	56.9	0.64	1.72	9.48	0.35	1.61	6.6	29.4	70.6	4.4
蛇纹石化单辉橄榄岩	11.4	0.09		64.9		0.76	11	0.14	0.99	10.7	26.8	73.2	5.1

续表3-2

岩石名称	CIPW 标准矿物含量(%)										岩石化学指数		
	An	C	Di	Hy	Ab	Or	Ol	Ap	Il	Mt	铁质指数	镁质指数	f/m
蛇纹石化单辉橄榄岩	14.5		0.83	64.7		0.56	9.15	0.44	1.14	8.71	27.3	72.7	4.9
强蛇纹石化单辉橄榄岩	18.3		7.62	58.3	1.57	0.66	4.49	0.53	2.09	6.47	33.6	66.4	3.6
全白云石滑石化辉石橄榄岩	13.8		0.43	55.2		0.05	27.7	0.19	1.14	1.36	24.9	75.1	5.4
全碳酸盐化蛇纹石化超基性岩	25.1		17.5	50.3		0.3	3.08	0.25	2.11	1.28	35.6	64.4	3.2
蛇纹石化含斜长单辉橄榄岩	13	3.28		66.6	2.22	1.41	1.99	0.44	1.25	9.79	30.5	69.5	4.2

岩石 MgO/<FeO>4.3～7.1，介于镁质超基性岩和铁质超基性岩之间，在 MgO/<FeO>对基性度 MgO/MgO+<FeO>的图解中，均落在Ⅲ区一个狭窄范围内（按该图划分属铁镁质）。稀土元素含量列于表3-3中，稀土配分型式为右斜轻稀土富集型（图3-2），铕异常不明显。它们与我国祁连山地槽、内蒙地槽以及中国各地槽区超基性岩平均成分非常接近（《青藏高原地质论文专辑》，1982，邓万明）。

表3-3 晚三叠世卡拉山、卡布超基性岩稀土元素含量表（$\times 10^{-6}$）

岩石名称	强蛇纹石化单辉橄榄岩	纹石化单辉橄榄岩	强蛇纹石化单辉橄榄岩	全白云石化滑石化单辉橄榄岩	全碳酸盐化蛇纹石化超基性岩	蛇纹石化含斜长单辉橄榄岩
La	7.8	3.47	3.18	12.38	2.27	5.92	4.42
Ce	16.82	10.77	6.6	26.62	7.98	15.71	9.29
Pr	2.19	1.44	0.88	3.42	0.86	1.96	1.28
Nd	9.28	4.8	4.07	14.49	3.37	8.15	5.29
Sm	2.21	1.25	1.14	3.25	1	2.08	1.41
Eu	0.79	0.46	0.37	1.12	0.32	0.76	0.46
Gd	2.22	1.26	1.07	3.17	0.92	2.19	1.4
Tb	0.36	0.2	0.18	0.53	0.16	0.38	0.22
Dy	1.93	1.18	1	2.7	0.87	2.15	1.21
Ho	0.35	0.22	0.19	0.5	0.18	0.42	0.25
Er	0.98	0.65	0.56	1.26	0.48	1.18	0.65
Tm	0.14	0.09	0.09	0.18	0.07	0.17	0.09
Yb	0.81	0.56	0.49	1.01	0.4	1.04	5.94
Lu	0.12	0.08	0.08	0.15	0.06	0.15	0.09
Y	9.1	6.22	4.93	12.85	4.36	10.64	5.94
ΣREE	55.1	50.51	24.83	83.63	23.3	52.9	37.94
ΣCe/ΣY	2.44	2.12	1.89	2.74	2.11	1.89	1.4
δEu	0.92	1.08	1.11	1.01	1.05	1	1.01
(La/Yb)$_N$	12.66	6.49	4.18	4.38	8.26	3.83	4.61
(La/Sm)$_N$	3.69	2.11	1.75	1.75	2.4	1.43	1.82
(Gd/Yb)$_N$	1.85	2.21	1.82	1.76	2.53	1.86	2.03

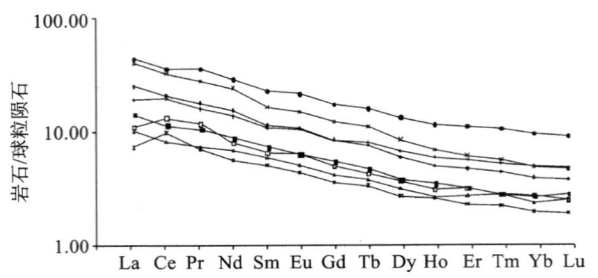

图 3-2 晚三叠世卡拉山、卡布超基性岩稀土元素配分曲线

(据 Boynton,1984)

岩石的微量元素含量列于表3-4,与维式值相较普遍较高。与原始地幔(Jagouty,1979)相较,大离子亲石元素 Rb、Sr、Ba 等较接近,而 Zr、Hf、Nb、Ta 总体较高,说明源区地幔岩在部分熔融之前可能经历过一些不相容元素的交代富集作用,显示富化地幔岩特征。

表 3-4 晚三叠世卡拉山、卡布超基性岩微量元素含量表($\times 10^{-6}$)

岩石名称	强蛇纹石化单辉橄榄岩	纹石化单辉橄榄岩	强蛇纹石化单辉橄榄岩	全白云石化滑石化单辉橄榄岩	全碳酸盐化蛇纹石化超基性岩	蛇纹石化含斜长单辉橄榄岩
Sc	24.5	23.4	24.9	25	27	23.2	11
Rb	14.4	7.2	8.6	10.4	3.6	5.9	5.9
Sr	171	38.2	23.7	59.6	191	211	24
Zr	48.9	30.6	29.4	65.4	24.2	56	46
Nb	9.7	5.1	5.4	15.3	4.4	9.4	
Ba	183	51.1	113	82.5	34.8	30	37
Hf	1	1	1	1	1	3.6	3
Ta	2.92	2.96	2.61	3	1.96	2.6	
Th	9.3	4	13.2	4.2	11.8	4	1
Ga	9.86	8.12	8.15	9.8	7.05	10.34	
V	41.4	29.9	22.5	43.6	20.3	111	84
Cr							402
Co							97
Ni							1066
Ti	4890	3424	2938	5754	3630	5265	
Cu	108	85	93.4	101	51.4	77.2	69
Pb							2.3
Zn	75.2	65.7	58.6	57.5	78	71.8	80
Cs	18.9	10.4	11.2	7.9	17.4	3.9	
Li	32.4	28.8	29	45.4	130	80.7	
W	0.43	0.32	0.32	0.32	0.43	0.32	
Sn	0.5	0.5	0.5	0.5	0.1	0.5	
Be	0.1	1	0.1	0.1	1.2	0.1	

（二）基性岩

带内有极拉(15)和神浦(17)两处。后者由3个小岩体组成的岩体群,面积约 $0.3km^2$。

岩体由中等钠黝帘石化辉绿岩(图版Ⅻ-4)组成。具细粒辉绿(嵌晶含长)结构,块状构造。由基性斜长石56%,普通辉石38%,棕色角闪石少量组成,次生矿物由细小微粒状黝帘石、钠长石、方解石、绿泥石、次闪石等组成。副矿物有金属矿物4%、磷灰石。

岩石化学成分($\times 10^{-2}$): SiO_2 47.01, TiO_2 1.92, Al_2O_3 13.97, Fe_2O_3 1.13, FeO 9.34, MnO 0.14, MgO 7.3, CaO 10.27, Na_2O 4.44, K_2O 0.2, P_2O_5 0.23。与中国岩浆岩同类岩石平均化学成分相比仅 Na_2O、CaO 偏高,余者基本一致。固结指数 SI 32.6,与大洋拉斑玄武岩平均值(37.2)较接近。在辉长岩类 $Na_2O+K_2O-SiO_2$ 关系图解(图3-3)中,投点靠近深海拉斑玄武岩区,显示它们岩石化学成分具有一定的相似性。铁质指数58.9,镁质指数41.1,σ指数5.37属碱性,CIPW 标准矿物组合(%)为 Q(2.13)、Or(1.06)、Ab(33.1)、An(16.5)、Di(24)、Hy(17.1),为正常类型。

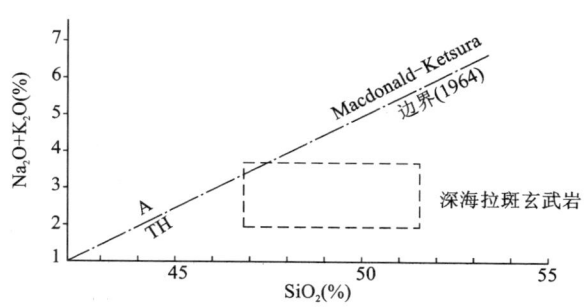

图3-3 神浦辉绿岩 $Na_2O+K_2O-SiO_2$ 关系图解
(据 Macdoanald G A,Katsura T,1964)

岩石的微量元素含量(10^{-6}): Sc 20、Rb 7.5、Sr 399、Zr 114、Nb 16.7、Ba 205、Hf 5.7、Ta 2.71、Th<4、V 271、Cu 56.2、Zn 95、Ga 18.16、Cs 8。与微氏值相比,Rb、Sr、Ba 等大离子亲石元素,Nb、Zr、Hf 活动性元素偏低,亲铁元素 V、Zn 偏高,余者接近。其微量元素特征比值 Nb/La 1.2(>1)、La/Ta 5(≤15)、Hf/Ta 2.1(<5)、Hf/Th 1.4(<8),与板内碱性玄武岩和洋中脊玄武岩划分的范围微量元素性质较相似(Pearce,1982)。微量元素蛛网图型式(图3-4)明显为 Th、Ta 强烈富集和 K_2O、Zr、Yb、Sc、Rb、Y 亏损,反映了板内碱性玄武岩的特征。

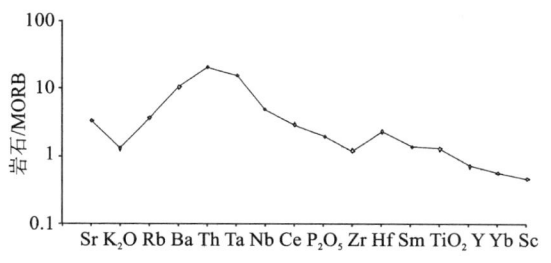

图3-4 晚三叠世神浦辉绿侵入岩微量元素蛛网图
(据 Pearce,1982)

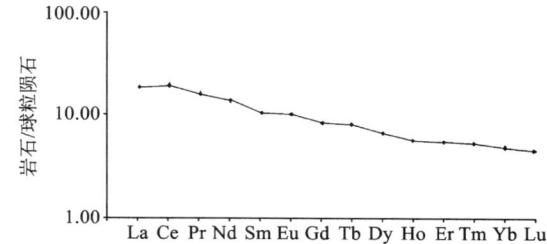

图3-5 晚三叠世神浦辉绿岩基性岩稀土元素配分曲线
(据 Boynton,1984)

岩石的稀土元素丰度($\times 10^{-6}$): La 13.62、Ce 29.36、Pr 4.44、Nd 17.67、Sm 4.45、Eu 1.56、Gd 4.54、Tb 0.75、Dy 4.26、Ho 0.81、Er 2.32、Tm 0.34、Yb 2.02、Lu 0.29、Y 22.41。$\Sigma REE\ 90.2\times 10^{-6}$,LREE/HREE 1.88,$(La/Yb)_N$ 4.55,$(La/Sm)_N$ 1.93,$(Gd/Yb)_N$ 1.81,δEu 1.05,轻稀土和重稀土分馏程度较低,而二者分馏程度较高,稀土配分型式为右斜轻稀土弱富集型(图3-5),铕异常不明显,与过渡类型玄武岩稀土配分型式相似。

上述超镁铁岩、镁铁岩和大量玄武岩、火山碎屑岩相伴呈构造块体产于含三叠纪双壳化石的砂板岩、硅质岩、枕状-块状玄武岩等基质构成的混杂岩带中,据此暂将其时代划归为晚三叠世。

二、白垩纪超基性、基性、中性侵入岩

白垩纪为区内岩浆侵入活动较强烈的时期之一,岩石种类较多,成因复杂,基性、中性岩类沿测区中

西部康马—隆子分区断续出露。北部为雅鲁藏布江结合带变质超基性、基性岩类的蛇绿岩残片,按时代、岩类及构造分区,将其划分为早白垩世闪长岩、晚白垩世辉绿岩及白垩纪超基性岩、基性岩等。

(一) 早白垩世闪长岩

早白垩世闪长岩出露于折古错、下堆等地。计有日那(5)、不多曲雄(10)、统将布(11)、嘎弄(12)、丈古浦(19)、索纳箐(24)、马扎拉(26)、4568高程点(27)八个岩体,出露面积19.15km^2。其中以日那岩体研究较详(1:5万琼果幅)。最大岩体出露宽300~400m,长1~1.5km,面积1.5km^2,形态大致呈近东西向长椭圆状,侵入于涅如组中,与围岩接触关系清楚,常顺层侵入(图版Ⅻ-5),并见有岩枝穿插,岩体中含围岩捕虏体,形态不规则,大小一般为5m×10m,常具硅化、角岩化及黄铁矿化、孔雀石化等矿化现象。并于闪长岩中获K-Ar同位素年龄值为123Ma,故将其时代置于早白垩世时期。

岩石为(角闪)闪长岩,细粒半自形粒状结构,块状构造。矿物粒径以0.8~1mm为主,少数为0.5mm和小于1mm,主要矿物为半自形—自形柱状斜长石(60%~70%),显示双晶,单斜辉石为透辉石(10%~15%),充填于斜长石之间,针柱状角闪石(25%~<30%),次生矿物成分有他形粒状石英(3%~5%)。岩石次生蚀变较明显,斜长石普遍具绢云母化和泥化,角闪石多已变为阳起石,个别绿泥石化。

岩石化学成分含量(%):SiO_2 46.64~48.4,TiO_2 0.97~1.05,Al_2O_3 15.62~15.94,Fe_2O_3 1.77~3.3,FeO 7.83~8.22,MnO 0.17~0.19,MgO 6.95~7.25,CaO 9.44~11.7,Na_2O 1.71~2.24,K_2O 0.03~1.71,P_2O_5 0.12。与中国同类岩石平均化学成分相比,Na_2O、K_2O含量普遍偏低,CaO偏高,σ指数0.63~1.42,皆小于3.3,属钙碱性系列。碱度指数(AR)1.14~1.2,长英质指数13.65~19.39,小于50,说明全碱占碱钙总量较少,而钙占碱钙总量要高。固结指数35.84~36.18,表明其结晶分离程度不高,CIPW标准矿物组合(%)主要为Q(0.78~2.22)、Or(0~1.11)、Ab(14.68~18.88)、An(32.54~35.05)、Di(5.35~8.79)、Hy(19.44~24.17),属正常类型。

岩石的主要微量元素含量($\times 10^{-6}$):Sc 50~39、Rb 1~2、Sr 190~230、Ba 33~53、Zr 105~130、Nb 4.3~6.1、Ta 0.01~0.02、Hf 3.7~5.1、Th 1.1~2.8、Cu 47.4~123、Zn 94.3~118、Pb 0.1、Li 49~119、V 260~310、Cr 133~226、Co 33.7~37.4、Ni 49.8~61.1。与微氏值相比,大离子亲石元素Rb、Sr、Ba较高,活动性元素Zr、Hf、Nb较低,余者接近。其微量元素蛛网图(图3-6)以Ta、Th的强烈富集Rb亏损为特征。可能为玄武质岩浆结晶分异形成。

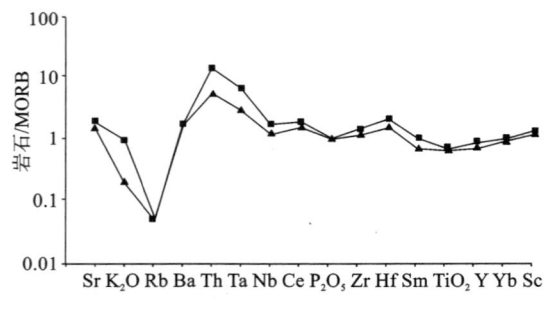 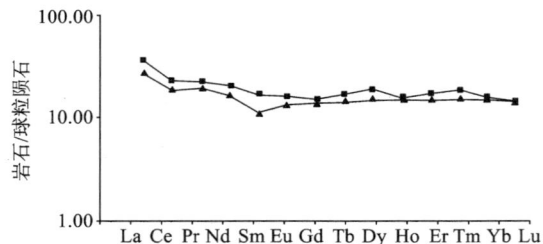

图3-6 早白垩世闪长岩微量元素蛛网图　　　　图3-7 早白垩世闪长岩稀土元素配分曲线
(据Pearce,1982)　　　　　　　　　　　　　(据Boynton,1984)

岩石的稀土元素丰度($\times 10^{-6}$):La 8.51~11.4、Ce 15.1~19.1、Pr 2.4~2.82、Nd 10.2~13、Sm 2.29~3.34、Eu 0.99~1.2、Gd 3.68~4.06、Tb 0.68~0.8、Dy 4.85~6.01、Ho 1.08~1.13、Er 3.16~3.65、Tm 0.49~0.59、Yb 3.13~3.31、Lu 0.46~0.47、Y 21.1~25.5。ΣREE 53.42$\times 10^{-6}$~67.1$\times 10^{-6}$,LREE/HREE 3.22~3.37,$(La/Yb)_N$ 1.79~2.27,$(La/Sm)_N$ 2.08~2.26,$(Gd/Yb)_N$ 1.23~1.47,δEu 1.01~1.04,稀土配分型式为右斜轻稀土弱富集型(图3-7),δEu异常不明显,轻稀土分馏程度高而重稀土分馏程度低,二者之间分馏程度较高,可能为玄武质岩浆结晶分异形成。

（二）晚白垩世基性侵入岩

晚白垩世基性侵入岩见于热不拉、帮卓玛、象日等地，计有卓木错(13)、尤龙(20)、奴拉(21)、热不拉(22)、下堆(23)、索纳箐(24)六个岩体（群），出露面积18.8km²。岩体一般出露宽0.3～0.7km，最宽1.2km，长1～3km，长轴方向多为近东西向，个别呈北西向。均呈岩滴、岩枝状产出，分别侵入于涅如组、日当组及遮拉组中（图版Ⅻ-6）。与围岩接触关系清楚，沿接触带常具硅化，普遍伴有黄铁矿化、褐铁矿化。在辉绿岩中获K-Ar同位素年龄值为82.9Ma，故将其时代置于晚白垩世时期。

岩石为蚀变辉绿岩，辉绿辉长结构，块状构造。主要矿物成分以半自形板柱状斜长石为主，具钠黝帘石化。普通辉石（35%～40%），大多已次闪石化、绿泥石化，仅保留假象。副矿物有钛铁矿（3%）。

岩石化学成分含量(%)：SiO_2 50.76，TiO_2 3.96，Al_2O_3 12.55，Fe_2O_3 3.16，FeO 10.77，MnO 0.22，MgO 4.45，CaO 7.6，Na_2O 3，K_2O 0.29，P_2O_5 0.47，与中国同类岩石平均化学成分相比，SiO_2 较高，Al_2O_3、MgO、CaO含量普遍偏低。σ指数1.39，皆小于3.3，属钙碱性系列，长英质指数30.21，小于50，说明全碱占碱钙总量较少，而钙占碱钙总量要高。固结指数20.05，表明其结晶分离程度较高。CIPW标准矿物组合(%)主要为Q(18.7)、Or(1.51)、Ab(22.1)、An(18.5)、Di(11.1)、Hy(14.6)，属正常类型。

岩石的微量元素含量($\times 10^{-6}$)：Sc 23、Rb 5.9、Sr 500、Ba 155、Zr 303、Nb 2.8、Ta 0.01、Hf 6.2、Th 2.8、U 2.2、Cu 57、Zn 149、Pb 8.5、V 372、Cr 38、Co 40、Ni 36。与微氏值相比，大离子亲石元素Sr、Ba和活动性元素Zr、Hf较高而Rb低，亲铁元素Cr、Co、Ni较低，余者接近。其微量元素蛛网图（图3-8）具Ba、Th、Ta强烈富集及从P_2O_5到Sc分馏不明显的特征，具板内碱性玄武岩特征。

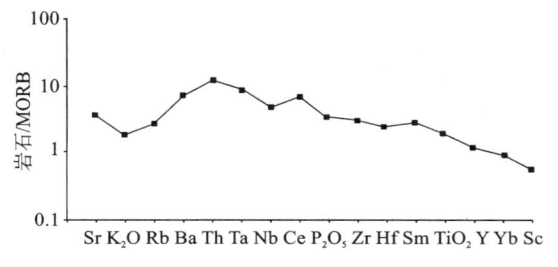 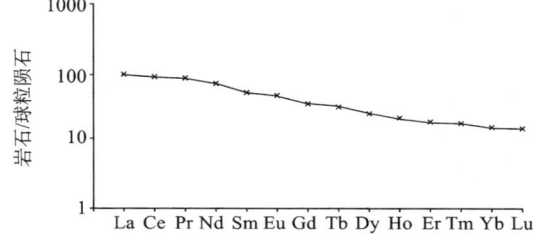

图3-8 晚白垩世基性侵入岩微量元素蛛网图
（据Pearce，1982）

图3-9 晚白垩世基性侵入岩稀土元素配分曲线
（据Boynton，1984）

岩石的稀土元素丰度($\times 10^{-6}$)：La 32.89、Ce 75.49、Pr 10.82、Nd 45.17、Sm 10.66、Eu 3.54、Gd 10.14、Tb 1.63、Dy 8.35、Ho 1.58、Er 4.01、Tm 0.59、Yb 3.32、Lu 0.48、Y 37.19。ΣREE 245.9×10^{-6}，LREE/HREE 2.65，$(La/Yb)_N$ 6.68，$(La/Sm)_N$ 1.94，$(Gd/Yb)_N$ 2.46，δEu 1.03，稀土配分型式为右斜轻稀土弱富集型（图3-9）。δEu异常不明显，轻稀土分馏程度高而重稀土分馏程度较低，二者之间分馏程度高，与板内碱性玄武岩的稀土配分型式相似。

（三）白垩纪超基性、基性侵入岩

白垩纪超基性、基性岩，沿雅鲁藏布江结合带断续出露于洗贡、则莫浪等地，为北邻罗布萨蛇绿岩的南延部分。区内计有郭西嘎(2)、堆许(3)两个基性小岩体群和折木朗(4)一个超基性小岩体。前者由2～3个小岩体组成，单个岩体出露宽几十米至上百米，长100～500m，最长达1.2km，面积约0.35km²。主要呈构造块体构成朗县混杂岩带的一部分，在邻区东北角朗县之西鲁见沟公路旁见有全蚀变超基性岩与千枚岩呈构造接触（图3-10），其间发育有较特征的糜棱岩。

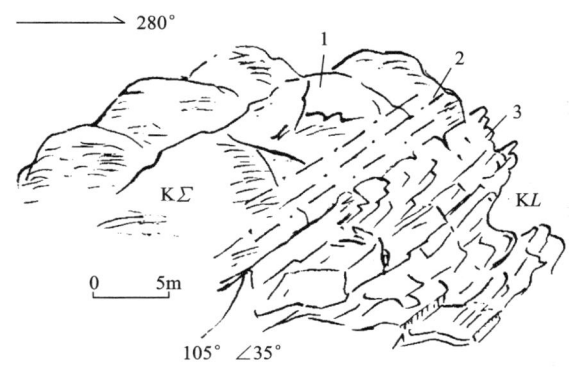

图3-10 鲁见沟岩体与KL构造接触素描图
1.蛇纹岩；2.糜棱岩；3.绢云千枚岩、白云母片岩

1. 折木朗变质超基性岩(4)

岩石类型有闪石化变辉石岩、蛇纹岩(图版Ⅻ-7)、含菱镁矿蛇纹岩(图版Ⅻ-8、图版ⅩⅢ-1)(表3-5)。

表3-5　晚白垩世折木朗超基性岩体岩石特征表

岩体名称及编号	岩石名称	结构特征	粒度(mm)	矿物成分及含量(%)	副矿物(%)
折木朗蛇纹岩体(4)	蛇纹岩	显微鳞片变晶结构		蛇纹石为主,滑石3	磁铁矿4～5
	闪石化变辉石岩	变余粒状结构	2～5	单斜辉石35,角闪石、次闪石60、绿泥石2,方解石5	楣石,金属矿物
	含磷镁矿蛇纹岩	叶片状变晶结构		蛇纹石为主	菱镁矿8,铬铁矿1～2,磁铁矿3～4
	全蚀变超基性岩(蛇纹岩)	次变鳞片结构		主要由纤维状、显微鳞片状蛇纹石组成	磁铁矿3～4

据1:20万加查幅资料,在罗布莎一带保存较全,陕西省区域地质调查队研究较详(1995),变质超基性岩主要岩石有斜辉辉橄岩、纯橄岩、二辉橄榄岩及少量斜橄榄岩。

斜辉辉橄岩:主要由橄榄石、斜方辉石和少量单斜辉石、铬尖晶石组成。含量:橄榄石75%～85%、斜方辉石15%～20%、透辉石2%～3%、铬尖晶石2%～3%,以及蛇纹石、滑石等。岩石具他形变晶及碎斑结构,橄榄石呈拉长、波状消光,斜方辉石脆性破裂、波状消光,晶体弯曲。

纯橄岩:由橄榄石(90%～95%)、铬尖晶石(3%～5%)和斜方辉石(1%～2%)组成。橄榄石具有不同程度的蛇纹石化。岩石具粒状结构、重结晶粒状结构,橄榄石呈自形—半自形,并发育糜棱结构、残斑结构。

二辉橄榄岩:橄榄石(65%～70%),斜方辉石(15%～20%),单斜辉石(5%～10%),副矿物铬尖晶石(1%)。具他形变晶结构、残碎斑状结构及少量次生结构。

岩石的化学成分见表3-6,从表中可以看出,Al_2O_3总体较贫(0.71%～1.43%),由纯橄岩到二辉橄榄岩有逐渐增高的趋势。主要化学参数(Mg/Mg+<FeO>)由纯橄岩到二辉橄榄岩则逐渐递减,K_2O和Na_2O含量在变形橄榄岩中普遍偏低。

表3-6　白垩世超基性岩岩石化学成分表

样号	岩石名称	氧化物含量(%)												
		SiO_2	TiO_2	Al_2O_3	Fe_2O_3	FeO	MnO	MgO	CaO	Na_2O	K_2O	Cr_2O_3	P_2O_5	烧失量	总量
ZR52-1	碎裂岩化单辉橄榄岩	41.75	0.02	0.82	3.59	1.34	0.06	42.75	0.13		0.08		0.01	9.18	99.73
ZR312-1	全蚀变超基性岩	40.54	0.02	0.96	2.99	2.73	0.07	38.56	0.13		0.1		0.01	13.6	99.71
1:25万林芝县幅	蛇纹岩	50.46	1.08	1.4	1.22	4.91	0.09	36.72	0.25	0.06	0.02		0.03		96.24
1:20万加查幅	纯橄岩	40.55		0.71	4.13	4.01	0.05	48.16	1.1		0.18	1.08	0.05		100.02
	斜辉橄榄岩	44.31	0.02	1.14	3.34	4.76	0.08	40.41	5.47	0.05		0.36			99.99
	二辉橄榄岩	45.74	0.06	1.43	6.94	2.19	0.13	42.84	0.52	0.09	0.03		0.05		100.02

续表 3-6

样号	CIPW 标准矿物含量(%)											岩石化学指数		
	Q	An	He	Di	Hy	Ab	Or	Ol	C	Ap	Il	Mt	铁质指数	镁质指数	f/m
ZR52-1		0.57	0.55	68.5		0.45	24.3	0.58	0.02	0.04		4.94	10.3	70.6	4.4
ZR312-1		0.61		75.5		0.61	17.4	0.73	0.02	0.04		5.03	12.9	73.2	5.1
1:25万 林芝县幅	12.37	24.09		10.47	23.45	16.32	5.15			0.49	2.11	5.64	27.3	72.7	4.9
1:20万 加查幅		1.39	1.57	3.25	4.62		1.11	82.51				6.02	14.3	85.7	3.6
		2.78	0.45	18.96	11.87	0.52		60.37	0.31			4.86	14.5	85.5	5.4
		2.5		40.25	1.05		46.57				0.15	7.41	16.7	83.3	3.2

在超镁铁岩 FMC 图解(图 3-11)中本区超镁铁岩均投入镁质区,含钙极低;在橄榄岩的 MgO-Al_2O_3-CaO 成分图(图 3-12)中,其化学成分具由斜辉橄榄岩、二辉橄榄岩向斜辉橄榄岩至纯橄榄岩逐渐变化的趋势。其中斜辉橄榄岩和二辉橄榄岩更接近于地幔岩。岩石以富镁、缺钙、贫碱、铝为特征,为典型的阿尔卑斯型杂岩体。岩石中含 Cr_2O_3 0.36%~1.08%,平均达 0.47%,属成矿有利的含铬高的超基性岩。因而在秀村寿嘎长、吉登许等岩体中,普遍见有铬铁矿化。其特征可与新喀里多尼亚蛇绿岩、伊朗布瓦蛇绿岩对比。

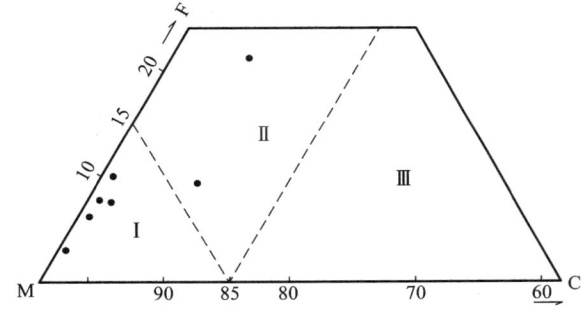

图 3-11 变质超镁铁岩 FMC 图解
(据张雯华,从柏林,1976)
Ⅰ.镁质区;Ⅱ.贫钙镁铁质区;Ⅲ.低钙质区

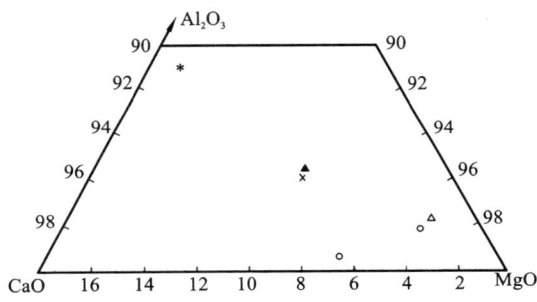

图 3-12 地幔橄榄岩 MgO-Al_2O_3-CaO 图解
(据 Creen,1979)
○.纯橄榄岩;▲.二辉橄榄岩;△.蛇纹岩;
×.斜辉橄榄岩;*.原始地幔岩成分

岩石的微量元素含量(表 3-7)相对贫化 Rb、Th、K 等大离子亲石元素,而 Cr、Co、Ni、V、Fe 等过渡族元素较富,且 Cr、Ni 特别富集于橄榄岩,对成矿十分有利。

表 3-7 白垩纪变质超基性岩微量元素含量表($\times 10^{-6}$)

岩石名称	碎裂岩化单辉橄榄岩	变质超基性岩	蛇纹岩	闪石化变辉石岩
Sc	21	23.2	22.7	7.1	29.8
Rb	0.7	0.4	0.63	2	3.5
Sr	7.8	6.7	7.3	3	8.8
Zr	6.3	5.16	6.4	3	8.5
Nb	2.5	1.6	2.91	3	2.78
Ba	35.9	38.8	28.4	48	25.2
Hf	1	1	1	0.5	3.1
Ta	1.76	1.76	1.47	0.5	2.16

续表 3-7

岩石名称	碎裂岩化单辉橄榄岩	变质超基性岩	蛇 纹 岩			闪石化变辉石岩
Th	5.4	8.5	8.6		1	4
U					0.3	
V	20.4	18.5	25.7		37	131
Cr	6931	7491	7949			3615
Co	87.3	87.6	87.4		3437	69.2
Ni	1697	1887	1774		81.2	325
Ti				560	1859	912
Cu	10.9	9	6.8		14	69.9
Pb			6.8		2	8.3
Zn			30.3		51	38.2
Cs					4	
Li					5.4	

岩石的稀土元素含量(表 3-8),$\sum REE 3.14 \times 10^{-6} \sim 22.55 \times 10^{-6}$,LREE/HREE$0.85 \sim 1.54$,$\delta Eu 0.72 \sim 1.54$,稀土配分曲线为轻稀土弱亏损的平坦型(图 3-13),与金沙江带堆晶超铁质岩和橄榄岩相似。

上述超镁铁岩呈构造块体产于含白垩纪微古化石的砂板岩、晚三叠世—侏罗纪放射虫硅质岩、Rb-Sr 等时线年龄 215.57Ma 变基性火山熔岩、Rb-Sr 等时线年龄 168.24Ma 枕状—块状玄武岩等构成的蛇绿岩带中,而在罗布莎矿区的云母橄榄岩中获有 100Ma 年龄成果,据此暂将其时代划归为晚白垩世。

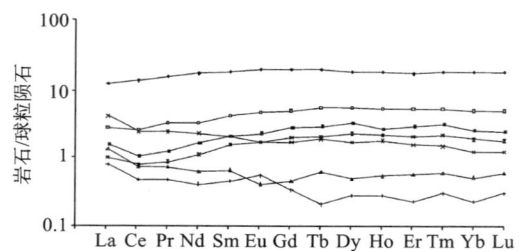

图 3-13 白垩纪变质超基性岩稀土元素配分曲线
(据 Boynton,1984)

表 3-8 白垩纪变质超基性岩稀土元素含量表($\times 10^{-6}$)

岩石名称	碎裂岩化单辉橄榄岩	变质超基性岩	蛇 纹 岩			闪石化变辉石岩
La	0.25	0.77	0.42	1.29	0.48	0.32
Ce	0.39	1.38	0.61	1.94	0.89	0.65
Pr	0.06	0.16	0.09	0.29	0.15	0.11
Nd	0.25	0.46	0.39	1.37	0.99	0.68
Sm	0.09	0.1	0.13	0.41	0.42	0.31
Eu	0.04	0.02	0.03	0.13	0.17	0.13
Gd	0.09	0.07	0.12	0.46	0.72	0.51
Tb	0.01	0.01	0.03	0.09	0.14	0.1
Dy	0.09	0.01	0.16	0.57	1.03	0.75
Ho	0.02	0.02	0.04	0.13	0.19	0.16
Er	0.05	0.05	0.12	0.33	0.62	0.44
Tm	0.01	0.01	0.02	0.05	0.1	0.07
Yb	0.05	0.04	0.11	0.26	0.53	0.4

续表 3-8

岩石名称	碎裂岩化单辉橄榄岩	变质超基性岩	蛇 纹 岩		闪石化变辉石岩	
Lu	0.01	0.01	0.02	0.04	0.08	0.06
Y	0.35	0.21	0.85	3.77	5.25	3.91
ΣREE	1.76	3.38	3.14	11.13	11.76	8.51
ΣCe/ΣY	1.59		2.69	2.81	0.91	0.85
δEu	1.35	0.69	0.72	1.23	0.94	0.99
$(La/Yb)_N$	3.37	12.98	2.57	3.35	0.61	0.39
$(La/Sm)_N$	1.75	4.84	2.03	1.98	0.72	0.47
$(Gd/Yb)_N$	1.45	1.41	0.88	1.43	1.1	1.03

2. 基性岩

区内基性岩体有郭西嘎(2)、堆许(3)两个小岩体,出露面积 0.25km²。呈东西向扁豆状构造块体。

主要岩石有绿泥绿帘钠长阳起片岩、绿帘斜长角闪片岩。变质变形强烈,变质程度已达绿片岩相。据岩石、矿物及产出特征,其原岩属辉长辉绿岩类。可能与北部同一构造带罗布萨出露的堆晶辉长岩类相同。但变形变质强烈。现将 1:20 万加查幅的堆晶辉长岩类简介如下。

均质辉长岩,岩石具原生堆积结构的特点,组成矿物为斜长石(50%～60%)、单斜辉石(35%～40%)和个别榍石,普遍黝帘石化、次闪石化和蛇纹石化等,原生斜长石、单斜辉石颗粒轮廓呈等轴状,粒径 1.5～2mm,相互紧密穿插接触,即为同时共结晶的辉长结构。

层状辉长岩,具堆积结构,组成矿物为斜长石(45%～50%)、单斜辉石(<40%～50%)和微量橄榄石及副矿物磷灰石、榍石,后期蚀变表现斜长石黝帘石化、高岭土化和辉石的次闪石化、蛇纹石化,单斜辉石和斜长石堆积晶体,粒径 2～3mm,仍保留他形—半自形等轴状外形,构成中堆积结构。

岩石的 SiO_2 46.32%～48.1%。与中国同类岩石平均化学成分相近,与相伴产出的超基性岩明显不同的是,CaO(14.62%～16.22%)和碱含量高,MgO/(MgO+<FeO>)比值变化范围为 0.6～0.65,未显示随岩浆分异而明显富铁的趋势。

岩石的微量元素含量表明,相对富集 V、Cr、Co、Ni 等过渡族元素,大离子亲石元素 Rb、Ba、Th、K 的含量相对贫化,Pb、Sc、Y、Sr、Zr、Cs、Hf、Ta 等元素均表现高度贫化,这可能反映了在不同岩石类型中的分配特点。

岩石的稀土元素总量 $6.19×10^{-6}$～$10.17×10^{-6}$,明显高于相伴产出的超基性岩类,也高于球粒陨石的丰度。LREE/HREE 0.4～0.56,$(La/Yb)_N$ 6.68,$(La/Sm)_N$ 0.38～1.4,$(Gd/Yb)_N$ 0.65～0.9,δEu 2.21～2.83,其稀土配分曲线为轻稀土亏损型(图 3-14),而重稀土显示平坦型,δEu 具明显的强正异常,这说明在斜长石中 Eu 很容易置换 Ca,故形成了斜长石堆晶中 Eu 的大量富集。总体与日喀则地区的堆积杂岩十分相似。

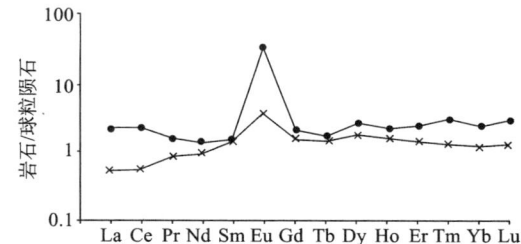

图 3-14 白垩纪堆晶辉长岩稀土元素配分曲线
(据 Boynton,1984)

三、蛇绿岩系

(一)玉门混杂岩火山岩

玉门混杂岩火山岩见于寺木寨断裂以南,南以邛多江—卡拉断裂为界的狭长地带内,向东延入 1:25 万扎日区幅,出露宽 4～8km,长大于 65km,面积约 291km²。由火山碎屑岩、枕状玄武岩、块状玄武岩和少量斜长苦橄岩组成,上述火山岩与相伴产出的尚有大量深海沉积的浊积岩及硅质岩,构成一套含火山岩的构造混杂岩系,叠置厚度达 6965m 以上。

1. 斜长苦橄岩

岩石为全绿泥石化滑石化斜长苦橄岩,具全晶质斑状结构,斑晶主要为全白云石化橄榄石,粒度 0.3~7mm(55%~70%),基质为全蚀变橄榄石(0~15%)、辉石(3%~15%)、斜长石(10%~15%)、黑云母(1%~3%)及少量菱镁矿、铬尖晶石、磁铁矿、钛铁矿等。

岩石化学成分(%):SiO_2 41.6,TiO_2 0.77,Al_2O_3 8.59,Fe_2O_3 1.82,FeO 8.71,MnO 0.15,MgO 26.02,CaO 1.41,Na_2O 0.27,K_2O 0.21,P_2O_5 0.21,与中国岩浆岩超基性岩平均化学成分相比,平铁、低钙,固结指数 SI37.07,铁质指数低(28.8),镁质指数高(71.11),其化学定量分类为超基性岩类。可能为玄武质岩浆结晶分异的产物。CIPW 标准矿物组合(%)为 Or(1.16)、Ab(2.15)、An(5.67)、Di(6.52)、Hy(76)、Ol(1.99),属正常类型。

岩石的微量元素含量($\times 10^{-6}$):Sc 17、Rb 5.9、Sr 42、Ba 41、Zr 55、U 1.2、Hf 2.1、Th<1、V 119、Cr 2359、Co 100、Ni 1147、Cu 281、Pb 2、Zn 84,与微氏值相比,Rb、Sr、Ba 大离子亲石元素、相容元素 Cr、Cu、Pb、Zn 普遍偏高,余者偏低。

岩石的稀土元素丰度($\times 10^{-6}$):La 6.31、Ce 12、Pr 1.76、Nd 7.47、Sm 1.99、Eu 0.61、Gd 1.98、Tb 0.77、Dy 1.78、Ho 0.36、Er 0.98、Tm 0.14、Yb 0.83、Lu 0.13、Y 8.61。$\sum REE 45.69\times 10^{-6}$,LREE/HREE 1.94,$(La/Yb)_N$ 5.13,$(La/Sm)_N$ 1.99,$(Gd/Yb)_N$ 1.93,δEu 0.93,稀土配分型式为右斜轻稀土富集型(图 3-15),铕异常不明显,轻稀土分馏程度和重稀土分馏程度较低,与结晶分异型苦橄玄武质岩浆的稀土配分型式相似。

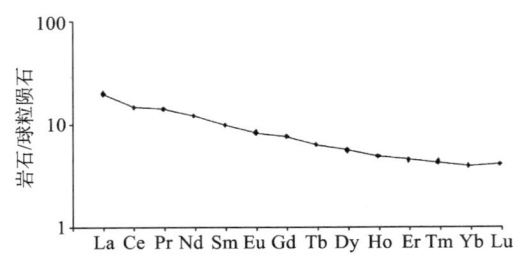

图 3-15 玉门混杂岩超基性岩稀土元素配分曲线
(据 Boynton,1984)

2. 基性火山岩类

岩带基性火山岩种类较多,主要岩石有火山碎屑岩和基性熔岩两大类。岩石蚀变强烈,其代表性岩石及基本特征如下。

强蚀变玄武质火山角砾岩,火山角砾结构,块状构造,以火山碎屑为主,成分为玄武岩质,呈次棱角状、不规则状,砾径一般大于 2mm,胶结物由细火山碎屑及火山灰组成,含量小于 10%。

强蚀变玄武质火山角砾岩屑凝灰岩,火山角砾岩屑结构,块状构造,以火山碎屑为主,成分为玄武质,呈不规则状,砾径一般小于 2mm,少量为 2~17mm,胶结物由细火山碎屑及火山灰组成,含量小于 10%。

强蚀变玄武质岩屑玻屑凝灰岩,晶屑—玻屑凝灰结构(图版 XI-1),定向构造,岩屑为主,成分为玄武质,一般呈塑性拉长不规则状,晶屑由棱角状长石及辉石(1%~5%)组成,胶结物为火山灰 10%,副矿物有磁黄铁矿。

全蚀变绿帘土状帘石化凝灰岩,凝灰结构,定向构造,以晶屑和火山灰为主,均由绿帘石、土状帘石所取代,岩屑为次棱角状玄武质(15%~20%),副矿物有磁黄铁矿。

蚀变粗玄岩,斑状结构,间粒结构,块状构造,斑晶由全蚀变辉石和斜长石(15%~20%)组成,基质为粒状单斜辉石(50%),长板条状拉中长石(20%),次生矿物有方解石、绿泥石、白钛石等,副矿物有钛铁矿(5%~8%)、磁铁矿(1%)、磷灰石。

中等蚀变杏仁状辉石玄武岩,斑状结构,基质间粒结构,杏仁状构造,斑晶:半自形板柱状基性斜长石(1%)、半自形粒柱状普通辉石(1%);基质:钠黝帘石化柱状斜长石(40%),细—微粒状辉石为主,副矿物有白钛石(3%)、钛磁铁矿(1%)、绿泥石(5%)。

全蚀变玄武岩,蚀变火山岩结构,蚀变间粒结构(图版 XI-2),块状构造,主要矿物成分以小柱状、微粒状绿帘石为主,针状次闪石(10%),鳞片集合体绿泥石(5%),副矿物有磁铁矿。

强蚀变玄武岩,斑状结构,基质间粒间片结构,块状构造,斑晶:半自形板柱状基性斜长石12%,半自形粒柱状普通辉石(2%);基质:钠黝帘石化小柱状斜长石为主,微粒状绿帘石20%,针状次闪石(5%),副矿物有白钛石(3%)、钛磁铁矿(1%)、绿泥石(5%)。鳞片集合体绿泥石(5%)。

中等强蚀变杏仁状玄武岩,间粒结构,杏仁状构造(图版Ⅺ-6),主要矿物成分以小柱状斜长石为主,次生蚀变矿物有微粒状绿帘石、土状帘石(15%),针状次闪石(5%),绿泥石(10%～15%),杏仁体不规则状、次圆状(15%),副矿物有磁黄铁矿。

强蚀变枕状玄武岩,蚀变斑状结构,基质蚀变间粒结构,枕状构造(图版Ⅺ-3),斑晶:半自形板柱状基性斜长石(5%),柱状普通辉石(5%),基质:小柱状斜长石为主,次生蚀变矿物有微粒状绿帘石、土状帘石(15%),针状次闪石(15%～20%),绿泥石1%,微粒辉石(5%)。

岩石化学成分含量见表3-9,与中国同类岩石平均化学成分相比,部分岩石SiO_2、K_2O显著偏低,少量TiO_2、MgO、CaO较高,主要具低钾中钛大洋玄武岩的特征。σ指数变化较大,一般为2.52~5.84,即有钙碱性系列,又有碱性系列,含铁指数38.93~71.94,镁质指数28.06~61.07,均表明岩石组合的复杂性,固结指数SI一般为32.59~56.40,总体显示原始岩浆较富镁的特征,CIPW标准矿物组合主要为Q、An、Ab、Or、Di、Hy,仅个别出现刚玉分子,主要属正常类型。在火山岩硅-碱图解(图3-16)中,主要位于碱性系列和亚碱性系列分界位置附近,少量投入亚碱性系列,在里特曼-戈蒂里图解(图3-17)中,主要落入B区和靠近B区的派生的碱性、偏碱性火山岩区内;在TiO_2-P_2O_5相关图(图3-18)中,主要投于洋脊玄武岩和洋岛玄武岩区;在Zr-TiO_2相关图(图3-19)中,多投在板内玄武岩区及其附近。

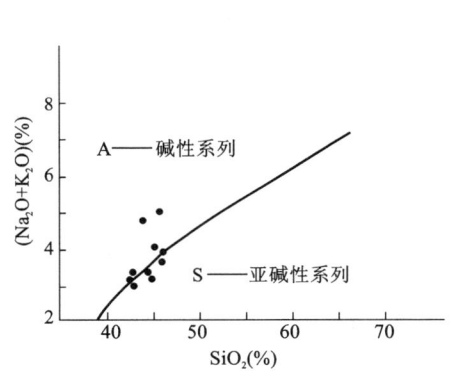

图3-16 火山岩硅-碱图解

(Irvine T N,1971)

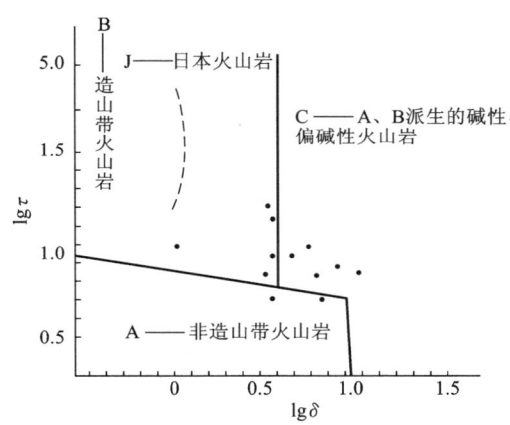

图3-17 里特曼-戈蒂里图解

(据里特曼,1973)

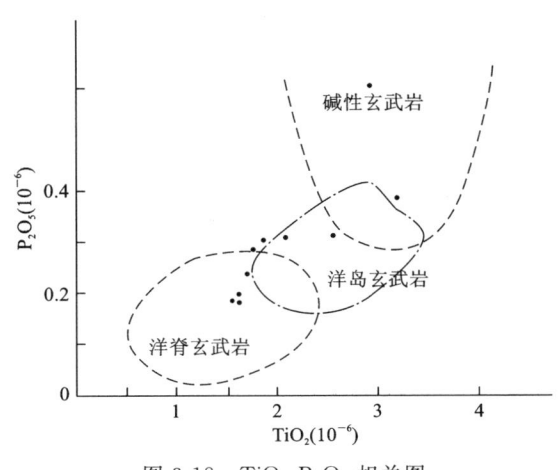

图3-18 TiO_2-P_2O_5相关图

(据Bass等,1973)

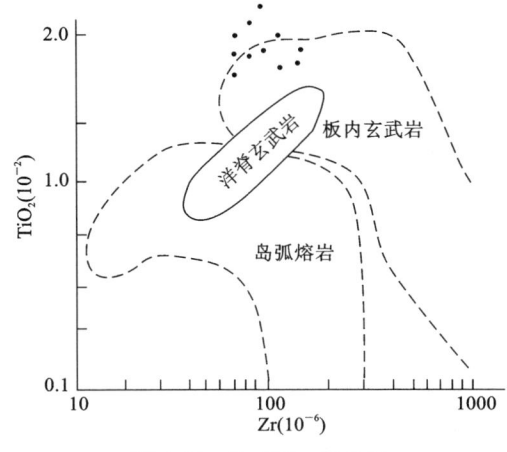

图3-19 Zr-TiO_2相关图

(据Pearce J A,1982)

表 3-9 晚三叠世玉门混杂岩火山岩化学成分表

岩石名称	氧化物含量(%)												
	SiO_2	TiO_2	Al_2O_3	Fe_2O_3	FeO	MnO	MgO	CaO	Na_2O	K_2O	P_2O_5	烧失量	总量
强钠黝帘石化玄武岩	44.53	1.74	15.31	1.63	7.69	0.19	7.55	11.97	1.32	0.05	0.23	7.19	99.40
粗玄岩	45.82	3.19	14.22	1.39	11.53	0.21	5.04	9.24	4.24	0.13	0.43	2.77	98.21
碳酸盐化杏仁状变玄武岩	47.25	1.66	14.24	1.43	9.58	0.18	8.32	6.49	4.00	0.08	0.20	6.35	99.78
全蚀变玄武岩	47.65	1.66	14.57	1.57	9.62	0.19	8.37	7.07	3.98	0.06	0.19	4.33	99.26
蚀变玄武岩	40.73	1.61	16.19	0.59	8.73	0.23	14.62	5.81	1.96	0.02	0.19	8.45	99.13
斜长绿泥角闪片岩	43.74	1.97	12.75	1.28	9.73	0.15	11.20	10.72	2.61	0.13	0.3	4.06	98.64
钠黝帘石化杏仁状玄武岩	43.69	1.79	15.40	1.50	10.15	0.17	7.05	12.93	1.97	1.79	0.31	2.22	98.97
蚀变杏仁状玄武岩	45.12	1.63	13.90	1.37	7.65	0.13	9.89	9.08	3.59	0.92	0.22	5.39	98.89
全蚀变玄武岩	43.20	2.43	13.81	5.76	8.13	0.20	10.44	8.18	2.25	0.49	0.32	4.32	99.53
强蚀变绿帘次闪石化玄武岩	46.05	2.95	15.61	5.41	6.43	0.19	5.07	10.09	3.7	0.54	0.60	2.54	99.18
变基性火山岩	46.17	2.57	14.97	6.58	5.94	0.20	7.61	10.44	2.90	0.32	0.57	1.40	99.67
蚀变粒玄岩	46.73	2.07	13.91	1.53	8.64	0.18	6.5	10.46	2.76	0.33	0.27	6.76	100.14

岩石名称	CIPW 标准矿物含量(%)										岩石化学指数		
	Q	An	C	Di	Hy	Ab	Or	Ap	Il	Mt	δ	SI	MgO/⟨FeO⟩	f/m
强钠黝帘石化玄武岩	11.30	35.00		17.20	19.30	10.20	0.25	0.58	3.59	2.57	1.23	41.41	0.6	1.6
粗玄岩	4.95	18.30		18.20	16.50	31.80	0.71	1.04	6.34	2.12	6.77	22.56	0.3	0.7
碳酸盐化杏仁状变玄武岩	6.20	20.00		7.92	28.80	30.60	0.45	0.49	3.38	2.22	3.92	35.55	0.5	1.4
全蚀变玄武岩	37.70		14.60		20.40	0.43	0.96	10.30	3.23	14.30	3.51	41.30	0.5	1.4
蚀变玄武岩	1.15	27.50	3.12		47.90	15.40	0.10	0.49	3.38	0.94	1.63	56.40	1.0	2.8
斜长绿泥角闪片岩	1.49	21.60		21.50	28.30	19.70	0.71	0.74	3.95	1.96	2.75	44.88	0.7	1.9
钠黝帘石化杏仁状玄武岩	1.53	23.90		27.80	16.00	14.70	9.44	0.74	3.55	2.26	3.82	31.40	0.4	5.6
蚀变杏仁状玄武岩	0.66	18.50		18.50	24.00	27.50	4.95	0.56	3.30	2.13	6.49	42.24	0.8	2.1
全蚀变玄武岩	6.87	24.80		9.04	25.50	16.90	2.57	0.79	4.84	8.77	2.52	32.59	0.6	1.7
强蚀变绿帘次闪石化玄武岩	9.43	22.80		15.70	6.53	27.40	2.83	1.44	5.79	8.12	5.97	38.46	0.4	1.0
变基性火山岩	10.50	24.60		14.90	11.20	21.10	1.67	1.34	4.98	9.71	3.50	23.98	0.5	1.5
蚀变粒玄岩	9.89	23.8		19.7	16.4	21.2	1.77	0.67	4.22	2.38	2.56	32.90	0.4	1.2

岩石微量元素含量（×10⁻⁶）（表 3-10）：与维氏值相比，Rb、Sr、Ba 大离子亲石元素、Zr、Hf 非活动性元素和相容元素 Ti、Cr、Co、Ni 及亲铁元素 V、Cu 普遍偏低，Nb、Ta 较高，其中 Rb、Sr、Zr、Hf、Nb、Ta 等元素介于洋中脊和板内玄武岩之间（据 Pearce，1982）。Nb/La 一般为 1.1～1.4，Rb/Sr 集中于 0.028～0.09 之间，与 Condie 于 1989 年给出的原始地幔和 N—MORB 的微量元素丰度比值较接近。在 Hf-Th-Ta 判别图（图 3-20）中，主要落入板内碱性玄武岩 C 区；在 Nb-Zr-Y 判别图（图 3-21）中，主要投入板内碱性玄武岩区内；在 Zr-Zr/Y 图（图 3-22）中，大部分投入板内玄武岩区，少量落在板内玄武岩区附近。其微量元素蛛网图（图 3-23）普遍表现为 Th、Ta、Nb 强烈富集和 K_2O、Zr、Yb、Sc、Y 亏损的特征，变化较大，介于板内和洋中脊玄武岩之间。

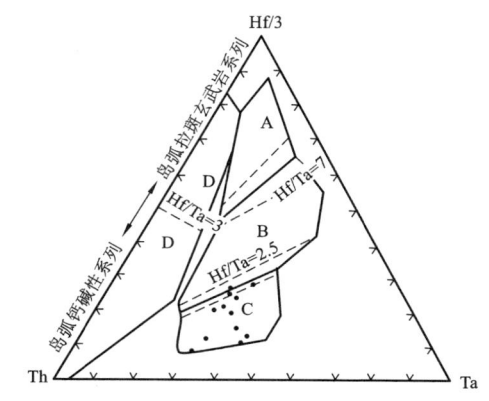

图 3-20　不同构造环境玄武岩的 Hf-Th-Ta 判别图（据 Wood，1979）

A. M—MORB；B. P—MORB；C. 板内碱性玄武岩及分异产物；D. 岛弧拉斑玄武岩及分异产物

表 3-10　晚三叠世玉门混杂岩玄武岩微量元素含量表（×10⁻⁶）

岩石名称	钠黝帘石化玄武岩	粗玄岩	碳酸盐化杏仁状玄武岩	钠黝帘石化杏仁状玄武岩	强钠黝帘石化玄武岩	硅化白云石化杏仁状玄武岩	强蚀变玄武岩	蚀变杏仁状玄武岩	全蚀变杏仁状玄武岩	强蚀变绿帘次闪石化玄武岩	变基性火山岩	蚀变粒玄岩
Ti	7986	14 318	9123	9360	8621	7081	9205	8076				
Sc	20.50	17.40	24.10	20.80	23.60	28.00	17.80	17.80	36.20	25.70	28.20	27
Rb	5.60	6.10	4.90	76.80	4.50	4.70	6.70	17.60	6.50	11.70	<3	5.9
Sr	631.00	294.00	206.00		161.00	403.00	189.00	130.00	249.00	645.00	226.00	390
Zr	109.00	189.00	104.00	74.90	98.90	98.10	120.00	109.00	179.00	280.00	149.00	180
Nb	19.40	37.20	16.20	1	15.60	16.50	22.60	16.00	32.80	60.90	31.70	
Ba	34.50	87.70	97.90	2525.00	73.10	50.10	36.30	155.00	209.00	243.00	64.00	296
Hf	4.70	8.70	3.50	10.40	2.60	1.70	3.10	2.70	5.30	6.10	3.10	2.2
Ta	2.24	3.74	3.03	5.51	3.25	2.10	3.45	2.37	1.90	3.30	1.60	
Th	<4	<4	<4	<4	<4	<4	<4	<4	2.90	5.20	2.60	1.3
U									1.30	1.00	1.20	0.87
V	240.00	319.00	235.00	289.00	220.00	184.00	164.00	206.00	293.00	277.00	233.00	288
Cr	98.00								855.00	92.00	308.00	221
Co	37.50								69.90	39.90	55.80	40
Ni	27.80								342.30	56.70	244.50	79
Cu	20.40	91.80	81.50	89.90	71.30	77.20	50.40	87.50	160.90	53.20	65.50	56
Pb									9.20	13.20	1.80	15
Zn		82.90	99.40	113.00	98.30	71.80	105.00	91.80	152.00	121.00	141.00	94
Cs	4.30	3.50	6.30	7.90	6.20	3.90	1.90	2.40				
Rb/Ba	0.16	0.07	0.05	0.03	0.06	0.09	0.2	0.5	0.03	0.05	0.05	0.02
Rb/Sr	0.01	0.02	0.02		0.03	0.01	0.04	0.14	0.03	0.02	0.01	0.02

岩石的稀土元素丰度（表 3-11）：$\sum REE 72.30 \times 10^{-6} \sim 255.36 \times 10^{-6}$，$\sum Ce/\sum Y 1.81 \sim 3.4$，$(La/Yb)_N 4.19 \sim 10.59$，$(La/Sm)_N 1.85 \sim 3.51$，$(Gd/Yb)_N 1.65 \sim 3.16$，$\delta Eu 1.05 \sim 1.46$，稀土元素配分型式为向右缓倾斜轻稀土弱富集型（图 3-24），其稀土总量变化范围较宽，δEu 正异常，轻稀土之间、重稀土之间分馏程度较高。总的势态与富集的 P—型洋中脊玄武岩相似（Lercex,1983），可能形成于富集的地幔热柱源区。

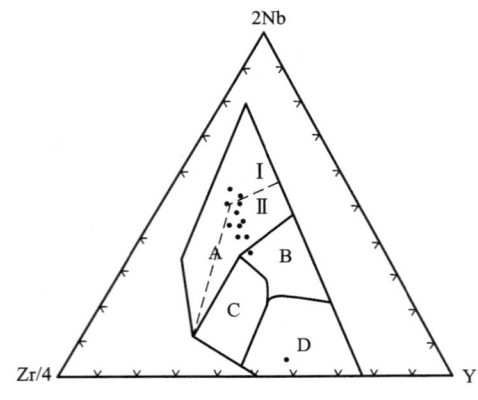

图 3-21　不同构造玄武岩的 Nb-Zr-Y 判别图

（据 Meschede,1986）

A. Ⅰ和Ⅱ, 板内碱性玄武岩；Ⅱ和 C, 板内拉斑玄武岩；
B. P—MORB；D. N—MORB；C 和 D. 火山弧玄武岩

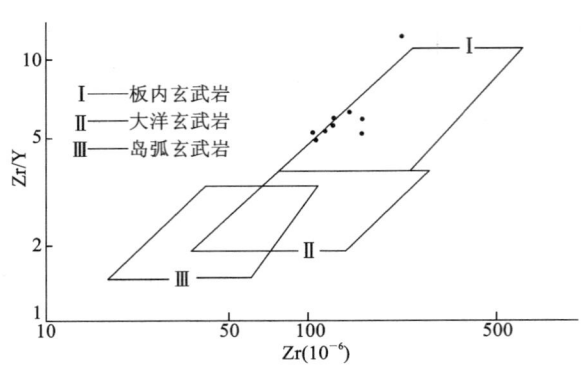

图 3-22　Zr-Zr/Y 相关图

（据 Pearce,1979）

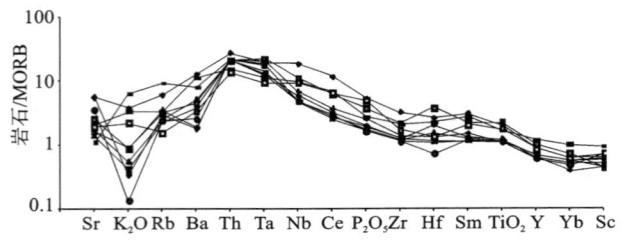

图 3-23　晚三叠世玉门混杂岩火山岩微量元素蛛网图

（据 Pearce,1982）

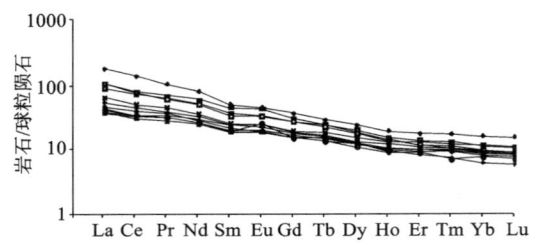

图 3-24　玉门混杂岩基性火山岩稀土元素配分曲线

（据 Boynton,1984）

表 3-11　晚三叠世玉门混杂岩稀土元素含量表（$\times 10^{-6}$）

岩石名称	钠黝帘石化玄武岩	粗玄岩	碳酸盐化杏仁状玄武岩	钠黝帘石化杏仁状玄武岩	强钠黝帘石化杏仁状玄武岩	硅化白云石化杏仁状玄武岩	强蚀变玄武岩	蚀变杏仁状玄武岩	全蚀变杏仁状玄武岩	强蚀变绿帘次闪石化玄武岩	变基性火山岩	蚀变粒玄岩
La	14.25	27.06	11.55	19.70	11.58	12.98	16.76	12.00	33.24	54.47	32.37	12.48
Ce	31.31	58.50	26.34	40.42	24.79	27.80	35.15	26.96	63.98	108.80	61.31	27.36
Pr	4.37	7.46	3.89	5.49	3.42	3.84	4.70	3.81	8.37	12.40	7.30	4.09
Nd	16.86	30.78	15.35	21.40	14.86	15.81	19.38	15.79	35.40	46.78	29.65	17.36
Sm	4.13	7.11	3.93	4.94	3.68	3.82	4.73	3.69	8.73	9.75	6.50	4.62
Eu	1.42	2.45	1.46	1.76	1.37	1.86	1.64	1.34	3.17	3.30	2.43	1.75
Gd	3.97	7.01	4.24	5.01	4.00	3.89	4.69	3.91	7.94	9.40	7.06	4.73
Tb	0.73	1.14	0.71	0.86	0.73	0.64	0.75	0.66	1.14	1.37	1.07	0.78
Dy	3.93	6.42	4.08	4.87	4.11	3.52	4.02	3.88	6.01	7.70	5.78	4.25
Ho	0.69	1.09	0.75	0.93	0.74	0.65	0.68	0.73	1.01	1.39	0.97	0.89

续表 3-11

岩石名称	钠黝帘石化玄武岩	粗玄岩	碳酸盐化杏仁状玄武岩	钠黝帘石化杏仁状玄武岩	强钠黝帘石化杏仁状玄武岩	硅化白云石化杏仁状玄武岩	强蚀变玄武岩	蚀变杏仁状玄武岩	全蚀变杏仁状玄武岩	强蚀变绿帘次闪石化玄武岩	变基性火山岩	蚀变粒玄岩
Er	1.94	2.88	2.16	2.72	2.16	1.88	1.76	2.10	3.71	2.51	2.51	2.26
Tm	0.30	0.42	0.33	0.39	0.32	0.23	0.24	0.30	0.56	0.36	0.36	0.34
Yb	1.70	2.38	1.86	2.45	1.84	1.60	1.31	1.87	3.33	2.06	2.06	1.94
Lu	0.25	0.34	0.27	0.35	0.27	0.23	0.19	0.27	0.50	0.29	0.29	0.28
Y	18.59	28.83	20.22	25.65	20.02	17.62	18.06	19.80	34.50	24.95	24.95	19.86
ΣREE	81.66	149.02	72.30	105.38	69.28	74.81	92.50	72.77	255.36	154.44	154.44	102.99
ΣCe/ΣY	2.25	2.64	1.81	2.17	1.75	2.18	2.60	1.90	3.40	3.77	3.10	1.92
δEu	1.06	1.05	1.09	1.07	1.09	1.46	1.05	1.07	1.14	1.04	1.09	1.14
La/Yb	5.65	7.67	4.19	5.42	4.24	5.47	8.63	4.33	11.04	11.03	10.59	4.34
La/Sm	2.17	2.39	1.85	2.51	1.98	2.14	2.23	2.05	2.40	3.51	3.13	1.7
Gd/Yb	1.88	2.38	1.84	1.65	1.75	1.96	2.89	1.69	3.16	2.28	2.77	1.97

(二) 白垩纪朗县混杂岩

白垩纪朗县混杂岩位于图幅北东部登木断裂以北的朗县混杂岩火山岩中，为雅鲁藏布江蛇绿岩的重要组成部分。南北宽 5～12km，长 180km 以上，面积约 522km²。其北邻的罗布莎一带除多时代的基性火山熔岩出露较全外，尚有紫红、浅灰色含放射虫硅质岩等远洋沉积。构成火山混杂岩喷发的主要熔岩有枕状玄武岩、变质块状玄武岩、变质基性火山岩。一般呈岩片、岩块产出。据岩石基本特征、岩石组合及接触关系，将其划分厘定为构造混杂形成的产物。在朗县拉多剖面混杂岩基质中采获白垩纪孢粉化石，故将其时代置于白垩纪时期。

枕状玄武岩见于测区拉丁雪之北 1:20 万加查幅内，由玄武质枕体堆积而成。因构造挤压多数枕体压扁拉长。枕体边部尚发育放射状裂纹和冷凝边，岩石具球粒结构和中空骸晶结构。岩石由斜长石（An30～32）15%～40%、单斜辉石 25%～30%、隐晶质成分 10%～15% 和微量磁铁矿组成，岩石绿帘石化、次闪石化、绿泥石化、绢云母化强烈。

变质块状玄武岩具斑状结构，基质变余间隐结构，变余杏仁状构造。斑晶为自形柱状斜长石（An48～50），含量 3%～5%，基质为细板条状斜长石 45%～55%、绿帘石、玻璃质及少量辉石。斜长石普遍黝帘石化、绢云母及绿泥石化。在罗布莎一带尚有特征变质矿物黑硬绿泥石和青铝闪石（?）（1:20 万加查幅，1995）。

绿泥钠长绿泥片岩。具鳞片粒状变晶结构，片状构造。由钠长石 45%、绿泥石 40%±、绿帘石 10%～15% 及钛铁矿、微量磷灰石组成。

岩石化学成分见表 3-12，与中国同类岩石平均化学成分相比，SiO_2 一般为 44.87%～52.67%，TiO_2 一般为 1.08%～1.15%，K_2O 0.08%～0.48%。特征常量元素变化范围较宽。总体具低钾中钛洋中脊玄武岩特征（Pearce,1982），δ 指数 0.94～1.63，属钙碱性岩石系列，固结指数 SI22.58～49.10，含铁指数较高（50.83～75.79），镁质指数低（24.21～49.17），标准矿物组合主要有 Q、Or、Ab、An、Di、Hy，仅个别出现刚玉分子，主要属正常型。在火山岩硅-碱图解（图 3-25）中，样品均投入亚碱性系列，在火山岩 TiO_2-P_2O_5 相关图（图 3-26）中，主要投入洋脊玄武岩区内；在 Zr-TiO_2 相关图（图 3-27）中，多投在洋脊玄武岩区内。岩石微量元素含量见表 3-13，与微氏值相比，Rb、Sr、Ba 大离子亲石元素普遍偏低，活动性元素 Zr、Nb 低，Ta、Hf 较高。亲铁元素 Cr、Ni 普遍较高，余者接近，其微量元素特征比值

表 3-12 白垩纪朗县混杂岩火山岩化学成分表

岩石名称	氧化物含量(%)												
	SiO_2	TiO_2	Al_2O_3	Fe_2O_3	FeO	MnO	MgO	CaO	Na_2O	K_2O	P_2O_5	烧失量	总量
绿帘斜长角闪片岩	51.55	1.10	15.39	3.91	6.95	0.24	6.76	8.38	3.57	0.20	0.12	1.81	99.98
	45.5	1.95	10.93	7.01	4.86	0.16	14.18	12.11	1.94	0.48	0.14	0.93	100.19
斜长角闪岩	48.52	0.88	14.61	5.82	4.92	0.23	7.18	12.61	2.19	0.23	0.15	1.77	99.11
绿帘钠长绿泥片岩	52.67	0.71	17.02	2.43	7.32	0.20	6.8	2.8	6.22	0.08	0.09	3.71	100.05
变基性火山岩	32.26	1.15	19.14	3.21	10.93	0.25	13.68	10.09	0.00	0.10	0.10	7.23	98.14
斜长绿泥绿帘阳起片岩	55.48	1.08	16.53	4.28	5.37	0.2	3.62	8.51	2.57	0.18	0.20	2.13	100.15
钠长绿泥绿帘石片岩	44.87	1.3	16.09	1.19	8.65	0.16	6.64	8.34	3.24	0.06	0.12	9.04	99.70
蚀变玄武岩	46.92	2.32	13.16	2.22	8.98	0.19	5.51	9.18	2.71	0.08	0.27	7.56	99.10

岩石名称	CIPW 标准矿物含量(%)										岩石化学指数			
	Q	An	C	Di	Hy	Ab	Or	Ol	Ap	Il	Mt	δ	SI	MgO/〈FeO〉	f/m
绿帘斜长角闪片岩	14.90	25.00		10.00	14.70	29.40			0.26	1.32	3.28	1.66	31.6	0.5	1.3
斜长角闪岩	6.78	20.30		26.30	18.10	16.60			0.32	2.45	6.16	2.34	49.8	1.1	3.1
	15.30	29.70		21.30	7.35	18.50			0.33	1.09	5.02	1.06	35.3	0.6	1.7
绿帘钠长绿泥片岩	9.48	13.20	1.37		21.20	51.30			0.91	0.86	2.04	4.1	29.8	0.5	1.4
变基性火山岩		49.10	0.01		21.20		0.56	20.40	0.25	2.39	5.12		49	0.7	1.9
斜长绿泥绿帘阳起片岩	25.60	30.40		5.75	9.67	18.70	0.91		0.46	2.09	6.34	0.61	22.6	0.3	0.9
钠长绿泥绿帘石片岩	6.77	29.10		9.11	24.20	25.50	0.35		0.30	2.72	1.9	4.81	33.6	0.5	1.3
蚀变玄武岩	14.10	23.20		16.10	16.10	21.20	0.45		0.67	4.81	3.52	1.99	11.5	0.4	1.3

Hf/Ta 为 0.5~2(<5),Nb/La0.1~1,Hf/Th0.6~1.9(<8),与 Condie 于 1989 给出的构造背景判别板内和洋中脊玄武岩划分范围一致。在 Hf-Th-Ta 判别图(图 3-28)中,主要落入板内碱性玄武岩 C 区和富集型大洋玄武岩 B 区内;在 Nb-Zr-Y 判别图(图 3-29)中,主要投入板内拉斑玄武岩 II 和 C 区及 P—MORB、N—MORB 的 B 和 D 区界线位置附近;在 Zr-Zr/Y 图解(图 3-30)中,大部分投入大洋玄武岩区内,个别落入板内玄武岩区。其微量元素蛛网图(图 3-31)部分表现为强不相容元素 Th、Ta 强烈富集和 Sr、K_2O 亏损,从 P_2O_5 到 Sc 分馏不明显,除少数外,主要与洋中脊玄武岩相似。

表 3-13 白垩纪朗县混杂岩玄武岩微量元素含量表($\times 10^{-6}$)

岩石名称	变基性火山岩	钠长绿帘绿泥石片岩	蚀变玄武岩	钠长绿泥绿帘石片岩	斜长绿泥绿帘石片岩	玄武岩	玄武岩	玄武岩	玄武岩
Sc	29.30	23.2	24.00	23.80	36.20	42.3	46.4	35.9	43.2
Rb	4.80	4.4	5.10	4.50	3.00	3.0	9.8	3.0	3.0
Sr	628.00	79	297.00	274.00	102.00	150	126	281	76.0
Zr	87.10	53	201.00	99.10	58.00	65.0	7.0	62.0	48.0
Nb	2.00	3.7	10.60	6.40	1.80	2.0	1.4	3.6	2.0
Ba	30	32.2	30.00	30	61.00	55.0	154	70.0	38.0

续表 3-13

岩石名称	变基性火山岩	钠长绿帘绿泥石片岩	蚀变玄武岩	钠长绿泥绿帘石片岩	斜长绿泥绿帘石片岩	玄武岩	玄武岩	玄武岩	玄武岩
Hf	4.90	2.3	7.70	2.90	1.80	2.40	1.3	1.6	1.2
Ta	3.33	2.69	2.61	1.91	0.50		3.0		
Th	<4	4	<4	<4	1	1.0	1.0	1.0	1.0
U						0.39	0.3	0.47	0.25
V	93.20	218	286.00	230.00	247.00	325	149	230	281
Cr	1246.00	96.1	301.00		47.00	47.0	678	515	71.0
Co	51.00	28.9	36.20		28.50	34.0	43.5	44.3	33.2
Ni	197.00	10.4	36.40		22.00	30.0	153	118	20.0
Cu	12.50	42.5	15.10	57.20	87.00	115	6.0	36.0	69.0
Pb					6.10	9.7	10.0	9.9	4.6
Zn				80.70	104.00	77.0	88.0	105	104
Cs				4.20		9.0			
Ba/Rb	6.3		20.3	6.7	5.9	18.3	13.7	23.3	12.7
Rb/Sr	0.008		0.029	0.016	0.017	50.0	0.08	93.33	25.33

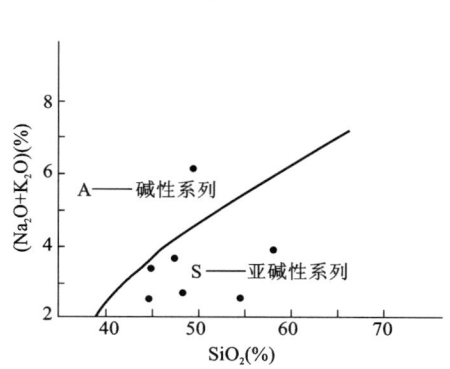

图 3-25 火山岩硅-碱图解
（Irvine T N,1971）

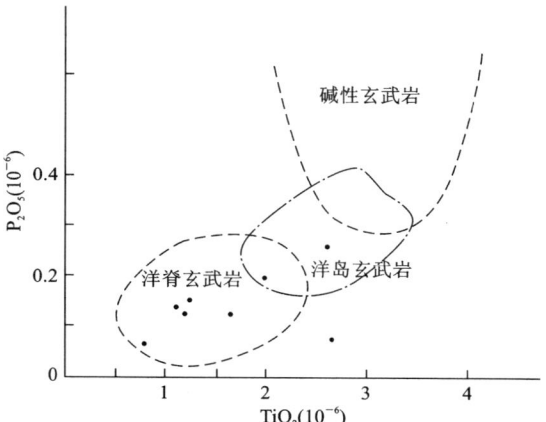

图 3-26 TiO_2-P_2O_5 相关图
（据 Bass 等,1973）

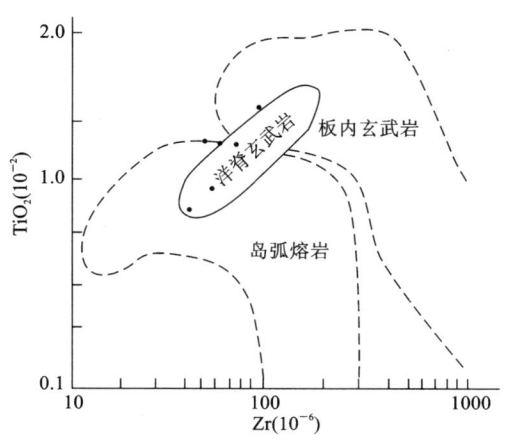

图 3-27 Zr-TiO_2 相关图
（据 Pearce J A,1982）

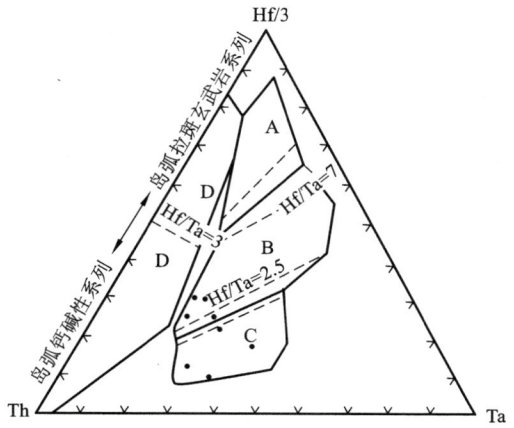

图 3-28 不同构造环境玄武岩的 Hf-Th-Ta 判别图
（据 Wood,1979）
A. M—MORB; B. P—MORB; C. 板内碱性玄武岩及分异产物；
D. 岛弧拉斑玄武岩及分异产物

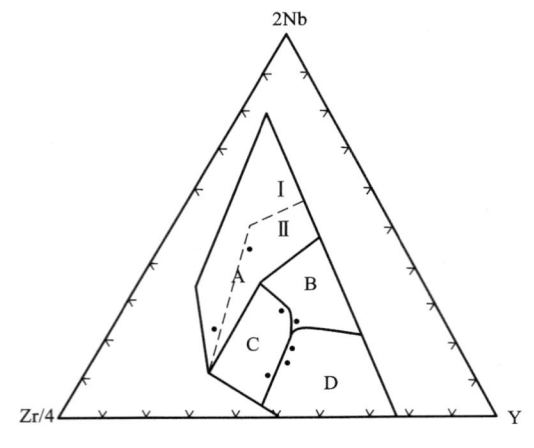

图 3-29 不同构造玄武岩的 Nb-Zr-Y 判别图
（据 Meschede,1986）
A. Ⅰ和Ⅱ,板内碱性玄武岩;Ⅱ和 C,板内拉斑玄武岩;
B. P—MORB;D. N—MORB;C 和 D. 火山弧玄武岩

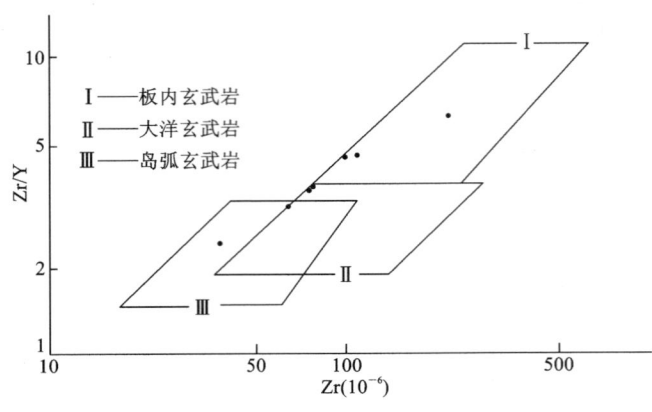

图 3-30 Zr-Zr-/Y 相关图
（据 Pearce,1979）

岩石的稀元素丰度（表 3-14）：$\sum REE 22.54\times10^{-6}\sim130.29\times10^{-6}$，$\sum Ce/\sum Y 0.49\sim3.89$，$(La/Yb)_N 0.59\sim3.23$，$(La/Sm)_N 0.69\sim3.99$，$(Gd/Yb)_N 0.91\sim1.70$，$\delta Eu 0.56\sim1.14$，稀土配分型式主要为轻稀土弱亏损平坦型（图 3-32），其稀土总量较低，但变化范围较宽，铕异常不明显，轻稀土分馏程度和重稀土分馏程度均不明显。二者间分馏程度很低，与正常洋中脊玄武岩较相似（Lercex,1983）。

表 3-14 白垩纪朗县混杂岩稀土元素含量表（$\times10^{-6}$）

岩石名称	变基性火山岩	钠长绿帘绿泥石片岩	蚀变玄武岩	钠长绿泥绿帘石片岩	斜长绿泥绿帘石片岩	玄武岩	玄武岩	玄武岩	玄武岩
La	6.34	2.17	16.02	6.84	28.82	2.90	0.86	4.86	1.93
Ce	16.34	5.67	40.75	17.50	56.09	7.41	2.11	13.02	5.29
Pr	2.78	1.06	5.84	2.41	6.92	1.38	0.39	1.97	0.98
Nd	11.92	5.42	26.24	11.06	25.05	7.05	1.98	8.40	5.30
Sm	3.15	1.99	6.98	3.19	4.54	2.39	0.79	2.55	1.90
Eu	0.95	0.73	2.39	1.16	0.74	1.10	0.35	0.87	0.81
Gd	3.71	2.80	7.04	3.71	3.24	3.60	1.29	2.97	2.94
Tb	0.70	0.52	1.20	0.67	0.57	0.65	0.26	0.47	0.49
Dy	4.00	3.51	7.18	4.09	3.60	4.45	1.75	2.91	3.46
Ho	0.80	0.75	1.28	0.78	0.72	0.96	0.38	0.61	0.75
Er	2.48	2.40	3.69	2.34	2.08	2.77	1.07	1.71	2.08
Tm	0.41	0.40	0.55	0.37	0.34	0.45	0.17	0.25	0.33
Yb	2.49	2.49	3.34	2.13	2.18	2.91	1.02	1.63	2.22
Lu	0.37	0.38	0.48	0.31	0.34	0.46	0.16	0.24	0.34
Y	21.31	21.47	34.61	21.35	18.33	24.06	9.67	14.19	18.81
$\sum REE$	50.69	24.62	114.92	51.41	130.29	62.54	22.25	56.65	47.63
$\sum Ce/\sum Y$	1.14	0.49	1.65	1.18	3.89				
δEu	0.85	0.95	1.03	1.03	0.56	1.14	1.05	0.97	1.05
$(La/Yb)_N$	1.72	0.59	3.23	2.17	8.91	0.67	0.57	2.01	0.59
$(La/Sm)_N$	1.27	0.69	1.44	1.35	3.99				
$(Gd/Yb)_N$	1.20	0.91	1.70	1.41	1.20	0.65	0.54	2.07	0.62

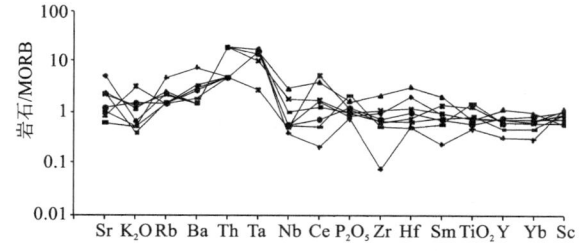

图 3-31　白垩纪朗县混杂岩火山岩微量元素蛛网图
（据 Pearce，1982）

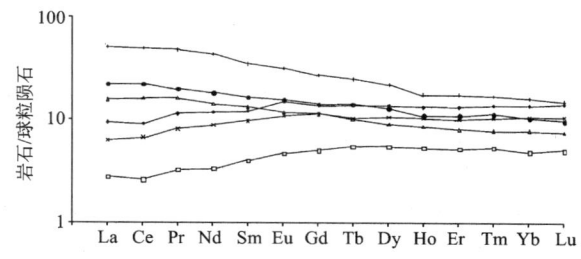

图 3-32　白垩纪朗县混杂岩火山岩稀土元素配分曲线
（据 Boynton，1984）

从上述岩石化学、地球化学特征，以及各类判别图解可以得出，朗县白垩纪基性火山岩形成的构造环境可能为扩张洋盆的洋脊。在罗布莎蛇绿岩群上部枕状玄武岩中所获 Rb-Sr 等时线年龄为 173.27±10.90Ma 及 168.24±11.03Ma；在泽当变质基性熔岩中获 Rb-Sr 等时线年龄为 215.57±20.68Ma，其时代为 T_3—J_1，而其上共生的远洋沉积的放射虫硅质岩中采获放射虫：*Praeonocaryinuna* sp.，*Trillus* sp.，*Podobursa* sp.，*Puntanillium* sp.，*Archaeodictyomizra* sp.，*Paronaella* sp.，*Hsuun* sp.，*Alievium* sp.等，其时代为侏罗纪、白垩纪。并在泽当又采获 *Copnuchosphoaera* sp.，*Befracihum* sp.，*Pseudostylosphaera* sp.等中—晚三叠世放射虫。表明洋盆在中—晚三叠世以来就有了强烈的海底扩张，导致大洋拉斑玄武岩浆活动，因此，可以认为雅鲁藏布江洋盆至少在中—晚三叠世时就具相当规模，经历了侏罗纪到白垩纪的长期发展的过程，最终形成于白垩纪。

四、脉岩

（一）超基性岩脉

超基性岩脉仅见于错龙、纳吉等地，岩石以全蚀变二辉辉石研究较详，具变余半自形—自形粒状结构，粒状纤柱状变晶结构，块状构造，主要矿物成分以柱粒状单斜辉石为主，具透闪石化、绿泥石化和少量碳酸岩化，代替斜方辉石绢石（15％），副矿物有白钛石（6％～8％）、磷灰石等。

岩石化学成分（％）：SiO_2 48.76，TiO_2 0.08，Al_2O_3 8.14，Fe_2O_3 1.41，FeO 10.18，MnO 0.16，MgO 14.07，CaO 8.46，Na_2O 0.36，K_2O 0.24，P_2O_5 0.28。与中国超基性岩辉岩化学成分相比，SiO_2、TiO_2 偏高，余者接近，K_2O、Na_2O 偏低，固结指数 SI 5.7～6.13，表明岩石结晶分离作用很低，而分异程度较高，CIPW 标准矿物组合（％）为 Q(16)、Or(1.26)、Ab(2.72)、An(19.1)、Di(15.2)、Hy(38.6)，属正常类型。

岩石的微量元素含量（$\times 10^{-6}$）：Sc 23、Rb 5.9、Sr 57、Zr 170、Ba 624、Hf 4.1、Th<1、V 202、Cu 17、Cr 600、Co 69、Ni 426、Pb 1.2、Zn 127。与微氏超基性岩相比，大离子亲石元素 Rb、Sr、Ba、活动性元素 Zr、Hf 及 Zn 显著高，Cr、Co、Ni 偏低，与玄武质岩浆结晶分异的超基性岩的微量元素特征较相似。

岩石的稀土元素丰度（$\times 10^{-6}$）：La 15.78、Ce 35.19、Pr 5.29、Nd 21.07、Sm 5.31、Eu 1.37、Gd 5.06、Tb 0.77、Dy 4.33、Ho 0.82、Er 2.08、Tm 0.29、Yb 1.67、Lu 0.24、Y 19.3。ΣREE 118.6$\times 10^{-6}$，$\Sigma Ce/\Sigma Y$ 2.43，$(La/Yb)_N$ 6.37，$(La/Sm)_N$ 1.87，$(Gd/Yb)_N$ 2.45，δEu 0.8，稀土配分型式为右斜轻稀土富集型（图 3-33），稀土总量较

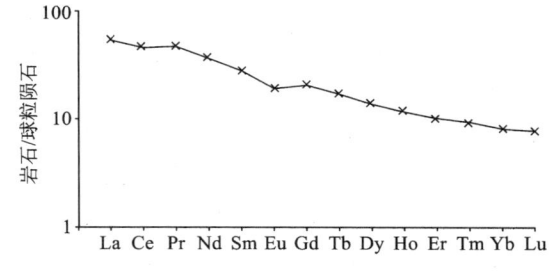

图 3-33　辉石岩脉稀土元素配分曲线
（据 Boynton，1984）

低，δEu 具弱负异常，轻稀土之间、重稀土之间及二者分馏程度显著，与玄武质岩浆结晶分异的超基性岩稀土配分型式相似。

（二）基性岩脉

基性岩脉广泛分布于测区中部、南部晚三叠世曲龙贡巴组、早侏罗世—中侏罗世日当组、陆热组、遮拉组等地层中。主要岩石类型有辉绿岩、辉绿玢岩及部分变质基性岩。据地质特征分析，此类岩脉为玄武岩浆结晶分异的产物。

蚀变辉绿玢岩，变斑状结构，基质具变辉绿结构，斑晶以暗色矿物为主，已全绿泥石化，少部分长石已钠长石化和绿泥石化，基质由暗色矿物和钛铁矿组成，普遍具绿泥石化、方解石化、绢云母化，钛铁矿已白钛石化。

辉绿岩脉，岩石呈灰绿—暗绿色，具蚀变辉绿结构，块状构造。矿物成分主要为：自形—半自形板条状、具强绢云母化基性斜长石（60%～70%），他形粒状角闪石（20%～25%），角闪石已全蚀变由绿泥石及方解石所取代，并析出铁质，及少量石英（<5%）他形粒状充填。

片理化变基性岩脉，岩石呈灰绿色，普遍受后期变质和蚀变作用强烈，原岩面貌不清。基性斜长石变为钠长石、绿帘石、黝帘石及绢云母。辉石蚀变为纤闪石、绿泥石、方解石，部分角闪石变为阳起石和绿泥石。

据1:5万琼果幅、曲德贡幅资料，其岩石化学特征表现为，SiO_2含量低（42%），为基性岩，K_2O/Na_2O为0.88；而TiO_2、Fe_2O_3、FeO、MgO含量高。σ指数属钙碱性系列，固结指数相对较低，分异指数为20.51；属基性岩范畴，斜长石牌号An62，属拉长石；CIPW标准矿物组合为Q、Or、Ab、An、Di、Hy，属正常类型，岩石的微量元素丰度与维氏值相比，Li、Cs、Bi、V、Y、Sc、Te、Zr、Hf、U、Th等元素相对富集，而Cr、Ni、Rb、Nb、Au等元素相对偏低。

地球化学特征其$\Sigma REE 127.5\times10^{-6}\sim289.47\times10^{-6}$，变化范围较宽，总体较高，特征指数为$\Sigma Ce/\Sigma Y 1.08\sim2.02$，$(La/Yb)_N 2.04\sim4.85$，$(Gd/Yb)_N 0.95\sim1.51$，$\delta Eu 0.8\sim1.16$，稀土配分曲线为右倾轻稀土富集型，δEu异常不明显。轻稀土之间、重稀土之间及二者分馏程度明显，为玄武质岩浆结晶分异的产物。

第二节　中酸性侵入岩

一、渐新世花岗斑岩

测区花岗斑岩规模很小，出露零星，仅有朗多扎（30）、拉轨拉（31）两个小岩体，呈岩株状东西向展布延伸，岩体面积1～1.8km²。岩石有花岗斑岩、花斑岩。

朗多扎花岗斑岩体（30），花岗斑岩具斑状结构、基质具变余霏细结构（图版XIII-4），块状构造。斑晶由板状奥长石、条纹长石、粒状石英及少量白云母组成（15%），具绢云母化、帘石化及粘土化。基质呈细粒状，由斜长石（20%）、钾长石（25%～30%）、石英（17%～22%）及白云母（13%）组成，次生蚀变矿物有黄钾铁矾、绢云母、帘石、粘土质及副矿物金红石。

扎轨拉花岗斑岩体（31），花岗斑岩具显微文象结构，块状构造。主要矿物成分斜长石为奥长石（15%），半自形晶，具较强的绢云母化，他形钾长石（正长石—微条纹长石）（40%），呈文象连晶出现，他形石英（35%～40%），呈文象连晶出现，片状黑云母（10%～15%），次生矿物有绢云母、绿泥石、方解石、帘石、粘土质，副矿物有磁铁矿、针柱状磷灰石、金红石等。

岩石化学成分（%）：SiO_2 67.32～72.51，TiO 0.79～0.87，Al_2O_3 12.24～13.15，Fe_2O_3 0.66～1.28，FeO 3.05～4.45，MnO 0.03～0.1，MgO 0.69～1.18，CaO 0.54～2.26，Na_2O 2.11～2.43，K_2O 3.96～4.13，P_2O_5 0.29～0.3，K/Na 0.21，与中国花岗岩平均化学成分相比，SiO_2、MgO、CaO变化范围

较宽,余者接近,$K_2O>Na_2O$,总体具富碱的特征。A/CNK1.1～1.4,属S型花岗岩的范畴。σ指数1.32～1.68,为钙碱性岩石系列,分异指数DI71.8～77.9,固结指数SI5.7～6.13,表明岩石结晶分离作用很低,而分异程度较高,CIPW标准矿物组合(%)为Q(39.2～49.7)、C(1.52～4.12)、Or(20.7～21.4)、Ab(15.4～18)、An(0.69～8.65)、Hy(4.55～8.54),刚玉分子C>1,表明岩石铝过饱和度高。本类岩石为一种强过铝的浅色花岗岩。

岩石的微量元素含量($\times 10^{-6}$):Sc14～16、Rb135～174、Sr81～220、Zr356～361、Ba694～1042、Hf10、Th33～34、Ta2.2～2.3、Nb25～27、U3.2～4.1、V66～68、Cu12、Li35～45、Ga18、Cs3.1～3.3、Sn3.7～4.7、W2.3～2.9、Be2.3。与微氏花岗岩相比,Li、Be、Sn、Cs、Ga偏高,余者普遍偏低,其微量元素蛛网图(图3-34)以Rb、Th、Ce强烈富集及Ba、Ta、Nb、Yb的亏损为特征,与S型花岗岩的微量元素特征基本一致。

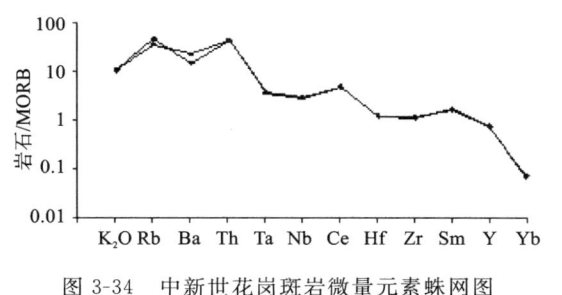

图3-34 中新世花岗斑岩微量元素蛛网图
(据Pearce,1982)

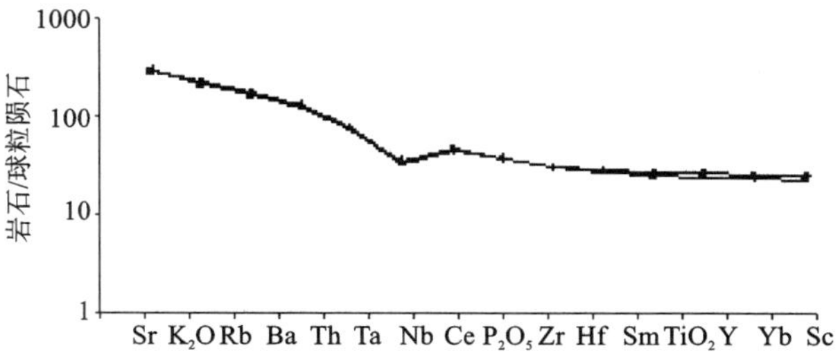

图3-35 中新世花岗斑岩稀土元素配分曲线
(据Boynton,1984)

岩石的稀土元素丰度($\times 10^{-6}$):La78.25～82、Ce153.3～160.3、Pr18.39～19.86、Nd70.29～73.92、Sm13.18～14.05、Eu2.37～2.59、Gd11.43～11.66、Tb1.72～1.75、Dy9.31～9.7、Ho1.87～1.99、Er4.99～5.28、Tm0.76～0.83、Yb4.87～5.01、Lu0.72～0.78、Y45.13～46.36。$\Sigma REE 416.6\times 10^{-6}$～$436.2\times 10^{-6}$,LREE/HREE4.16～4.23,$(La/Yb)_N$10.83～11.05,$(La/Sm)_N$3.68～3.73,$(Gd/Yb)_N$1.88～1.89,δEu0.58～0.60,稀土配分型式为右斜轻稀土富集型(图3-35),稀土总量较低,铕负异常明显,轻稀土之间、重稀土之间及二者分馏程度均显著,与碰撞期后花岗岩的稀土配分型式相似。

在花岗斑岩中获K-Ar同位素年龄67.2Ma,年龄值可能偏老,故暂将其置于渐新世时期。按岩石基本特征及岩浆演化,可能为分异较晚期的产物。

二、始新世中性、酸性侵入岩

始新世中酸性、酸性侵入岩零星出露于测区中部和东北部,有石英闪长岩和黑云母花岗岩。岩石中分别获K-Ar同位素年龄值43.3Ma和45.3Ma,按岩浆演化分别将其置于始新世早阶段和晚阶段两部分。

(一) 石英闪长岩

早阶段石英闪长岩见于虾知、亚拉等地,有虾知(6)一个岩体群和聂贡拉(1)一个岩体,单个岩体宽几十米至上百米,长几百米至1km,出露面积2km²。形态呈不规则状、椭圆状岩株产出,侵入于涅如组中。与围岩接触关系清楚,岩体中见有围岩捕掳体,在岩体边部具有强烈的角岩化、硅化等蚀变现象。在岩体内部沿裂隙有后期蚀变的碳酸盐化,常透明形成冰洲石,相伴的还有孔雀石化。

岩石为石英闪长岩,半自形粒状结构,块状构造。矿物粒径0.15～2.5mm,主要矿物成分有半自形柱状斜长石(55%～65%,具泥化和碳酸盐化)、半自形柱状角闪石(25%～30%),次要矿物成分有他形粒状石英,岩石具明显的黝帘石化及少量绿帘石化。

经人工重砂测定,锆石以无色为主,少数因铁染呈不均匀的褐黄色。粒径一般以(0.03～0.25)mm

×(0.02~0.15)mm 为主。晶形多呈柱状，表面光滑明亮，晶棱晶面清晰，多数由柱面 m、a 和锥面 x、p 组成聚形。其副矿物组合为锆石＋磁铁矿＋磷灰石＋榍石型，并有云母、电气石、绿帘石等矿物。

岩石化学成分(%)特点：SiO_2 56.68~58.82，与中国同类岩石化学成分相比，SiO_2 属中性岩范畴，Na_2O+K_2O(1.4~2.68)全碱含量较低，CaO(9.47~13.03)含量普遍较高。σ 指数 0.53~1.23，皆小于 3.3，属钙碱性系列，长英质指数 9.7~21.14，小于 50，说明全碱只占碱钙总量的 16.47%，固结指数 29.22~42.54，表明其结晶分离程度不高，CIPW 标准矿物组合(%)主要为 Q(4.27)、Or(0.65)、Ab(11.54~22.55)、An(23.92~28.09)、Di(6.61~11.72)、Hy(17.64~23.53)，属正常类型。

岩石的微量元素含量与维氏值相比，V、Cr、Co、Ni、As、Hf 等元素值远大于维氏中性岩值，趋向富集，Sr、Ba、Zr、Nb 等小于维氏中性岩值，趋于平化，余者接近。其微量元素蛛网图(图 3-36)具 Th 强烈富集，Nb、Ta 亏损，从 Ce 到 Yb 呈平坦型分馏不明显的特征。

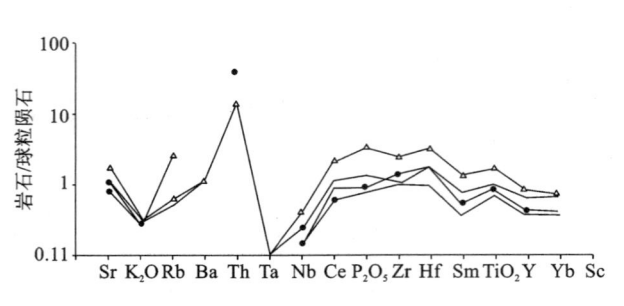

图 3-36　始新世石英闪长岩微量元素蛛网图
(据 Pearce，1982)

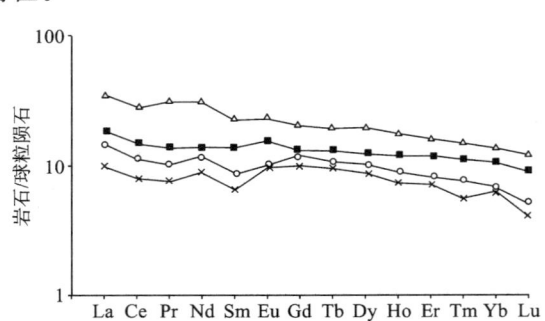

图 3-37　始新世石英闪长岩稀土配分曲线
(据 Boynton，1984)

岩石的稀土总量 $\sum REE\ 25.17\times10^{-6}$~$79.13\times10^{-6}$，变化范围较宽，总体较低，也高于球粒陨石的丰度，LREE/HREE 1.85~2.98，$(La/Yb)_N$ 2.42~3.87，$(La/Sm)_N$ 2.19~2.65，$(Gd/Yb)_N$ 1.47~2.16，δEu 1.01，其稀土配分曲线为向右缓倾轻稀土弱富集型(图 3-37)，δEu 无异常，属铕弱富集型，反映岩浆经分异形成，其成分来源于地壳和上地幔，轻稀土和重稀土之间，轻稀土之间具一定分馏程度。

(二) 黑云母花岗岩

晚阶段黑云母花岗岩出露规模小，仅有俗坡努(29)一个岩体，据《西藏自治区区域地质志》资料，岩体宽 300~500m，长 1km，出露面积 0.5km²，形态呈椭圆状，呈岩株状产出，侵入于涅如组地层中，围岩伴随有轻微的重结晶作用和角岩化，边缘有较多的围岩捕虏体。

岩体相变不大，主要岩石类型为似斑状黑云母花岗岩，靠近接触带出现冷凝边，呈细粒结构，斜长石含量增高，变为花岗闪长岩。外部相为细粒结构，宽 50~60m，内部相为中粒结构。两相带中都发育长石斑晶，含量不足 10%，大小 (0.6×1.5)~(1×1.5)cm²，大者达 (1.5×3)~(1.5×4)cm²。似斑状黑云母花岗岩长石类经光学测量，斜长石 2V(−)84°~92°，有序度 0.69~0.98，An21；钾长石 2V(−)67°~81°，有序度 0.69，三斜度 0.43。岩体中局部发育片麻状构造。

主要岩石化学特征，SiO_2 71.02%~72.17%，平均值 71.68，富硅、低碱，Na_2O 和 K_2O 接近相等，出现标准刚玉分子(1.22%~3.47%)，为铝过饱和型。

三、中新世花岗岩

区内中新世花岗岩主要分布于中部和南部地区，为区内岩浆侵入活动最重要的时期，属碰撞期后的产物。岩石有二云二长花岗岩、白云母花岗岩及花岗斑岩等类。

(一) 二云二长花岗岩

二云二长花岗岩见于也拉香波倾日、里弄岗等地，计有也拉香波倾日(7)、毕日(8)、打拉(14)三个岩体,其平面形态呈南北向的椭圆形,两者侵入于亚堆扎拉岩组中,后者与曲德贡岩组呈侵入接触。构成也拉香波倾日核杂岩的核部。受其岩浆热流的影响,出现红柱石、石榴石、十字石等变质矿物。外接触带较宽,发育低中压相系低绿片岩相—高绿片岩相—低角闪岩相递增变质带。按同源岩浆演化规律及结构特点,划分为早阶段里弄岗中粒二云二长花岗岩和晚阶段也拉香波倾日细粒二云二长花岗岩等不同结构的侵入体。

毕日中粒二云二长花岗岩体(8),侵入于曲德贡岩组中。接触界线清楚,接触面呈波状起伏,倾角较陡。岩石具中粒花岗结构,块状构造,矿物粒径 2~3cm 为主,少数 4~5cm。主要矿物成分半自形粒状斜长石,表面洁净,钠氏聚片双晶清晰,少量具卡钠复合双晶,在边缘偶见蠕英石,An=24~46;钾长石,呈他形粒状,较干净,具钠氏条纹和格子双晶,为条纹斜长石、石英,呈他形粒状,填充于长石粒间。次要矿物成分为白云母,呈自形—半自形片状,新鲜,偶见晶体内有黑云母残片、网状金红石、黑云母,呈自形—半自形片状,黑云母吸收性 Ng 棕褐色、褐色。副矿物有锆石、磷灰石、磁铁矿。

也拉香波倾日细粒二云二长花岗岩,与早阶段的毕日中粒二云二长花岗岩呈涌动接触关系。前者具细粒花岗结构,块状构造。粒径 0.6~1.5mm,个别达 2mm。斜长石多呈半自形柱状,较洁净,钠氏聚片双晶一般不清楚,显示环形消光,少见卡钠复合双晶,An=22~24;钾长石,多呈他形—半自形板状,钠长石条纹较发育,为条纹长石和微斜长石,个别包有蠕虫状和蠕滴状石英;石英,呈他形粒状填充于长石粒间。少数波状消光,包裹体内有尘埃质点;白云母呈半自形片状,新鲜,见个别晶片中残余黑云母析出的毛发状金红石;黑云母,呈半自形片状,吸收性 Ng 红褐色,Np 浅褐黄色,偶见锆石包体。副矿物有锆石、磷灰石、金红石等。

各岩体副矿物种类及组合基本一致,为锆石+磁铁矿+钛铁矿+磷灰石+石榴石型,锆石以无色为主,晶体形态多呈柱状和碎块状,表面光滑,晶棱、晶面清楚,主要由柱面 a 和锥面 p 组成简单聚形,各岩体岩石化学特征 SO_2 含量变化于 72.8%~73.16% 之间,与中国花岗岩平均化学成分一致,属酸性岩范畴,从早阶段到晚阶段:Al_2O_3、TiO_2、CaO、MgO、Fe_2O_3+FeO 含量均逐渐增高,K_2O+Na_2O 含量逐渐降低,且 K_2O/Na_2O 亦降低,显示岩石中相对富钠。σ 指数为 1.52~2.45,为强—中等钙碱性岩石系列。在硅-碱图(图 3-38)中,各岩体样品落入亚碱性系列区。SI(1.19~3.79)逐渐增高,表明岩浆在冷凝过程中结晶程度逐渐增高,本身指数很小,说明岩浆总体结晶程度要高;在 AFM 图解(图 3-39)中,各岩体投点全部位于钙碱性系列区,具有向相对富铁方向演化的特点。CIPW 标准矿物为 Q、Or、Ab、An、C,属铝过饱和类型。早阶段到晚阶段,标准矿物斜长石、石英含量增加,刚玉含量递减,显示出岩浆向酸性方向演化而具 S 型花岗岩特征,An-Ab-Or 三角图解(图 3-40)中,具有向相对富钠方向演化的特征。

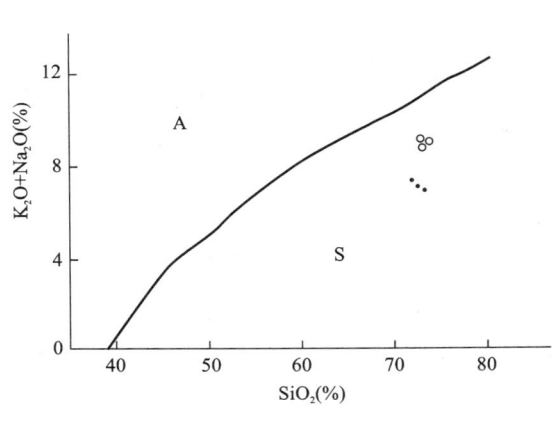

图 3-38　硅-碱关系图
(据 Irvine T N,1971)
A. 碱性系列;S. 亚碱性系列
·也拉香波倾日二长花岗岩体;○. 毕日、打拉二长花岗岩体

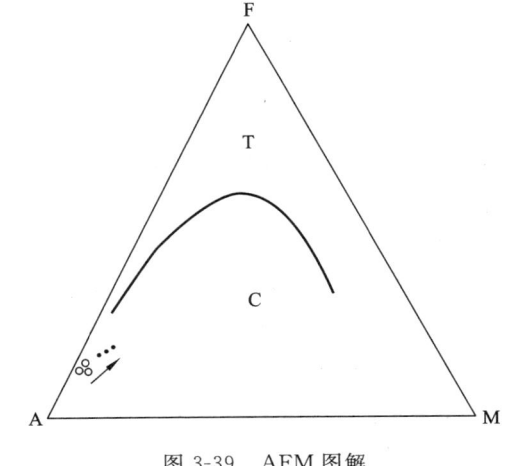

图 3-39　AFM 图解
(据 Irvine T N,1971)
T. 拉斑系列;C. 钙碱性系列
·也拉香波倾日二长花岗岩体;○. 毕日、打拉二长花岗岩体;箭头方向为演化方向

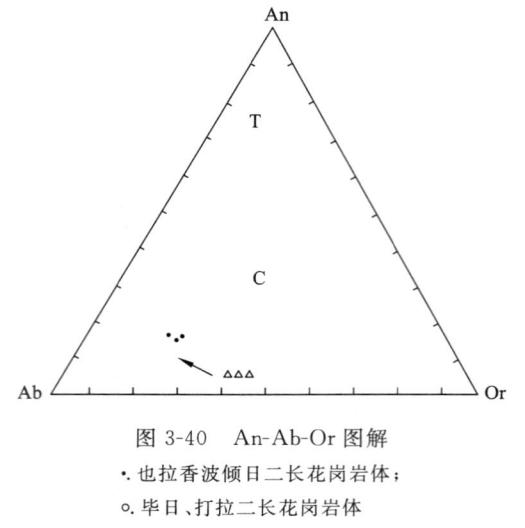

图 3-40　An-Ab-Or 图解
·也拉香波倾日二长花岗岩体；
△毕日、打拉二长花岗岩体

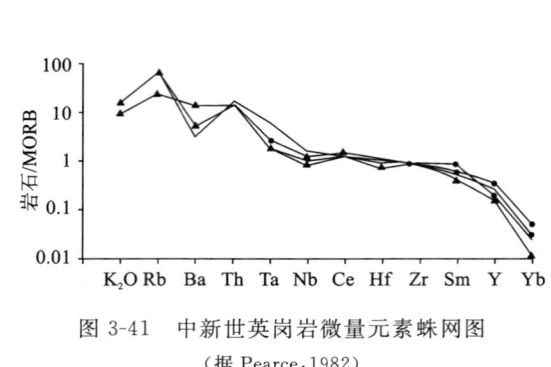

图 3-41　中新世英岗岩微量元素蛛网图
（据 Pearce，1982）

岩石微量元素含量：与维氏值相比 Nb、Ta、Zr、U、Th、Ti、Sc、Sr、Cr、Ba、V 及 Ni、Co 元素相近，但从早至晚阶段 Ba、V、Sc 元素递增，Rb、Li、Nb、U、Ta 等元素递减。其微量元素蛛网图（图 3-41）以 Rb、Th 强烈富集及 Ba、Yb 强烈亏损为特征，与 S 形花岗岩的微量元素特征基本一致。

各岩体稀土元素含量，其 $\sum REE 36.29\times 10^{-6}\sim 49.95\times 10^{-6}$，从早阶段到晚阶段具逐渐增加的趋势。$\delta Eu 0.4\sim 0.99$，说明岩石分异早期有壳源物质不同程度的混染，主要是由上地壳经不同程度部分熔融而形成。$\sum Ce/\sum Y 5.62\sim 12.54$，为轻稀土富集型，越晚期轻稀土越富集。$(La/Yb)_N 2.42\sim 3.87$，$(La/Sm)_N 2.19\sim 2.65$，$(Gd/Yb)_N 1.47\sim 2.16$，反映了轻稀土与重稀土之间，轻稀土之间分馏程度都高，相对晚阶段分馏程度更高，轻稀土越富集，其稀土配分曲线均为右斜轻稀土富集

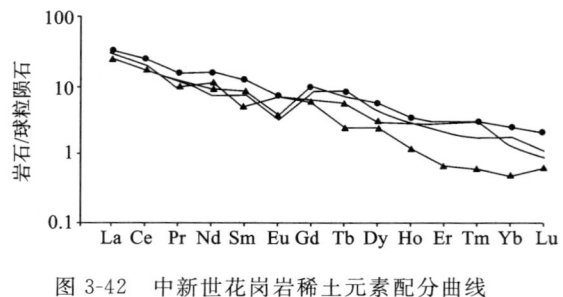

图 3-42　中新世花岗岩稀土元素配分曲线
（据 Boynton，1982）

型（图 3-42），表明早晚阶段的花岗岩体具有良好的同源岩浆演化亲缘性。

综上所述，早阶段和晚阶段花岗岩具有十分清楚的同源岩浆演化特征，二者 K-Ar 同位素年龄分别为 11.1Ma 和 20.4Ma，其间相差近 9Ma，表明时间的差异性与演化极其吻合。

（二）白云母花岗岩

测区白云母花岗岩出露于曲折木—觉拉断裂以南错那洞、库曲等地，其 K-Ar 同位素年龄值 16.7Ma，故将其划分为中新世，属典型的陆内汇聚阶段形成的造山期后花岗岩。按岩石结构划分为细粒白云母花岗岩和中粒白云母花岗岩两种。

区内有错那洞（30）和库曲（33）两个白云母花岗岩体，库曲岩体稍小，面积 $20km^2$。而错那洞岩体规模较大，研究较详，岩体呈不规则的圆形，长 40km，宽 $4\sim 7km$，最宽达 13km，出露总面积 $32km^2$。呈岩基状侵入于早白垩世拉康组中（图版 XIII-2、图版 XIII-3），并见有残留的顶盖。在其南侧围岩受到较强的接触变质作用，变质带最宽达 3000m，主要岩石有云母角岩、含红柱长英质角岩、含十字石榴长英质角岩、角岩化板岩及斑点板岩等。

岩石以含电气石白云母花岗岩为主，具中细粒花岗（变晶）结构，以块状构造为主。局部显示片麻状构造。粒径一般 $0.1\sim 2mm$，少量 $2\sim 3mm$，主要矿物成分以更中长石为主，微斜长石 15%，石英 35%，片状黑云母（Ng'褐色）$3\%\sim 4\%$，片状白云母 12%，普遍含不规则粒柱状电气石（$2\%\sim 4\%$），副矿物有磷灰石、锆石。

在位于南侧的同类岩石中，其微斜长石（钾钠长石）为他形晶体，偶见半自形斑晶，一般格子双晶和

出溶条纹都很少出现,有时见卡斯巴双晶。其$2V_{Np}=67°\sim77°$,$\perp(001)\wedge Nm=2\sim10$,有序度$0.62\sim 0.83$,三斜度$0.22\sim0.66$,Or组分$60\%\sim90\%$。斜长石较自形,具钠长石律和钠长石卡斯巴复合双晶,偶见肖钠长石律双晶,$2V_{Np}=88°\sim99°$,An5~33,主值An12,有序度$0.8\sim1.0$。电气石短柱状,具很好的弧状三角形横切面,No=1.671,暗蓝棕色,Ne=1.636,浅蓝棕色。接触带中的电气石一般为长柱状,No=1.682,暗棕蓝色,Ne=1.652,棕黄色,比前者显示较强的蓝色色调。石英有明显的拉长趋势,呈强烈弧形波状消光。

岩石化学成分(%):SiO_2 73.50~74.37,TiO_2 0.13~0.17,Al_2O_3 14.56~15.02,Fe_2O_3 0.5~0.53,FeO 0.37~0.41,MnO 0.02~0.03,MgO 0.41~0.51,CaO 0.7~0.99,Na_2O 4.17~4.32,K_2O 3.91~4.11,P_2O_5 0.05~0.06,K/Na 0.21。与中国花岗岩平均化学成分相比,岩石具贫铁、镁而相对富碱、铝的特征。A/CNK 1.1~1.2,属S型花岗岩的范畴,σ指数2.33~2.08,为钙碱性岩石系列,分异指数DI 65.24~72.2,固结指数SI 4.2~5.3,表明岩石结晶分离作用很低,而分异程度较高。CIPW标准矿物组合(%)为Q(40.1~42.6)、C(1.83~2.35)、Or(19.8~28)、Ab(30~31)、An(2.84~4.12)、Hy(0.96~1.18),刚玉分子C>1,表明岩石铝过饱和度高。根据以上特征,结合岩石矿物组合(含高铝的白云母、电气石及铁镁质矿物含量低),本类岩石为一种强过铝的浅色白云母花岗岩。

在花岗岩碱度划分图(图3-43)上,均在碱性区内;图3-44(a)中,则靠近碰撞期后碱质较高的A区内;在图3-44(b)中均位于S型花岗岩区内;在Maniar判别图3-45中,均落在造山期后花岗岩区及裂谷和大陆隆升花岗岩区界限附近。可能为大陆碰撞造山期后局部拉张环境下形成的产物。

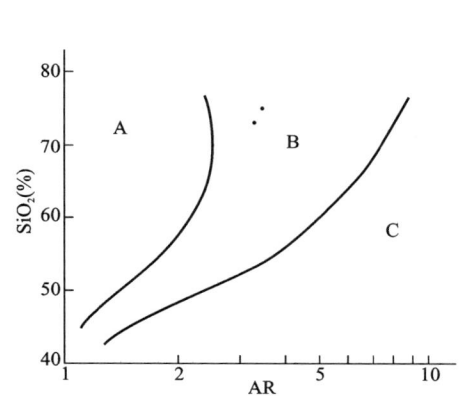

图3-43 中新世花岗岩的碱度划分图

(据Wnght,1961)

$AR=(Al_2O_3+CaO+Na_2O+K_2O)/(Al_2O_3+CaO+Na_2O-K_2O)$

A.钙碱性;B.碱性;C.过碱性

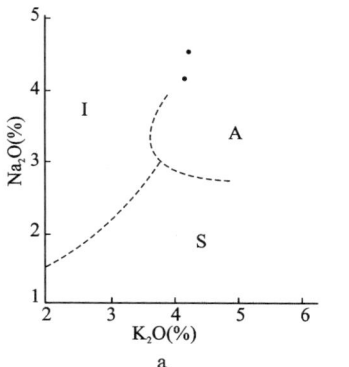

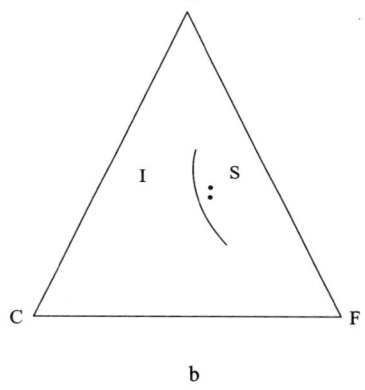

图3-44 中新世花岗岩 Na_2O-K_2O 和 ACF 图解

a. Na_2O-K_2O图(据Collins,1982);b. ACF图解

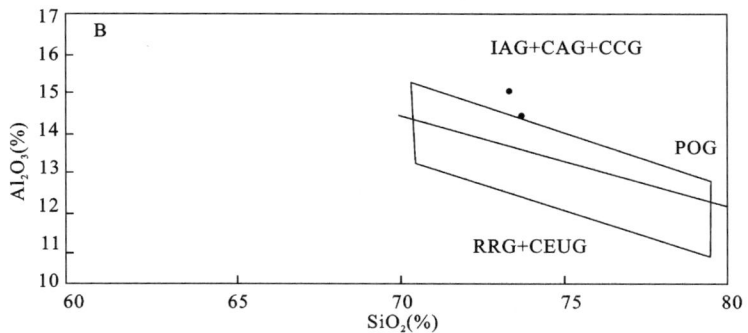

图3-45 古新世花岗岩的多种构造环境判别图

(据Maniar et al,1989)

IAG.岛弧花岗岩;CAG.陆弧花岗岩;CCG.大陆碰撞花岗岩;

POG.造山期后花岗岩;RRG.裂谷花岗岩;CEUG.大陆隆升花岗岩

岩石的微量元素含量($\times 10^{-6}$):Sc(0.8~1.6)、Rb(143~190)、Sr(44~48)、Zr(30~32)、Ba(48~69)、Hf(1~1.3)、Th(6.1~7.8)、U(1.9~3.3)、V(4)、Cu(3.4~4.1)、Zn(52~85)、Li(178~366)、Ga(44~60)、Cs(15~47)、Sn(10~16)、W(1.5)、Be(8.7~14)。与微氏花岗岩相比,Li、Be、Sn、Cs、Ga偏高,余者普遍偏低。其微量元素蛛网图(图3-46)以Rb、Th强烈富集及Ba、Yb强烈亏损为特征,与S型花岗岩的微量元素特征基本一致。

岩石的稀土元素丰度($\times 10^{-6}$):La(7.46~8.53)、Ce15.55~18.08、Pr1.87~2.24、Nd(6.47~8.05)、Sm(2.25~3.21)、Eu(0.26~0.34)、Gd(2.39~3.17)、Tb(0.37~0.41)、Dy(1.95~1.97)、Ho(0.26~0.32)、Er(0.52~0.8)、Tm(0.06~0.11)、Yb(0.3~0.67)、Lu(0.04~0.09)、Y(6.9~8.73)。ΣREE49.4$\times 10^{-6}$~54$\times 10^{-6}$,LREE/HREE2.2~2.97,(La/Yb)$_N$7.51~19.17,(La/Sm)$_N$1.67~2.08,(Gd/Yb)$_N$2.88~8.53,δEu0.25~0.45,稀土配分型式为右斜轻稀土富集型(图3-47),稀土总量较低,δEu强烈亏损,轻稀土之间、重稀土之间及二者分馏程度均显著,与碰撞期后花岗岩的稀土配分型式相似。

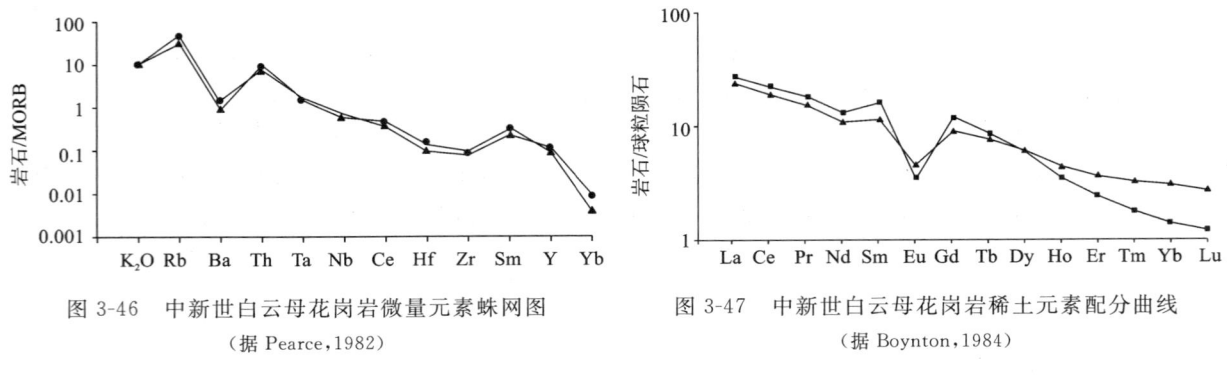

图3-46 中新世白云母花岗岩微量元素蛛网图
(据Pearce,1982)

图3-47 中新世白云母花岗岩稀土元素配分曲线
(据Boynton,1984)

四、脉岩

调查区脉岩分布广泛,种类繁多。按岩性分为基性岩脉、中性岩脉、酸性岩脉及云煌岩脉4大类。岩脉与围岩具明显的侵入接触关系。岩脉一般规模不大,最长可达百余米,宽数米至数十米不等。脉岩的侵入时代与同类岩体大致等时或稍晚。脉岩出露受层位控制明显,由南往北分别侵入于晚三叠世、侏罗纪、白垩纪等不同的层位中。结合区域资料分析,多属主岩浆期后补充期产物。

(一)中性岩脉

中性岩脉主要分布于康马隆子分区南部拥果岗一带的早侏罗世—中侏罗世日当组、陆热组等地层中,少数出露于石英闪长岩体的外围。岩石类型有闪长岩、石英闪长岩、闪长玢岩、石英闪长玢岩等。在曲德贡乡闪长岩中已获K-Ar同位素年龄值20.8Ma,故将其时代确定为渐新世。

闪长岩脉,岩石呈灰色,具中细粒半自形粒状结构、块状构造,矿物成分为(An34)斜长石(55%~60%)、普通角闪石(30%)、黑云母(8%~12%),及副矿物磷灰石、榍石、金属矿物(1%~2%)等。

石英闪长岩脉,岩石具半自形柱粒结构,块状构造,矿物成分由中长石(60%)、普通角闪石(20%)、黑云母(8%)及少量钾长石(<5%)、石英(5%~8%)等组成。部分石英闪长岩脉后期次生蚀变强烈,具强绢云母化、绿泥石化、绿帘石化、黝帘石化。

闪长玢岩脉,岩石具含斑状结构,基质具交织结构。斑晶为斜长石(2%~5%)、角闪石(1%);基质为中长石(60%~65%)、角闪石(25%~30%)、石英(1%)及金属矿物(3%)。斜长石具绢云母化,角闪石具次闪石化。

蚀变石英闪长玢岩脉,岩石具蚀变斑状结构,基质具细粒半自形粒状构造,块状构造。斑晶斜长石(10%)、角闪石(8%)、黑云母(3%);基质斜长石(55%~60%),强绢云母化,角闪石(10%)蚀变为方解石和铁质,黑云母(3%)为白云母取代并析出铁质,石英(5%)他形粒状,副矿物为磷灰石、锆石及金属矿物(1%)。

据1:5万琼果幅、曲德贡幅资料,其岩石化学特征表现为,SiO_2含量低(46.2%),Al_2O_3、FeO、CaO很高,

σ指数1.91,属钙碱性系列,计算出的长石牌号为65,属拉长石,按其分析属基性岩范畴,可能与烧失量过大有关,故分析结果误差大而可信度低。CIPW标准矿物组合为Q、Ab、An、Di、Hy,属正常类型。

岩石的微量元素丰度与维氏值相比,Co、Li、As、V、Hf等元素相对富集,而Pb、Ni、Sr、Ba、Nb等元素相对贫化,余者接近。

岩石的$\sum REE 131.1 \times 10^{-6}$,变化范围较宽,总体较高,特征指数为$\sum Ce/\sum Y 1.95$,$(La/Yb)_N 4.75$,$(La/Sm)_N 1.47$、$(Gd/Yb)_N 2.39$,$\delta Eu 0.73$,稀土配分曲线为右倾轻稀土富集型,具$\delta Eu$负异常,轻稀土之间、重稀土之间及二者分馏程度明显。

(二) 酸性岩脉

酸性岩脉出露较零星。但种类较多,岩石类型主要有花岗细晶岩、花岗闪长斑岩、花岗岩、花岗斑岩、花岗伟晶岩及石英脉等。

花岗细晶岩脉,岩石具他形细粒状(细晶)结构,块状构造。矿物成分微斜长石(35%～40%)他形粒状具格子双晶,酸性斜长石(20%～25%)、石英(30%)及少量黑云母(2%)、白云母(1%)、锆石、金属矿物等。岩石具轻微碎裂岩化。

花岗闪长斑岩,斑状结构,基质细粒全净质结构,块状构造。斑晶:粒径0.4～3.2mm,中长石(25%),具明显环带消光,单晶或聚晶石英(8%～10%),具溶蚀现象。片晶黑云母(8%～10%),部分绿泥石化。基质:斜长石为主,钾长石(3%～4%),石英(20%),白云母、黑云母(5%)。

黑云二长花岗岩脉,主要见于冈底斯岩浆弧晚白垩世似斑状黑云二长花岗岩基及其围岩中;岩石具中细粒花岗结构、块状构造。矿物成分由斜长石(30%～35%)、钾长石(20%～35%)、石英(30%)及黑云母(3%～7%)组成。部分花岗岩脉中见有少量石榴石,并见绢云母化及绿泥石化。

花岗斑岩脉,主要分布于冈底斯岩浆弧北部及工布江达一带,岩石具斑状结构、基质具球粒结构,块状构造。斑晶为正长石(3%)、更长石(2%)、石英(5%)他形粒状具港湾状熔蚀。基质由微晶钾长石(15%)、微粒石英(5%)、球粒状长石和石英组成混晶集合体(50%)、绢白云母(15%)及黑云母(5%)组成。

花岗伟晶岩脉,岩石具粗粒(伟晶)结构、块状构造。岩石矿物成分主要以半自形板状钾长石为主、由半自形板粒状酸性斜长石(20%)、他形粒状石英(20%)及片状白云母组成。石榴石(1%),偶见电气石。

石英脉在区内较为发育,为晚期产物。并见其相互穿插,具有多次活动特点。

(三) 煌斑岩脉

区内有少量云斜煌岩、煌斑岩脉分布于古堆、隆子县一带,多顺层侵入于晚三叠世涅如组和早侏罗世日当组中。

云斜煌岩脉,岩石具蚀变煌斑结构,块状构造。主要矿物成分黑云母(40%～45%),由土状氧化铁取代。粒状或板条状斜长石为主,多为方解石交代产物。次生矿物有绢云母、微粒状硅化石英(4%)。

煌斑岩脉,岩石具煌斑结构、块状构造。岩石矿物成分斜长石(50%)粘土化、暗色矿物(25%)、黑云母(20%)及少量磷灰石、白钛石等。

第三节 火 山 岩

调查区火山活动频繁,从新元古代—寒武纪开始一直持续到白垩纪,分布广泛出露总面积约4643 km²,占测区面积的28%(图3-1)。

火山岩的时空分布明显受板块构造制约,分带性十分明显。按其所处的构造位置,由南往北可依次划分为高喜马拉雅、北喜马拉雅、康马—隆子、玉门、章村及朗县6个构造火山岩带。按时代从老到新有新元古代—寒武纪肉切村岩群、曲德贡岩组、晚三叠世玉门混杂岩、章村组、中侏罗世遮拉组、晚侏罗世—早白垩世桑秀组、早白垩世甲不拉组、拉康组及朗县混杂岩9个火山岩层位。其构造环境大致可分为大陆裂谷、边缘裂陷盆地和洋盆等。

由于遭受区域动力热流变质作用、区域动力变质作用和接触变质作用的改造，区内部分火山岩变质变形较明显，原岩结构、构造特征基本消失，主要依据其岩石化学、岩石地球化学、变质矿物组合、残留的结构构造特征及其野外产状分析等，恢复其原岩。

一、新元古代—寒武纪火山岩

新元古代—寒武纪火山岩分别出露于高喜马拉雅分区和康马—隆子分区内。前者见于曲德贡岩组中，后者产于肉切村岩群a亚群中，出露面积454km^2。由于岩石普遍遭受了高绿片岩相的变质作用改造，其原岩结构、构造均未保存。已为变质结构、构造所取代。现主要依据其岩石学特征、岩石化学及地球化学特征进行初步探讨。

（一）肉切村岩群火山岩

肉切村岩群a亚群火山岩见于共荣—斗玉断裂以南，南以准巴断裂相隔的狭长地带内。呈北东-南西向展布，向南延出图外，出露面积96km^2。肉切村岩群a亚群火山岩由斜长绿泥角闪片岩组成，叠置厚度达984m以上。

其岩石化学成分(%)：SiO_2 50.93，TiO_2 3.98，Al_2O_3 14.75，Fe_2O_3 3.45，FeO 11.06，MnO 0.23，MgO 8.82，CaO 10.22，Na_2O 1.64，K_2O 0.88，P_2O_5 0.54，K/Na 0.21。与中国岩浆岩玄武岩平均化学成分(黎彤，1962)相比，FeO、MgO、CaO较高，Na_2O、K_2O明显偏低，固结指数SI 36.51，铁质指数高(84.07)，镁质指数低(15.93)，其化学定量分类属玄武岩类。σ指数3.33属钙碱性高钛铁质玄武岩，CIPW标准矿物组合(%)为Q(15)、Or(4.49)、Ab(31)、An(17)、Di(4.39)、Hy(14.0)，属正常类型。

岩石的微量元素含量($\times 10^{-6}$)：Sc 19.1、Rb 5.6、Sr 279、Zr 333、Nb 4.72、Ba 188、Hf 10.7、Ta 3.95、Th<4、V 342、Cr 98、Co 37.5、Ni 27.8、Cu 20.4、Pt 5、Pd 4.3，与微氏值相比，Rb、Sr、Ba大离子亲石元素、Nb、Zr、Hf活动性元素和亲铁元素Cu、Cr、Co、Ni较低，V高，与板内碱性玄武岩微量元素特征大体一致(Pearce，1982)。微量元素蛛网图(图3-48)明显地为Th、Ta强烈富集和Yb、Sc、Sr、Y亏损，而显示出碱性玄武岩的特征。

岩石的稀土元素丰度($\times 10^{-6}$)：La 35.20、Ce 83.07、Pr 10.73、Nd 45.29、Sm 10.12、Eu 3.40、Gd 8.83、Tb 1.43、Dy 7.24、Ho 1.23、Er 3.07、Tm 0.45、Yb 2.47、Lu 0.33、Y 29.25。ΣREE 206.64$\times 10^{-6}$，LREE/HREE 3.46，$(La/Yb)_N$ 9.61，$(La/Sm)_N$ 2.19，$(Gd/Yb)_N$ 2.88，δEu 1.16，稀土配分型式为右斜轻稀土弱富集平坦型(图3-49)，具稀土总量较高，δEu略显正异常，轻稀土分馏程度和重稀土分馏程度中等，与板内碱性玄武岩的稀土配分型式相似。

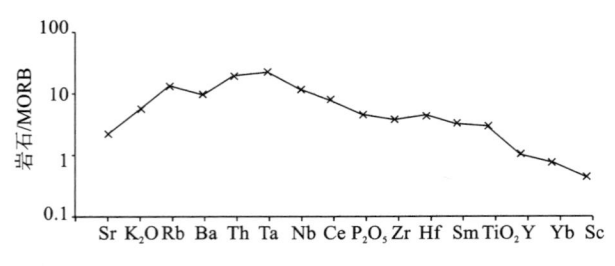

图3-48 晚元古代—寒武纪肉切村岩群火山岩微量元素蛛网图

（据Pearce，1982）

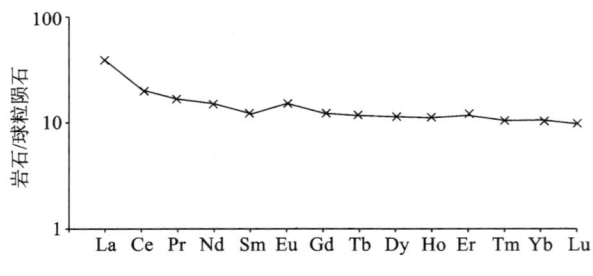

图3-49 晚元古代—寒武纪肉切村岩群稀土元素配分曲线

（据Boynton，1984）

（二）曲德贡岩组火山岩

曲德贡岩组火山岩出露于卡竹主剥离断裂和公普基底剥离断裂所围限的地带内，呈环形组成也拉香波倾日穹状核杂岩的一部分，出露面积 358 km²。主要由阳起石片岩、角闪质片岩所组成，假厚度达 1750m 以上。

岩石化学成分（%）：SiO_2 48.78，TiO_2 3.5，Al_2O_3 13.78，Fe_2O_3 1.57，FeO 10.84，MnO 0.17，MgO 7.13，CaO 9.62，Na_2O 1.77，K_2O 0.27，P_2O_5 0.34，与中国岩浆岩玄武岩平均化学成分相比，FeO、MgO、CaO 较高，Na_2O、K_2O 明显偏低，固结指数 SI36.51，铁质指数高（65.24），镁质指数低（34.76），其化学定量分类为玄武岩类。σ 指数 2.76 属钙碱性高钛铁质玄武岩，CIPW 标准矿物组合（%）为 Q(15)、Or(4.49)、Ab(31)、An(17)、Di(4.39)、Hy(14.0)，属正常类型。据刘国惠 1985 年对康马变质杂岩中变质火山岩 7 件角闪岩类的化学分析结果表明，其为 SiO_2 48%～55%，TiO_2 1%～1.8%，Al_2O_3 10%～15%，总铁量 7%～16%，MgO 4%～13%，CaO 10%～12%，K_2O 0.3%～1%，尼格里值 fm＝3.3～5.7，c＝22～30，alk＝3～9。显示了它们低硅和铝，高钛、铁、镁及富钙的特点。根据（Al-Te-Ti）-(Ca-Mg) 图解判别，它们的原岩为基性岩和基性凝灰岩类。

岩石的微量元素含量（$\times 10^{-6}$）：Sc 29，Rb 7，Sr 250，Zr 310，Nb 15，Ta 20.5，V 290，Cr 288，Co 37.6，Ni 103，Au 0.0006，Ag 0.05，Ti 1800，Pb 3，Li 145，As 0.4，与微氏值相比，Rb、Sr、Ba 大离子亲石元素、Nb、Zr、Hf 非活动性元素和相容元素 Cr、Co、Ni 较低，亲铁元素 V 高 Cu 低，与板内碱性玄武岩微量元素特征大体一致（Pearce，1982）。

岩石的稀土元素丰度（$\times 10^{-6}$）：La 16.73、Ce 37.9、Pr 5.49、Nd 23.58、Sm 6.75、Eu 1.88、Gd 7.85、Tb 0.97、Dy 6.18、Ho 1.05、Er 2.75、Tm 0.39、Yb 2.26、Lu 0.28、Y 27.6。∑REE 141.3×10^{-6}，LREE/HREE 1.86，$(La/Yb)_N$ 4.89，$(La/Sm)_N$ 1.53，$(Gd/Yb)_N$ 2.81，δEu 0.79，稀土配分型式为右斜轻稀土富集型（图 3-50），δEu 具负异常，轻稀土之间和重稀土之间分馏程度较高，与板内碱性玄武岩的稀土配分型式相似。

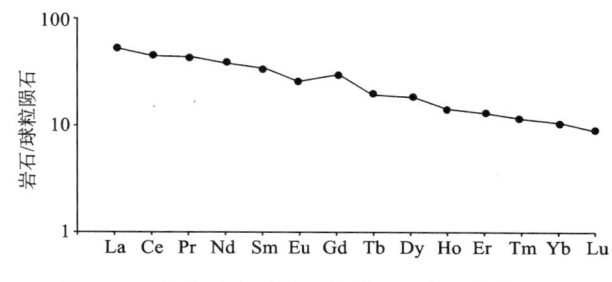

图 3-50　曲德贡岩群火山岩稀土元素配分曲线
（据 Boynton，1984）

综上所述，区内新元古代—寒武纪变质基性火山岩，其岩石化学、岩石地球化学均反映了板内碱性玄武岩特征。据已有资料，肉切村岩群斜长绿泥角闪片岩中获角闪石 ^{39}Ar-^{40}Ar 法等时线年龄 921.17±0.32Ma（1∶25 万扎日区幅），曲德贡岩组角闪质岩石中获 Rb-Sr 等时线年龄 501.11Ma（1∶5 万曲德贡幅），而将其置于新元古代—寒武纪，可能为泛非晚期大陆裂谷作用形成的产物。

二、晚三叠世火山岩

晚三叠世火山岩为雅鲁藏布江结合带的重要组成部分，亦为区内火山活动最强烈的时期之一，按其构造背景，进一步划分为玉门混杂岩和章村组两个火山岩带，以前者规模较大，出露面积 718km²。

——晚三叠世章村组火山岩

章村组按岩石特征划分为两个岩性段，其火山岩主要见于二段中，含火山岩的岩系出露于扭麦拉—江京则断裂以南，南以寺木寨断裂相隔的狭长地带内。东延入 1∶25 万扎日区幅，呈东西向展布。南北宽 5～12km，长大于 180km，面积约 427km²。由中基性、基性熔岩组成。在邻区朗县拉多剖面上，含火山岩的岩系厚度大于 5897m。火山岩主要赋存于中下部，可划分为一个喷发旋回 14 个喷发—沉积韵律（图 3-51）。韵律主要有强蚀变玄武安山岩—长石杂砂岩、强蚀变玄武岩—长石杂砂岩两种类型。火山活动总体表现出由强至弱喷溢—间歇的特征。在路线上，发育少量玄武安山质火山角砾岩—玄武安山岩—长石杂砂岩组成的爆发—喷溢—间歇的韵律。据含火山岩的岩系中采获双壳类、牙形石等化石，其时代为晚三叠世。

主要岩石有变玄武岩、变杏仁状中基性火山岩、强蚀变玄武安山角砾岩、蚀变安山玄武质火山角砾岩、蚀变玄武安山岩、蚀变安山岩等。

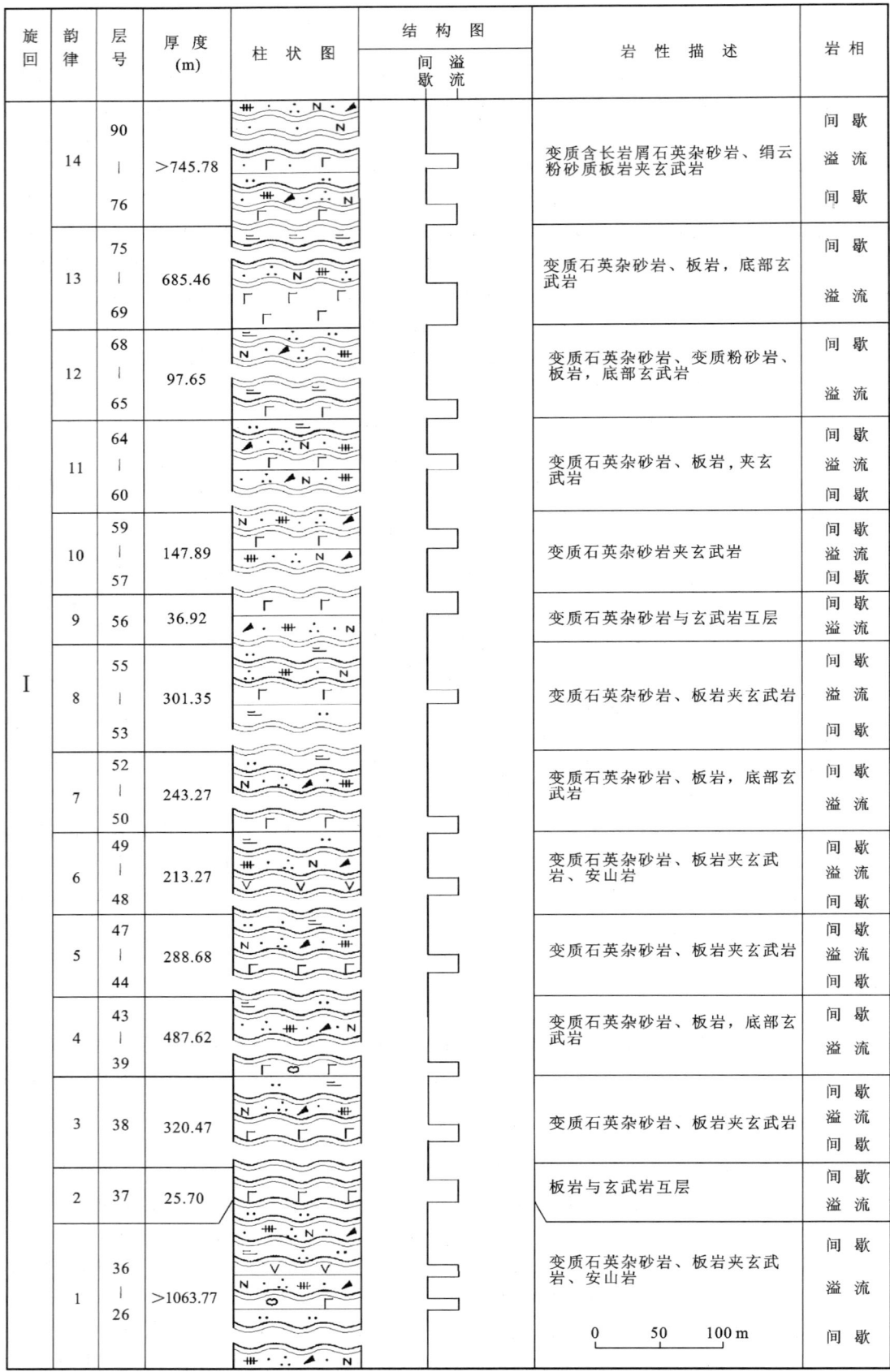

图 3-51 章村组二段火山岩柱状图

变玄武岩，变火山结构、间粒间隐结构（图版Ⅺ-4）、填间结构（图版Ⅺ-5）、块状构造、杏仁状构造，矿物成分均由次生的绿泥石（35%）、绿帘石（50%）所取代，石英小于10%。

变杏仁状中基性火山岩，变火山结构（次变鳞片粒状结构），变余杏仁构造，主要矿物成分微粒状钠长石55%，鳞片雏晶状黑云母20%，鳞片集合体绿泥石20%，针柱状次闪石2%，微粒状绿帘石3%。杏仁体呈椭圆状、不规则状，其充填物主要为沸石类及少量绿帘、绿泥石、方解石（>5%）。

蚀变玄武岩，变余斑状结构，基质填间（间粒）结构，块状构造，主要矿物成分基性斜长石50%，普通辉石45%，副矿物有钛铁矿、磁铁矿4%～5%，磷灰石。

强蚀变玄武安山角砾岩，蚀变熔岩角砾状结构，半定向构造。主要矿物成分尖棱角状玄武安山质火山角砾58%，熔岩胶结物40%，次生蚀变矿物方解石、白云石、绿泥石及微粒状磁铁矿（2%）等。

蚀变安山玄武质火山角砾岩，火山角砾状结构，块状构造。主要成分以安山玄武质火山角砾为主，呈尖—棱角状，胶结物由同成分的岩屑及细小火山灰组成25%～30%，石英1%～2%，次生矿物有方解石3%～4%。

蚀变玄武安山岩，变余交织—填间结构，块状构造。主要矿物成分小板条状中基性斜长石62%，暗色矿物为次生绿泥石所取代（35%），副矿物有钛铁矿、磁铁矿、磷灰石等。

蚀变杏仁状玄武安山岩，变余斑状结构，基质交织—填间结构，杏仁状构造。主要矿物成分板柱状斑晶中基性斜长石20%，基质，小板条状中基性斜长石为主，暗色矿物为次生绿泥石所取代32%，副矿物有钛铁矿、磁铁矿、磷灰石等。

蚀变安山岩，变余交织结构，块状构造。主要矿物成分小条状微晶斜长石45%，假象暗色矿物微粒状次生绿泥石10%，玻璃质43%，副矿物有钛铁矿、磁铁矿、磷灰石等。

岩石化学成分含量（表3-15），与中国同类岩石平均化学成分相比，SiO_2、K_2O明显偏低，部分TiO_2、MgO、CaO、Na_2O较高。σ指数变化较大，既有钙碱性系列，又有碱性系列，含铁指数51.84～65.89，镁质指数34.11～48.16，固结指数SI一般为34.11～48.41，总体显示较富铁的原始岩浆，CIPW标准矿物组合为Q、An、Ab、Or、Di、Hy，属正常类型。在硅-碱图解（图3-51）中，有两件样品均投入碱性系列；在里特曼-戈蒂里图解（图3-52）中，大部分样品落入C区碱性、偏碱性火山岩内，个别投入非造山带火山岩A区；在火山岩TiO_2-P_2O_5相关图（图3-53）中，主要投在洋脊和洋岛玄武岩区内；在Zr-TiO_2相关图（图3-54）中，分别投入板内玄武岩区、岛弧玄武岩区及洋脊玄武岩区。

表3-15 晚三叠世章村组火山岩化学成分表

资料来源	岩石名称	氧化物含量（%）											
		SiO_2	TiO_2	Al_2O_3	Fe_2O_3	FeO	MnO	MgO	CaO	Na_2O	K_2O	P_2O_5	烧失量	总量
1:25万扎日区幅	变杏仁状中基性火山岩	46.07	1.56	13.75	1.75	7.48	0.18	4.87	11.61	4.1	0.73	0.16	7.12	99.38
	变基性火山岩	42.25	2.87	16.33	6.79	7.62	0.27	7.46	9.86	1.41	0.08	0.45	4.41	99.80
	蚀变玄武岩	46.97	2.20	16.97	1.94	9.38	0.16	7.06	6.11	4.20	0.17	0.28	3.38	98.82
	全蚀变玄武岩	45.72	0.82	15.64	1.90	7.42	0.17	8.66	10.18	1.3	0.12	0.08	7.41	99.43
	蚀变玄武岩	39.56	0.91	16.96	5.27	8.34	0.23	8.82	10.22	1.64	0.09	0.09	7.38	99.51

样号	CIPW标准矿物含量（%）									岩石化学指数			
	Q	An	Di	Hy	Ab	Or	Ap	Il	Mt	σ	SI	F/M	f/m
1:25万扎日区幅	4.30	16.66	31.10	5.89	31.80	3.99	0.39	3.21	2.75	7.5	25.7	0.4	1
	11.80	35.90	5.84	18.40	10.60	0.40	1.09	5.7	10.3	0.87	31.9	0.4	1.2
	6.04	25.50	1.17	26.90	31.50	0.91	0.67	4.39	2.94	4.81	31	0.4	1.2
	12.14	35.81	10.41	25.99	10.08	0.66	0.21	1.69	2.99	0.62	48.16	04	1.4
	3.67	37.87	8.82	26.01	12.73	0.51	0.23	1.88	8.29	1.19	39.32	0.3	1.4

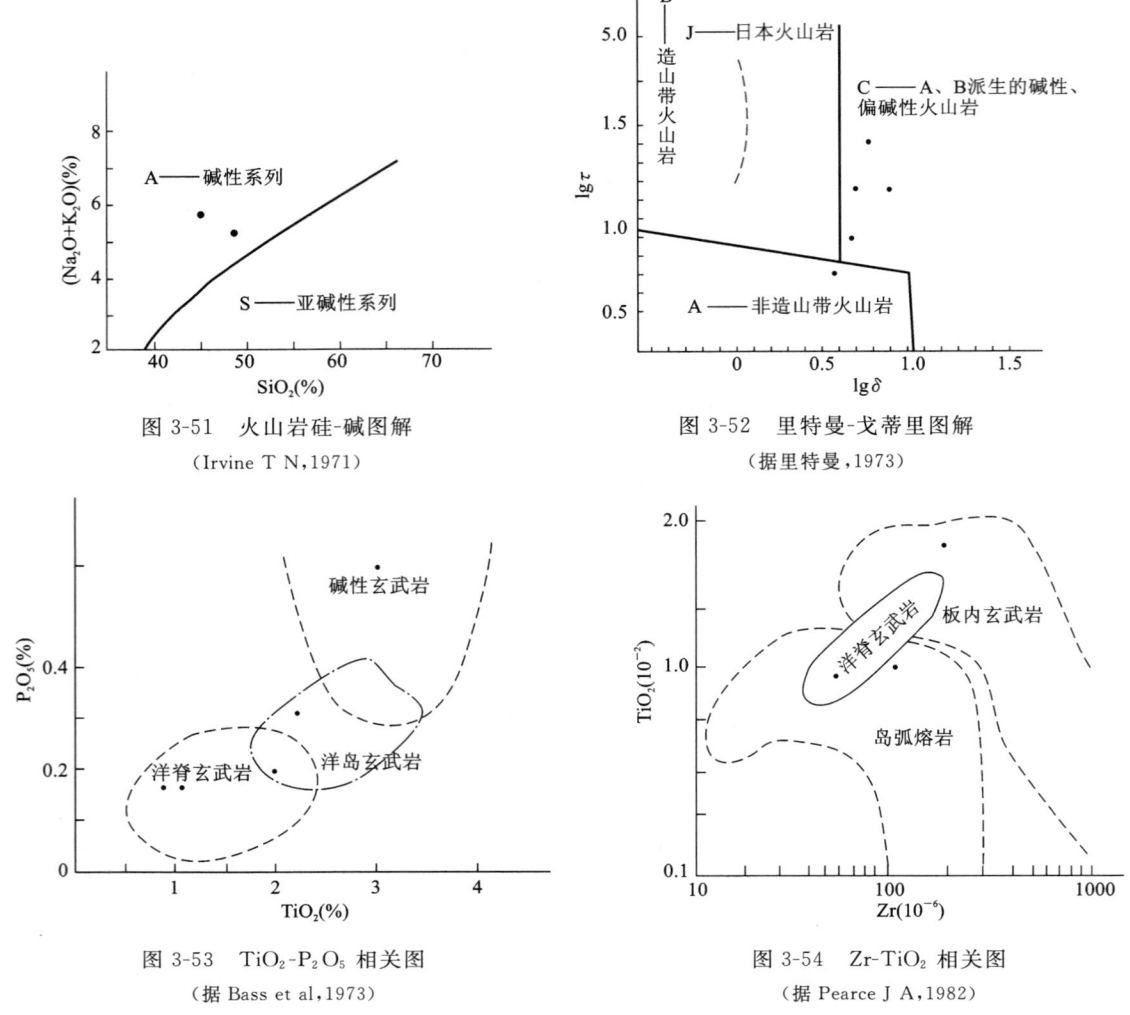

图 3-51 火山岩硅-碱图解
(Irvine T N,1971)

图 3-52 里特曼-戈蒂里图解
(据里特曼,1973)

图 3-53 TiO_2-P_2O_5 相关图
(据 Bass et al,1973)

图 3-54 Zr-TiO_2 相关图
(据 Pearce J A,1982)

岩石微量元素含量(表 3-16),与微氏值相比,Rb、Sr、Ba 大离子亲石元素、Hf 和亲铁元素 Ni 普遍偏低,活动性元素 Ta 较高,Cu 变化大,一般较低,部分高达十余倍,是寻找铜矿床的有利地段。微量元素中 Hf/Ta 为 0.1~0.6(<5),Nb/La0.5 ~1.5,Hf/Th1.2~1.6(<8),与 Condie 于 1989 年给出的构造背景判别板内和洋中脊玄武岩限定的范围一致。在 Hf-Th-Ta 判别图(图 3-55)中,主要落入板内碱性玄武岩 C 区和富集型洋中脊玄武岩 B 区,在 Nb-Zr-Y 判别图(图 3-56)中,主要投入板内碱性玄武岩区内;在 Zr-Zr/Y 图(图 3-57)中,投入板内玄武岩区。其微量元素蛛网图(图 3-58)普遍表现为 Sr 和强不相容元素 Th、Ta 强烈富集和 K_2O 亏损的特征,从 P_2O_5 到 Sc 分馏不明显,与冰岛和夏威夷地幔柱成因玄武质岩石的微量元素蛛网图相似(Brandon,1988)。

表 3-16 章村组火山岩微量元素含量表($\times 10^{-6}$)

岩石名称	蚀变玄武岩	变杏仁状中基性火山岩	蚀变玄武岩	全蚀变玄武岩	蚀变玄武岩
Sc	17.40	27.70	23.40	46.60	44.10
Rb	18.40	5.50	9.7	4.65	3.90
Sr	202.00	196.00	707.00	440.00	554.00
Zr	95.30	197.00	146.00	92.7	61.00
Nb	14.60	40.10	23.90	4.43	4.72
Ba	170.00	30	89.20	85.00	118.00
Hf	5.10	6.30	4.90	2.96	2.33

续表 3-16

岩石名称	蚀变玄武岩	变杏仁状中基性火山岩	蚀变玄武岩	全蚀变玄武岩	蚀变玄武岩
Ta	2.14	3.67	3.11	0.50	0.50
Th	<4	<4	<4	2.01	1.72
U				0.92	0.92
V	245.00	271.00	272.00	265.00	257.00
Cr	275.00	226.00		282.00	359.00
Co	26.80	53.80		65.60	53.40
Ni	64.80	66.30		71.40	75.80
Cu	19.80	85.20	56.90	2160	1280
Pb				364	176.00
Zn			98.70	279	295.00
Cs			4.30		
Rb/Ba	9.2	5.5	9.2	18.3	30.3
Rb/Sr	0.091	0.011	0.014	0.011	0.007

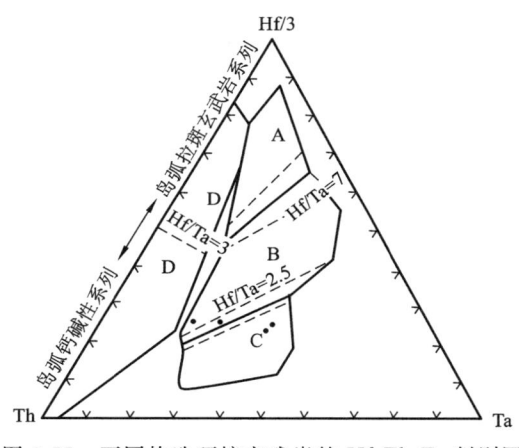

图 3-55 不同构造环境玄武岩的 Hf-Th-Ta 判别图

(据 Wood, 1979)

A. M—MORB; B. P—MORB; C. 板内碱性玄武岩及分异产物;
D. 岛弧拉斑玄武岩及分异产物

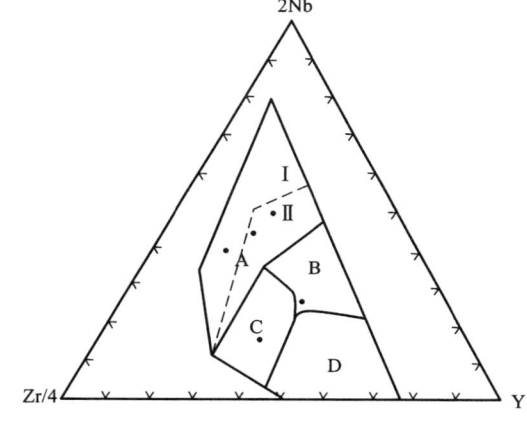

图 3-56 不同构造玄武岩的 Nb-Zr-Y 判别图

(据 Meschede, 1986)

A. Ⅰ和Ⅱ, 板内碱性玄武岩; Ⅱ和 C, 板内拉斑玄武岩; B. P—MORB;
C 和 D. 火山弧玄武岩; D. N—MORB

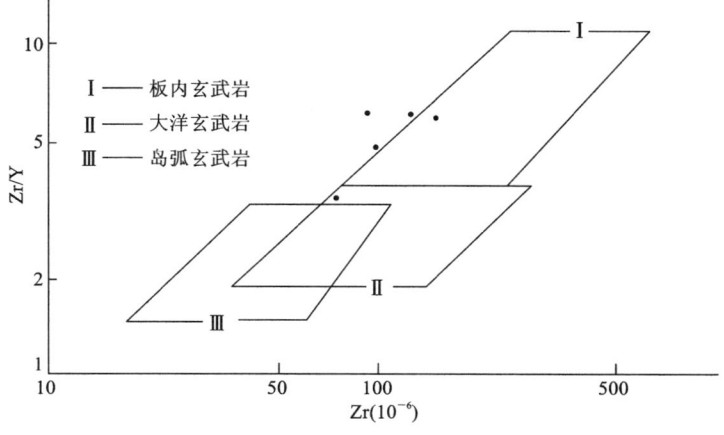

图 3-57 Zr-Zr/Y 相关图

(据 Pearce, 1979)

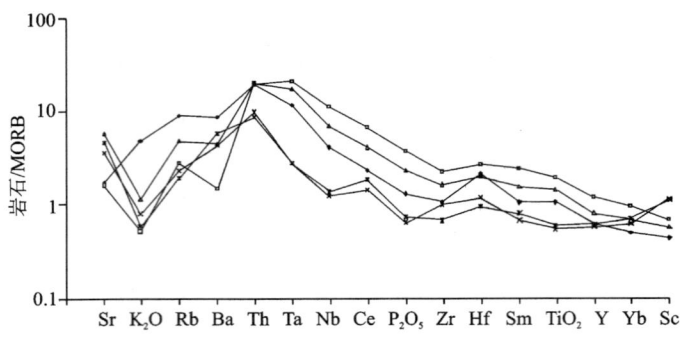

图 3-58 晚三叠世章村组火山岩微量元素蛛网图
(据 Pearce,1982)

岩石的稀土元素丰度(表 3-17),$\sum REE 56.83\times10^{-6}\sim173.31\times10^{-6}$,$\sum Ce/\sum Y 1.39\sim2.51$,$(La/Yb)_N 2.87\sim6.62$,$(La/Sm)_N 1.79\sim3.09$,$(Gd/Yb)_N 1.16\sim1.97$,$\delta Eu 1.00\sim1.16$,稀土配分型式主要为向右缓倾斜轻稀土弱富集型,个别呈平坦型(图 3-59),其稀土总量变化范围较宽,δEu 异常不明显,轻稀土分馏程度和重稀土分馏程度均较弱,二者间分馏程度亦较低,总的势态与过渡型洋岛(夏威夷)拉斑玄武岩相似(Frey,1968)。

表 3-17 章村组玄武岩稀土元素含量表($\times10^{-6}$)

岩石名称	蚀变玄武岩	变杏仁状中基性火山岩	蚀变玄武岩	全蚀变玄武岩	蚀变玄武岩
La	10.07	31.99	18.62	8.91	13.20
Ce	23.73	67.61	41.21	14.60	18.40
Pr	3.33	8.96	5.41	2.15	2.28
Nd	13.45	35.68	22.03	8.27	9.93
Sm	3.54	8.13	5.25	2.25	2.69
Eu	1.20	2.68	1.86	0.97	1.17
Gd	3.75	7.97	5.22	2.91	3.53
Tb	0.62	1.37	0.86	0.55	0.62
Dy	3.79	7.57	5.03	3.95	4.10
Ho	0.69	1.35	0.90	0.77	0.91
Er	1.96	3.72	2.62	2.48	2.79
Tm	0.29	0.55	0.39	0.35	0.39
Yb	1.69	3.26	2.28	2.09	2.46
Lu	0.24	0.47	0.33	0.25	0.35
Y	18.67	35.55	24.81	17.00	19.10
$\sum REE$	64.17	173.31	106.39	45.33	56.83
$\sum Ce/\sum Y$	1.75	2.51	2.22	1.22	1.39
δEu	1.00	1.01	1.08	1.16	1.16
La/Yb	4.02	6.62	5.51	2.87	3.62
La/Sm	1.79	2.48	2.23	2.49	3.09
Gd/Yb	1.79	1.97	1.85	1.12	1.16

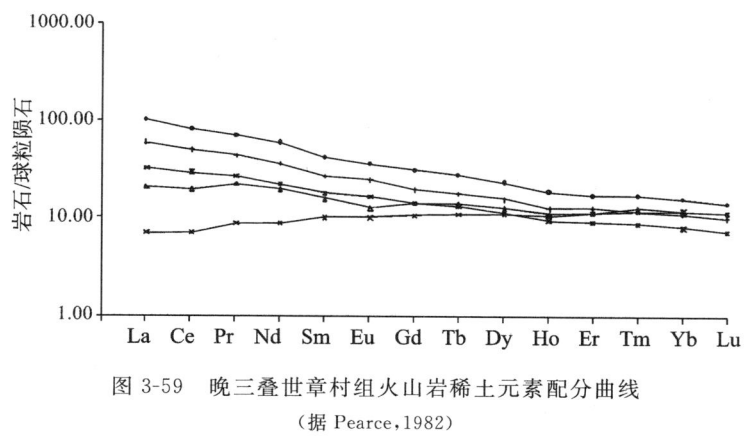

图 3-59 晚三叠世章村组火山岩稀土元素配分曲线
(据 Pearce,1982)

三、侏罗纪遮拉组火山岩

遮拉组火山岩出露于测区中西部的广大地区,沿加玉区—曲木折断裂以北呈带状横贯东西,象日、折古错一带有零星分布。向西延出图外,出露面积 1302km²。火山岩系由变质基性、中酸性熔岩及火山碎屑岩类组成。在隆子县杀鱼朗剖面上,含火山岩的岩系厚度大于 938m。由 3 个喷发旋回 14 个喷发—沉积韵律构成,韵律主要有强蚀变玄武安山岩-长石杂砂岩(板岩)、强蚀变玄武岩-长石杂砂岩(板岩)两种类型。有少量为火山碎屑岩-长石杂砂岩组成的韵律。火山活动总体表现出由强至弱喷溢—间歇的特征。

岩石种类较多,有基性、偏碱性熔岩及同成分的火山碎屑岩类,大部分岩石普遍遭受低压区域动力热流变质作用的改造,变质程度达低绿片岩相。

变细粒玄武岩,少斑间粒结构,块状构造,斑晶粒度 1mm±,由柱粒状含钛普通辉石(具多色性,斜消光)及拉中长石组成(1%~2%),基质由全晶质斜长石及细粒含钛普通辉石组成(75%~80%),金属矿物有钛铁矿、磁铁矿(8%)。

变粗玄岩,细斑状结构,基质具间粒结构和含长结构,块状构造,斑晶粒度 0.2~1.3mm,成分为普通辉石(3%~4%),基质由板状斜长石(60%)、单斜辉石(25%),次生蚀变矿物有绿泥石、纤闪石(5%),金属矿物有钛铁矿(10%),白钛石。

变杏仁状玄武岩,变余火山结构、隐晶斑状结构(图版XIII-7),杏仁状构造。矿物成分以细长条板状钠长石为主,次生蚀变矿物有绿泥石(20%)、方解石(5%),金属矿物为白钛石、金红石及铁质等。

变含沉凝灰岩及玄武质角砾岩屑晶屑玻屑熔凝灰岩,变余火山结构、熔凝灰结构、玻屑—晶屑结构(图版XIII-8),火山碎屑以玄武玻璃质、玻屑、绿泥石、帘石为主,熔蚀明显的石英长石质晶屑 8%~10%,玄武质岩屑 3%~4%,玄武质角砾、含晶屑凝灰岩角砾 4%~5%,副矿物有钛铁矿。

安山质玄武岩,间粒结构,块状构造。矿物粒径 0.25~0.6mm,主要矿物成分自形板条状斜长石(60%~65%),单斜辉石及斜方辉石(15%~25%),单斜辉石为透辉石(消光角 38°~40°),斜方辉石为顽火辉石(无色,近平行消光),次要矿物有绿泥石(5%~10%)、石英(1%)、绿帘石(3%~5%),副矿物有榍石 1%,磷灰石及金属矿物。

变杏仁状粗安岩,斑状聚斑状结构,交代变余交织结构,杏仁状构造。细条板状斜长石、绿泥石 40%,钠长石—奥钠长石 20%,石英呈斑晶出现 15%~20%,杏仁体充填物玉髓 10%~15%,次生矿物有绿泥石,副矿物有锆石、金红石等。

岩石化学成分含量(表 3-18),与中国同类岩石平均化学成分相比,玄武岩类主要为高钛者,σ 指数变化较大,即有钙碱性系列,又有碱性系列,含铁指数 51.84~65.89,镁质指数 34.11~48.16,固结指数 SI 一般为 29.8~49.8,其源区总体具有上地幔部分熔融与少量下地壳物质混合岩浆的特征。CIPW 标准矿物组合主要为 Q、An、Ab、Or、Di、Hy,属正常类型,个别含有很高的刚玉分子。与粗安岩碱质较高富铝的特点一致,可能属岩浆演化较晚期的岩石。

表 3-18 中侏罗世遮拉组火山岩化学成分表

样号	岩石名称	氧化物含量(%)											
		SiO₂	TiO₂	Al₂O₃	Fe₂O₃	FeO	MnO	MgO	CaO	Na₂O	K₂O	P₂O₅	烧失量	总量
LZ1301-7	细粒玄武岩	43.29	3.95	11.38	3.07	8.61	0.13	12.58	9.55	2.4	1.35	0.39	4.42	101.12
LZ1301-11	玄武岩	51.04	3.58	13.3	2.05	8.68	0.17	6.08	7.47	4	1.18	0.42	2.87	100.84
LZ1301-12	粗安岩	59.1	0.98	16.6	4.5	5.04	0.15	1.78	2.26	3.48	2.71	0.38	2.97	99.95
1:5万曲德贡幅	安山质玄武岩	50.2	3.15	14.12	3.11	8.09	0.18	6.76	6.05	5.31	0.73	0.33	1.58	99.61

样号	CIPW 标准矿物含量(%)									岩石化学指数			
	Q	An	Di	Hy	Ab	Or	C	Ap	Il	δ	SI	MgO/⟨FeO⟩	f/m
LZ1301-7	1.28	15.2	20.6	24.8	17.7	7.07		0.93	7.75	1.66	31.6	0.5	1.3
LZ1301-11	11.5	13.7	14.2	14.4	29.2	6.06		1	6.93	2.34	49.8	1.1	3.1
LZ1301-12	29.8	8.13		7.85	25.7	14.1	4.89	0.9	1.92	1.06	35.3	0.6	1.7
1:5万曲德贡幅		12.79	10.06	1.98	44.05	4.45		0.62	5.92	4.1	29.8	0.5	1.4

在硅-碱图解(图 3-60)中,投入碱性系列;在里特曼-戈蒂里图解(图 3-61)中,主要投入碱性、偏碱性火山岩 C 区;在火山岩 TiO_2-P_2O_5 相关图(图 3-62)中,较集中投入碱性玄武岩区内,在 Zr-Zr/Y 相关图(图 3-63)中,均位于板内碱性玄武岩区。岩石微量元素含量($\times 10^{-6}$):Sc 22~36、Rb 9.1~34、Sr 260~433、Ba 215~350、Zr 251~336、U 1.2~3.3、Hf 5.5~8.8、Th 1.7~7.4、V 260~330、Cr 33.1~170、Co 30.3~38、Ni 17.9~81、Cu 8.8~52、Pb 0.1~12、Zn 102~134。与维氏值相比,Rb、Sr 大离子亲石元素和亲铁元素 Cr、Co、Ni 普遍偏低,活动性元素 Zr、Hf 较高,余者变化大,总体与板内玄武岩较相似(Pearce,1982)。

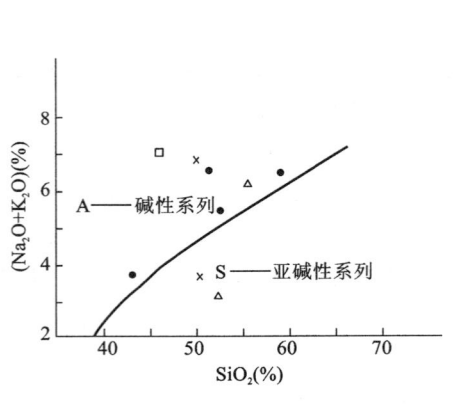

图 3-60 火山岩硅-碱图解
(Irvine T N,1971)
●.遮拉组火山岩;△.桑秀组火山岩;
×.甲不拉组火山岩;□.拉康组火山岩

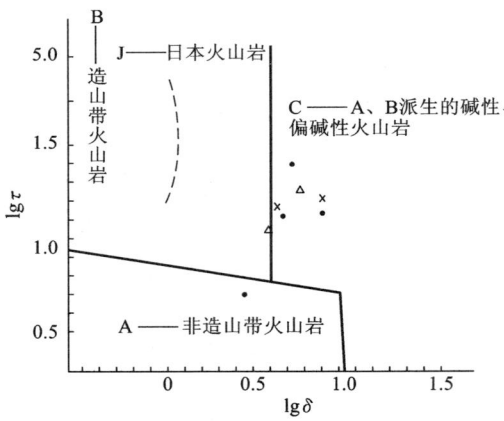

图 3-61 里特曼-戈蒂里图解
(据里特曼,1973)
●.遮拉组火山岩;△.桑秀组火山岩;
×.甲不拉组火山岩

其微量元素丰度特征值 Hf/Th 1.2~1.6(<8),与 Condie 于 1989 年给出的构造背境判别板内玄武岩的范围一致。其微量元素蛛网图(图 3-64)普遍表现为强不相容元素 Th、Ta 强烈富集、从 P_2O_5 到 Sc 分馏较弱的特征,与板内碱性玄武岩相似。

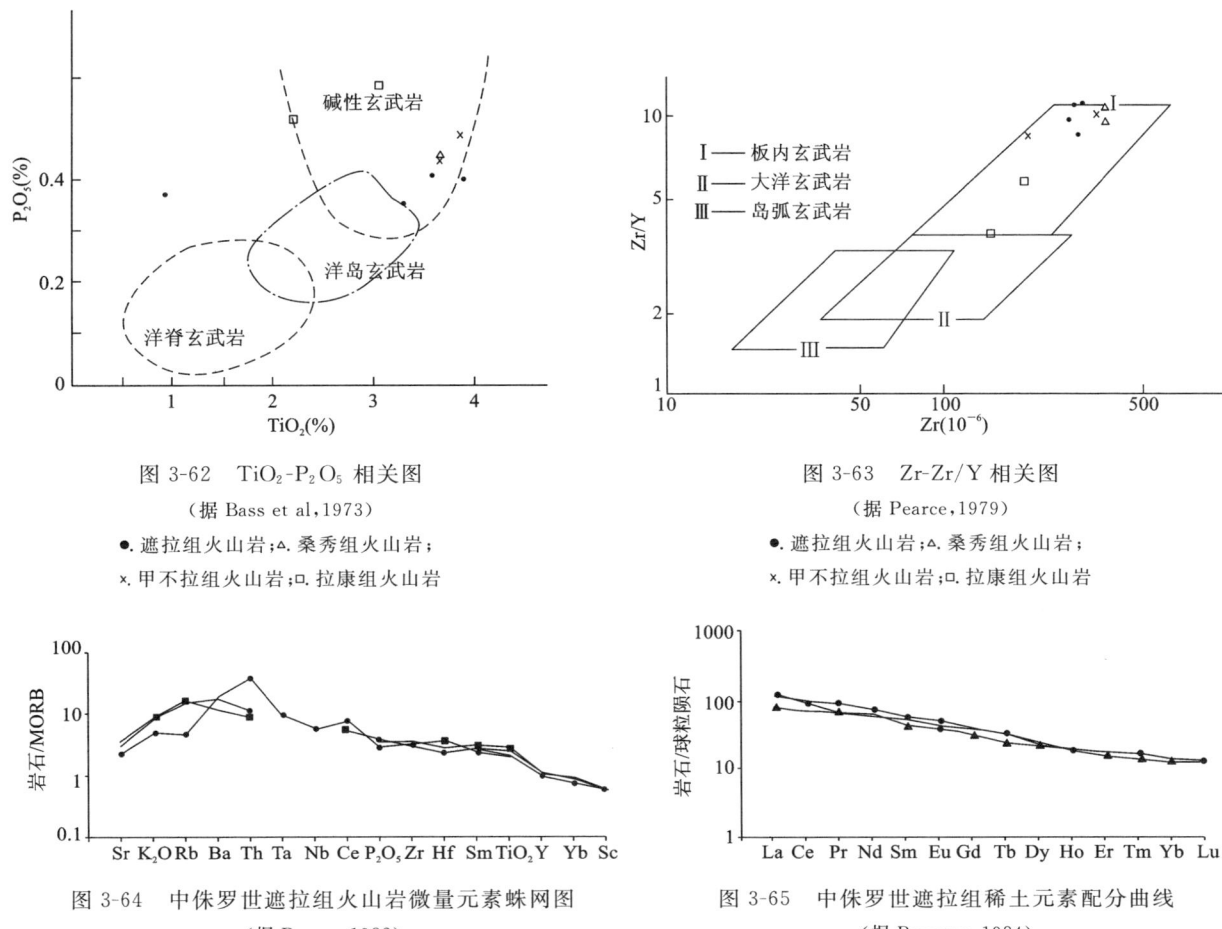

图 3-62 TiO$_2$-P$_2$O$_5$ 相关图
（据 Bass et al，1973）
●.遮拉组火山岩；△.桑秀组火山岩；
×.甲不拉组火山岩；□.拉康组火山岩

图 3-63 Zr-Zr/Y 相关图
（据 Pearce，1979）
●.遮拉组火山岩；△.桑秀组火山岩；
×.甲不拉组火山岩；□.拉康组火山岩

图 3-64 中侏罗世遮拉组火山岩微量元素蛛网图
（据 Pearce，1982）

图 3-65 中侏罗世遮拉组稀土元素配分曲线
（据 Boynton，1984）

岩石的稀土元素丰度（×10^{-6}）：La 23.95~35.3、Ce 54.19~74.66、Pr 8~10.54、Nd 34.59~42.79、Sm 7.99~10.15、Eu 2.66~3、Gd 7.71~9.51、Tb 1.14~1.49、Dy 6.72~7.39、Ho 1.28~1.39、Er 3.02~3.43、Tm 0.42~0.5、Yb 2.51~2.8、Lu 0.4~0.41、Y 27.8~32.3。∑REE 190.6×10^{-6}~234.9×10^{-6}，∑Ce/∑Y 4.14~5.84，(La/Yb)$_N$ 5.91~9.48，(La/Sm)$_N$ 1.68~2.78，(Gd/Yb)$_N$ 2.48~2.74，δEu 1.02~1.05，稀土配分型式为右倾轻稀土弱富集型（图 3-65），无 δEu 异常，轻稀土之间和重稀土之间及二者间均表现为较高的分馏程度。与板内碱性玄武岩十分相似。

四、晚侏罗世—早白垩世桑秀组火山岩

桑秀组火山岩零星出露于测区西部下泥、哲古区、帮波等地，出露面积 263km^2。规模相对较小，宽几十米至上百米，长 0.5~1km。其层位主要位于桑秀组的上部，岩石组合较复杂，由基性、中基性熔岩及酸性火山碎屑岩类组成。在隆子县日玛曲雄剖面上，含火山岩的岩系厚度大于 1467m。划分为 3 个喷发—喷溢旋回，11 个喷发—沉积韵律，韵律主要有安山玄武岩-石英砂岩、玄武岩-岩屑石英砂岩、火山碎屑熔岩-沉火山碎屑岩 3 种类型。火山活动总体表现出由强至弱喷溢（爆发）—间歇的特征。

紫红色英安流纹质凝灰熔岩，晶屑—玻屑凝灰结构，块状构造，火山碎屑成分有气孔—杏仁状英安流纹岩（50%~60%），斜长石、石英晶屑（5%~7%），皂石化的玻屑（20%~30%），1~2mm 的英安流纹岩岩屑（5%~7%），细砂岩碎块围岩捕掳体（1%~3%）。

蚀变玄武质火山角砾岩，火山角砾结构，块状构造。角砾块度 0.5~15mm，火山碎屑成分有碳酸岩化玄武岩（50%~60%），皂石化致密状玄武岩（20%~30%），皂石化玻璃质岩石（7%~15%），皂石化辉石岩（5%~7%），石英晶屑（3%~5%），火山灰（7%~10%）。

碳酸盐-绿高岭石化安山质玄武岩，微斑—聚斑结构。块状构造。基质具变余间粒—间隐结构，斑晶，

粒径0.1～1mm，短柱状、板状自形晶更中长石（10%～15%），基质，粒径0.05～0.1mm，板条状中长石（40%～45%），粒状辉石（10%～20%），次生矿物有绿高岭石（20%～30%），磷灰石及黄铁矿（1%～3%）。

绿泥石黝帘石化钠长石化杏仁状玄武岩，间隐—交织结构，杏仁状构造。主要矿物成分为针状钠—更长石（40%～50%），微粒辉石（10%～15%），次生矿物有隐晶状绿泥石（10%～15%），微粒状黝帘石（15%～20%），石英、钠长石充填的杏仁体（10%～15%）。

碳酸盐化玄武岩，变余间粒结构，块状构造。主要矿物成分为自形柱状拉长石（60%～70%），他形粒状辉石（20%～30%），副矿物有钛磁铁矿。

岩石化学成分含量（%）：SiO_2 52.56～55.11，TiO_2 3.66～3.68，Al_2O_3 13.17～14.2，Fe_2O_3 3.91～5.9，FeO 6.64～7.23，MnO 0.08～0.16，MgO 2.02～4.04，CaO 1.77～9.13，Na_2O 2.41～5.29，K_2O 0.23～1.02，P_2O_5 0.32～0.44。与中国同类岩石平均化学成分相比，玄武岩类主要为高钛者。Na_2O、K_2O、CaO 变化大，σ 指数1.23～2.52，属钙碱性系列。含铁指数72.3～86.7，镁质指数13.3～27.7，固结指数SI为9.8～22.4，CIPW标准矿物组合（%）主要为Q（22.7～26.2）、C（0～2.91）、Or（1.21～5.3）、Ab（17.7～39.5）、An（6.34～20.5）、Di（0～14.7）、Hy（4.89～6.89），属正常类型。

在硅-碱图解（图3-60）中，分别投入碱性系列和亚碱性系列；在里特曼-戈蒂里图解（图3-61）中，投入派生的碱性、偏碱性玄武岩C区内；在 TiO_2-P_2O_5 相关图（图3-62）中，均投入碱性玄武岩区。

岩石的微量元素含量（$\times 10^{-6}$）：Sc 16～20，Rb 4～11，Sr 160～552，Ba 178～454，Zr 364～365，Nb 36，Ta 2.6，Hf 7.8～10，Th 2.7～34，Cu 33～40，Zn 125～129，Pb 6.1，Li 31，V 297～307，Cr 72，Co 32，Ni 47。与微氏值相比，大离子亲石元素Sr、Ba介于基性与中性岩之间，Rb及亲铁元素Cr、Co、Ni偏低，Zr、Nb、Ta活动性元素较高。在Zr-Zr/Y相关图（图3-63）中，投入板内玄武岩区内。其微量元素蛛网图（图3-66）普遍表现为Ba、Th、Ta强烈富集和Sr亏损，从 P_2O_5 到Sc分馏较弱的特征，总体与板内碱性玄武岩基本一致。

岩石的稀土元素丰度（$\times 10^{-6}$）：La 37.23～39.35、Ce 82.37～87.31、Pr 11.52～12.54、Nd 47.9～51.72、Sm 10.19～11.8、Eu 3.29～3.84、Gd 9.08～10.36、Tb 1.34～1.58、Dy 7.37～8.26、Ho 1.4～1.54、Er 3.34～3.7、Tm 0.47～0.52、Yb 2.7～2.98、Lu 0.39～0.43、Y 31.06～34.84。ΣREE 235.9 $\times 10^{-6}$～249.7 $\times 10^{-6}$，LREE/HREE 3.22～3.37，$(La/Yb)_N$ 4.89～5.11，$(La/Sm)_N$ 1.53～1.99，$(Gd/Yb)_N$ 1.93～2.81，δEu 1.03～1.04，稀土配分型式为右斜轻稀土富集型（图3-67），δEu 异常不明显，轻稀土之间、重稀土之间分馏程度较强，与板内碱性玄武岩的稀土配分型式相似。

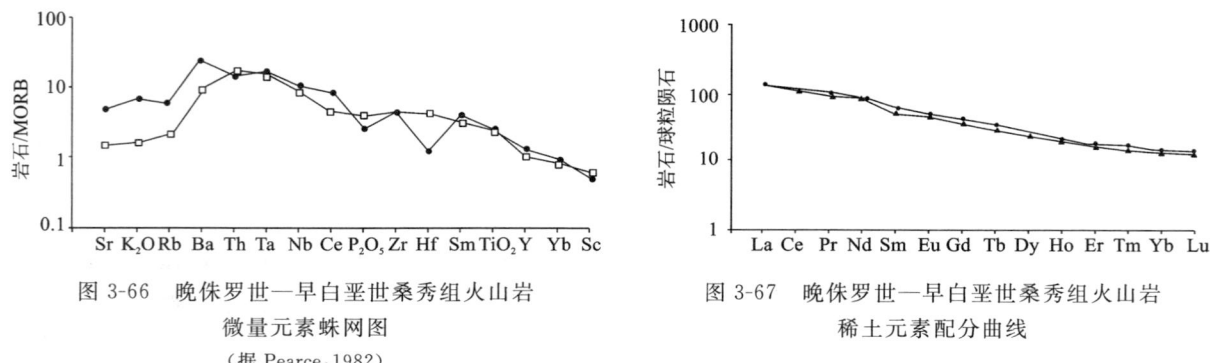

图3-66　晚侏罗世—早白垩世桑秀组火山岩微量元素蛛网图
（据Pearce，1982）

图3-67　晚侏罗世—早白垩世桑秀组火山岩稀土元素配分曲线

五、早白垩世火山岩

早白垩世火山岩分别出露于测区南部的高喜马拉雅分区和中西部的康马—隆子分区内。具陆内裂谷火山活动特征，出露面积1480km²。

（一）甲不拉组火山岩

甲不拉组火山岩主要出露于测区哲古错以西，出露面积114km²。规模相对较小，在平面上多呈似层状、带状展布，宽几十米至上百米，长 0.2～1km。其层位主要位于甲不拉组的下部，火山岩系厚 17.34m。主要岩石有杏仁状玄武岩及玄武岩。据 1∶5 万琼果幅资料，可划分为一个喷发旋回 3 个喷发—沉积韵律。韵律主要为（杏仁状）玄武岩-板岩、（杏仁状）玄武岩-长石石英砂岩两种类型，火山活动总体表现出由强至弱喷溢—间歇的特点。

杏仁状玄武岩，间粒结构，杏仁状构造。矿物粒径以 0.15～0.3mm 为主，个别为 0.6～1mm，主要矿物成分为细板条状斜长石（55%～60%），绝大多数具钠长石律双晶和卡钠复合双晶 An＝60～62，为拉长石，细小晶体状单斜辉石（25%～30%），次生矿物成分为绿泥石（5%～10%），石英（1%～＜1%）。杏仁体（3%～5%），大小为 0.6～2mm，呈不规则近圆形，充填物有纤维状绿泥石、次生方解石等。副矿物有磷灰石、磁铁矿、钛铁矿等。

玄武岩，斑状结构，基质间粒结构，变余间粒结构，块状构造。斑晶 1～2.2mm，基质 0.15～0.3mm。斑晶成分为自形柱状基性斜长石（3%～＜3%），钠长石双晶明显清晰。基质成分板条状微晶斜长石（70%～75%），不规则杂乱排列，间隙中充填为原生辉石和蚀变的绿泥石、绿帘石及氧化铁等。辉石（3%～5%），绿泥石（5%～10%），绿帘石（3%～5%），石英（1%～＜1%），方解石（1%～2%）。副矿物有磷灰石、锆石等。

岩石化学成分含量（%）：SiO_2 50.36～51.22，TiO_2 3.68～3.76，Al_2O_3 13.01～113.2，Fe_2O_3 3.44～5.04，FeO 6.35～8.51，MnO 0.13～0.16，MgO 3.55～5.97，CaO 3.24～6.52，Na_2O 2.57～3.96，K_2O 1.34～2.8，P_2O_5 0.43～0.55。与中国同类岩石平均化学成分相比，SiO_2 偏高，MgO、CaO 偏低，为高钛者，余者相近。σ 指数 2.13～2.24，属于钙碱性岩石。含铁指数 66.7～76.2，镁质指数 23.8～33.3，固结指数 SI 为 18.8～26.9。CIPW 标准矿物组合（%）主要为 Q（8.35～17.25）、Or（1.21～5.3）、Ab（23.08～35.14）、An（10.29～19.19）、Di（1.2～3.44）、Hy（7.85～22.2），属正常类型。

在硅-碱图解（图 3-60）中，分别投入碱性系列和亚碱性系列；在里特曼-戈蒂里图解（图 3-61）中，投入派生的碱性、偏碱性玄武岩区内，在 TiO_2-P_2O_5 相关图（图 3-62）中，均投入碱性玄武岩区。

岩石的主要微量元素含量（$\times 10^{-6}$）：Sc 21～23、Rb 14.6～22.1、Sr 120～350、Ba 490～640、Zr 270～360、Nb 15～30、Ta 1.6～3、Hf 7.4～9.6、Th 0.3～1.3、Cs 2.3、Ti 2.1～2.5、P 0.16～0.24、K 0.83～1.33、Cu 20.7～127、Zn 86.1～120、Pb 0.1、Li 51～75.8、V 220～250、Cr 30.4～45.4、Co 25.2～36.8、Ni 18.1～40.9。与微氏值相比，大离子亲石元素，Rb、Sr 低而 Ba 高，活动性元素 Zr、Hf、Ta 偏高，亲铁元素 Cr、Co、Ni 低，而 V、Ti 高。其微量元素蛛网图（图 3-68）具 K_2O、Ba、Th 强烈富集，Sr、Nb 亏损、从 P_2O_5 到 Sc 分馏较弱的特征，与板内碱性玄武岩十分相似。

岩石的稀土元素丰度（$\times 10^{-6}$）：La 36.2～52.6、Ce 66.2～98.5、Pr 8.68～11.5、Nd 39.6～55.1、Sm 8.23～11.5、Eu 2.83～3.95、Gd 8.13～11.1、Tb 1.21～1.51、Dy 7.77～9.46、Ho 1.54～1.77、Er 3.81～4.21、Tm 0.58～0.6、Yb 3.35～3.55、Lu 0.49～0.6、Y 34.1～40。ΣREE 223.03$\times 10^{-6}$～305.7$\times 10^{-6}$，$\Sigma Ce/\Sigma Y$ 2.64～3.21，$(La/Yb)_N$ 6.7～10.15，$(La/Sm)_N$ 2.68～2.78，$(Gd/Yb)_N$ 1.83～2.61，δEu 1～1.08，稀土配分型式为右斜轻稀土弱富集型（图 3-69），δEu 异常不明显，轻稀土高度分馏而重稀土相对较低，与板内碱性玄武岩的稀土配分型式一致。

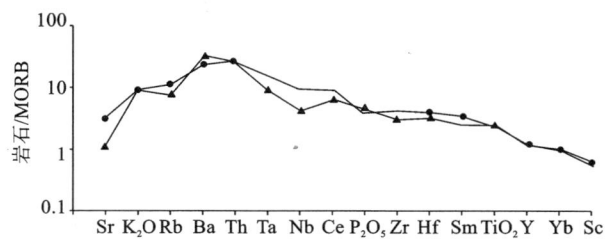

图 3-68　早白垩世甲不拉组火山岩微量元素蛛网图

（据 Pearce，1982）

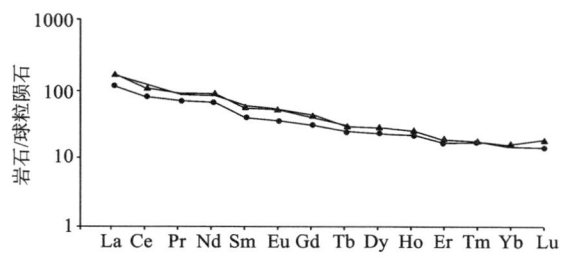

图 3-69　早白垩世甲不拉组火山岩稀土元素配分曲线

（据 Boynton，1984）

（二）拉康组火山岩

拉康组火山岩主要见于曲哲木—觉拉断裂以南，呈东西向展布延伸，向南延出图外，西延入 1:25 万洛杂县幅，南北宽 5~12km，长大于 300km，面积约 1366km²。主要位于拉康组的上部，与遮拉组、桑秀组等火山岩视为同一构造作用下不同时期喷发的产物。岩石由玄武岩和杏仁状玄武岩组成，蚀变较强烈，在测区内测有隆子县娘中剖面和库曲剖面，含火山岩的岩系厚度大于 6965m，可划分为一个喷发旋回若干个喷发—沉积韵律，韵律有蚀变玄武岩-板岩、蚀变玄武岩-变质长石石英砂岩两种类型，火山活动主要表现出由强至弱喷溢—间歇的特点。据含火山岩的岩系中采获菊石、箭石等化石，其种属（详见第二章）主要出现于早白垩世，故将其划分为早白垩世时期。其岩石基本特征如下。

蚀变杏仁状玄武岩，间粒结构、变余交织结构，杏仁状构造，主要矿物成分以细小板条状斜长石为主，具较弱的钠黝帘石化，细小粒状普通辉石（30%），闪石化、绿泥石化较强，杏仁体（15%），呈圆形、椭圆形，大小 1~2mm，充填物为绿泥石、方解石及阳起石，副矿物有钛铁矿（5%）。

蚀变玄武岩，斑状结构，基质间粒间隐结构，块状构造，斑晶成分为半自形板柱状基性斜长石（<5%），具钠黝帘石化。半自形短柱状辉石（3%），由全蚀变的石英、方解石、绿帘石、土状帘石所取代，基质成分以板条状微晶斜长石为主，具钠黝帘石化，暗色矿物由次生的微粒—隐晶状土状帘石、绿帘石及方解石等组成（35%）。

岩石化学成分含量（%）：SiO_2 40.55~46.47，TiO_2 2.19~3.12，Al_2O_3 12.66~13.88，Fe_2O_3 0.84~1.07，FeO 9.61~12.76，MnO 0.16~0.2，MgO 4.56~4.75，CaO 9.45~10.26，Na_2O 1.48~2.83，K_2O 0.35~4.1，P_2O_5 0.47~0.59，与中国同类岩石平均化学成分相比，贫镁高钙，SiO_2 和 K_2O 变化范围较宽，高钾者具有裂谷较晚期富碱的成分特征，σ 指数 2.77，属于钙碱性岩类，含铁指数 70.1~74.1，镁质指数 25.9~29.9，固结指数 SI 为 23.5~24.9，表明结晶分离程度较高，CIPW 标准矿物组合（%）主要为 Q（8.35~17.25）、Or（1.21~5.3）、Ab（23.08~35.14）、An（10.29~19.19）、Di（1.2~3.44）、Hy（7.85~22.2），属正常类型。

在硅-碱图解（图 3-60）中，投入碱性系列，在火山岩 TiO_2-P_2O_5 相关图（图 3-62）中，集中投入碱性玄武岩区内，在 Zr-Zr/Y 相关图（图 3-63）中，均投入板内武岩区。

岩石的主要微量元素含量（×10^{-6}）：Sc 23~36、Rb 5.9~11、Sr 186~407、Ba 34~59、Zr 123~215、Nb 14.1~28.5、Ta 1.5~3.1、U 0.97~1.2、Hf 4.4~6.2、Th 1.4~2.4、Cu 16~76、Zn 114~119、Pb 6.6~12、V 278~357、Cr 88~99、Co 36~41、Ni 36~37，与维氏值相比，大离子亲石元素、Rb、Sr 低而 Ba 高，活动性元素 Zr、Hf、Ta 偏高，亲铁元素 Cr、Co、Ni 低而 V 高，其微量元素蛛网图型式（图 3-70），具 Rb、Sr、Ba 强烈亏损，Ta、Nb 富集的特征。表现为 Th、Ta 强烈富集，Rb、Sr、Ba 亏损，从 P_2O_5 到 Sc 分馏不明显的特征，总体与板内碱性玄武岩基本一致。

岩石的稀土元素丰度（×10^{-6}）：La 9.66~19.67、Ce 24.45~44.24、Pr 3.63~6.57、Nd 16.89~28.72、Sm 5.31~7.42、Eu 1.55~2.49、Gd 6.64~7.48、Tb 1.16~1.17、Dy 6.48~7.31、Ho 1.21~1.52、Er 3.03~4.3、Tm 0.43~0.68、Yb 2.43~4.16、Lu 0.34~0.63、Y 27.8~37.4。ΣREE 125.3×10^{-6}~159.5×10^{-6}，LREE/HREE 1.64~3.92，$(La/Yb)_N$ 1.57~5.46，$(La/Sm)_N$ 1.14~1.67，$(Gd/Yb)_N$ 1.29~2.48，δEu 1~1.08，稀土配分型式为右斜轻稀土弱富集型（图 3-71），δEu 异常不明显，ΣREE 较低，轻稀土和重稀土分馏程度变化大，总体反映了陆内裂谷富碱质的稀土元素演化特征。

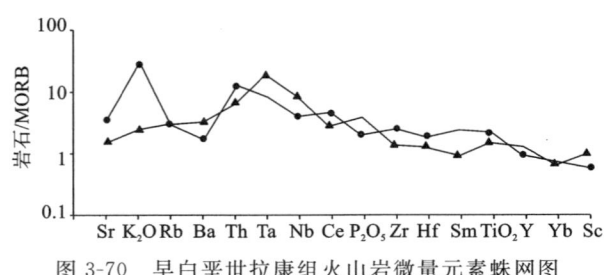

图 3-70 早白垩世拉康组火山岩微量元素蛛网图
（据 Pearce,1982）

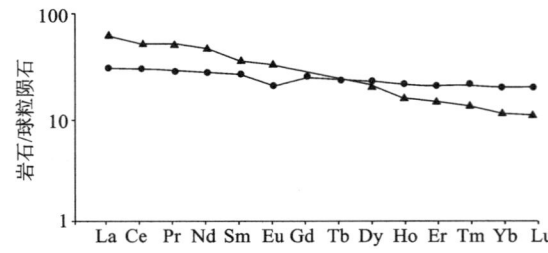

图 3-71 早白垩世拉康组火山岩稀土元素配分曲线
（据 Boynton,1984）

第四章　变质岩

调查区内除第四系松散沉积外,其他各时代的岩石均有不同程度的变质。其变质作用类型及多期次叠加变质作用,形成了本区多条岩石类型复杂的变质岩带(图 4-1)。

区内具有复杂叠加复合的变质岩带,其主要变质时期由老至新可划分为新元古代早期、早加里东期、印支期、燕山期和喜马拉雅期。新元古代早期使古元古代地层发生区域动力热流变质作用,形成了低角闪岩相→高角闪岩相→麻粒岩相变质;早加里东期区域动力热流变质作用,形成了准巴—东拉高绿片岩相变质岩亚带;印支—燕山期雅鲁藏布江洋盆巨厚沉积俯冲消减→碰撞逆冲,形成了雅鲁藏布江低温高压埋深变质岩带;燕山—喜马拉雅期碰撞—造山期后隆升、伸展,形成了拉轨岗日—隆子区域动力热流变质岩带(也拉香波倾日变质核杂岩)和准巴—东拉、杂果—得玛日、则莫浪—金东 3 个韧性剪切糜棱岩带(表 4-1)。现将区内 4 个区域变质岩带和 3 个韧性剪切糜棱岩带的基本特征,由南向北依次叙述如后。

表 4-1　1∶25 万隆子县幅变质岩带变质作用特征表

变质岩(亚)带		变 质 期	变质地(岩)层	变质相	变质矿物	原岩建造	花岗岩及混合岩
高喜马拉雅区域动力热流变质岩带（Ⅰ）	南迦巴瓦变质岩亚带（Ⅰ₁）	新元古代早期	$Pt_1N.$	角闪岩相、麻粒岩相	蓝晶石、矽线石、钾长石	火山—碎屑岩夹碳酸盐岩建造	花岗质片麻岩、混合岩
	准巴—东拉变质岩亚带（Ⅰ₂）	早加里东期	$Pt_3\epsilon R.$	高绿片岩相	铁铝榴石、黑云母、角闪石	基性火山岩—碎屑岩建造	
北喜马拉雅区域低温动力变质岩带（Ⅱ）		燕山—喜马拉雅期	T_3q、K_1l	低绿片岩相	绢云母、绿泥石	夹火山陆缘泥砂质建造	花岗岩、超基性岩、基性岩
拉轨岗日—隆子区域动力热流变质岩带（Ⅲ）	杂果—得玛日变质岩亚带（Ⅲ₁）	新元古代早期—早加里东期	Pt_1y, $Pt_3\epsilon q$	角闪岩相、高绿片岩相	蓝晶石、矽线石、铁铝榴石、十字石、黑云母	火山—碎屑岩夹碳酸盐岩建造,基性火山岩—碎屑岩建造	花岗岩、混合岩
	邦卓玛—三安曲林变质岩亚带（Ⅲ₂）	燕山—喜马拉雅期	T_3n	低绿片岩相	绢云母、绿泥石、黑云母、硬绿泥石、阳起石	被动陆缘泥砂质建造	花岗岩、闪长岩、辉绿岩、钠长斑岩
	哲古—隆子变质岩亚带（Ⅲ₃）	燕山—喜马拉雅期	T_3n、J、K	低绿片岩相	绢云母、绿泥石、透闪石	基性火山岩—碎屑岩碳酸盐岩建造	
雅鲁藏布江低温高压埋深变质岩带（Ⅳ）	玉门—塔马敦变质岩亚带（Ⅳ₁）	印支—燕山期	T_3Y	亚绿片岩相、低绿片岩相	绢云母、绿泥石、沸石、葡萄石	裂谷拉张蛇绿混杂岩建造	
	琼果—章村变质岩亚带（Ⅳ₂）	印支—燕山期	T_3s、T_3jx、T_3z	低绿片岩相	绢云母、绿泥石	印支期弧前复理石建造	
	洗贡—莫洛变质岩亚带（Ⅳ₃）	印支—燕山期	KL	低绿片岩相	绢云母、绿泥石、白云母、阳起石、黑云母、铁铝榴石	俯冲—碰撞—逆冲蛇绿—泥质构造混杂岩建造	

续表 4-1

变质岩（亚）带	变 质 期	变质地（岩）层	变质相	变质矿物	原岩建造	花岗岩及混合岩
准巴—东拉韧性剪切糜棱岩带（1）	喜马拉雅期	$Pt_1N.$、$Pt_3\epsilon R.$	低绿片岩相	绢云母、绿泥石		
杂果—得玛日韧性剪切糜棱岩带（2）	喜马拉雅期	Pt_1y、$Pt._3\epsilon q$	低绿片岩相	绢云母、绿泥石		
则莫浪—金东韧性剪切糜棱岩带（3）	燕山—喜马拉雅期	KL	低绿片岩相	绢云母、绿泥石		

本书所用变质矿物代号，列于表 4-2 中。

表 4-2　变质矿物代号表

矿物名称	代号	矿物名称	代号	矿物名称	代号	矿物名称	代号	矿物名称	代号	矿物名称	代号
钠长石	Ab	方解石	Cal	透辉石	Di	角闪石	Hb	斜方辉石	Opx	蛇纹石	Sep
阳起石	Act	绿泥石	Chl	白云石	Do	紫苏辉石	Hy	金云母	Phl	绢云母	Ser
红柱石	Ad	硬绿泥石	Cht	绿帘石	Ep	钾长石	Kf	斜长石	Pl	矽线石	Sil
中长石	Ads	刚玉	Cor	镁橄榄石	Fo	蓝晶石	Ky	葡萄石	Pre	锰铝榴石	Spe
铁铝榴石	Alm	堇青石	Cord	石墨	Gph	浊沸石	Lau	镁铝榴石	Pyr	十字石	St
钙长石	An	单斜辉石	Cpx	钙铝榴石	Gro	蒙托石	Mtr	石英	Qz	滑石	Tc
黑云母	Bit	斜黝帘石	Cz	石榴石	Gt	白云母	Mu	方柱石	Scp	透闪石	Tr

第一节　高喜马拉雅区域动力热流变质岩带（Ⅰ）

该变质岩带位于图幅东南隅斗玉—绕让主剥离断裂的南东侧，东延入 1∶25 万扎日区幅，南延至 1∶25 万错那县幅内，面积约 $1150km^2$。依据变质作用特征，进一步划分为南迦巴瓦、准巴—东拉两个变质岩亚带。

一、南迦巴瓦变质岩亚带（Ⅰ₁）

南迦巴瓦变质岩亚带为 1∶25 万墨脱县幅、林芝县幅、扎日区幅南迦巴瓦变质岩带的南西延。向南延至错那县幅卡门河地区曲那门、达旺一带。据罗依（1977）研究，把南迦巴瓦岩群自北向南划分为二辉麻粒岩相和角闪岩相两个相带。二辉麻粒岩相包括角闪二辉麻粒岩、辉石角闪岩、矽线石榴黑云斜长片麻岩、矽线黑云二长眼球状和条带状混合岩。角闪岩相包括石榴黑云斜长片麻岩、蓝晶十字二云英片岩、蓝晶石榴黑云石英片岩、黑云二长片麻岩、透辉大理岩、角闪斜长片麻岩、石英岩、眼球状和条带状混合岩。

（一）主要岩石特征

1. 片岩类

岩石具细粒粒状鳞片变晶结构，片状构造。主要矿物成分：石英（7%～70%）、黑（白）云母（15%～75%）、长石（2%～35%）及少量矽线石、蓝晶石、十字石、石榴石、石墨及钾长石等。主要岩石有黑云片岩、蓝晶黑云片岩、蓝晶石榴黑云石英片岩、蓝晶二云石英片岩、十字石榴蓝晶黑云片岩、十字黑云石英片岩、黑云石英片岩、含榴二云石英片岩、黑云透辉石英片岩、石墨石英片岩、角闪长石石英片岩、角闪片岩、矽线石榴二云石英片岩和矽线二云石英片岩等。

2. 片麻岩类

岩石具斑状变晶结构、鳞片粒状变晶结构，片麻状构造、眼球状构造。主要矿物成分：中长石和更长石（28%～50%）、微斜长石（0～50%）、黑云母（10%～30%），石英具波状消光（5%～25%）及少量蓝晶石、矽线石、十字石、石榴石、透辉石、角闪石等。主要岩石有石榴黑云斜长片麻岩、二云斜长片麻岩、黑（二）云二长片麻岩、黑云钾长片麻岩、角闪斜长片麻岩、矽线石榴黑云二长片麻岩、石榴二云二长片麻岩、黑云斜长片麻岩、矽线斜长片麻岩、黑云长英片麻岩、角闪黑云斜长片麻岩、角闪透辉斜长片麻岩、矽线黑云斜长片麻岩、矽线二云斜长片麻岩、方柱透辉钙长片麻岩和透辉硅灰片麻岩等。

3. 变粒岩类

岩石具鳞片粒状变晶结构，块状构造，部分具定向构造。主要矿物成分：更长石和中长石（12%～75%）、微斜长石具格子双晶（0～60%）、石英（10%～40%）、黑云母（0～15%）和少量石榴石、角闪石、矽线石等。主要岩石有云母变粒岩、二云斜长变粒岩、黑云二长变粒岩、黑云斜长变粒岩、石榴黑云斜长变粒岩、角闪辉石斜长变粒岩、石榴角闪斜长变粒岩、透辉钾长变粒岩、方柱方解石榴斜长变粒岩、浅粒岩和斜长浅粒岩等。

4. 石英岩类

该类岩石主要有石英岩、云母石英岩、黑云石英岩、含榴角闪斜长石英岩、二云长石石英岩、方柱石英岩、矽线石榴黑云斜长石英岩、角闪石英岩等。

5. 大理岩类

岩石具花岗变晶结构、粗晶结构、块状构造。主要矿物成分：方解石（2%～99%）、白云石（0～90%）、石英（0～16%），以及少量透辉石、透闪石、方柱石、金云母、白云母、十字石、石墨等。主要岩石有透辉大理岩、金云大理岩、黑云大理岩、透辉石墨大理岩、方柱大理岩、绿帘透辉白云母大理岩、十字透辉大理岩等。

6. 混合岩类

该类岩石主要有混合岩化片麻岩、条带状混合岩、眼球状混合岩和肠状混合岩。岩石具片麻状、条带状、眼球状构造。眼球多为钾长石，脉体成分以长英质为主。条带状混合岩的基质为斜长黑云角闪质岩石，眼球状混合岩的基质常为云母片岩和黑云斜长片麻岩，肠状混合岩中长英质脉体占30%～50%，由于塑性流变而呈弯曲的肠状和勾状。

（二）特征变质矿物

1. 蓝晶石

蓝晶石在蓝晶石黑云片岩中呈自形长板状变晶，长轴长0.5～3cm，沿片理定向排列，含量3%～8%，与黑云母、斜长石、石英平衡共生。在石榴斜长变粒岩、石榴二长变粒岩、混合片麻岩、黑云二长片麻岩中，蓝晶石在铁铝榴石、钾长石、斜长石中呈包体残晶产出。

2. 石榴石

石榴石在岩石中分布不均匀，多在黑云母较集中的条带中。呈等轴粒状均质体，粒径2～3mm，含黑云母及石英包体，形成筛状变晶结构。石榴石中Fe_2O_3、FeO、MgO、CaO、MnO成分变化较大，在片岩、片麻岩和部分变粒岩中的石榴石以铁铝榴石为主，尚有部分为形成温度较高的镁铝榴石，其变质作用已达角闪岩相。

3. 矽线石

矽线石主要产于片麻岩、变粒岩和片岩中,与黑云母伴生沿片理分布,两者呈过渡关系。呈长柱状自形晶,横断面为菱形。在混合岩化和混合岩中,矽线石呈稀疏的纤维状、毛发状产于长石和石英粒间或白云母、石英和部分长石的晶体内,交代斜长石、黑云母、钾长石和早期石英。

4. 白云母

白云母为片麻岩、变粒岩、云母石英片岩中最常见的变质矿物。与黑云母共生,部分由黑云母变生而来。据电子探针分析,白云母分子中,Si 较低,一般小于 3.2;($Fe^{3+}+Fe^{2+}$)除个别大于 0.5 外,一般小于 0.3;Na/(Na+K)除个别大于 0.1 外,其余均小于 0.1。因此应属典型的变质成因的白云母。白云母经 X 衍射分析,属 $2M_1$ 型,其 bo=9.010Å~9.040Å($1Å=10^{-10}m$),反映变质作用的中压环境。

(三) 原岩建造恢复

除大理岩、石英岩、石英片岩外,对南迦巴瓦岩群中各类岩石的原岩及原岩建造进行岩石化学及地球化学特征的研究,以探讨原岩建造类型。据成都地质矿产研究所 1:25 万墨脱县幅的研究(2003),在 A-K 图解(周世泰,1979)中,21 件富铝的片麻岩多数落在沉积岩区,少数投在火成岩区;斜长角闪岩、透辉岩则多数落在火山岩区,部分则分布在碳酸盐区内。大部分富铝片麻岩,亦集中分布在尼格里图解(图 4-2)的粘土质沉积岩;斜长角闪岩主要落在图 4-2 的火山岩和少部分落入石灰岩区;透辉岩类半数以上在火成岩区,余者则在碳酸盐岩区内;变粒岩多数投在粘土质沉积岩区中。

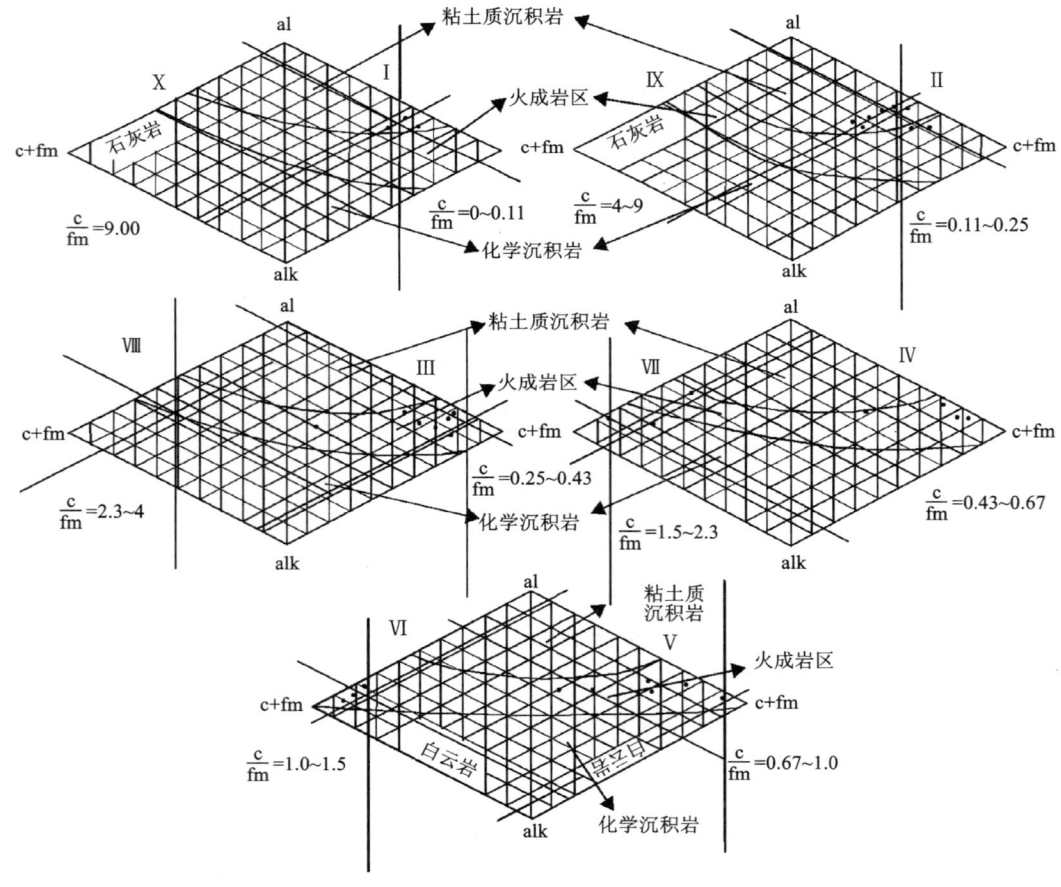

图 4-2 尼格里四面体图解

在 La/Yb-ΣREE 图解(图4-3)中,富铝片麻岩均落在沉积岩区的砂质岩和杂砂岩及页岩和粘土岩区。

南迦巴瓦岩群的富铝片麻岩的稀土配分型式为轻稀土弱富集型,具铕弱负异常,与俄罗斯地台粘土岩和北美页岩的稀土配分型式相似(图4-4)。

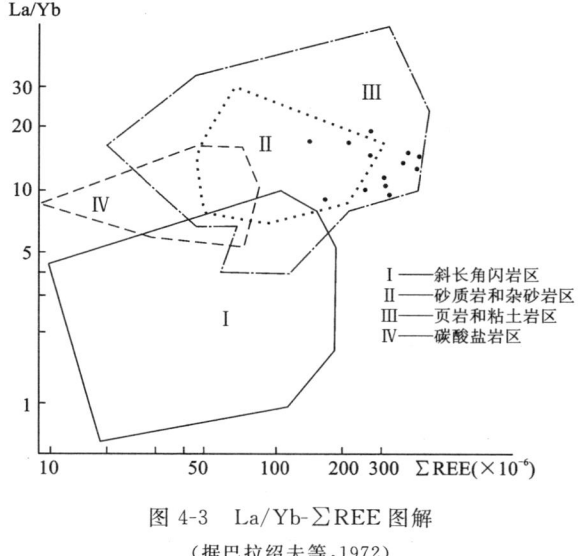

图4-3　La/Yb-ΣREE 图解

(据巴拉绍夫等,1972)

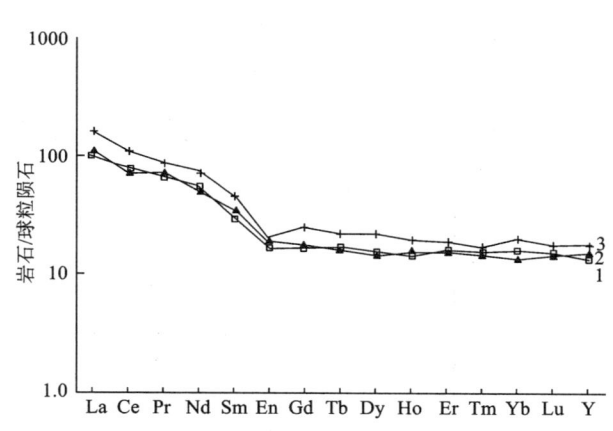

图4-4　南迦巴瓦岩群富铝片麻岩与俄罗斯地台粘土岩北美页岩的 REE 分布型式

1.俄罗斯地台粘土岩;2.北美页岩;3.南迦巴瓦岩群富铝片麻岩平均值

南迦巴瓦岩群中透辉斜长角闪岩为轻稀土富集型和平坦型,富集型与洋岛拉斑玄武岩相似,平坦型则类同于现代岛弧钙碱性拉斑玄武岩(图4-5)。含辉石角闪石榴黑云片麻岩和石榴角闪黑云二长片麻岩为轻稀土富集和明显铕负异常(图4-6),则与被动大陆边缘构造环境形成的现代和显生宙沉积岩的稀土分布型式相同(《微量元素地球化学原理》,赵振华,1997)。

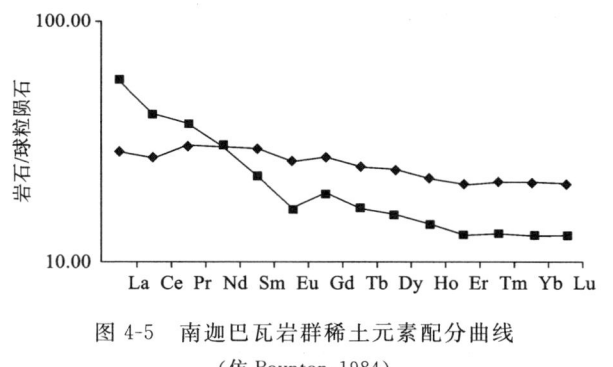

图4-5　南迦巴瓦岩群稀土元素配分曲线

(仿 Boynton,1984)

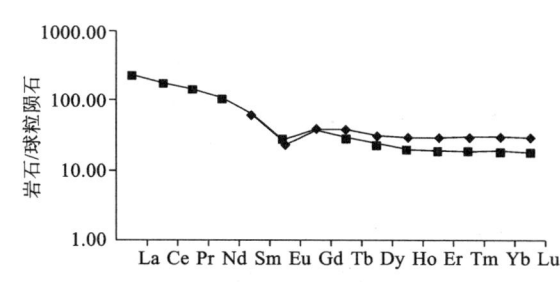

图4-6　南迦巴瓦岩群稀土元素配分曲线

(仿 Boynton,1984)

综合上述,南迦巴瓦岩群的变质岩石学、岩石化学及地球化学特征,该低角闪岩相、高角闪岩相、麻粒岩相变质岩以杂砂岩、泥质—砂质粘土岩为主,有少量碳酸盐岩和基性火山岩组成的边缘浅海泥质碳酸盐岩夹中基性火山岩、杂砂岩类复理石建造。

(四) 变质带、变质相和变质相系

据罗依(1977)把卡门河一带喜马拉雅基底南迦巴瓦岩群自北而南分为二辉麻粒岩相组和角闪岩相组。麻粒岩相组和高角闪岩相组为南迦巴瓦 a 亚群,其中麻粒岩相为其最下部层位。低角闪岩相为南迦巴瓦 b 亚群。上述3个相带在空间上依次为二辉石带→矽线石带→十字石-蓝晶石带→黑云母带,显示出由南向北具有前进变质特征(图4-7)。

低角闪岩相分布于图幅东南隅米里、莫罗一带南迦巴瓦 b 亚群中,角闪石为绿色和黄绿色,黑云母

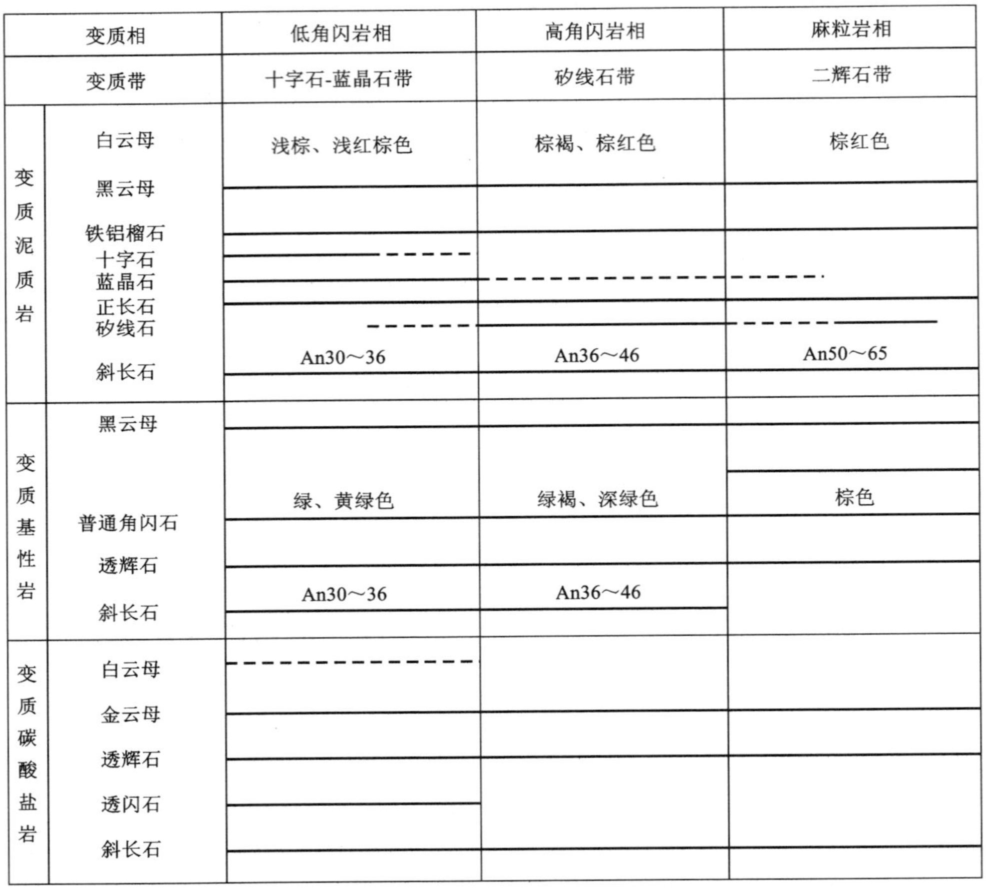

变质相	低角闪岩相	高角闪岩相	麻粒岩相
变质带	十字石-蓝晶石带	矽线石带	二辉石带
变质泥质岩 — 白云母	浅棕、浅红棕色	棕褐、棕红色	棕红色
变质泥质岩 — 黑云母			
变质泥质岩 — 铁铝榴石			
变质泥质岩 — 十字石	-----		
变质泥质岩 — 蓝晶石		-----	
变质泥质岩 — 正长石			
变质泥质岩 — 矽线石	-----		-----
变质泥质岩 — 斜长石	An30～36	An36～46	An50～65
变质基性岩 — 黑云母			
变质基性岩 — 普通角闪石	绿、黄绿色	绿褐、深绿色	棕色
变质基性岩 — 透辉石			
变质基性岩 — 斜长石	An30～36	An36～46	
变质碳酸盐岩 — 白云母	-----		
变质碳酸盐岩 — 金云母			
变质碳酸盐岩 — 透辉石			
变质碳酸盐岩 — 透闪石			
变质碳酸盐岩 — 斜长石			

图 4-7 南迦巴瓦变质岩带前进矿物变化

为浅棕—浅红色，斜长石为 An30～36，钾长石为微斜长石。其变质相图(图 4-8)及矿物共生组合如下。

变质泥质岩：

$Sil+Alm+Bit±Mu+Pl+Qz$

$Ky+Alm+Bit+Mu+Pl+Qz$

$St+Bit+Pl+Kf+Gt+Qz$

$Bit+Pl+Kf+Qz$

$Sil+Gt+Bit±Pl+Qz$

$Bit+Alm+Pl+Kf+Qz$

$Bit+Hb±Gt+Di+Pl+Kf+Qz$

$Sil+Bit+Pl+Qz$

$Ky+Alm+Bit+Pl+Qz$

变质基性岩：

$Pl+Hb±Qz$

$Pl+Hb±Bit±Qz$

$Di+Pl+Hb±Qz$

$Bit+Gt+Pl+Hb±Qz$

变质碳酸盐岩：

$Cal+Fo+Di+Tr+Phl$

$Phl+Cal+Fo$

$Cal+Fo$

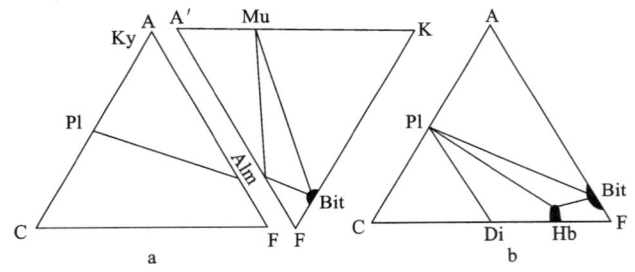

图 4-8 低角闪岩相矿物共生图解

a. 泥质岩；b. 基性岩

Phl+Cal+Fo+Di+Do
Phl+Cal+Fo+Do

高角闪岩相分布于南迦巴瓦 a 亚群中,角闪石为褐绿色或黄绿色,黑云母棕—红棕色,斜长石为 An36~46,(一)2V<45°,钾长石为微斜长石,其变质相图(图 4-9)及矿物共生组合如下。

变质泥质岩:
Sil+Alm+Bit±Mu+Pl+Kf+Qz
Sil+Bit+Pl+Kf+Qz
Gt+Ky+Sil+Bit+Pl+Kf+Qz

变质碳酸盐岩:
Cal+Fo+Di+Tr+Phl
Phl+Cal+Fo
Cal+Fo
Phl+Cal+Fo+Di+Do
Phl+Cal+Fo+Do

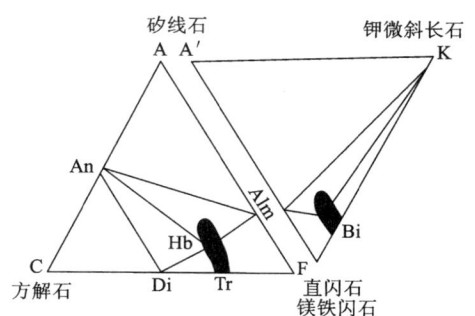

图 4-9 高角闪岩相 ACF、A′KF 图解

根据上述矿物组合,刘国惠(1984)以蓝晶石和十字石形成的矿物反应推论,十字石-蓝晶石形成温度为 550℃,压力为 $4 \times 10^8 \sim 6 \times 10^8$ Pa;矽线石带形成温度为 600~700℃,压力为 7×10^8 Pa。测得石榴石-黑云母矿物对的平衡温度为 500~700℃;角闪石-斜长石矿物对平衡温度为 780℃;二长石的平衡温度为 550~590℃。卫管一等(1989)通过对共存矿物对的平衡温压估计,蓝晶石-矽线石带的形成温度为 680~720℃,压力平均为 8×10^8 Pa,形成深度为 28~29km,地热梯度为 24℃/km,属中压巴罗型变质带。

(五) 变质变形作用期次讨论

调查区南迦巴瓦岩群经历了多期次的变质变形改造和叠加,使之更加复杂化。根据变质岩石学、矿物共生组合及矿物反应的世代关系及岩相学特征,结合同位素年龄资料等的综合分析,大致可归纳为新元古代早期、早加里东期和喜马拉雅期 3 个主要变质变形期。

新元古代早期为南迦巴瓦变质岩带基底结晶岩系形成的主变质变形期,具区域动力热流递增变质作用特征,发育顺层固态流变构造,并构成喜马拉雅陆块的结晶基底。南迦巴瓦岩群最古老的年龄为成都地质矿产研究所 1997 年在米林县直白布弄隆石榴蓝晶麻粒岩中所获锆石 U-Pb 年龄 1312±16Ma。

许荣华(1985)在聂拉木亚里聂拉木岩群黑云斜长片麻岩中获锆石 U-Pb 等时线年龄为 1250Ma,与 Daling-Buxa 岩系中的 Lingtse 花岗岩 Rb-Sr 等时线年龄 1050Ma(Achargga S K,1980)比较接近,表明聂拉木岩群原岩时代可能为中元古代。此外,许荣华(1986)曾在聂拉木岩群中取得 3 个花岗岩和 1 个片麻岩的锆石数据,其中最老者为 2250Ma,而它仅仅代表锆石的最小结晶作用年龄,表明原岩时代可能为古元古代甚至更老。

中国地质大学(武汉)(2004)在 1:25 万定结县幅、陈塘区幅聂拉木岩群马卡鲁杂岩的花岗闪长质片麻岩中获残余锆石 U-Pb 年龄 2.1~2.5Ga 和 ^{206}Pb/^{238}U 年龄数据平均值 1827±25Ma,亦表明聂拉木岩群的原岩时代可能为古元古代或更老。

据 1:20 万波密幅在南迦巴瓦岩群片麻岩中所获 Rb-Sr 等时线年龄 961±139Ma 和 1:25 万林芝县幅在南迦巴瓦岩群中所获 Sm-Nd 模式年龄 696Ma。上述可能为新元古代早期(1~0.7Ga)一次强烈的泛非早期造山运动热事件的反映,并形成了南迦巴瓦岩群由低角闪岩相→高角闪岩相→麻粒岩相组成的变质岩带。同时在南迦巴瓦岩群中普遍发育了深部层次的紧密同斜褶皱、钩状无根褶皱和"N"型、"W"型面理置换。

早加里东期变质作用,表现为前期南迦巴瓦岩群高级变质岩中矽线石退变为白云母,透辉石退变为角闪石、黑云母,角闪石退变为黑云母,局部退变出现十字石等。在米林县丹娘花岗质片麻岩中获锆石 U-Pb

年龄525～552Ma（成都地质矿产研究所，1997），在米林县直白角闪岩中获$^{40}Ar/^{39}Ar$坪年龄575.20±5.2Ma，可能为早加里东泛非末期一次造山运动的变质作用。

喜马拉雅早期造山推覆挤压，在区内显示左行斜向—水平走滑剪切特征，并使南迦巴瓦岩群发生糜棱岩化，形成条纹条带状构造、眼球状构造、塑性流变、S-C组构、"σ"和"δ"碎斑构造。喜马拉雅晚期大陆壳加积增厚，使藏南拆离系在南迦巴瓦构造结外围发生顺时针旋扭、快速抬升并形成浅源重熔花岗岩、伟晶岩混合岩化。

二、准巴—东拉变质岩亚带（I_2）

准巴—东拉变质岩亚带位于图幅东南隅呈北东向狭长条带分布于南迦巴瓦变质岩亚带的西侧，北东、南西均延出图外，区内宽4～5km，长约60km，面积约2500km^2。

变质岩亚带夹持于共荣—斗玉主剥离断裂和准巴基底剥离断裂之间，变质地层为肉切村岩群。由一套二云片岩、白云母片岩、二云英片岩、黑云石英片岩、斜长角闪片岩、绿泥片岩、绿泥石英片岩、钠长绿泥片岩、黑云斜长变粒岩等组成，叠置厚度达2800m以上（图4-10）。

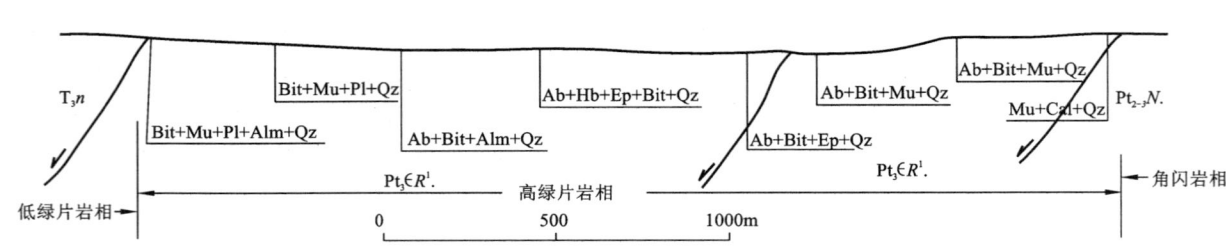

图4-10 准巴—东拉变质岩亚带变质地质剖面图

（一）主要岩石类型

岩石以片岩、斜长角闪片岩为主，有少量变粒岩。

片岩具细粒粒状鳞片变晶结构、片状构造。主要矿物成分石英含量15%～75%，云母15%～75%，长石2%～35%。主要岩石有含榴绢云片岩、绿泥片岩、二云片岩、含榴红柱二云片岩、含十字石榴二云片岩、二云石英片岩、黑云石英片岩、含榴二云片岩等。

角闪质岩石具中细粒鳞片柱粒状变晶结构，块状构造。主要矿物成分角闪石含量30%～40%，斜长石为中长石35%～50%，黑云母2%～16%，石英0～3%。主要岩石有黑云斜长角闪片岩、斜长角闪岩、角闪片岩等。

变粒岩具鳞片粒状变晶结构，块状构造或弱定向构造。暗色矿物以黑云母为主，含量5%～15%；斜长石以更长石为主，部分为钠长石，含量15%～75%，钾长石为微斜长石，含量0～35%；石英10%～30%。主要岩石有斜长变粒岩、含榴黑云斜长变粒岩，尚有少量含榴黑云二长变粒岩。

（二）主要变质特征矿物

特征变质矿物有铁铝榴石、十字石、黑云母、角闪石等。

铁铝榴石呈近等轴状斑状变晶，无色—微粉红色，正高突起，粒径0.15～0.4mm，常见较多石英及黑云母包体。

十字石多呈不规则变晶状，粒径0.5～1.8mm，Ng金黄色，Nm淡黄色，正高突起，平行消光，二轴晶，正延性，含有较多炭质包体。

黑云母呈片状定向分布，Ng红褐色，Np淡黄色。

角闪石为绿色角闪石,不规则柱粒状变晶,Ng 绿色,Nm 黄绿色,Np 淡黄色。

（三）原岩建造恢复

通过对上述各类岩石的岩石学、岩石化学及地球化学的综合研究,其中角闪质岩石和部分变粒岩,在尼格里图解中落在火成岩区(图4-11)。角闪质岩石的岩石化学成分与中国岩浆岩玄武岩相近(黎彤,1962)。在硅-碱图解中属碱性系列,在里特曼-戈蒂里图解中,落在偏碱性火山岩区内。

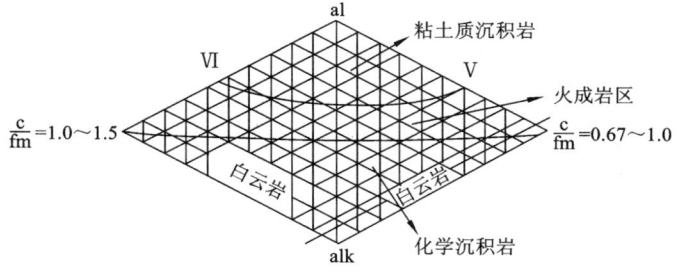

图 4-11　尼格里四面体图解

斜长角闪质岩石的稀土配分型式为轻稀土弱富集平坦型,类似于现代岛弧钙碱性拉斑玄武岩系列(图4-12),变粒岩则为轻稀土富集右倾曲线,铕异常不明显,总体与被动大陆边缘构造环境形成的现代和显生宙沉积岩的稀土特征相一致(图4-13)。

综上所述,高喜马拉雅带的肉切村岩群的原岩为一套岛弧中基性火山岩及边缘浅海陆源杂砂岩建造。

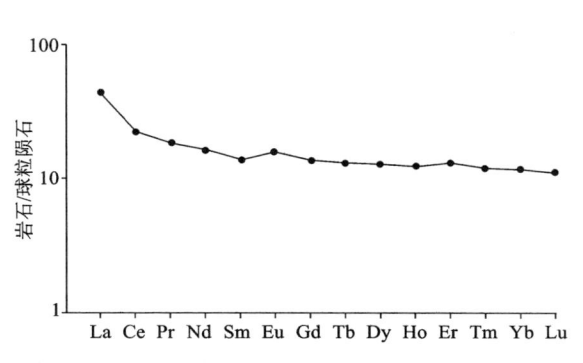

图 4-12　肉切村岩群斜长角闪质岩稀土元素配分曲线
(Boynton,1984)

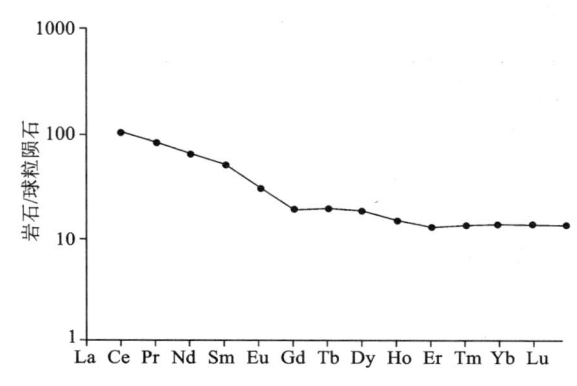

图 4-13　肉切村岩群变粒岩稀土元素配分曲线
(仿 Boynton,1984)

（四）变质带、变质相和变质相系

依据变质矿物可划分出黑云母带、石榴石-十字石带。矿物共生组合显示中低压区域动力热流变质高绿片岩相特征。其矿物共生组合如下。

变质泥质岩：

Mu＋Bit＋Alm＋Qz

Mu＋Bit＋Alm±Ab＋Qz

St＋Bit＋Mu＋Alm＋Qz

St＋Bit＋Mu±Ab＋Qz

Alm＋Bit＋Mu＋Qz

Alm＋Bit＋Pl＋Qz

变基性岩：

Hb＋Ab＋Ep±Qz

Hb＋Bit＋Ads±Qz

Hb＋Bit＋Ad

Hb＋Bit＋Tr

Hb＋Di＋Bit

(五) 变质变形作用期次讨论

根据使用多种同位素定年方法测定结果,高喜马拉雅地区肉切村岩群经历了两期变质作用。早期为早加里东期,其锆石 U-Pb 同位素年龄 525~553Ma,表明肉切村岩群经历了一次泛非末期达高绿片岩的区域动力热流变质作用和岩浆活动。晚期为燕山—喜马拉雅期,黑云母^{40}Ar-^{39}Ar 坪年龄 18.2±0.11Ma 和等时线年龄 18.63±0.63Ma,可能与喜马拉雅期强烈伸展拆离作用有关。

第二节 北喜马拉雅区域低温动力变质岩带(Ⅱ)

该变质岩带位于图区南部曲折木—觉拉断裂以南,东为共荣—斗玉主剥离断裂所截。图内宽 20~23km,长 120km,面积达 2500km^2 以上。为一区域性面型低绿片岩相的单相变质岩带。带内燕山晚期浅成基性脉岩及喜马拉雅期电气石白云母花岗岩发育,在岩体周围出现较强的接触变质作用带。

带内变质地层由晚三叠世曲龙共巴组、早白垩世拉康组组成。组成岩石为一套变质程度甚低的变质玄武岩、凝灰质板岩及变质砂岩、板岩组成的夹火山陆缘泥砂质建造,出露厚度达 4140m 以上。变质岩石中的新生矿物以绢云母、绿泥石最为常见,相当于温克勒划分的低绿片岩相的下部。其矿物共生组合如下。

变质泥质岩:
Ser+Chl+Qz
Ser+Chl+Bit(雏晶)+Ab+Qz
变质基性岩:
Chl+Ab+Ser±Qz
Ab+Chl+Ep±Qz

上述矿物共生组合,其变质程度仅能达到低绿片岩相下限温度 350℃。表明北喜马拉雅区域低温动力变质岩带是在强应力和低温条件下形成的具有劈理和片理的低级变质岩带。表现为无热流变化和不显递增变质的单一低绿片岩相的区域低温动力变质带,相当于里德(Read,1956)的造山变质作用带。为喜马拉雅板块与冈底斯板块在燕山期末—喜马拉雅期强烈挤压碰撞过程中所形成。

第三节 拉轨岗日—隆子区域动力热流变质岩带(Ⅲ)

该变质岩带位于图幅中部,是本区规模最大、出露最全、具核杂岩特征的变质岩带,面积约 8700km^2。依据变质作用特征,进一步划分为杂果—得玛日、邦卓玛—三安曲林和哲古—隆子 3 个变质岩亚带。

一、杂果—得玛日变质岩亚带(Ⅲ$_1$)

杂果—得玛日变质岩亚带位于岩带的中北部,呈一卵形,边界为环状伸展断裂所包围,面积近 700km^2。1:20 万加查幅、泽当幅和 1:5 万琼果幅、曲德贡幅称之为也拉香波倾日变质核杂岩(陕西省区调队,1994—1995;西藏自治区地质调查院,2002)。以西藏自治区地质调查院的研究较为深入。

（一）主要岩石类型

受变质地层为亚堆扎拉岩组和曲德贡岩组。主要岩石有片麻岩、变粒岩、混合片麻岩、条带状混合岩、片岩、千枚岩、大理岩等。

1. 片麻岩类

岩石具鳞片花岗变晶、鳞片粒状变晶、斑状变晶结构，片麻状构造。主要矿物成分：斜长石 45%~55%，石英 20%~25%，黑云母 10%~20%，白云母 2%~8%，钾长石 3%~8%。斜长石呈重结晶粒状，洁净，部分聚片双晶清楚，An20~22；钾长石为微斜长石，常交代斜长石；石英呈他形填隙粒状，互相紧密接触；云母叶片状，呈条纹明显聚集平行相间断续分布；十字石多半自形板状，常有石英包体；石榴石呈粒状及不规则状，常含较多石英包体。主要岩石包括二云斜长片麻岩、黑云斜长片麻岩、十字石榴黑云片麻岩等。

2. 变粒岩类

主要岩石有含透辉斜长变粒岩、角闪斜长变粒岩、云母石英粒岩、石榴角闪石英粒岩等。

含透辉斜长变粒岩，具粒状变晶结构，定向构造。粒径 0.3~0.6mm，斜长石 45%~50%，石英 40%~45%，透辉石≥5%，斜长石 1%~2%，黑云母 1%。透辉石自形短粒状，无色，$C \wedge Ng 38°~40°$，不均匀分布在长英矿物粒间。

角闪斜长变粒岩，具粒状变晶结构，块状构造。粒径 0.25~0.6mm，斜长石≥40%，石英 35%~40%，角闪石 10%~15%，黑云母 2%~3%，绿帘石、黝帘石 5%~8%。角闪石分布不均匀，显示薄层聚集特征。

云母石英粒岩，具鳞片粒状变晶结构，平行构造，粒径 0.15~0.25mm，石英 70%~80%，斜长石 3%~5%，白云母 10%~15%，黑云母 5%~25%，绿泥石 2%~3%。钾长石为条纹长石，双晶不发育。见有石榴石 4~5mm 变斑晶（5%~8%），呈粗大雏晶状，并发育残缕构造。

石榴角闪石英粒岩，具斑状变晶结构，基质柱粒状变晶结构，平行构造。石榴石 3~6mm 变斑晶 5%~7%。基质 0.25~0.3mm，石英 50%~60%，角闪石 20%~25%，斜长石 10%~15%，绿帘石、黝帘石 3%~5%。石榴石呈粗大他形粒状雏晶，并有较多石英包体，发育残缕构造，属同构造期变质过程中形成；石英呈粒状。角闪石、斜长石呈细柱状。

3. 混合岩类

以混合岩的基体物质与脉体物质的数量比、岩性成分、结构构造、形态特征、基体部分的改造程度，将变质岩带的混合岩分为条纹状混合岩、混合片麻岩两类。

条纹状混合岩，岩石由长英质脉体和二云斜长片麻岩基体组成。具鳞片花岗变晶结构，局部交代结构，细脉状、条纹状构造。脉体宽数毫米—数厘米，延伸稳定。脉体以斜长石和微斜长石为主，次为石英，有少量伟晶花岗质成分。基质为二云斜长片麻岩，粒径 0.6~1mm，斜长石（An20~22）50%~55%，石英 20%~25%，钾长石 5%~8%，白云母 10%~15%，黑云母 3%~5%。基体与脉体界面清楚。

混合片麻岩，具鳞片花岗变晶结构，片麻状构造。基体多呈小斑块条带状残体，与脉体界面模糊。脉体粒径 0.3~0.6mm，斜长石 45%~50%，石英 40%~45%，钾长石 3%~5%，黑云母 1%~2%。基体中发育揉皱、褶叠层等。

4. 片岩类

片岩广泛分布于曲德贡岩组中，主要岩石有十字石榴二云片岩、十字石榴二云石英片岩、石榴二云长石石英片岩、二云石英片岩、钠长阳起片岩、角闪片岩和绿泥钠长片岩等。

十字石榴二云片岩，具斑状变晶结构，基质具细粒鳞片状变晶结构，片状构造。变斑晶 1～3mm，最大达 5mm，基质 0.1～0.3mm。变斑晶：石榴石 6%，十字石 8%～10%，黑云母 5%～10%，斜绿泥石 8%。基质：白云母 42%～44%，黑云母 5%～10%，石英 2%～3%，炭质 10%～12%。副矿物：电气石。

十字石榴二云石英片岩，具斑状变晶结构，基质显微鳞片状变晶结构，片状构造。变斑晶 3～6mm，基质 0.2～0.3mm。变斑晶：石榴石 5%～8%，十字石 5%～8%。基质：石英 60%～65%，黑云母 10%～15%，白云母 5%～10%，斜长石 1%～2%。石榴石变斑晶中有较多石英、锆石、电气石包体。发育筛状变晶结构和残缕构造，十字石颗粒较小，晶体内亦具残缕构造。

石榴二云长石石英片岩，具斑状变晶结构，基质粒状鳞片变晶结构，片状构造。变斑晶 1.5～3.5mm，基质 0.05～0.06mm。石榴石变斑晶 4%～5%。基质石英 55%～60%，白云母 15%～20%，黑云母 10%～15%，钾长石 15%～20%，绿泥石 0.5%～1%，炭质 0.5%～1%。副矿物有锆石、电气石、金属矿物等。

二云石英片岩，具显微鳞片变晶结构，片状构造。绢（白）云母 40%～50%，黑云母 10%～20%，石英 45%～55%。石英多呈拉长状。

钠长阳起片岩，具粒状纤柱状变晶结构，片状构造。阳起石 45%～50%，钠长石 40%～45%，石英 1%～2%，斜长石 5%～10%。阳起石纤柱状，自形—半自形，Ng 浅绿色，Np 浅绿—无色，斜消光。钠长石呈他形—半自形粒状，双晶不明显。

角闪片岩，具针柱状变晶结构，片状构造。角闪石 65%～70%，石英 25%～30%，钠更长石 2%～3%。

绿泥斜长片岩，具鳞片柱粒状变晶结构，片状构造。斜长石 50%～55%，绿泥石 35%～40%，方解石 3%～5%，石英 5%～8%。斜长石柱粒状，稍显浑浊，略显聚片双晶，长轴显定向排列。绿泥石呈鳞片状，平行定向分布。

5. 千枚岩类

千枚岩主要分布于曲德贡岩组上部。主要有石榴云母石英千枚岩、绢云石英千枚岩、绢云千枚岩、含长白云母石英千枚岩等。

石榴云母石英千枚岩，具显微鳞片粒状变晶结构，千枚状构造。石英 70%～75%，黑云母 10%～15%，绢白云母 10%～12%，石榴石 2%～3%，斜长石 2%～3%，石榴石呈雏晶，未见完整晶体，石英包体较多。

绢云石英千枚岩，具显微鳞片粒状变晶结构，千枚状构造。石英 65%～70%，绢（白）云母 25%～30%，黑云母 2%～3%。粒状变晶石英，显示压扁拉长。

绢云千枚岩，显微鳞片变晶结构，千枚状构造。绢云母 75%～80%，石英 10%～15%，黑云母 2%～3%，绿泥石 1%～2%，方解石 3%～4%。绢云母鳞片状，平行定向排列，石英重结晶呈压扁粒状，炭质尘点状均匀分布。

石英千枚岩，具鳞片粒状变晶结构，千枚状构造。石英 55%～60%，斜长石 10%～15%，绢（白）母 25%～30%。斜长石尚残留原次棱角状，绢、白云母鳞片平行定向排列，显示条纹状聚集特征。

6. 大理岩

大理岩主要产于曲德贡岩组的下部，有石英方解大理岩和白云石大理岩。

石英方解大理岩，具粒状变晶结构，层状构造。粒径 0.6～1.5mm，方解石 70%～75%，石英 20%～25%，斜长石 5%～8%，黑云母 1%～2%，方解石重结晶呈半自形—自形，双晶发育，晶体间呈折线镶嵌接触。石英、钾长石呈层状聚集，平行相间粒状变晶排列面显示层状特征。

白云石大理岩，具粗粒变晶结构，块状构造，粒径 1～2mm。白云石＞95%，白云母 1%～2%，方解石 1%～2%。白云石呈半自形，双晶发育，晶体间呈齿状和折线状紧密镶嵌接触，无定向排列。

（二）主要特征变质矿物

区内主要特征变质矿物有：矽线石、蓝晶石、十字石、红柱石、石榴石、钾长石、黑云母等。这些矿物不仅反映区域变质的温度、压力条件，也显示出原岩成分的某些特征。因其多呈变斑晶产出，按内部构造与岩石基质片理之间的关系，尚可判断变形作用与变质作用的相互关系。

矽线石见于靠近核杂岩内部二云斜长片岩中，含量1%～2%。细柱状、纤柱状，无色，高正突起，粒度0.3～2mm，两端面不整齐，有的呈毛发状，与黑云母、白云母平行定向排列，少部分并可见由黑云母转变为矽线石。矽线石变斑晶具残缕结构（图4-14）。

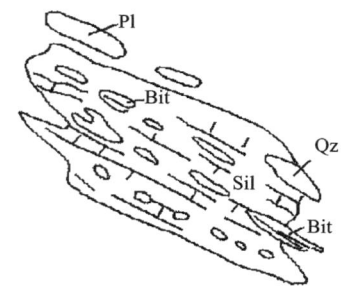

图4-14 变斑矽线石的残缕结构
（据1:20万加查幅，1995）

蓝晶石，蓝晶石与矽线石、红柱石、十字石、石榴石等共生于二云斜长片麻岩中，呈粒状、纤柱状，粒径2～2.3mm，无色，高正突起，聚片双晶，正延性，晶体长轴方向平行排列，含量2%～3%。在二云斜长片麻岩中，见蓝晶石向红柱石过渡，表明变质作用的压力有由高变低的过程。

红柱石，仅见于核杂岩靠近花岗岩外接触带部分，含量3%～5%。呈粒状、柱状，粒径0.3～3mm，淡红色—无色，与矽线石、十字石、石榴石、黑云母共生，并有向蓝晶石过渡者，表明变质作用可能由中压型转变为低压型。

钾长石，产于二云斜长片麻岩中，与矽线石共生者应属变质成因，但亦有部分可能与混合岩化的钾交代作用有关。

十字石，产于黑云斜长片麻岩中，也见于含炭白云母石英片岩、二云石英片岩中。前者与蓝晶石、石榴石共生，后两者则与石榴石、白云母、黑云母、斜绿泥石、石英共生，一般呈柱粒状。黄色—淡黄色，粒度0.1～0.5mm，个别1～4mm。长轴排列与片理一致。十字石变斑晶中含有较多石英包体，并显定向排列（图4-15）和残缕结构（图4-16）。根据十字石没有发生与石榴石同样旋转、变形，表明十字石与石榴石不是一个世代的产物。第一世代为Alm+Bit+Mu+Qz，第二世代为St+Alm+Bit±Cln+Mu+Qz，由一世代到二世代压力相当于中压，是一个升温过程。第一世代石榴石生成温度为490℃，压力为$4×10^8$Pa，故本区十字石形成温度大致为520℃，压力为$4×10^8$Pa，而相当低角闪岩相的P-T环境，故以十字石的首次出现作为划分高绿片岩相与低角闪岩相的标志。

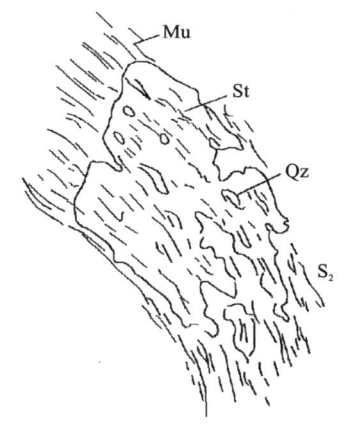

图4-15 十字石变斑晶中包体石英定向排列
（据1:5万琼果幅，2002）

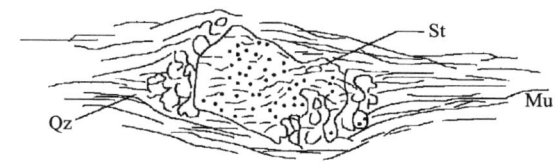

图4-16 十字石变斑晶的残缕结构
（据1:5万琼果幅，2002）

石榴石，为本亚带中最为普遍常见的特征变质矿物，一般含量2%～3%，多者可达5%～10%，部分形成石榴石矿化。石榴石在片麻岩中与矽线石、蓝晶石、黑云母共生，在片岩、千枚岩中与十字石、绿泥石、白云母共生，亦与黑云母、白云母、斜长石、石英等共生。

石榴石常在粒状矿物的薄层间，有片状矿物，包绕在石榴石变斑周围，显示推开片理生长，为同构造期变质产物。呈自形粒状变晶，淡红色，正突起，粒度0.1～2mm，个别4～5mm，变晶中有石英、黑云母包体,构成包含变晶残缕结构(图4-17)。并有部分残缕结构显示"S"型旋转(图4-18),而具同构造期变成的特点。

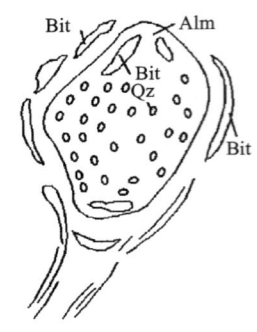

图4-17 变斑石榴石包体
(1:20万加查幅,1995)

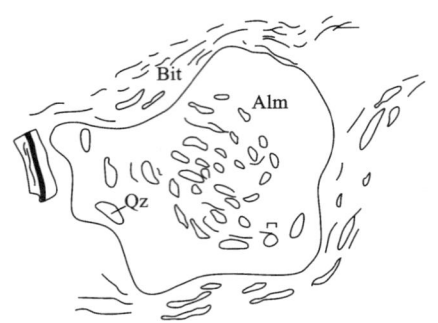

图4-18 变斑石榴石中炭包体呈"S"型旋转
(1:20万加查幅,1995)

石榴石的化学成分平均值 SiO_2 37.33%,Al_2O_3 29.34%,FeO 29.34%,CaO 6.3%,MnO 2.7%。均属铁铝榴石、石榴石,均具反环带构造。其核部 Fe 较高,边部 Ca、Mn、Mg 较高,表明本变质岩亚带曾经历了早期中压、中温变质环境,向晚期降压增温环境转变的多期变质过程。

(三) 原岩建造恢复

通过对上述各类岩石的岩石学、岩石化学及地球化学的综合研究,其中二云片岩、石英片岩、片麻岩、变粒岩、混合片麻岩、条纹状混合岩等在西蒙南(Simooem A,1953)(al+fm)-(c+alk)-Si 图解中均落在沉积的砂、泥质岩区。角闪片岩、绿泥钠长片岩、阳起石片岩则落在火山岩区内。据片岩、片麻岩、变粒岩的尼格里值 al=35~55,alk=12~18,则显示出原岩主要是粘土岩、泥质粉砂岩、长石砂岩和泥质砂岩,少数是泥质杂砂岩、泥质凝灰质岩石。7件角闪质岩、绿片岩的岩石化学表明,SiO_2 为 48%~55%,TiO_2 1%~1.8%,Al_2O_3 10%~15%,全铁 7%~16%,MgO 4%~13%,CaO 10%~12%,K_2O 0.3%~1%,尼格里值 fm=33~57,c=22~30,alk=3~9,显示具低硅、铝,高钛、铁、镁以及富钙特征,依(Al+Fe+Ti)-(Ca+Mg)图解,其原岩为一套基性岩、基性火山岩。综上所述,本区亚堆扎拉岩组为一套以陆源浅海砂泥质碎屑类复理石杂砂岩建造,曲德贡岩组为一套含基性火山岩的类复理石火山质硬砂岩建造,具活动带沉积特征。

(四) 变质带、变质相及变质相系

杂果—得玛日变质岩亚带是一个多期变相变质带,受多期次区域热流动力变质作用和岩浆混合岩化作用,使得变质变形构造十分复杂,依据变质矿物共生组合,可划分为高绿片岩相铁铝榴石带、角闪岩相十字石带和蓝晶石-矽线石带(图4-19)。

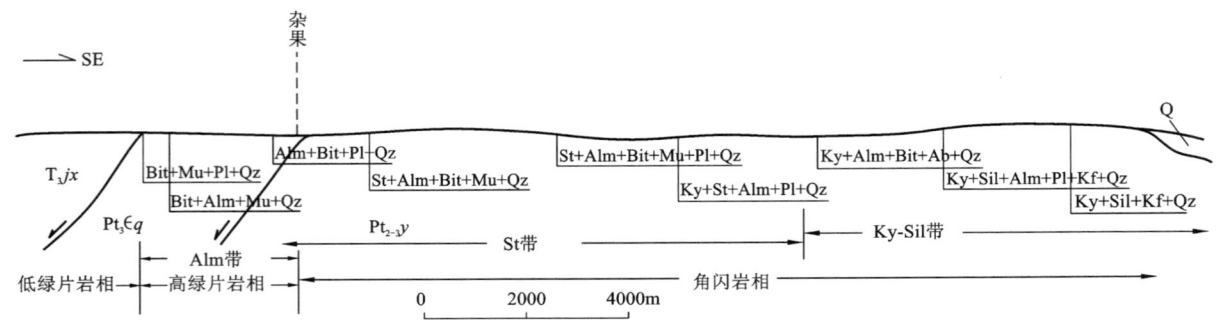

图4-19 杂果—得玛日变质岩亚带变质地质剖面图

Q. 第四系;T_3jx. 江雄组;$Pt_3\epsilon q$. 曲德贡岩组;$Pt_{1}y$. 亚堆扎拉岩组

高绿片岩相铁铝榴石带矿物共生组合如下。
变质泥质岩及碎屑岩：
Alm+Bit+Mu+Qz
Alm+Bit+Pl+Qz
Alm+Bit+Mu+Pl+Qz
变质基性岩：
Alm+Hb+Bit±Qz
Alm+Ab+Hb+Bit±Qz
Alm+Act+Chl+Bit±Qz
低角闪岩相十字石带矿物共生组合如下。
变质泥质岩及碎屑岩：
St+Alm+Bit+Mu+Qz
St+Alm+Pl+Bit+Qz
变质基性岩：
Hb+Pl+Qz
Hb+Ab+Bit±Qz
角闪岩相蓝晶石-矽线石带矿物共生组合为：
Ky+Sil+Bit+Qz
Ky+Sil+Alm+Bit+Pl+Qz
Ky+Sil+Alm+Pl+Kf+QZ

杂果—得玛日变质岩亚带主要由混合片麻岩、二云斜长片麻岩、变粒岩和片岩以及少量千枚岩、大理岩组成。自变质核杂岩内部向周边，变质程度递减很明显。按标志矿物首次出现的情况可划分为矽线石-蓝晶石、十字石和铁铝榴石带，具有中压型区域动力热流变质作用渐进变质特征。但从中压型标志矿物蓝晶石与低压型标志矿物红柱石共生，并有蓝晶石向红柱石过渡的现象，表明区域变质作用曾有由中压向低压转变的过程，即早期亚堆扎拉岩组和曲德贡岩组曾处于较深构造层次，由于地热流上升及伸展构造产生剪切应力，温度、压力较高，形成中压型区域动力热流变质作用，晚期由于拆离作用，变质核杂岩由深部抬升到浅部构造层次，并伴有花岗岩浆侵入及混合岩化作用，从而形成低压型区域动力热流变质作用。综上所述，本区变质作用类型属中—低压、低—中温区域动力热流变质作用。

（五）变质变形作用期次讨论

杂果—得玛日变质岩亚带变质核杂岩及其上覆盖层显然经历了多期次变质变形作用，在各构造层次尚保留了其为复杂的叠加、改造的变质变形记录。

基底剥离断层下盘亚堆扎拉岩组为古老的结晶基底岩系，长期处于较深的构造层次，在沿片麻理贯入的花岗伟晶岩脉的 Sm-Nd 同位素年龄为 $1147±98～3202±114$Ma（1∶20 万加查幅，1955），可能为其元古代及其以前热事件的烙印。

侵入于核杂岩的片麻状花岗岩与变质杂岩，其 Rb-Sr 年龄为 $484±7$Ma 和 $485±6$Ma，U-Pb 年龄为 $521±38$Ma 和 $558±16$Ma，表明核杂岩曾经历了早加里东期强烈的区域动力热流变质作用，并奠定了杂果—得玛日中压型递增变质带的雏型。由于喜马拉雅期（K-Ar 年龄 $15.65～22.02$Ma）地壳伸展作用引起浅部层次与中深层次之间的滑脱剥离，地幔热流上涌及上地壳重熔花岗岩浆上侵，使叠加复合于早加里东期中压型递增变质带上再次遭受强烈的低压、高温型递增变质作用。

二、邦卓玛—三安曲林变质岩亚带（III$_2$）

邦卓玛—三安曲林变质岩亚带位于图幅中部古堆—隆子断裂以北，邛多江—卡拉断裂以南杂果—

得玛日核杂岩上部剥离断层的外侧,为拉轨岗日区域动力热流递增变质岩带外部低绿片岩带,面积约 3300km²。

受变质地层为晚三叠世涅如组一、二、三段,由变质砂岩、绢云板岩、千枚状板岩及少量千枚岩和变基性火山岩组成(表 4-3)。

表 4-3 邦卓玛—三安曲林变质岩亚带主要岩石特征表

岩石类型	结　构	构　造	变质矿物组合	变质特征	备　注
变质砂岩	变余砂状结构	平行构造,部分片理化构造	绢云母、绿泥石、石英、方解石	胶结物泥质变为绢云母、绿泥石、石英重结晶,长石绢云母化,方解石重结晶	原岩为细砂岩、粉砂岩
板岩(绢云板岩、粉砂质板岩、钙质板岩等)	显微鳞片变晶结构	板状构造	绢云母、方解石、石英,有时有半石墨炭质	细小鳞片状绢云母,平行聚集排列,石英显压扁拉长定向排列	千枚状板岩、绢云母局部聚集呈条纹状与石英聚集条带相间
千枚岩	显微鳞片变晶结构	千枚状构造、条纹状构造	绢云母、石英、绿泥石、白云母、雏晶黑云母等	绢云母定向聚集排列,黑云母变斑雏晶,石英压扁拉长定向排列	板岩、千枚状板岩、千枚岩原岩为泥质岩和粉砂泥岩、含炭质粉砂泥岩
变基性熔岩	变余斑状结构,基质变余间隐结构	块状构造、变形平行构造、条纹状构造	钠长石、阳起石、绿帘石、绿泥石、绢云母、纤闪石、方解石等	斜长石变为钠长石、隐晶状绿帘石、绿泥石、绢云母等。辉石变为纤闪石、阳起石、绿泥石、方解石等	

邦卓玛—三安曲林变质岩亚带为一变质程度很低的单相变质岩带(图 4-20)。有自南向北略有递增变质的趋势。除古堆—隆子逆冲断裂带受韧性剪切作用略有加深外,一般变质程度很低。板岩、千枚岩等的矿物共生组合为 Ser+Chl+Qz,少数为 Ser+Chl+Bit+Ab+Qz,为绢云母-绿泥石带。变质程度接近低绿片岩相的下限温度 350℃。向北靠近核杂岩主剥离断裂其变质程度渐增,千枚状板岩、千枚岩增多,并出现少量二云片岩。矿物共生组合出现:Bit+Mu+Ab+Qz,Bit+Mu+Gph+Ab+Qz。变质基性岩则出现:Chl+Ab+Ser+Qz,Ab+Ep+Qz,Act+Chl+Ab±Qz 等,上述矿物共生组合可划为黑云母带,变质程度接近低绿片岩相上限温度 500℃。

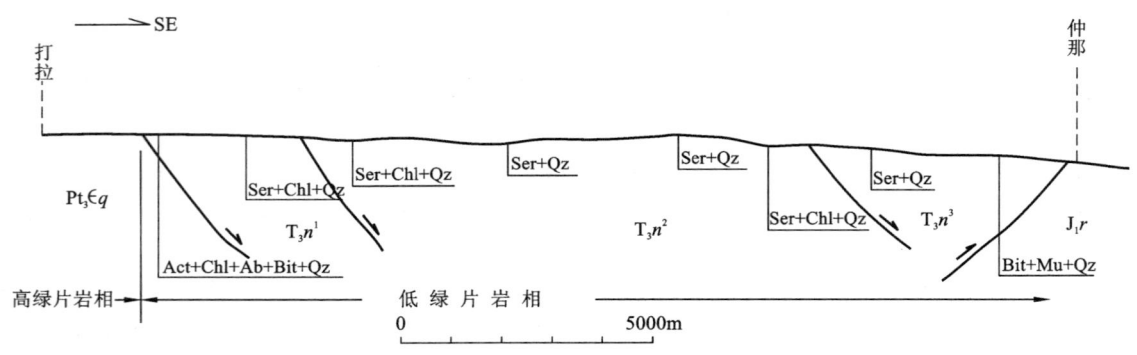

图 4-20 隆子县打拉—仲那变质地质剖面图

J_1r.日当组;T_3n^3.涅如组三段;T_3n^2.涅如组二段;T_3n^1.涅如组一段;$Pt_3\epsilon q$.曲德贡岩组

综上所述,邦卓玛—三安曲林变质岩亚带,为杂果—得玛日核杂岩外侧剥离断层上盘受强应力作用,在低温条件下形成的具有劈理和片理的区域低温动力变质带,相当里德(Read,1956)的造山变质作用带。

三、哲古—隆子变质岩亚带（Ⅲ₃）

哲古—隆子变质岩亚带位于古堆—隆子逆冲断裂和曲折木—觉拉断裂之间，呈东西向展布图区中南部。其东为共荣—斗玉主剥离断裂所截，向西变宽而延出图外，图内面积近 4700km²。

受变质地层包括晚三叠世涅如组，侏罗纪日当组、陆热组、遮拉组、维美组，早白垩世桑秀组、甲不拉组和晚白垩世宗卓组等，由一套浅变质的变质砂岩、板岩、千枚岩、结晶灰岩和变质中基性火山岩组成（表 4-4）。

表 4-4 哲古—隆子变质岩亚带主要岩石特征表

岩石类型	结构	构造	变质矿物组合	变质特征	备注
变质砂岩	变余砂状结构	平行构造，部分片理化构造	绢云母、绿泥石、石英、方解石	胶结物泥质变为绢云母、绿泥石，石英重结晶，长石绢云母化，方解石重结晶	原岩为砂岩、粉砂岩
板岩（绢云板岩、粉砂质板岩、钙质板岩，硅质板岩、炭质板岩）	显微鳞片—细粒变晶结构，粒状变晶结构，变余砂状结构	板状构造	绢云母、绿泥石、钠长石、方解石、微粒石英、半石墨炭质、偶见雏晶黑云母	鳞片状绢云母、绿泥石平行聚集排列，石英、长石压扁拉长定向排列呈条纹状	
千枚岩	显微鳞片变晶结构	千枚状构造，条纹状构造	绢云母、石英、绿泥石、白云母、雏晶黑云母、半石墨炭质	绢云母定向聚集排列，黑云母呈雏晶变斑，石英压扁拉长定向排列	原岩为泥质、粉砂质泥岩、含炭质粉砂质泥岩
变基性火山岩	显微鳞片变晶结构、变余交织结构、变余辉绿结构	块状构造、气孔杏仁状构造	绿泥石、绢云母、白云母、绿帘石、方解石、钠长石、石英	斜长石变为钠长石、绿帘石、绢云母，辉石纤闪石、绿泥石化，杏仁为方解石、石英充填	原岩为玄武岩、顺层侵入的辉绿岩
结晶灰岩	细粒粒状变晶结构	块状构造	方解石、白云石、绢云母	泥质变为细鳞片状绢云母，定向聚集排列	原岩为层纹状泥质灰岩

哲古—隆子变质岩亚带为一变质程度很低的单相变质岩带（图 4-21），为拉轨岗日—隆子区域动力热流变质岩带的最低级变质带的组成部分，变质矿物仅出现绢云母、绿泥石。其变质矿物共生组合为 Ser＋Qz，Ser＋Chl＋Qz，Chl＋Qz，Ser＋Chl＋Bit(雏)＋Qz，Chl＋Cal＋Tr，Ser＋Chl＋Tr＋Cal。

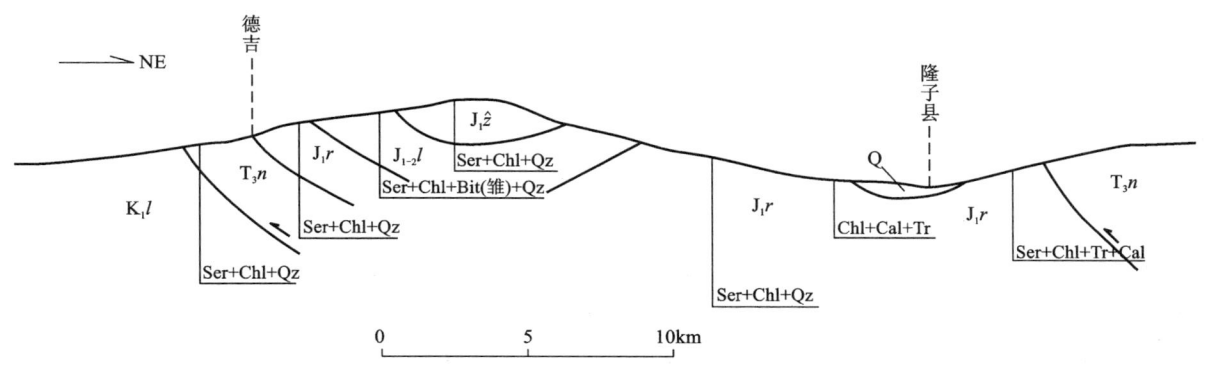

图 4-21 隆子县—德吉变质地质剖面图

Q. 第四系；K_1l. 拉康组；$J_2\varepsilon$. 遮拉组；$J_{1-2}l$. 陆热组；J_1r. 日当组；T_3n. 涅如组

上述哲古—隆子变质岩亚带拉轨岗日变质岩带最外侧低绿片岩相单相变质带,为燕山晚期—喜马拉雅期在低温条件和强应力作用下形成的具有劈理和片理的区域低温动力变质带,相当里德(Read,1956)的造山变质作用带。

在变质岩亚带西部下堆、象日、那嘎迪、普朗一带,在陆内汇聚调整阶段,由于地壳伸展作用引起地幔热流上涌和重熔中酸性岩浆侵入,在白垩纪闪长岩、辉绿玢岩和新近纪花岗斑岩外接触带发育斑点板岩、红柱石角岩,叠加在低压型区域低温动力变质带上。

第四节 雅鲁藏布江低温高压埋深变质岩带(Ⅳ)

该变质岩带位于邛多江—卡拉断裂以北,呈东西向横贯图区北部,面积达3400km²。东延入1:25万扎日区幅,西延至日喀则一带。西藏自治区区调队在1:100万日喀则幅首次发现蓝闪石,肖序常和高延林等相继发现了硬柱石、黑硬绿泥石等高压矿物。1995年陕西省区调队又在北邻泽当、罗布莎发现蓝闪石族矿物钠闪石类、黑硬绿泥石等高压矿物,进一步确定了雅鲁藏布江高压变质带的存在。

通过1:25万隆子县幅和1:25万扎日区幅对雅鲁藏布江变质岩带的研究,首次从南向北划分出沸石-葡萄石相、绿片岩相和铁铝榴石+黑云母+多硅白云母组成的高压低绿片岩相3个具渐进变质特征的变质岩亚带。

一、玉门—塔马敦变质岩亚带(Ⅳ₁)

玉门—塔马敦变质岩亚带位于邛多江—卡拉断裂和寺木寨断裂之间,东延至1:25万扎日区幅塔马敦一带,西延至宗许之南尖灭于邛多江—卡拉断裂上,东西长60km,面积约280km²。

受变质地层为晚三叠世玉门混杂岩,由辉橄岩、橄榄岩、枕状—块状玄武岩、硅质岩和三叠纪泥质复理石沉积组成。受板块俯冲、碰撞及不同期次、性质、规模和层次断裂的破坏,一般呈构造块体或席状冲断岩片和三叠纪泥砂质基质混杂产出(图4-22)。

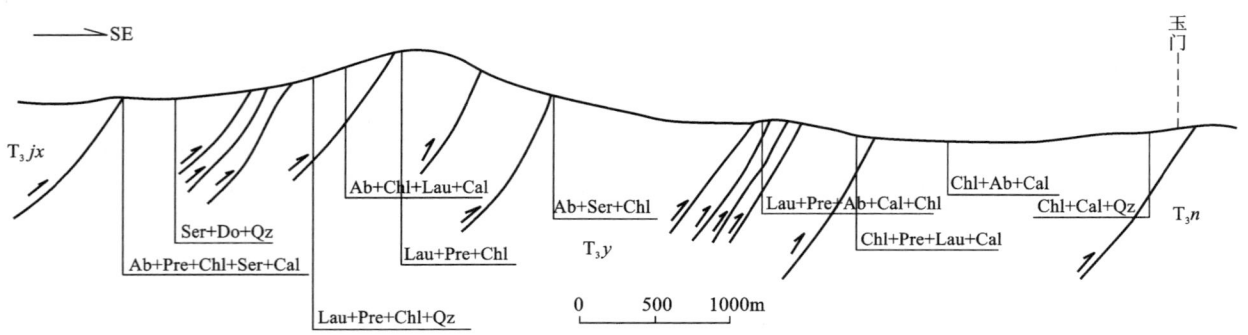

图4-22 玉门—塔马敦变质岩亚带玉门混杂岩变质地质剖面图
(据1:25万扎日区幅)
T_3jx.江雄组;T_3Y.玉门混杂岩;T_3n.涅如组

带内岩石变质程度很低,变形作用较弱,片理化不甚发育,原岩成分及组构均保存较好,显示埋深变质特征。带内常见特征变质矿物为绿泥石、绢云母、钠长石、浊沸石、葡萄石等,主要变质矿物共生组合为:变质基性岩有 Chl+Ab,Lau+Pre+Ab+Chl,Lau+Pre+Chl±Cal,Ab+Ser+Chl,Ab+Chl+Lau+Cal,Lau+Pre+Chl±Qz;变质泥质岩有 Ser+Do+Qz,Ser+Chl 等。

上述矿物共生组合相当于温克勒沸石相典型组合的沸石+葡萄石+绿泥石+石英组合,其形成条件大致为 $2\sim3kb(1kb=10^8Pa)$,$200\sim360℃$(温克勒,1976)。其变质相图如图4-23所示。

综上所述,玉门混杂岩的原岩为一套以浊积岩、燧石岩、基性碎屑岩、枕状—块状玄武岩及蛇纹岩等组成的洋壳上沉积,以高压低温埋深变质为特征的亚绿片岩相,属海洋板块俯冲带的高压相系埋深变质岩带。据近年来对雅鲁藏布江蛇绿岩带的研究,除较多发现有属亚绿片岩相的蓝闪石-硬柱石片岩相外,在雅鲁藏布江变质岩带中发现浊沸石-葡萄石相尚属首次。

二、琼果—章村变质岩亚带（Ⅳ₂）

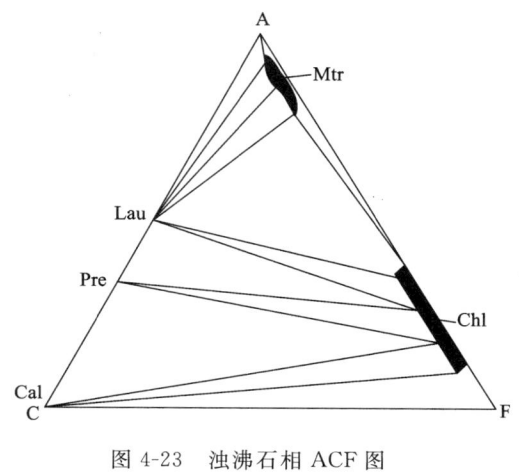

图 4-23 浊沸石相 ACF 图
（仿 Coombs,1996）

琼果—章村变质岩亚带位于邛多江—卡拉断裂西段、寺木寨断裂和登木断裂之间,洗贡—莫洛变质岩亚带的南侧,南北宽 10～23km,东西均延出图外,图内面积约 2500km²。

受变质地层为晚三叠世章村组、江雄组和宋热组灰色变质杂砂岩、变质含泥砾杂砂岩、绢云板岩、含炭质绢云板岩和炭质绢云千枚岩互层,夹变基性火山角砾岩、变质玄武岩。其变质程度仅达亚绿片岩相的葡萄石-绿纤石相(图 4-24)。其主要特征变质矿物有葡萄石、绿帘石、阳起石、绿泥石等。阳起石的出现接近绿片岩相的过渡带,其矿物共生组合有:Per＋Chl＋Ab＋Qz,Chl＋Act＋Ab＋Ep＋Qz,Chl＋Mu＋Ab＋Qz。在登木断裂附近尚出现 Bit＋Alm＋Cht＋Qz 组合等,上述与新西兰南部 Taringatura 山地典型的埋深变质作用相似。

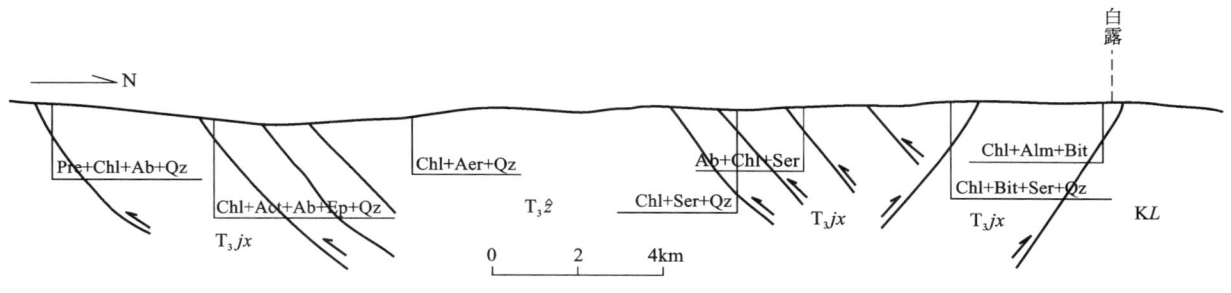

图 4-24 朗县白露变质地质剖面图
（据 1:25 万扎日区幅）
KL.朗县混杂岩；T₃z.章村组；T₃jx.江雄组

章村组、江雄组和宋热组为一套浊积岩、变基性火山碎屑岩、变基性熔岩组成洋壳上沉积,其变质程度达以低温高压埋深变质为特征的亚绿片岩相的葡萄石-绿纤石相,其形成条件大致为 3kb,300℃。由于洋壳板块的俯冲、碰撞活动,随之发生的高压相系埋深变质作用形成亚绿片岩相变质岩亚带。

三、洗贡—莫洛变质岩亚带（Ⅳ₃）

洗贡—莫洛变质岩亚带为雅鲁藏布江变质岩带北部高压绿片岩相亚带。图区北东隅仅出露亚带南部的一部分,面积约 500km²。

受变质地层为白垩纪朗县混杂岩,由变形橄榄岩、堆晶杂岩、变基性熔岩、硅质岩和外来变质基底岩片、灰岩块体,以及白垩纪泥砂质复理石基体所组成,为一套构造—沉积混杂岩。依据在北邻泽当、罗布莎硅质岩中发现的白垩纪放射虫:*Praeonocaryomma* sp.,*Trillus* sp.,*Podobursa* sp.,*Pantanillium* sp.,*Archaeodictyomitra* sp.,*Paronaella* sp.,*Hsuum* sp.,*Crucella* sp.,*A. lievium* sp. 等,1:25 万林芝县幅在朗县附近获白垩纪古孢粉:*Pinuspollenites elongus*,*P. labdacus* f. *maximus*,*Cedripites* sp.,

Piceites sp.，*Piceaepollenites gigantea*，*Podocarpidites* cf. *amplus*，*Palaeoconiferus* sp.，*Erlianpollis* sp.，*Brevimonosulcites* sp.，*Triporopollenites* sp. 等，该构造—沉积混杂岩的时代，应属白垩纪晚期。

（一）主要岩石类型特征

区内白垩纪朗县混杂岩变质程度较低，变质矿物带最高达低绿片岩相黑云母带，现结合邻区资料，将本亚带主要变质岩的基本特征列表 4-5 如下。

表 4-5　洗贡—莫洛变质岩亚带主要变质岩石特征简表

岩石类型	结　构	构　造	变质矿物组合	变质特征	备　注
变质辉长辉绿岩	变余辉长辉绿结构	条带状构造，略具平行定向—定向构造	钠长石、绿泥石、绿帘石、阳起石、次闪石、纤闪石、蛇纹石、水镁石等	斜长石变为钠长石、绿泥石、绿帘石、葡萄石的充填假象，辉石变为绿泥石、阳起石、纤闪石、水镁石，单斜辉石变为次闪石和蛇纹石	原岩成分、结构尚保留，辉石多具波状消光、解理弯曲状
变质基性火山熔岩	变余斑状结构，基质变余间隐结构	变形平行构造，平行定向构造，条纹构造	青铝闪石、钠长石、绢云母、绿帘石、绿泥石、绿纤石、方解石、阳起石	斜长石变为钠长石、隐晶状绿帘石、绿泥石、绢云母，辉石变为纤闪石、阳起石、绿泥石、方解石	部分变基性火山岩中含钠铁闪石
变质基性火山碎屑岩	显微花岗鳞片变晶结构	千枚状构造、定向构造	绿泥石、绢云母、钠长石、石英、方解石	仅存部分变余结构及原岩成分	
千枚岩	显微鳞片变晶结构	千枚状构造	钠长石、绢云母、绿泥石、石英	原岩成分及组构很少保留	原岩为粘土岩、粉砂质粘土岩
绿泥绿帘钠长阳起片岩	粒状纤柱粒状变晶结构、残缕结构		绿泥石、钠长石、阳起、斜黝帘石、绿帘石、黑云母、石英	原岩成分及结构均无残留	原岩可能为火山岩或火山碎屑岩
含榴二云英片岩	鳞片粒状变晶结构、变斑晶结构	片状构造、定向构造、显微褶皱构造	绿泥石、黑云母、白云母、石榴石、绿帘石、钠长石	变质彻底，原岩成分及结构完全改变	原岩为砂、泥质岩石
含黑硬绿泥石硅质岩	均质间隐结构、显微粒状结构	块状构造、微片状构造	绢云母、绿泥石、黑硬绿泥石	变质很浅，变质矿物均达不到平衡均一化	原岩为硅质岩、泥质硅质岩

除表 4-5 所列主要岩石外，据《西藏自治区区域地质志》还在雅鲁藏布江蛇绿混杂岩变质岩带中，发现有蓝闪绿泥片岩、黑硬绿泥片岩、蓝闪钠长阳起片岩、黑硬绿泥阳起片岩、含硬柱变辉长岩、含绿纤变基性岩、绿纤板岩、阳起黑硬绿泥硅质板岩等。

（二）特征变质矿物

据陕西省区调队（1995）曾在亚带内多处发现蓝闪石族矿物、黑硬绿泥石、绿纤石、多硅白云母等。

1. 蓝闪石族矿物

在北邻罗布莎附近变质玄武岩中，青铝闪石呈针状、毛发状、纤维状集合体，具明显的多色性，Ng' 淡蓝色，个别稍显淡紫蓝色，Np' 淡黄色，消光角 $C \wedge Ng 5° \sim 10°$ 部分达 $15° \sim 20°$，正延性。上述与达吉岭、昂仁、孜松等地所见的冻蓝闪石相似。

2. 黑硬绿泥石

黑硬绿泥石在北邻罗布莎一带硅质岩、板岩中产出。呈束状、针状、鳞片状及放射状。多色性显著，Ng 红褐色，Np 金黄色，异常干涉色，平行消光，正延性。黑硬绿泥石多沿片理分布，与绿泥石、方解石、绿帘石、绢云母共生。

3. 绿纤石

绿纤石呈 0.2mm 以下的集合体，无色，柱状晶体，解理完全，异常干涉色，斜消光 C∧Np35°±，正延性，二轴晶 2V=7°～8°，折光率 Ng=1.6873，Nm=1.6752，Np=1.6722。

4. 多硅白云母

多硅白云母产于二云石英片岩和白云母石英片岩中。白云母经电子探针能谱分析（图 4-25），在拉多一带 SiO_2 高达 51.15%～58.77%。经 X 衍射分析（图 4-26），属 $2M_1$ 型多硅白云母，其 bo 值为 9.03Å 以上。据张旗等（1981）对朗县一带泥质岩中的多硅白云母的研究，本亚带多硅白云母的 bo 值累积频率曲线分布于新西兰东奥塔戈和日本三波川两个高压变质岩带曲线之间（图 4-27）。另据刘国惠等（1984）研究，带内多硅白云母的 Si^{4+} 值 3.4～3.6，按 Veld 的 P-T 图解，其形成压力为 $7×10^8～8×10^8$ Pa，其 bo=9.055Å，属高压型无疑。

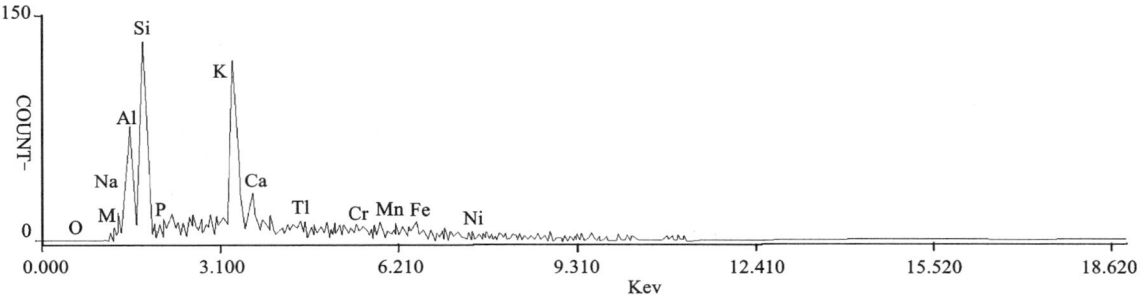

图 4-25　洗贡—莫洛变质岩亚带多硅白云母 Finder 能谱图

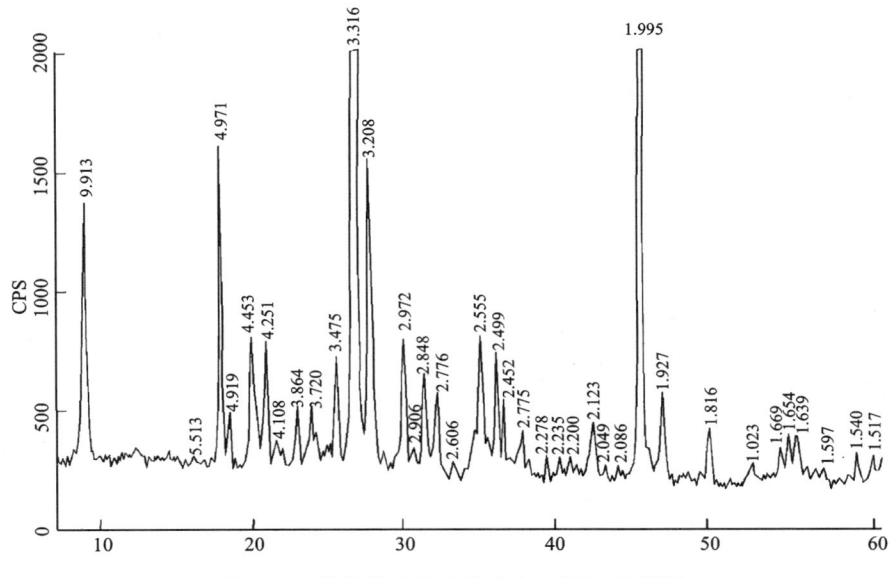

图 4-26　朗县混杂岩中多硅白云母 X 衍射图

5. 铁铝榴石

铁铝榴石为带内常见的变质矿物。与钠长石共生，并和黑云母同时出现。与新西兰东奥塔戈所见相类似（Turner，1968）。日本的坂野（Banno，1964）对不同变质地质体中上述指示矿物和普通角闪石的生成顺序上差别的研究，认为铁铝榴石生成的越早，变质作用的压力就越大（图4-28）。从图4-28中可以看出，铁铝榴石随温度增高而压降低，压力越高铁铝榴石形成的温度就越低，则与普通角闪石、斜长石、黑云母相较则生成得越早。雅鲁藏布江变质带的压力类型，其地热梯度曲线则介于中压相系巴罗型和高压相系新西兰的东奥塔戈之间。

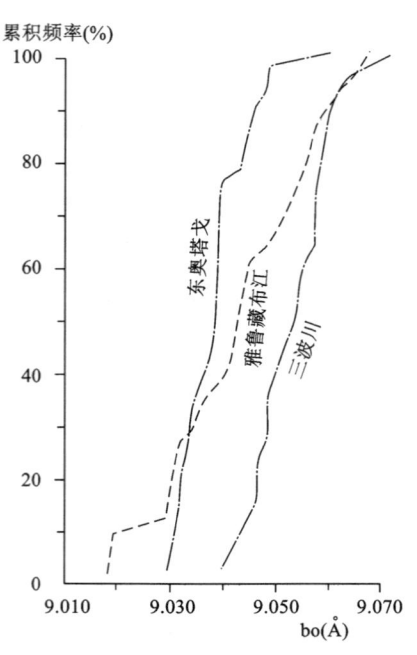

图4-27 白云母 bo 值累积频率曲线
（据张旗，1981）
三波川和东奥塔的资料据 Sassi et al（1974）

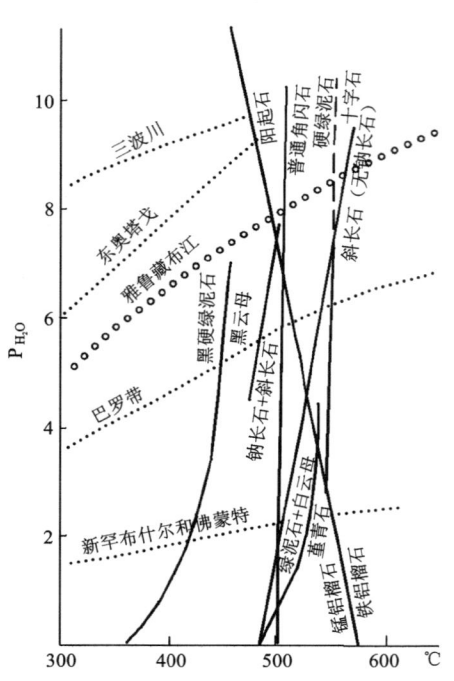

图4-28 不同变质地质体地热梯度图
各矿物之间的反应曲线据 yndmam（1972）；
不同变质地体的地热梯度曲线据 Turner（1968）；
雅鲁藏布江变质带据张旗（1981）

（三）变质带、变质相、变质相系

依据亚带内变质矿物及矿物共生组合将变质带划分为绿泥石-阳起石带和黑云母-铁铝榴石带，并有由南向北逐渐增强的递增变质现象（图4-29）。

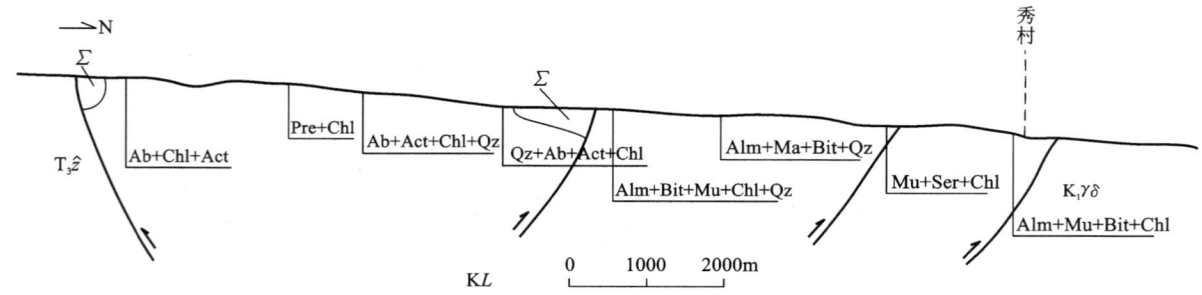

图4-29 洗贡—莫洛变质岩亚带秀村变质地质剖面图

绿泥石-阳起石带的变质矿物共生组合如下。
变质泥质岩：
Ab＋Ser＋Chl＋Qz

Ser+Mu+Qz
Ser+Chl+Qz
变质基性岩：
Ab+Chl+Act
Pre+Chl
Ab+Act+Chl+Ep±Qz
黑云母-铁铝榴石带的变质矿物共生组合如下。
变质泥质岩：
Alm+Mu+Bit+Qz
Alm+Bit+Mu+Chl+QZ
变质基性岩：
Ab+Alm+Act+Cal
Ab+Ep+Act+Chl+Alm
Ab+Act+Ep+Chl+Qz

从上述变质矿物共生组合看，罗布莎一带有蓝闪石族矿物和黑硬绿泥石、多硅白云母等高压矿物产出，拉多、秀村一带有 $2M_1$ 型多硅白云母分布，其 bo 值 9.032Å～9.055Å，以及与新西兰东奥塔戈高压相系相类似的铁铝榴石带的出现，表明洗贡—莫洛变质岩亚带应属高压相系的低绿片岩相。

第五节　动力变质作用及韧性剪切糜棱岩带

测区内动力变质作用普遍而强烈，除第四系外，几乎其他所有岩石、地层均有不同程度的卷入，并具多期次叠加活动的特点。脆性动力变质多发生在浅部层次断裂带及其旁侧，一般规模不大，以断续分布的构造角砾岩、碎裂岩、碎粉岩和断层泥为特征。

韧性剪切糜棱岩带在区内普遍发育在中深层次内。其中较大规模的韧性剪切糜棱岩带主要分布于古老变质结晶基底岩系的边部，构成主要构造单元的边界。次级韧性剪切糜棱岩带常构成构造岩石地层单位的分界。规模较小者多分散在规模不大韧性剪切断裂和层间韧性剪切带中。依据糜棱岩带形成的机制可分为挤压性质、伸展性质、走滑性质等。现将区内规模最大的准巴—东拉韧性剪切糜棱岩带（1）、杂果—得玛日韧性剪切糜棱岩带（2）和则莫浪—金东韧性剪切糜棱岩带（3）分述如下。

一、准巴—东拉韧性剪切糜棱岩带（1）

准巴—东拉韧性剪切糜棱岩带呈北东向斜穿图区南东隅，北东延入1:25万扎日区幅，南西延进1:25万错那县幅。图内出露长约50km，宽约5km，面积约300km²。构成高喜马拉雅基底逆冲带的北界。

糜棱岩带有由南向北减弱趋势，在准巴基底剥离断裂的下盘，岩石处于韧性变形环境，在较高温和中压条件下变质而形成糜棱岩系列和构造片岩系列，其残斑结构及其产状与区域变质片麻岩不同，残斑矿物具有聚合斑晶的特点，基质全部重结晶，矿物成分中黑云母、白云母、微斜长石明显增多，反映韧性剪切变质作用具有明显的钾交代作用。斜长石变为钠长石和白云母，石榴石变为黑云母及绿泥石，糜棱岩新生矿物共生组合为：Ab+Mu+Bit+Chl，推测其变质温度为450℃±，总压力为0.35～0.5GPa，属中温韧性剪切变质带。

基底剥离断裂向北，变质作用逐渐减弱，至共荣—斗玉主剥离断裂带的下盘，以出现糜棱岩—超糜棱岩为特征，原岩细粒化明显，阳起石、绿帘石、碳酸盐矿物明显增多。变基性岩的辉石变为角闪石，角闪石变为绿泥石，斜长石变为钠长石和白云母、方解石、绿帘石，其新生矿物共生组合为：Ab+Bit+Chl

+Ep，AB+Bit+Mu+Chl，Ab+Bit+Mu+Act+Chl，Ab+Ep+Bit+Chl+Cal 等。其变形变质温度在 200～400℃之间，总压力为 0.15～0.4GPa，属低温脆韧性变质带。

准巴—东拉韧性剪切糜棱岩带，属藏南滑脱剥离系的北东延部分，由基底剥离断裂和主剥离断裂二者之间的层间剥离韧性剪切糜棱岩带组成，其变形变质具多层次、多期次叠加复合特征。岩石变形变质显示其温压条件由高温韧性变质作用向低温脆韧性变质作用演化，对金矿化的形成十分有利，值得进一步研究。

二、杂果—得玛日韧性剪切糜棱岩带（2）

杂果—得玛日韧性剪切糜棱岩带叠加在杂果—得玛日变质岩亚带也拉香波倾日变质核杂岩上，呈一环状面型韧性剪切糜棱岩带。糜棱岩带有由中心向边部减弱的趋势。

在基底剥离断裂之下盘，亚堆扎拉岩组处于韧性变形环境，在较高温和中压条件下变质而形成构造片麻岩和构造片岩系列，发育石英粗大拉伸粒状、具有三边镶嵌平衡结构，发育云母鱼（图 4-30）、石英链、矩形石英条带、石榴石压力影和残斑结构。残斑矿物具有聚合斑晶的特点，基质全部重结晶。矿物成分中黑云母、白云母、微斜长石显著增多，反映韧性剪切变质作用具有明显的钾交代作用。斜长石变为钠长石和白云母，石榴石变为黑云母及绿泥石。糜棱岩新生矿物组

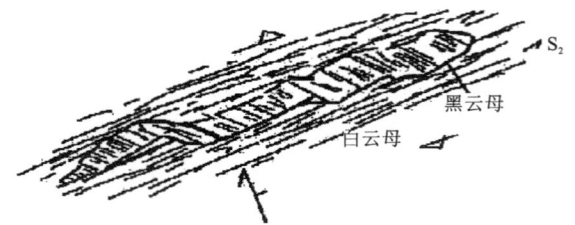

图 4-30 黑云母形成的云母鱼
（解理与 S_2 斜交）

合为：Ab+Mu+Bit+Chl，推测其变质温度为 450℃±，总压力为 0.35～0.5GPa，属中温韧性剪切变质带。向边部在核杂岩主剥离断裂下盘，由糜棱岩、千糜岩组成。长石、石英碎斑被面理化基质环绕，碎斑周围发育亚颗粒，长石碎斑以脆性变形为主，云母、石英多为动态重结晶，石英具流变特征，斜长石具强钠黝帘石化等。新生矿物共生组合为：Ab+Bit+Chl+Ep，Ab+Bit+Mu+Chl，Ab+Bit+Mu+Act+Chl，Ab+Ep+Bit+Chl+Cal 等。其变形变质温度 200～400℃，总压力为 0.15～0.4GPa，属低温脆韧性变质带。

杂果—得玛日韧性剪切糜棱岩带为喜马拉雅陆内汇聚调整阶段，由于地壳伸展剥离，核杂岩抬升而形成的多层次韧性剪切—脆韧性剪切变质带，对金矿化的形成十分有利，尚值得进一步研究。

三、则莫浪—金东韧性剪切糜棱岩带（3）

则莫浪—金东韧性剪切糜棱岩带位于图区北东隅，呈近东西向延伸，西延至北邻 1:25 万泽当镇幅内，东与 1:25 万扎日区幅相接。图内长达 50km，出露宽约 3km。

韧性剪切糜棱岩带地处雅鲁藏布江结合带内，不同期次、多层次、不同性质和级别的断裂复合叠加，形成了复杂多样的动力变形变质的构造块体，发育了不同层次的韧性剪切变形变质地质体。

超镁铁质糜棱岩，弱带由变形变质较弱的糜棱岩化纯橄岩组成，原岩组构基本保留，橄榄石呈自形，仅具波状消光；强带为糜棱岩，橄榄石斑晶被压扁拉长呈扁豆状，具波状消光，亚颗粒和扭折带，基质定向分布，呈动态重结晶的新生颗粒或细片状；极强带为超糜棱岩，残碎斑明显减少，呈拔丝状，基质细粒化并动态重结晶。据李德威（1993）研究，雅鲁藏布江结合带超镁铁质岩韧性剪切变形变质作用的温压条件为温度 850～950℃，压力 10～13kb。

韧性剪切糜棱岩中部强应变带，各岩块间为宽窄不一的糜棱岩。超镁铁质岩强蛇纹石化，纤维蛇纹石揉皱。糜棱岩的残碎斑具不对称拖尾及"σ"型旋转碎斑系。糜棱岩面理由定向的细粒橄榄石和片状、纤维状蛇纹石组成。高压特征变质矿物青铝闪石、黑硬绿泥石、绿纤石在带内产出，表明该韧性剪切糜棱岩带形成于低温高压环境。

韧性剪切带的边部，由长英质、云英质糜棱岩及碳酸盐岩质糜棱岩、千枚状糜棱岩和千糜岩组成。石英具定向压扁拉长呈扁豆状、拔丝状，并普遍发育动态重结晶。绢云母呈条纹状聚集，平行定向排列，具S-C组构特征。碳酸盐岩质糜棱岩内，方解石碎裂化，部分重结晶并保留定向排列的拔丝状构造，布丁状透闪石、方解石双晶呈"S"状弯曲。上述变形变质作用的温压条件为，温度在200～400℃之间，总压力为0.15～0.4GPa，属低温韧性变形变质带（刘喜山，李树勋，1989）。

第六节 接触变质岩及接触变质作用

区内岩浆活动不很强烈，而以浅成辉绿岩、花岗斑岩和石英闪长岩、闪长岩、电气石白云母花岗岩等构成的岩墙、岩枝、岩株分布于图区西部，一般由于岩体规模较小，接触变质作用不甚强烈。接触变质岩则以斑点板岩、角岩化岩石为主。区内接触交代变质作用很不发育，仅在索若麦日当组结晶灰岩与花岗斑岩接触带附近见有铜、金、锑矿化的矽卡岩产出。

一、主要接触变质岩石

1. 斑点板岩

岩石呈浅灰—深灰色，具斑点显微鳞片变晶结构，块状构造。变斑点矿物多为雏晶红柱石，部分为雏晶空晶石，含量25%～30%，粒径0.2～0.6mm，呈圆形、四边形、菱形。少数空晶石显示对角线黑十字，多数斑点状聚集粘土矿物富铝成分，变斑点在岩石中分布均匀。绢云母含量55%～60%，为重结晶矿物，呈极细小鳞片状，鳞片边界不清，聚合偏光作用明显，平行定向排列。粘土矿物3%～5%，石英1%～2%，个别岩石含粉砂石英碎屑。主要岩石有红柱绢云斑点板岩、空晶绢云斑点板岩、红柱堇青绢云斑点板岩。

2. 角岩类

岩石呈浅灰色、致密坚硬，具变余粉砂状结构、筛状变晶结构、斑状变晶结构，定向构造。红柱石10%～25%，粒径(0.2～0.5)mm×2mm，大者达3～4mm，有的包有十字形炭质，有的柱面弯曲，波状消光；堇青石1%～20%，浑圆状，边缘模糊，中有较多粉末状炭质、黑云母、石英包体，呈筛状变晶结构；绢云母20%～25%。白云母1%～3%，呈细小鳞片状，石英10%～20%，不规则粒状。柱状及鳞片状矿物呈无定向均匀分布。主要岩石有含十字石榴长英质角岩、黑云堇青长英质角岩、红柱堇青角岩、红柱堇青角岩化砂岩、红柱堇青角岩化板岩、堇青角岩化炭质绢云千枚岩、红柱角岩化粉砂岩、红柱角岩化板岩等。

二、日象—那嘎迪接触变质岩带

区内发育早白垩世闪长岩枝、晚白垩世辉绿岩墙和潜火山闪长斑岩岩株，它们与日当组、陆热组、遮拉组、维美组和桑秀组变质砂岩、板岩呈侵入接触，接触变质带一般宽300～500m，部分达1000m以上。主要岩石为红柱石、堇青石角岩和角岩化砂岩、角岩化板岩及红柱石斑点板岩等，围绕岩体呈环带状分布，变质带岩石分带不清。在央嘎浦一带未见有岩体出露，出现宽达1000m以上的斑点板岩和红柱石、堇青石角岩化岩石，在该区有可能为隐伏岩体所引起。

依据特征变质矿物红柱石、堇青石的出现，并与绢云母共生，其变质相为钠长石-绿帘石角岩相，部分达角闪角岩相。其矿物共生组合为：Ser＋Ad＋Qz，Ser＋Ad＋Cord＋Qz，Bit＋Ad＋Gt＋Qz，Bit＋

Ad＋Cord＋Gt＋Qz。

本接触变质带叠加在拉轨岗日—隆子区域动力热流变质带哲古—隆子变质绿片岩相亚带中,其接触变质特征为低压相系钠长石-绿帘石角岩相和角闪角岩相。

三、酒勒、亚堆区接触变质岩带

酒勒和亚堆区岩体为古近纪石英闪长岩,侵入在宋热组和江雄组变质砂板岩中,接触带宽度不大,为100～500m,围绕岩体呈环带状,分带不清楚。主要特征变质矿物为红柱石、堇青石。主要岩石为斑点板岩、红柱石角岩化砂岩、红柱石角岩、红柱堇青石角岩等。其矿物共生组合为:Ser＋Ad＋Qz,Ser＋Ad＋Cord＋Qz,属钠长-绿帘角岩相。

四、库曲、错那洞接触变质岩带

库曲接触变质岩带呈环状围绕在新近纪库曲电气石白云花岗岩体周围,接触变质带宽达1000m。受变质地层为早白垩世拉康组变质砂岩、板岩。主要岩石为红柱石角岩化砂岩、红柱石角岩化板岩和红柱石斑点板岩,在岩体南接触带有少量含榴红柱石角岩。其矿物共生组合为:Set＋Ad＋Qz,Ser＋Chl＋Ad＋Qz,Bit＋Gt＋Ad＋Qz等。其变质相为钠长-绿帘角岩相和部分角闪角岩相。

错那洞接触变质岩带分布在新近纪错那洞电气石白云母花岗岩体西、南接触带,而以岩体南侧变质程度较高,变质带较宽,最宽可达3000m。受变质地层为早白垩世拉康组。主要岩石有云母角岩、含红柱长英质角岩、含十字石榴长英质角岩、角岩化杂砂岩、角岩化板岩和斑点板岩,黑云母呈浅棕—红棕色,并出现十字石、石榴石、红柱石等特征变质矿物变质程度达角闪角岩相。其矿物共生组合为:Bit＋Gt＋Ad＋Qz,Ad＋Bit＋Qz,Bit＋St＋Gt＋Qz,Bit＋Ad＋St＋Gt＋Qz。

第五章 地质构造及构造演化史

调查区位于青藏高原南部喜马拉雅特提斯造山带中东部，地跨喜马拉雅陆块，雅鲁藏布江结合带，北邻冈底斯陆块。经历了冈瓦纳古陆北缘自泛非运动以来长期的沉积—构造演变，特别是受三叠纪以来特提斯洋盆的扩张，消减闭合以及喜马拉雅陆块与冈底斯陆块的强烈碰撞造山和大规模的伸展拆离、旋扭走滑作用，造成了区内沉积作用类型复杂，岩浆活动、变质作用强烈，构造层次、构造相、构造样式、构造组合复杂多样。因此，本区是研究陆内汇聚，板块动力学，以及探讨高原隆升机制的理想场所。并为国内外地学界所瞩目。

测区依据《青藏高原及邻区大地构造单元初步划分》(潘桂棠等，2002)，结合本区实际由北至南划分为雅鲁藏布江结合带(I)、康马—隆子褶冲带(II)、北喜马拉雅褶冲带(III)和高喜马拉雅基底逆冲带(IV)4个二级构造单元，并进一步划分出朗县构造混杂岩(I_1)、章村褶冲束(I_2)、玉门构造混杂岩(I_3)，也拉香波倾日核变质杂岩(II_1)、达拉三安曲林褶冲束(II_2)、哲古错日当褶冲束(II_3)，库曲卡达褶断束(III_1)，甲曲河断隆(IV_1)8个三级构造单元(表5-1)。各构造单元的构造形迹分别受构造相、动力学机制及岩层能干性等多因素控制，各构造单元在构造形迹规模大小、构造样式、构造组合等方面均存在一定的差异，但构造线方向总体表现为以东西向为主，伴有北西、北东和近南北向(图5-1)。

表 5-1 构造单元划分简表

二级构造单元		三级构造单元	
雅鲁藏布江结合带	I	朗县构造混杂岩	I_1
		章村褶冲束	I_2
		玉门构造混杂岩	I_3
康马—隆子褶冲带	II	也拉香波倾日变质核杂岩	II_1
		达拉三安曲林褶冲束	II_2
		哲古错日当褶冲束	II_3
北喜马拉雅褶冲带	III	库曲卡达褶断束	III_1
高喜马拉雅基底逆冲带	IV	甲曲河断隆	IV_1

据拉萨—南迦巴瓦地区2—360阶卫星重力异常图(图5-2)，测区大部处在东西—北东向雅鲁藏布江正异常梯度变化带，而测区南东隅则位于雅鲁藏布江正异常梯度变化带与南迦巴瓦负异常梯度变化带的交接转换部位。重力异常高带与测区特提斯沉积区重合，重力异常低带则与元古界—寒武系增生基底分布区一致，而重力异常高带与重力异常低带转换跳跃界线与藏南拆离系主剥离断层基本吻合。因此，重力场的异常变化反映了本区在地层分布、地壳物质密度、厚度等方面的基本特征。

另据13—36阶卫星重力异常图，重力高带在雅鲁藏布江以北，重力低带则沿喜马拉雅山南缘的恒河和雅鲁藏布江下游(布拉马普特拉河)分布。重力场反映了深部密度结构特征，即在青藏高原深部(岩石圈层及软流圈层之下)存在物质密度的变化；在37—100阶卫星重力异常图上，与2—360阶大致相同，反映了岩石圈内部物质密度分布的不均匀性；在101—180阶卫星重力异常图上，在雅鲁藏布江两侧，由地壳内部物质密度异常引起的重力高带与重力低带及低阶异常所反映的岩石圈—软流圈物质密度的不均匀性相重叠。反映出印度板块向北俯冲不仅导致了上地幔物质的密度变化，也是地壳内部物

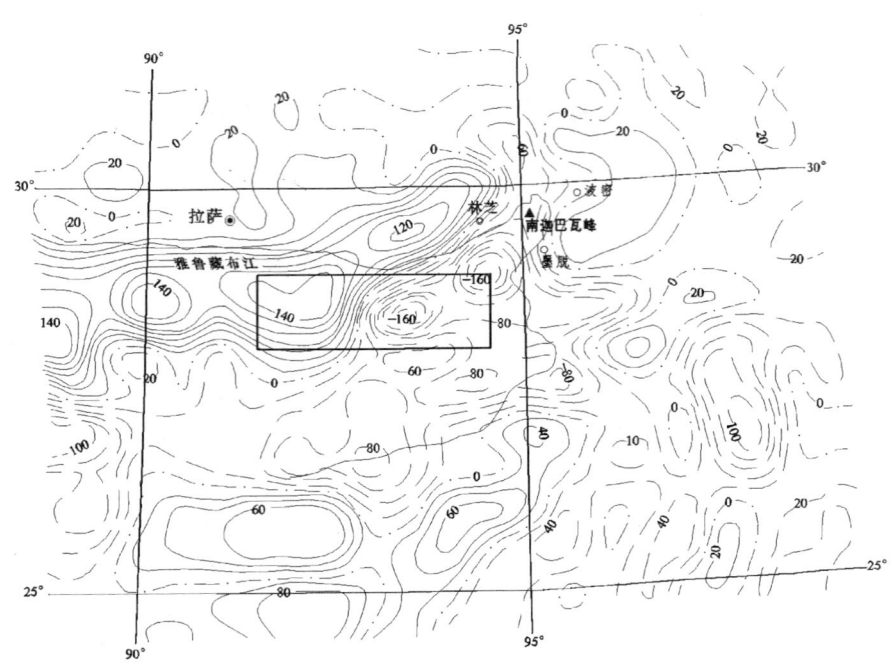

图 5-2 拉萨—南迦巴瓦地区 2—360 阶卫星重力异常场
（据宁津生，等）
实线为正异常；虚线为负异常；□为测区范围

质密度不均匀的主要根源。因此，青藏高原区重力场所反映的不同深度密度结构特征的相似性，表明其形成、演化都与板块活动的深部过程有关。

第一节 沉积建造

沉积建造是特定的构造演化阶段的物质表现，沉积建造特征受相应的大地构造演化阶段和构造带、单元的制约。因此，研究区域沉积建造序列及其分布规律是研究区域地质构造演变的重要基础。测区各单元沉积建造及其时空演变均与冈瓦纳古陆北缘的沉积增生、特提斯洋盆的发展、消亡及陆陆碰撞造山有着密切的联系（图 5-3）。现将测区的沉积建造按构造单元分述如下。

一、雅鲁藏布江结合带

本区沉积建造较为复杂，为雅鲁藏布江洋盆自三叠纪以来经两次裂陷拉张—俯冲消减拼合而成的构造混杂带。根据其沉积建造特征变化、沉积基质时代、构造混杂块体性质、变质变形特征等，将雅鲁藏布江结合由北至南划分为朗县构造混杂岩（KL）、章村弧前沉积体（T_3s—$T_3\check{z}$）、玉门构造混杂岩（T_3Y）3 个构造岩片。

（1）朗县构造混杂岩（KL）：由 J—K 罗布莎蛇绿混杂岩和白垩纪弧前泥质混杂岩组成，朗白垩纪弧前盆地斜坡扇—盆地相类复理石沉积，由岩屑长石石英砂岩、粉砂岩、含炭质、泥页岩组成，沉积厚度达 2000m 以上。构造混杂有早二叠世稳定型浅海台地相碳酸盐岩建造、中—晚三叠世远洋深水含放射虫硅泥质建造、三叠纪基性熔岩、侏罗纪枕状拉斑玄武岩、侏罗纪—白垩纪远洋深水含放射虫硅泥质建造，以及大量的变形橄榄岩、堆晶辉长岩等构造混杂块体。该构造混杂岩为白垩纪末雅鲁藏布江洋盆消

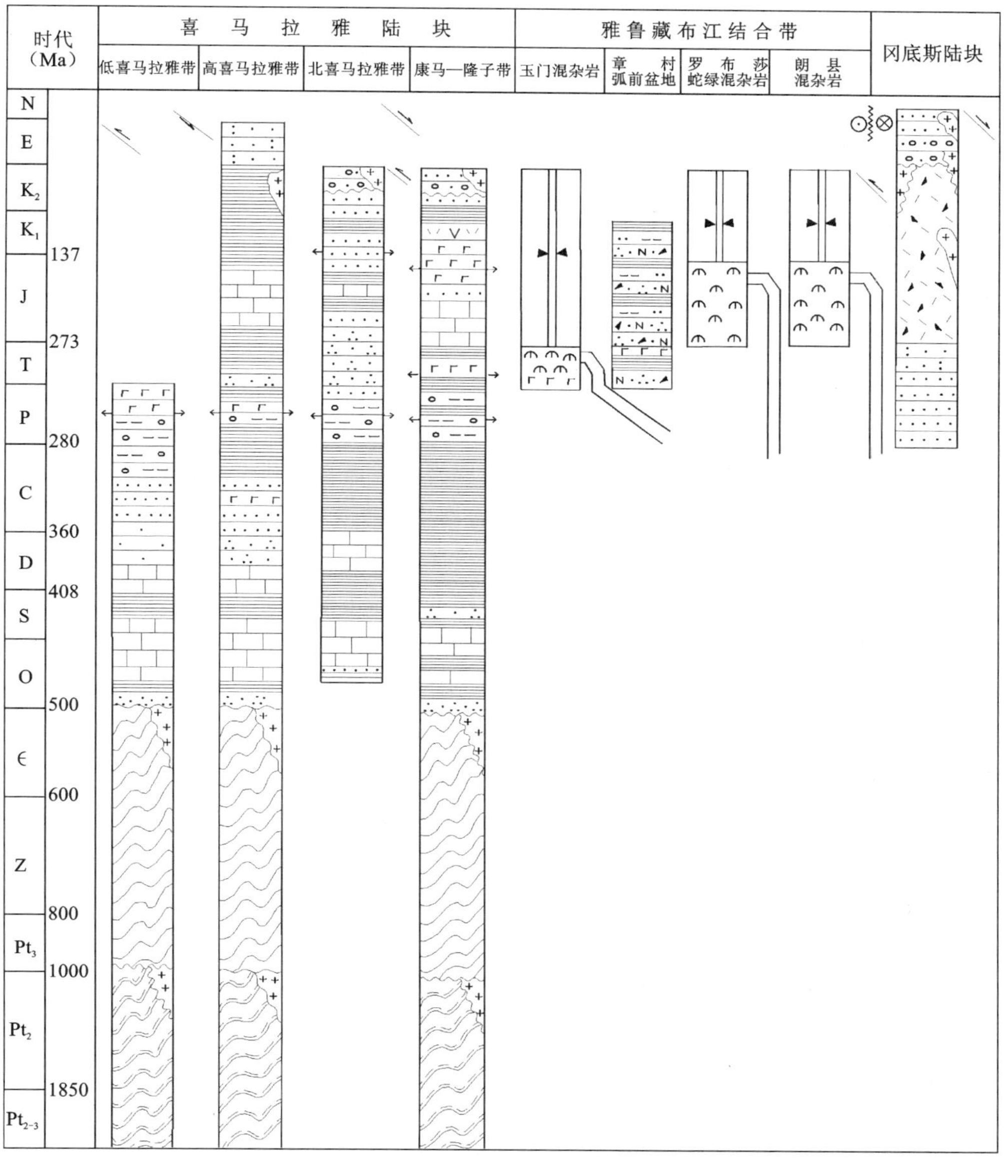

图 5-3 喜马拉雅—冈底斯带沉积—构造演化示意图

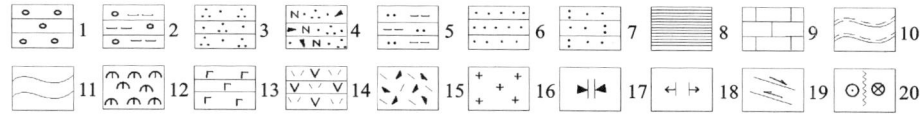

1.砾岩;2.含砾板岩;3.石英砂岩;4.含长岩屑石英砂岩;5.粉砂质泥岩;6.砂岩;7.凝灰质砂岩;8.浅海砂页岩;9.碳酸盐岩;10.片麻岩;11.片岩;12.蛇绿岩;13.玄武岩;14.英安岩;15.岛弧火山岩;16.花岗岩;17.闭合;18.张陷;19.推覆、伸展;20.左行走滑

减封闭并持续挤压逆冲而形成。

(2) 章村弧前沉积体($T_3s—T_3z$):系玉门陆间裂谷在晚三叠世向北俯冲消减,在冈底斯岩浆弧前形成的弧前盆地相沉积,由一套沉积厚度达 7484m 的陆坡及三角洲浊流沉积组成。其碎屑成熟度低,含安山岩—玄武岩成分,且物源供给充足,盆地快速被填满。

(3) 玉门构造混杂岩(T_3Y):是玉门陆间裂谷在三叠纪拉张裂开,三叠纪末向北消减衰亡的产物。陆间裂谷早期阶段,沿裂谷轴部伴有的炽热地幔物质上涌形成的辉橄岩、辉长辉绿岩及火山活动形成的枕状玄武岩、火山碎屑岩和裂谷中深水相硅质沉积及浊流沉积等,在俯冲消减过程中被刮下来,加积于冈底斯岩浆弧的陆侧坡而构成增生楔形体—构造混杂体,其叠置厚度达 5208m 以上。

二、康马—隆子褶冲带

康马—隆子褶冲带为测区分布面积最大,沉积建造类型最复杂的构造单元。其分布范围在曲折木—觉拉断裂㉔以北,邛多江—卡拉—玉门断裂③以南,呈近东西向展布,两端均延伸出图。古元古代及新元古代—寒武纪沉积主要出露在也拉香波倾日变质核杂岩的核部,中生代地层广布其周边。并发展中—新生代频繁的岩浆活动。

(1) 古元古代亚堆扎拉岩组(Pt_1y)结晶基底岩系,由一套云母石英片岩、石榴云母片岩、十字石蓝晶石片岩、片麻岩、混合岩、混合片麻岩,夹角闪岩及大理岩组成。其原岩建造可能为一套含基性火山岩类复理石建造。叠置厚度在860m以上。

(2) 新元古代—寒武纪曲德贡岩组($Pt_3 \epsilon q$):岩性组合下部为含榴二云片岩、石榴千糜岩、变粒岩及大理岩夹斜长角闪岩,上部为绿泥片岩夹二云石英片岩及黑云糜棱片岩、含石榴千糜岩。其原岩据岩性组合特征推测为一套成分和结构成熟度较高的滨浅海夹中基性火山岩的陆源碎屑岩的建造。叠置厚度大于2880m。

奥陶纪—二叠纪地层区内未出露,区域上为一套被动大陆边缘稳定型沉积,形成厚逾千米的陆源细碎屑岩、碳酸盐岩建造。其中二叠系下、中统为冰水相的碎屑岩建造。

(3) 晚三叠世涅如组(T_3n):其岩性组合在区内较为单一、稳定,大部分已遭浅变质。以岩屑石英砂岩、含泥砾岩屑石英砂岩为主,粉砂岩、泥岩互层,含丰富的双壳类和菊石,厚度达5120m以上。为一套盆地—斜坡—浅海陆棚相的次稳定—稳定型陆源碎屑岩建造。

(4) 早侏罗世日当组(J_1r):与下伏涅如组(T_3n)整合过渡,岩性以泥页岩、粉砂岩为主,夹少量薄层砂岩,为浅海陆棚相陆源细碎屑岩建造,厚度大于1405m。

(5) 早—中侏罗世陆热组($J_{1-2}l$):为泥晶灰岩夹粉砂岩、页岩,属浅海台地相碳酸盐岩夹细碎屑岩建造。厚3274m。

(6) 中侏罗世遮拉组(J_2z):为一套灰绿色玄武岩、玄武安山岩、粉砂岩及泥晶灰岩组成的残海陆源碎屑基性火山岩建造。其下与陆热组呈喷发不整合接触,厚度达938m。

经中侏罗世末短暂的沉积间断后,晚侏罗世—早白垩世本区经历了频繁的海退海侵过程,形成了维美组(J_3w)与桑秀组(J_3K_1s)间、桑秀组(J_3K_1s)与甲不拉组(K_1j)间的平行不整合,并在拉张背景下喷发了少量亚碱性拉斑玄武岩。维美组、桑秀组、甲不拉组均为滨浅海相陆源碎屑岩建造,其中桑秀组上部,甲不拉组上部夹基性火山岩建造。总厚度3713m。

(7) 上白垩统宗卓组(K_2z):沉积环境由滨浅海急剧转变为盆地—斜坡组,形成了以深色钙质页岩,薄层灰岩和岩屑砂岩为主体的浊积岩。厚度达1124m以上。

伴随着频繁的拉张活动,区内于早白垩世、晚白垩世分别形成闪长岩、辉绿玢岩等侵入体。中新世以来,在挤压背景下形成了二云二长花岗岩建造,并伴有大量基性、中酸性岩脉,构成了本区复杂多样的建造特色。

三、北喜马拉雅褶冲带

北喜马拉雅褶冲带位于曲折木—觉拉断裂㉔以南,区内地层仅出露有晚三叠世曲龙共巴组(T_3q)及早白垩世拉康组(K_1l),岩石普遍具浅变质。

晚三叠世曲龙共巴组(T_3q):岩性为一套薄层状粉砂岩、页岩、钙质岩夹细粒石英砂岩。岩石成熟度高,为被动大陆边缘稳定型浅海陆棚相陆源细碎屑岩建造。厚度大于904m。

早白垩世拉康组(K_1l):与下伏三叠纪曲龙共巴组为断层接触,下部为钙质页岩、粉砂岩夹泥晶灰岩、玄武岩,上部页岩、粉砂岩、薄层灰岩。为浅海陆棚相陆源细碎屑岩夹碳酸盐岩建造、基性火山岩建造。厚度大于 3236m。

区内在晚白垩世有少量辉绿玢岩侵入,中新世伴随着区域性的碰撞挤压作用,形成具 S 型特征的电气石白云母花岗岩建造。

四、高喜马拉雅基底逆冲带

高喜马拉雅基底逆冲带分布于图幅南东隅的共荣—斗玉断裂㉖的南东地区,地层出露有古元古代南迦巴瓦岩群($Pt_1N.$),新古元代—寒武纪肉切村岩群($Pt_3\epsilon R.$)。

南迦巴瓦岩群($Pt_1N.$):由 a、b 两个亚群组成。a 亚群($Pt_1N.^a$)由蓝晶矽线石榴斜长片麻岩、斜长角闪岩、角闪石岩、花岗质片麻岩、矽线石榴黑云长英质糜棱岩组成。其原岩建造可能为一套含火山—碎屑岩夹碳酸盐岩建造。叠置厚度大于 6484m。b 亚群($Pt_1N.^b$)岩性组合为石榴蓝晶矽线斜长片麻岩、黑云斜长变粒岩、大理岩组合。其原岩可能为含基性火山—中酸性火山—碎屑岩夹碳酸盐岩建造。叠置厚度大于 5916m。

肉切村岩群($Pt_3\epsilon R.$):根据岩性组合特征划分 a 亚群和 b 亚群。a 亚群主要岩性为石英片岩、二云片岩、变粒岩、大理岩。原岩为一套浅海台地相细碎屑岩夹碳酸盐岩建造。厚度大于 920m。b 亚群:岩性为角闪片岩,斜长角闪岩夹变粒岩,其原岩建造为大陆边缘斜坡相含火山复理石建造。厚度大于 1794m。

本区缺失奥陶系以来的地层,但在区域上有较大面积的古生界及少量中、新生界分别超覆在前寒武系之上。奥陶系—泥盆系为一套连续沉积的被动大陆边缘稳定型碳酸盐岩建造及陆源细碎屑岩建造。晚石炭世—早二叠世,冈瓦纳大陆北缘发生裂解,在岩浆活动及热沉降作用下,形成了石炭纪—二叠纪含火山碎屑岩建造。晚二叠世,随着新特提斯的开启,由冈瓦纳阶段转化为特提斯演化阶段,形成特提斯被动大陆边缘,沉积了晚二叠世和大量的中生代地层。

第二节 构造变形相及构造变形相序列

构造变形相是岩石在地壳运动过程中一定变形环境的构造表现,是一定物理化学条件范围内形成的各种岩层和岩体以某一变形机制的变形为主导的变形构造的共生组合(单文琅等,1991)。测区地质构造形迹复杂多样,通过对地质构造形迹的变形相及变形相序列的研究,可以揭示岩石在变形过程中同一构造条件所造就的构造变形在不同的构造层次所反映出的不同的变形机制和变形形态,进而从构造生态的角度分析研究不同构造层次构造形迹之间的叠加关系和演化特征。依据《变质岩区 1:5 万区域地质填图方法指南》,通过宏观观察结合室内镜下微观认识及对本区构造样式、构造组合、构造群落的综合分析,将测区构造变形相及构造变形相序列分述如下。

一、构造变形相

构造变形相主要依据褶皱形态、断裂性质、面理、线理及显微构造特征、构造置换方式、置换类型及特征,以及变质程度、变形机制等因素将区内构造相划分为表、浅、中、深 4 个构造变形相及 2 个构造变形亚相(表 5-2)。

表 5-2 构造变形相划分表

划分标志		A 表部变形相	B 浅部变形相		C 中部变形相	D 深部变形相
			B_1 上亚相	B_2 下亚相		
大型标志	褶皱	开阔、宽缓直立褶皱	开阔—紧闭状斜歪褶皱、同斜倒转褶皱,以等厚型为主	紧闭—闭合状斜歪、同斜倒转褶皱、倾伏褶皱、倾竖褶皱	顶厚褶皱、不协调褶皱、褶叠层	以 S_n 片麻理构成掩卧褶皱、以 S_{n+1} 新生面理、S_{n+2}、S_c 面理、S_{n+3} 滑劈理构成单斜状
	断裂构造	脆性破裂	脆性—脆韧性断裂	脆韧性断裂、走滑剪切	韧性伸展、走滑剪切	韧性剪切带
	卷入地层	K—N 基性岩、花岗岩	J—K_2	T_3	$Pt_3\epsilon b$、$Pt_3\epsilon y$、$Pt_3\epsilon R.$	$Pt_1\epsilon N.$、$Pt_1 y$
中小型标志	构造变形面理	S_0 层理	S_0 层理、S_1 板(片)理、S_2 褶劈理、$S_1 // S_2$、$S_2 \perp S_1$	S_0 层理、S_1 板(片理)、S_2 褶劈理、S_1 平行或斜交 S_0、S_2 斜交 S_1	S_0 层理、S_1 片理、S_2 流劈理	S_n 片麻理、S_{n+1} 流劈理、S_{n+2}、S_n 面理、$S_{n+1} \wedge S_{n+2}=0°\sim30°$
中小型标志	主期褶皱样式及叠加褶皱	局部拖曳、牵引褶皱	等厚型同斜倒转褶皱、牵引褶皱、叠加次级不规则等厚褶皱、滑褶皱	同斜倒转褶皱、牵引褶皱、倾竖褶皱	顺层掩卧褶皱、波状、肠状褶皱及无根褶皱、鞘褶皱	顺层流变褶皱、无根褶皱、鞘褶皱、肠状褶皱
	变形机制	剪切、弯滑	剪切、弯滑、纵弯	剪切、滑流	剪切弯流	弯流—揉流
	劈理类型	间隔破劈理	间隔破劈理、轴面劈理、褶劈理	轴面劈理、褶劈理	透入性流劈理、片理、滑折劈理	流劈理、滑劈理、片麻理等
	构造置换方式及发育程度	未置换	S_1 平行置换 S_0、局部 S_2 纵向置换 S_1	S_1 平行或斜交置换 S_0、S_2 纵向置换 S_1	S_1 平行置换 S_0、S_2 纵向置换 S_1	S_{n+1}、S_{n+2} 置换早期面理、S_{n+1} 横向置换 S_n
	线理类型	不发育	交面线理	拉伸线理、交面线理	矿物生长线理、拉伸线理、褶纹线理	矿物生长线理、拉伸线理、布丁构造等
	同构造分凝石英脉	沿裂隙出现	沿裂隙与劈理出现,局部布丁化	沿劈理出现,布丁化	沿劈理出现,布丁化	同构造熔融、分异长英质脉与暗色条带分布成层、强裂布丁化
显微标志	构造岩类型	碎裂岩系	碎裂岩、构造角砾岩	构造角砾岩、糜棱岩化、糜棱岩系列	糜棱岩、糜棱片岩、千糜岩	千糜岩、强置片麻岩、糜棱片岩、构造片岩
	显微构造	原生结构保存较好	原生结构、构造局部破坏	矿物压扁、拉长、次生结构发育、具 S-C 组构	矿物压扁、拉长、发育"σ"碎斑、S-C 组构	变质新生组构,发育 S-C、S-L 构造、长英质矿物流变、核幔构造、压力影等
变质程度		亚绿片岩相	低绿片岩相	低绿片岩相	高绿片岩相	角闪岩相—麻粒岩相
分布地区		图幅全区	图幅北部	图幅中、北部	图幅南东、中北部	图幅南东、中北部

(一) 表部构造变形相（A）

受变形地质体为早白垩世、古近纪闪长岩、闪长玢岩、中基性侵入岩及花岗岩，变形特征以岩石在浅表环境下的脆性破裂为主，变形标志为发育脆性破裂及棱角状断层角砾和破劈理，无新生变质矿物产生。

(二) 浅部构造变形相（B）

受测区复杂多样的构造环境控制，地层岩石的变形行动、变形方式具有同相异样、同物异相性的特点，并根据实际划分出上亚相（B_1）和下亚相（B_2）。

(1) 上亚相（B_1）：卷入地层有康马—隆子褶冲带及北喜马拉雅褶冲带侏罗系、白垩系。形成一系列宽缓褶皱、同斜倒转褶皱和紧闭褶皱。S_1板理横向置换S_0，局部S_2轴面劈理纵向置换S_1。断裂以脆性剪切逆断层、剪切走滑断层为主，在褶皱核部则发育正断层。该变形亚相以脆—脆韧性变形为主，同构造变质达亚绿片岩相。

(2) 下亚相（B_2）：卷入地层为上三叠统及雅鲁藏布江结合带基质和外来构造块体。在雅鲁藏布江结合带北部的朗县构造混杂岩带，受雅鲁藏布江洋盆消减封闭及印度板块与欧亚板块的"超碰撞"作用，受变形体基质碎屑沉积物以较低的能干性应变形成了强烈的挤压剪切及褶皱变形和面理置换，形成歪斜褶皱、同斜倒转褶皱、不协调褶皱以及叠瓦状逆冲推覆断裂、横向置换面理（板理、千枚理）和轴面劈理，变形特征表现出脆—韧性特点。在强烈的挤压推覆环境下，同构造卷入洋壳残片（超镁铁质岩、镁铁质岩等）、二叠纪碳酸盐岩、元古界中深变质岩等构造块（片），形成了雅鲁藏布江结合带朗县构造混杂岩带。在玉门构造混杂岩，玉门陆间裂谷的消减封闭及持续的挤压推覆作用，增生楔形体中广泛发育叠瓦状冲断层和同斜褶皱，构造混杂有大小悬殊、成分各异的裂谷早期超基性岩、基性熔岩、硅质岩等外来岩块。S_1板片理普遍置换S_0原生层理，S_2褶劈理斜交（或垂直）置换S_1，同构造变质为中高压低温动力变质作用，变质达低绿片岩相。而在章村褶冲带及康马—隆子褶冲带和北喜马拉雅褶冲带，受变形体褶皱构造以剪切—弯滑机制下形成的等厚褶皱、同斜褶皱、倾竖褶皱为主。S_0原生面理被S_1板理同向置换，S_2轴面劈理纵向置换S_1。断裂以脆—韧性逆断层、剪切走滑断层为主，发育碎裂岩、糜棱岩化岩石和糜棱岩，局部出现拉伸线理、交面线理，同构造变质达低绿片岩相。

(三) 中部构造变形相（C）

该变形相分布于图幅中北部及南东隅，受变形体为$Pt_3\epsilon q$、$Pt_3\epsilon R.$，分属$Pt_1 y$，$Pt_1 N.$结晶基底之上的沉积盖层构造变形域，变形机制为伸展环境下的韧性变形，以公普基底剥离断裂⑤和准巴断裂㉘为代表，上盘中发育一系列同向低角度顺层韧性剪切带和伴生的褶叠层、无根褶皱、肠状褶皱、鞘褶皱。发育透入性流劈理、片理、滑折劈理及糜棱面理，S_1置换S_0较彻底，拉伸线理、布丁构造、"σ"碎斑构造普遍，同构造变质达高绿片岩相。

(四) 深部构造变形相（D）

受变形地质体为古元古代亚堆杂拉岩组（$Pt_1 y$）、南迦巴瓦群（$Pt_1 N.$）。早期为固态剪性流变机制，先期面理由S_n片麻理强烈置换，晚期在弯流—揉流变形机制下，以S_n为变形面形成肠状褶皱、无根褶皱、掩卧褶皱、鞘褶皱，以及矿物生长线理、拉伸线理、布丁构造、"σ"旋转碎斑、S_{n+1}流劈理、S_{n+2}（Sc）面理强烈置换S_n。同构造变质达角闪岩相。

二、构造变形相序列

通过对构造变形相的分析研究，根据前后相继的变形相转换在同一变形地质体中构成的不同构造群落和叠置关系,测区建立了4个变形旋回的变形相演化序列,即前期(Pt_1)固态流变形相序列,早期(Pt_3—P)弯流—压扁韧塑性变形相序列,主期(T—N_1)脆—韧性挤压—剪切变形相序列,后期(N_2—Q)脆性变形相序列,详见表5-3。基本揭示了本区相序列多层次、多体制、多类型和多尺度的相互叠加、相互制约,变形—变质多相共存的复杂构造格局。

表 5-3 构造变形相序列表

变形旋回	时限	雅鲁藏布江结合带	康马—隆子褶冲带	北喜马拉雅褶冲带	高喜马拉雅基底逆冲带
后期	Q—N_2	A相:在主期构造形迹之上叠加脆性断裂和碎裂	A相:在主期挤压推覆和伸展剥离构造形迹之上叠加脆性断裂和碎裂	A相:在主期构造形迹之上叠加脆性断裂和碎裂作用	A相:基底抬升后遭脆性断裂和破裂改造
主期	N_1—T	B_1相:叠加或继承消减闭合期早期构造形迹,形成等厚型同斜褶皱、滑褶皱、牵引褶皱等及脆性、脆韧性逆冲推覆断裂。B_2相:消减闭合期,在强烈的挤压推覆作用下,形成构造混杂带及一系列的同斜倒转褶皱、逆冲推覆断裂,S_1板(片理)强裂置换S_0,S_2褶劈理垂直或斜交改造S_1,在强应变带则形成韧性剪切带	B_1相:在伸展背景下,竹卡主剥离断裂产生大规模拆离滑脱,也拉香波倾日核杂岩及剥离断层系形成,在伸展剥离断层上盘形成以褶叠层为代表的顺层掩卧褶皱系列,下盘中发育糜棱岩及韧性剪切构造。B_2相:在挤压收缩背景下,产生反向逆冲推覆作用,形成T_3n中一系列同斜倒转褶皱和断裂,S_1板理平行或斜向置换S_0,S_2褶劈理纵向置换S_1	B_1—B_2相:在挤压收缩、走滑剪切机制下,产生脆韧性变形构造形迹,形成同斜倒转褶皱、牵引褶皱,S_1平行置换S_0,S_2垂直或斜交置换S_1	B_1—B_2相:在伸展机制下,共荣—斗玉断裂、准巴断裂产生大规模的伸展拆离,在T_3—$Pt_3\epsilon R.$间,$Pt_3\epsilon R.$—$Pt_1 N.$间形成宽百米—数千米的韧性剪切带,带内发育布丁构造,S-C组构、拉伸线理及无根褶皱、鞘褶皱等韧性变形组合,在剥离面之上则发育褶叠层等顺层掩卧褶皱系列,沿韧性剪切带Sc面理强烈置换S_n
早期	P—Pt_3		C相:$Pt_3\epsilon q$在剪切—弯流机制下,以S_0为变形面形成掩卧褶皱,无根褶皱,Sc糜棱面理横向置换S_0,出现长英质脉布丁构造		C相:$Pt_3\epsilon R.$在剪切—弯流机制下,形成掩卧褶皱、倾竖褶皱,Sc糜棱面理横向置换S_0,出现长英质脉布丁化
前期	Pt_{1-2}		D相:固态流变构造变形相,$Pt_1 y$以S_n为变形面,形成掩卧褶皱、肠状褶皱、无根褶皱、鞘褶皱以及矿物生长线理、拉伸线理、布丁构造等组合,S_{n+1}流劈理、Sc糜棱面理置换早期面理S_n		D相:固态流变形组合,$Pt_1 N.$在深剖构造变形相环境下形成掩卧褶皱,无根褶皱、鞘褶皱,以及矿物生长线理,拉伸线理等构造变形组合,S_{n+1}流劈理、Sc面理强烈置换早期面理S_n

第三节 各构造单元构造形迹特征

在上述构造单元划分,各单元沉积建造特征及构造变形相、变形相序列分析的基础上,结合测区大地构造位置及构造变化特征,将分区断裂及各单元构造形迹分述如下。

一、雅鲁藏布江结合带(Ⅰ)

雅鲁藏布江结合带位于测区北部的邛多江—卡拉—玉门断裂以北,其北界出图。呈近东西向展布,东、西两端均延伸出图外。图内最宽达 39km,最窄为 6km。雅鲁藏布江结合带由朗县构造混杂岩($Ⅰ_1$)、章村褶冲束($Ⅰ_2$)、玉门构造混杂岩($Ⅰ_3$)3 个构造岩片组成。是经晚三叠世和晚白垩世两次消减俯冲拼合而成的板块结合带(图 5-4)。

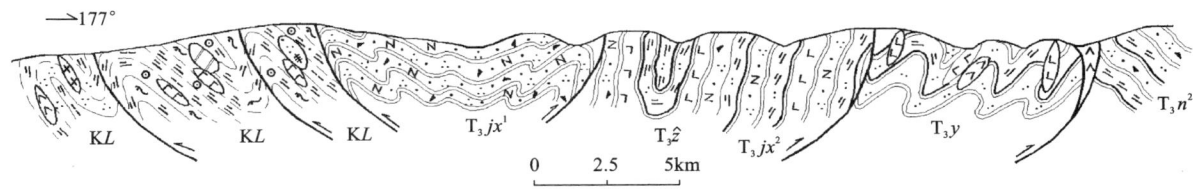

图 5-4 雅鲁藏布江结合带构造剖面图

朗县构造混杂岩:由外来系统和原地系统两部分组成。外来系统有来自北喜马拉雅特提斯带稳定型浅海台地相的早二叠世灰岩块,侏罗纪—白垩纪远洋深水含放射虫硅泥质岩块,以及大量的变形橄榄岩,堆晶辉长岩等构造块体。原地系统为白垩纪弧前盆地相类复理石沉积。

章村褶冲束:系晚三叠世玉门陆间裂谷向北消减俯冲,在冈底斯三叠纪岩浆弧前盆地沉积的巨厚类复理石沉积经强烈的挤压推覆形成的褶冲复式向斜构造。

玉门构造混杂岩:由辉橄岩、辉长辉绿岩、枕状玄武岩、火山碎屑岩、放射虫硅泥质岩、砂砾岩、泥岩等性质迥异的沉积物和岩石组成。砂、泥质基质普遍遭受剪切,超基性岩、基性岩构造包裹体呈不规则状。是玉门陆间裂谷初始洋盆在晚三叠世向北消减俯冲在冈底斯岩浆弧的陆侧坡形成的构造混杂增生楔形体。

上述各构造岩片间均以断层接触,结合带内发育近东西走向的逆冲推覆断裂,脆—韧性剪切带和露头尺度的中小型褶皱,大中型尺度的褶皱由于受断裂及韧性剪切破坏保留较少。现将结合带内典型褶皱及主要断裂分述如下。

(一)褶皱

唐卡向斜(13):轴向近东西向,西端略向北西弯曲并被东西向扭麦拉—江京则断裂(14)所截,东端延伸出图。核部地层为 $T_3z\hat{z}$,两翼地层为 T_3jx。北翼倒转,倾角 56°~60°,南翼倾角 60°~70°,显示北翼略缓,南翼略陡,具同斜倒转特征。向斜两翼均断裂破坏,但南翼保存略好,北翼大部分断失。

结合带内发育中小尺度的褶皱构造,并常与带内逆冲推覆断裂和剪切作用相伴生。在朗县构造混杂岩增生楔形体,主要发育轴面南倾,向北倒转的一系列同斜倒转褶皱(图 5-5),歪斜褶皱(图 5-6、图 5-7)及"N"型褶皱(图 5-8)、无根褶皱等脉褶(图 5-9);而在章村褶冲带则以发育歪斜褶皱(图版 XIV-1~图版 XIV-6)等厚型褶皱为特征(图 5-10);结合带南侧的玉门构造混杂岩带,主要受强烈的剪切作用和向南逆冲推覆断裂改造,常伴有紧闭型弯滑褶皱(图 5-11)、同斜褶皱、歪斜褶皱及窗棂构造(图 5-12),剪切劈理(图 5-13,图版 XIV-7)、褶劈理(图 5-14,图版 XIV-8)广泛发育。

图 5-5 则莫浪 KL 中的同斜倒转褶皱

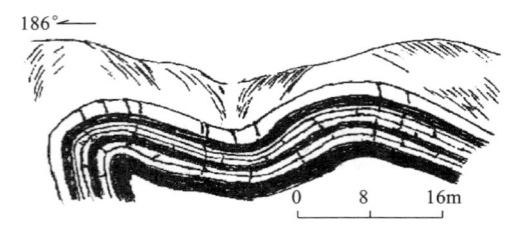

图 5-6 布朗 T$_3$jx^1 中的歪斜褶皱

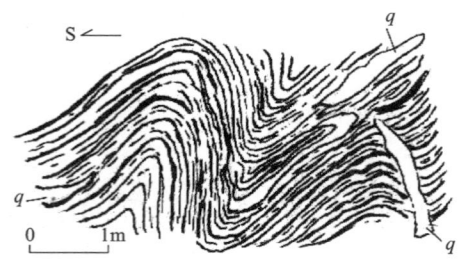

图 5-7 登木北 KL 中的歪斜褶皱

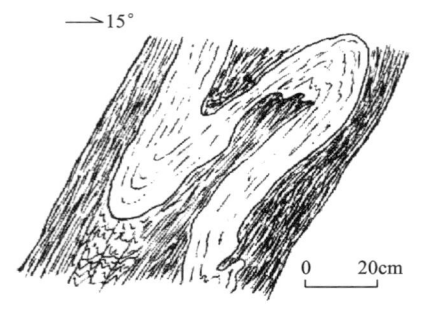

图 5-8 拉多雪 KL 片岩中石英脉形成"N"型褶皱

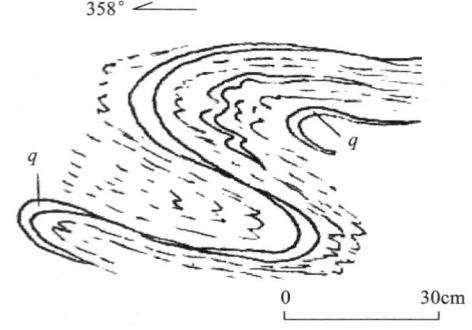

图 5-9 洗贡 KL 中的脉褶

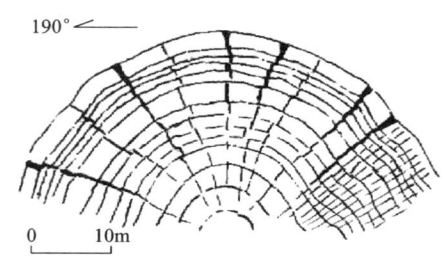

图 5-10 登木南 T$_3$jx 中的等厚型圆顶褶皱及扇形劈理

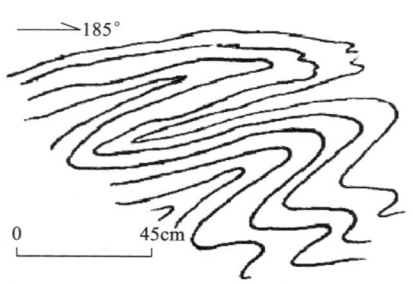

图 5-11 勒木 T$_3$Y 中的褶皱样式

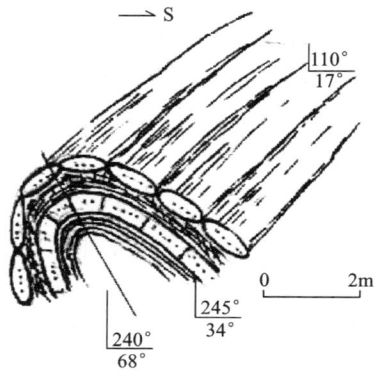

图 5-12 勒木南 T$_3$Y 中的窗棂构造

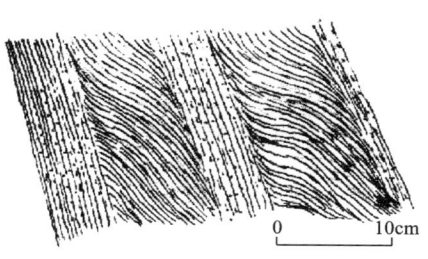
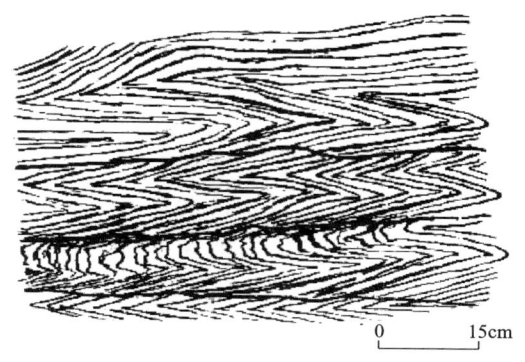

图 5-13　卡拉山 T_3y 中的剪切劈理　　　　图 5-14　勒木北 T_3y 中的褶劈理

（二）断裂

(1) 登木断裂⑫：走向北西西向，北西延伸出图，东延至 1:25 万扎日区幅内，图内长约 57km。断裂北盘为 KL，南盘为 T_3s—T_3jx^1，为朗县混杂岩带的南界。断裂卫片影像清晰，反映为带状异常及两侧色斑、块不连续。沿断裂发育挤压破碎带，宽 20～100m。破碎带内挤压片理化、糜棱岩化、菱形构造块体及石英脉、褐铁矿化普遍。断裂南盘 T_3s 及 T_3jx^1 中，发育牵引褶皱。断裂造成 T_3s 沿走向中断或缺失。断裂面呈波状弯曲，倾向南东—南，倾角 25°～36°，南盘向北逆冲，为一逆断层。

(2) 寺木寨断裂⑮：断裂总体走向近东西向，略向南弯曲呈弧形，西端与邛多江—卡拉—玉门断裂相交复合，东延出图，图内长约 61km。北盘为 T_3jx^2，南盘为 T_3y。断裂野外宏观标志清楚，沿断裂发育有宽 10～100m 的挤压破碎带。带内褐铁矿化构造角砾岩、挤压透镜体、石英脉发育，局部具糜棱岩化。断裂面倾向北北西向，倾角 40°～70°。断面起伏较大，北盘向南逆冲，为一逆断层（图 5-15）。

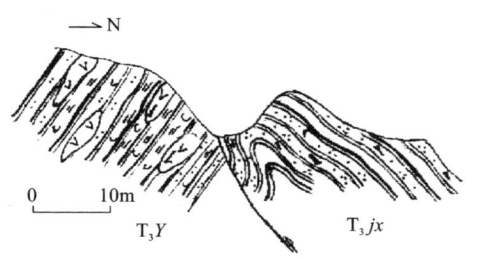
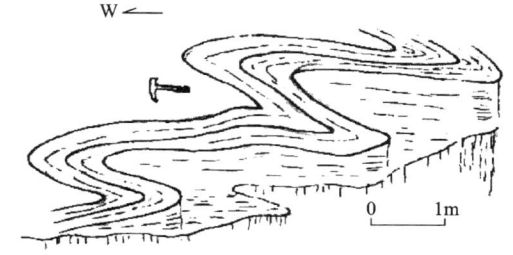

图 5-15　寺木寨断裂剖面示意图　　　　图 5-16　邛多江—卡拉—玉门断裂带中发育的倾竖褶皱（示左旋）

(3) 邛多江—卡拉—玉门断裂③：呈北西西向横贯全区，其东西两端均延伸出图。中段被也拉香波倾日变质核杂岩破坏，图内长约 150km。卫片影像特征主要表现为连续色带、色斑异常及复杂的束状、联合弧状。该断裂为雅鲁藏布江结合带南界断裂。是雅鲁藏布江结合带与康马—隆子褶冲带的分界。是特提斯洋盆消减俯冲、冈底陆块与喜马拉雅陆块碰撞的缝合线。具形成时间早、规模大、切割深、活动时间长的特点。断裂北盘为玉门混杂岩带蛇绿混杂岩和弧前盆地沉积性质的宋热组、江雄组；南盘出露晚三叠世喜马拉雅特提斯浅海—斜坡相稳定—次稳定型沉积——涅如组。断裂宏观标志明显，沿断裂发育有宽 50～200m 的挤压破碎带。由糜棱岩、糜棱岩化岩石和碎裂岩组成。发育露头尺度的紧闭型同斜倒转褶皱、不协调褶皱、倾竖褶皱（图 5-16）。出现了 S-C 组构、矿物拉伸线理、布丁构造、多米诺骨牌构造（图 5-17）和 "σ" 旋转碎斑（图 5-18）。挤压破碎带内石英脉杂乱穿插并产生脉褶。褐铁矿化普遍，局部硅化。北盘蛇绿岩及江雄组、桑秀组逆冲到南盘涅如组之上，北盘中发育有中小尺度的轴面北倾、向南倒转的褶皱构造，尤其在雪康村南及擦章南等地普遍发育。综上述，邛多江—卡拉—玉门断裂具韧性剪切走滑、脆—韧性逆冲推覆等多期次活动特点，早期以左行韧性剪切为主，形成糜棱岩系列及倾竖褶皱，晚期向南逆冲推覆，形成脆—韧性构造及牵引褶皱系列。断裂面呈波状起伏，倾向北—北北东，倾角 30°～46°。

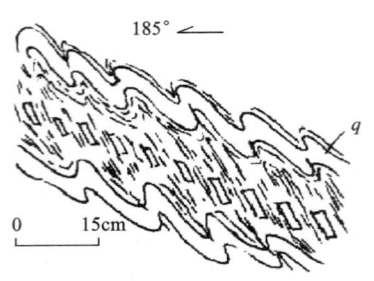

图 5-17 邛多江—卡拉—玉门断裂上盘中的多米诺骨牌构造

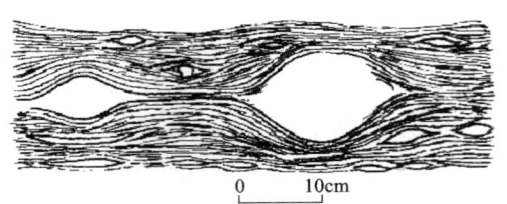

图 5-18 邛多江—卡拉—玉门断裂中的"σ"旋转碎斑

(4) 不嘎—则莫浪韧性剪切带:分布于朗县混杂岩带郭西嘎—金东断裂⑩和色拉—莫洛断裂之间,呈近东西向延伸,与两侧断裂走向一致。其东、西端均延出图外,宽 2~5km,图内约 55km。韧性剪切带发育于白垩纪朗县混杂岩中部,以发育密集的韧性剪切面和糜棱岩为主要标志。剪切面和糜棱面理走向近东西向,糜棱面理产状(180°~190°)∠(55°~70°)。糜棱岩以含硬绿泥石炭质绢云千糜岩、炭质石榴石绢云千糜岩为主。新生变质矿物为绢云母、绿泥石、硬绿泥石、石榴石、绿帘石等。韧性剪切带中常残留有粉砂质绢云千枚岩、变质细砂岩、硬绿泥石蛇纹石滑石片岩等弱应变菱形块,强应变带与弱应变域相间。强应变带以透入性的 S_c 面理同向置换 S_1 千枚理,片理为标志。弱应变带 S_1 保留较好。在不嘎、色拉、则莫浪等地可见沿剪切带旁侧发育两翼紧闭的片褶、重褶及倾竖褶皱等。滑动面上矿物生长线理、拉伸线理、"σ"碎斑、布丁构造较为常见。其变形形迹及运动学标志显示早期向北推覆,晚期叠加左行走滑的特征。现将其余断裂特征列表 5-4 如下。

表 5-4 雅鲁藏布结合带断裂特征简表

编号	断裂名称	走向	长度(km)	断裂产状		结构面特征	性质
				倾向	倾角		
①	白松—康果断裂	EW	>82			呈近东西向延伸,略弯曲呈弧形,沿断裂发育牵引褶皱、构造岩、透镜体化、劈理化带	不明
②	珍布—列绒断裂	EW	>100			中段被核杂岩破坏,略弯曲呈弧形,发育构造岩、牵引褶皱、劈理化带及擦痕等	不明
⑨	曲真断裂	NE	>25			北东端延出图外,南西端被第四系掩盖,切错东西向地层及断裂,卫片影像突出,沿断裂有串珠状湖泊、沼泽洼地	不明
⑩	郭西嘎—金东断裂	EW	>52	S	40°~65°	断裂两端延出图,略弯曲呈弧形,沿断裂发育牵引褶皱、挤压片理化带、糜棱岩带	逆断层
⑪	色拉—莫洛断裂	EW	>37	S	60°	西端与登木断裂复合,东端延出图,沿断裂发育糜棱岩、挤压牵引褶皱、劈理化带、褐铁矿化、石英脉	逆断层
⑬	曲足拉断裂	EW	53			略弯曲呈弧形,西端被曲真断裂所截,东端与登木断裂复合。糜棱岩,沿断裂发育构造岩、挤压透镜体、牵引褶皱、褐铁矿化石英脉	不明
⑭	扭麦拉—江京则断裂	EW	>82	N	43°	略弯曲呈弧形,西端被曲真断裂所截,东端延出图,沿断裂发育挤压破碎带、构造透镜体,上盘地层倒转	逆断层

二、康马隆子褶冲带（Ⅱ）

本构造单元夹持于邛多江—卡拉—玉门断裂③和曲折木—觉拉断裂㉔之间。分布面积占测区面积约二分之一以上，是测区大中型构造形迹保存最好的构造单元。根据单元内部沉积建造、变形机制及变质变形特征的差异，进一步划分为也拉香波倾日变质核杂岩（Ⅱ₁）、达拉—三安曲林褶冲束（Ⅱ₂）、哲古错—日当褶冲束（Ⅱ₃）3个三级构造单元。

（一）也拉香波倾日变质核杂岩（Ⅱ₁）

该构造单元位于测区北西部，面积约696km²。北西向为一不规则的椭圆状穹形隆起，核部最高海拔6647m。中部邛多江及以南被第四系掩盖。变质核杂岩由核部、滑脱系、盖层组成三层结构。核部有中新世花岗岩体侵入，三者之间依次被基底剥离断层、主剥离断层分隔（图5-19）。变质核杂岩的构造变形复杂多样。基底岩系为古元古代亚堆扎拉岩组片麻岩、混合片岩，新元古代—寒武纪曲德贡岩组构成滑脱系，晚三叠世涅如组为其盖层。

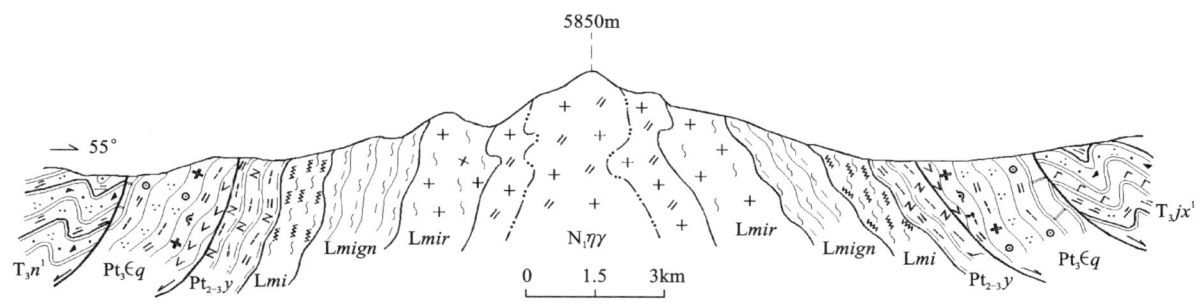

图5-19 也拉香波倾日变质核杂岩构造剖面图
（据1:5万琼果幅、曲德贡幅，略加修改）

Pt_1y. 亚堆杂拉岩组；$Pt_3\epsilon q$. 曲德贡岩组；T_3jx^1. 江雄组一段；T_3n^1. 涅如组一段；$N_1\eta\gamma$. 中新世二长花岗岩；
Lmi. 条纹状混合岩；$Lmign$. 混合片麻岩；$Lmir$. 混合花岗岩

1. 变形特征

（1）亚堆杂拉岩组：构造变形为深部构造相环境下的固态流变机制。以S_n为变形面，形成一系列顺层流变褶皱、无根褶皱、鞘褶皱。S_{n+1}流劈理、S_{n+2}(Sc)面理置换先期面理S_n。发育矿物生长线理、拉伸线理。同构造熔融、分异的长英质脉被强烈的布丁化。在韧性剪切作用下，"σ"旋转碎斑、多米诺骨牌构造等普遍发育。同构造变质达角闪岩相。

（2）曲德贡岩组：以多层剪切和顺层掩卧褶皱系列为主要标志，伴有不对称构造透镜体、脉褶（图5-20）及石香肠构造（图5-21）等。透入性的Sc面理、S_1片理同向置换S_0，矿物拉伸线理、生长线理等定向构造发育。同构造变质达高绿片岩相。

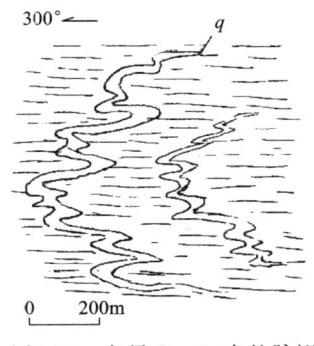
图5-20 杂果$Pt_3\epsilon q$中的脉褶

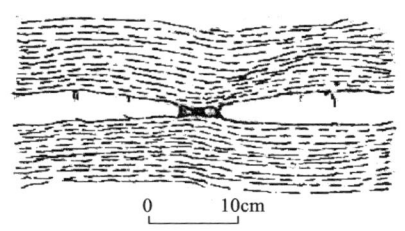
图5-21 杂果$Pt_3\epsilon q$中的香肠构造

(3) 涅如组：主要发育同向正断层系列，伴生牵引褶皱、平卧褶皱等。

2. 断裂特征

1) 公普基底剥离断裂⑤：呈环状分隔核杂岩核部与滑脱系，其中东段被第四系掩盖，长约70km。断裂卫片影像特征具线性环带状影纹，地貌标志为环状沟谷、环状水系等。断裂下盘为亚堆杂拉岩组片麻岩、变粒岩、结晶片岩等。上盘为曲德贡岩组二云石英片岩夹变粒岩。断面总体围岩外倾。受强烈的韧性剪切作用，下盘岩石强烈糜棱岩化，发育眼球状混合花岗岩片麻岩，具定向片理或叶理，长石碎斑呈眼球状，具固态塑性流变特征。花岗伟晶岩脉顺片理剪切拉断成石香肠、钩状和托顶气球状构造。因剪切带内较高的温度和压力，使变晶石英糜棱岩和变粒岩具有塑性流变特征。片岩、片麻岩、变粒岩、大理岩高度变薄或剪切呈透镜状延伸。由于构造剥离层次逐渐升高，喜马拉雅期S型花岗岩强力侵位，基底剥离断层带内同时出现脆韧性断层叠加现象。片麻岩、片岩内石榴石呈"S"形雪球旋转，十字石变斑晶具残缕结构，包体石英定向排列，代表早期片理方向。这都反映有叠加和同构造变形特征。

2) 竹卡主剥离断裂④：呈环形，全长约125km。断层呈环状外倾，倾角较陡。在卫片影像图上，断裂反映为明显的环状色带异常和断续状色斑、环链，地貌上常为环状冲沟河流及垭口。断裂下盘为曲德贡岩组，西、南、东三面上盘为晚三叠世涅如组。北部上盘为宋热组、江雄组。断裂标志清晰，主要特征如下。

（1）主断面围岩外倾，沿曲德贡岩组二云石英片岩与上三叠统砂板岩间延展。上盘和下盘岩层片理的产状近于一致。推测这种现象与剥离断层的发育过程中正向水平韧性剪切产生的新生面理强迫一致有关。

（2）沿剥离断层带及上、下盘中有基性岩脉侵入。它同样遭受强烈变形，并与围岩接触带形成层间滑脱层。下盘大理岩厚度剧烈变化，在很短的距离内，变化幅度从几厘米、几米到数十米乃至上百米。岩石普遍糜棱岩化，局部见顺层掩卧褶皱和固态塑性流变现象。

3) 杂果—则莫浪韧性剪切带：是也拉香波变质核杂岩主剥离断裂④在伸展剥离后期被拉出到浅层次而出露于剥离断层下盘的韧性剪切带，其露头形式为环带状，与主剥离断裂同向展布，宽100～300m。该韧性剪切带发育于曲德贡岩组上部，以发育密集的韧性剪切面和糜棱岩为主要标志，剪切面和糜棱面理走向与主剥离断裂走向一致。糜棱岩以石英角闪辉绿质千糜岩、绿泥绢云母千糜岩、绿泥阳起千糜岩、石英糜棱岩为主。韧性剪切带发育有S-C组构、"σ"旋转碎斑、核幔构造、拉伸线理、丝带构造、不对称眼球构造压力影等。具多期次伸展剪切的特点，并受晚期叠加脆性变形改造。

（二）达拉三安曲林褶冲束（Ⅱ₂）

该构造单元分布于邛多江—卡拉—玉门断裂③以南至古堆—隆子断裂⑥之间，呈北西向展布，北西端尖灭于帮古日附近，南东端延入1:25万扎日区幅，中北部被也拉香波倾日变质核杂岩侵占。本构造单元地层出露单一，为晚三叠世涅如组一套次稳定—稳定型陆源碎屑沉积。构造变形以浅部构造变形相为主，发育露头尺度的中小型褶皱构造和北西向断裂。其主期变形机制为也拉香波倾日变质核杂岩在伸展剥离过程中，主剥离断裂上盘上三叠统盖层在伸展—推覆背景下的构造变形（图5-22）。

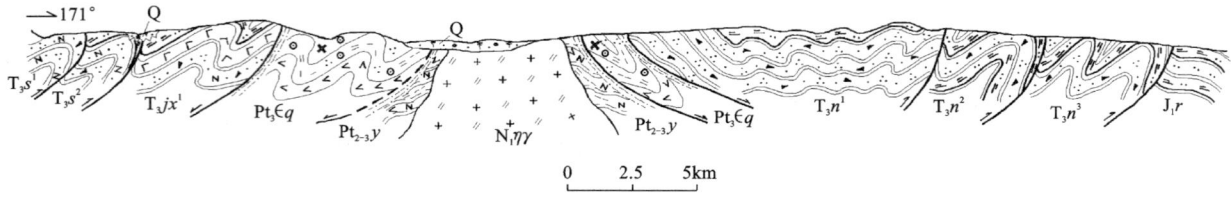

图5-22 也拉香波倾日变质核杂岩—达拉三安曲林褶冲带构造剖面图

1. 褶皱

本构造单元地层以单斜断块状叠置,大中型褶皱构造不发育,露头尺度的中小型褶皱主要沿断裂旁侧发育。在主剥离断裂周边附近,在伸展诱导出的近水平顺层剪切作用下,形成一系列以顺层掩卧褶皱、同斜倒转褶皱为代表的褶皱组合(图 5-23、图 5-24);在远离变质核杂岩的三安曲林—青嘎一带,则主要形成宽缓直立褶皱(图 5-25、图 5-26,图版 XV-1~图版 XV-4)或隔槽式、隔档式褶皱(图 5-27、图 5-28);在古堆、俗坡努和斗玉一带,受多巴—俗坡努断裂⑲,古堆—隆子断裂⑥逆冲推覆作用,变形体制由伸展向压缩转变,褶皱样式以斜歪褶皱(图 5-29,图版 XV-5)、同斜倒转褶皱为主(图版 XV-6、图版 XV-7)。牵引褶皱主要沿断裂上盘发育,在本构造单元南侧形成一褶皱密集带。

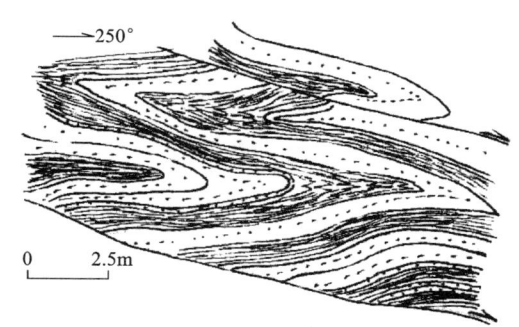

图 5-23 卡珠 T_3n 砂板岩中的掩卧褶皱

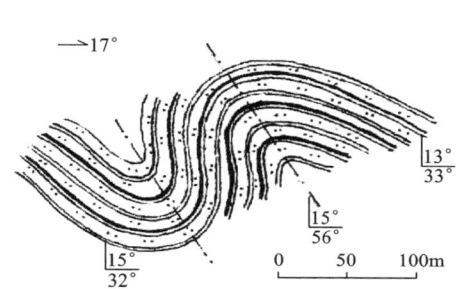

图 5-24 马如西 T_3n 砂板岩中的同斜褶皱

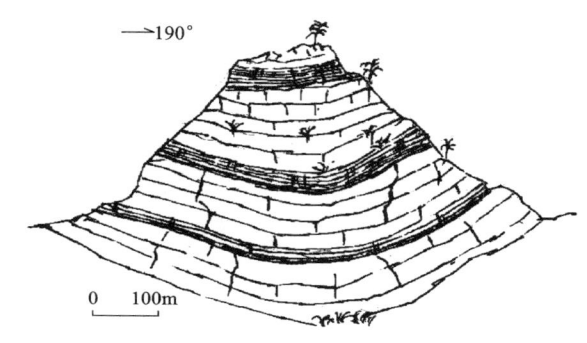

图 5-25 三安曲林南 T_3n 砂板岩形成的向斜山

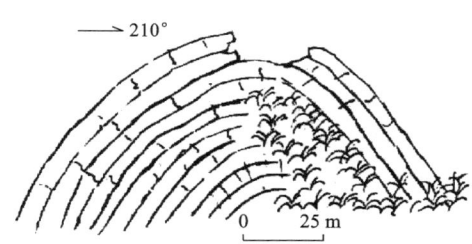

图 5-26 三安曲林 T_3n 砂岩形成的直立褶皱

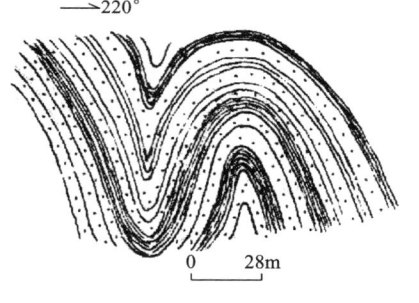

图 5-27 三安曲林北 T_3n 砂板岩形成隔槽式褶皱

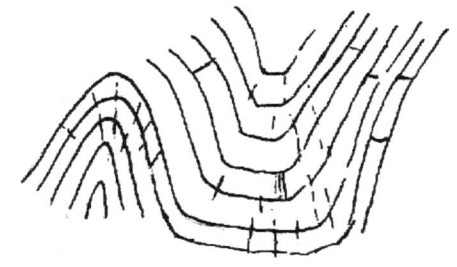

图 5-28 三安曲林北 T_3n 砂板岩形成的隔档式褶皱

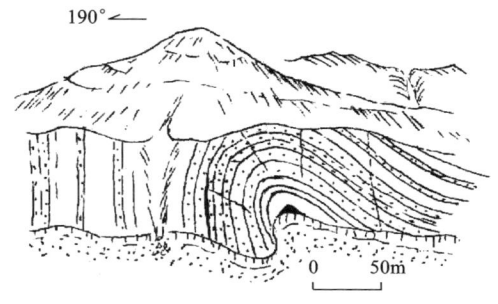

图 5-29 才麦云北 T_3n 砂岩形成斜歪褶皱

2. 断裂

(1) 多巴—俗坡努断裂⑲:走向北西向,西端在江木林附近与古堆—隆子断裂⑥复合,东端被北西向切机断裂⑱所切,略呈弧形弯曲,长 45km。断裂北盘为 T_3n^1,断裂南盘出露 T_3n^2。主要断裂标志为:沿断裂发育有宽 10～50m 的挤压破碎带,破碎带内石英脉、褐铁矿化普遍,断裂上盘中可见大量的露头尺度的牵引褶皱,其轴心面北倾,两翼不对称或同斜倒转,在褶皱转折端常发育轴面劈理。断裂面倾向北北东,倾角 48°,北盘向南逆冲,为一逆断层。

(2) 古堆—隆子断裂⑥:呈北西—北西西向弧形延伸,其北西端与邛多江—卡拉—玉门断裂相交,南东端被共荣—斗玉断裂所切,中部被北西向、近南北向断裂切错,长约 152km。卫片影像特征清楚,呈连续宽缓波状线形延伸,具带状影纹,沿走向线状沟谷,垭口地貌发育。断裂北东盘出露地层为晚三叠世涅如组,南及南西盘出露侏罗系、白垩系。断裂标志主要有侏罗系—白垩系沿走向中断缺失或斜交断失,两盘岩层产状相抵。沿断裂有宽 50～100m 的挤压破碎带,褐铁矿化构造角砾岩、石英脉发育。沿断裂有中酸性、基性岩脉侵入。断裂北盘发育逆冲推覆牵引褶皱,局部地层倒转(图 5-30)。断裂面倾向北东,倾角 36°～48°,略起伏,北盘向南逆冲,为一逆断层。

(3) 哈弄—米帕断裂⑯:走向北西,北西端被邛多江—卡拉—玉门断裂所截,南东端延入 1:20 万扎日区幅,图内长约 80km。断裂切割 T_3n,造成地层重复。沿断裂发育宽 10～50m 的挤压破碎带,褐铁矿化较普遍。断裂北东盘岩层牵引褶皱发育,轴面起伏呈舒缓波状,与断层面产状近平行(图 5-31)。断层面倾向北东,起伏较大,倾角 36°～72°。北东盘向南西逆冲,为一逆断层。

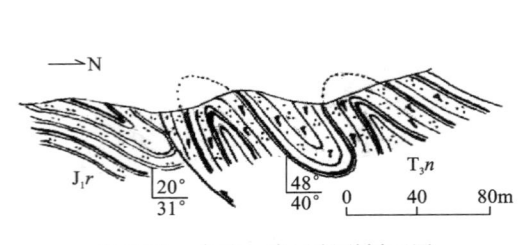

图 5-30 古堆—隆子断裂剖面图

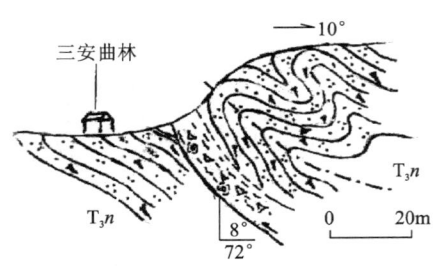

图 5-31 哈弄—米帕断裂剖面示意图

(三) 哲古错日当褶冲束(Ⅱ₃)

该构造单元出露于图幅西侧及中南部,其北界为古堆—隆子断裂⑥,南界为曲折木—觉拉断裂㉔。受北西向断裂切割,呈西宽东窄的楔状,但构造线方向稳定,为东西向展布。本构造单元主要出露侏罗系,白垩系出露范围小,上三叠统仅在觉拉以南有少量分布。区内大中型褶皱构造发育且保存较好。构造变形为浅部构造相。褶皱以纵弯褶皱为主。断裂有近东西和近南北向两组,均具脆性断裂特征(图 5-32)。

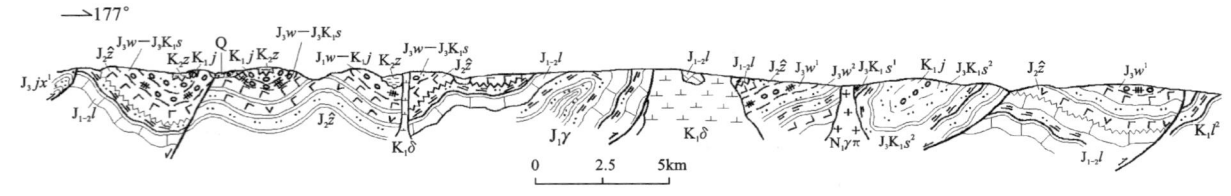

图 5-32 哲古错—日当褶冲带构造剖面图

1. 褶皱

(1) 纳吉背斜⑨:轴向近东西,东端被北西向断裂所切,西端在松多附近倾伏,轴长约 27km。核部地层早侏罗世日当组,两翼为早—中侏罗世陆热组、中侏罗世遮拉组。北翼倾角 26°～65°,起伏较大。南翼岩层倒转,倾角 28°～46°。沿轴面发育轴面劈理和张性裂隙,轴部有闪长岩体侵入。背斜轴面北倾,倾角 30°～40°,轴迹略起伏,枢纽向西倾伏,倾角约 15°,为一倒转短轴背斜。

(2) 藏不再向斜⑩:轴向北东东向,西端延出图外,东端在当模附近扬起,轴长大于 40km。核部地层为早白垩世甲不拉组,两翼为晚侏罗世—早白垩世桑秀组、晚侏罗统维美组。南翼地层受东西向断裂破坏大部分缺失,北翼保存较好。南翼倾角38°~62°,北翼岩层倒转,倾角30°~42°,东部转折端扬起端倾角25°~30°。向斜轴略弯曲,轴面北倾,核部发育张性裂隙,部分被石英脉充填,为一同斜倒转向斜。

(3) 刚吉背斜⑫:轴向近东西向,东西两端均被断裂所截,中部被第四系掩盖,轴长约72km。背斜核部由日当组组成,两翼为陆热组。北翼受东西向断裂切割出露不全,南翼保存较好。北翼倾角26°~56°,南翼倾角32°~82°,两翼起伏较大。

(4) 将主拉向斜⑲:轴向近东西向并略向南弯曲呈弧形,东端被北东向断裂所切,西端在代不西附近扬起,长约77km。向斜核部地层以遮拉组为主体,东段及将主拉保留有少量维美组。两翼由陆热组组成。北翼倾角70°~85°,南翼倾角27°~45°,北翼陡倾,南翼缓。向斜枢纽呈起伏状,西端扬起,向斜轴面倾向北,倾角约60°,为一斜歪向斜。

现将其他规模较小的褶皱特征列入表5-5中。

表5-5 哲古错日当褶冲束褶皱特征简表

编号	褶皱名称	产状			褶皱特征	轴面劈理	长度(km)
		枢纽	南翼	北翼			
1	日则塘背斜	弯曲起伏	190°∠30°	10°∠35°	轴向东近东西向,核部地层$J_{1-2}l$,西翼J_2z,两翼倾角基本一致,背斜西端出图,东端被断裂所截	发育	6.0
2	帮波向斜	弯曲向东扬起	10°∠40°	188°∠30°	轴向近东西,核部地层K_1j,两翼J_3K_1s,向斜向东扬起,长宽比小于3:1	发育	5.0
3	查樟背斜	弯曲向西倾伏	180°∠50°	0°∠40°	轴向近东西,核部地层J_3K_1s,两翼由K_1j组成,向西倾伏,长宽比小于3:1	发育	3.0
4	夏波向斜	弯曲向东扬起	10°∠55°	190°∠50°	轴向近东西向,核部地层K_2z,两翼地层K_1j、J_3K_1s,长宽比小于3:1	发育	8.0
5	错陇背斜	平直	185°∠50°	10°∠55°	轴向近东西向,核部地层J_2z,两翼地层J_3w,两端被断裂所截	发育	>4.5
6	吉布向斜	平直	15°∠60°	190°∠60°	轴向北西西,核部地层K_2z,两翼地层K_1j、J_3K_1s,西端延出图外,东端被第四系掩盖	发育	>13.5
7	日马朗索向斜	平直	200°∠45°	20°∠60°	轴向北西西,核部地层J_2z,两翼地层J_3w、J_3K_1s、K_1j,背斜北西端出图,南东端被第四系掩盖	发育	>12.5
8	不朵雄曲向斜	略起伏	15°∠30°	195°∠45°	轴向北西西,核部地层J_2z,两端地层K_1j、J_3K_1s、J_3w,北西端出图,南东端被第四系掩盖	发育	>5.5
11	卡索向斜	略起伏向东扬起	10°∠(26°~36°)	190°∠30°	轴向北西西,核部地层$J_{1-2}l$,两翼地层J_1r,向斜西端被南北断裂所切,东端扬起,扬起端倾角45°	发育	15.0
14	所龙背斜	弯曲起伏向西倾伏	185°∠(10°~60°)	10°∠(29°~47°)	轴向近东西向,核部地层J_2z,西翼J_2z,背斜两翼起伏较大,东端被近东西向断裂所切,西端倾伏	发育	35.0
15	夏普拉向斜	弯曲起伏	20°∠(16°~29°)	200°∠(10°~42°)	轴向北西,核部地层J_3w,两翼地层J_2z,向斜轴呈弯曲状,西端出图,南东端被近东西向断裂所截	发育	>34.0
18	乌山口向斜	直线状向西扬起	355°∠10°	170°∠19°	轴向近东西向,核部地层J_3w,两翼地层J_2z,向斜东端被南北断裂所切,西端扬起,扬起端倾角37°	发育	6.5

2. 断裂

曲折木—觉拉断裂㉔：走向东西向，西端延伸出图，东端被共荣—斗玉断裂㉖所切，中部受南北向断裂破坏，图内长约180km。断裂北盘出露地层为 T_3n、J_1r、J_{1-2}、$J_2\hat{z}$ 等，南盘出露 K_1l，是测区康马—隆子褶冲带与北喜马拉雅褶冲带的分界断裂。其卫片影像特征具连续的线状色调异常，两侧色斑、色块及影纹图案不连续，地貌特征主要反映为沿断裂发育近东西向的沟谷、陡崖等。断裂野外宏观标志清晰，沿断裂发育有50～100m的挤压破碎带，带内挤压构造透镜体、构造角砾岩、褐铁矿化、石英脉、基性岩脉发育。断裂北盘中发育次级同向逆冲断裂（图5-33）和同斜倒转牵引褶皱（图5-34）。断裂面倾向北，倾角38°～42°，北盘向南逆冲，为一逆断层。

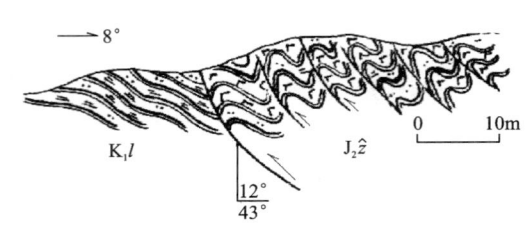

图5-33 LZ719点曲折木—觉拉断裂剖面特征素描图

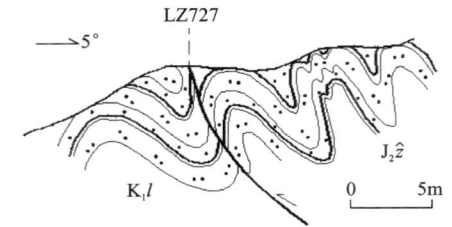

图5-34 LZ727点曲折木—觉拉断裂剖面特征素描图

其他断裂特征兹列表5-6如下。

表5-6 哲古错日当褶冲束断裂特征简表

编号	断裂名称	走向	长度(km)	断裂产状 倾向	断裂产状 倾角	断裂特征	性质
7	扎不曲断裂	NW	>10			断裂斜切了J-K地层，造成了 $J_{1-2}l$、$J_2\hat{z}$ 沿走向与 J_3K_1s、K_1j、K_2z 斜交，北西端被第四系掩盖，南东端被古堆—隆子断裂所切	
8	日那—幸那断裂	NW	77			发育10～50m宽的断裂破碎带，有较多的石英脉侵入，西盘地层中发育牵引褶皱，南盘地层局部倒转	不明
17	基浦断裂	EW	>25			沿走向切割 T_3n，造成沿走向尖灭，岩石破碎，产状零乱	不明
18	切机断裂	NW	>30			横向切错 T_3n、J_2r，造成地层沿走向中断错移，断裂两端均被第四系掩盖	
20	如米错断裂	EW	>13	N	42°	横向切错 $J_2\hat{z}$，沿断裂发育褐铁矿化、构造角砾岩，闪长岩体沿断裂侵入	
22	甲坞断裂	NEE	>42			断裂造成藏不再向斜南翼大部地层缺失，沿断裂岩破碎，局部发挤压牵引褶皱，西端出图，东端被南北向断裂所切	正断层

三、北喜马拉雅褶冲带（Ⅲ）

该构造单元位于测区南部曲折木—觉拉断裂㉔以南，共荣—斗玉断裂㉖以西地区，面积约2800km²。区内地层单一，主要出露下白垩统拉康组（K_1l），沿错龙—新达断裂㉕南侧断续有少量晚三叠世曲龙共巴组（T_3q）分布，在错那洞、日巴有两个较大的中新世电气石白云母花岗岩体。本单元构造变形为浅部构造变形相，发育大中型纵弯褶皱和脆—脆韧性断裂构造（图5-35）。构造线方向近东西，伴有少量近南北向断裂。受南北向断裂破坏而使东西向构造不连续,各断块褶皱发育程度也不一致。现将区内主要褶皱、断裂特征分述如下。

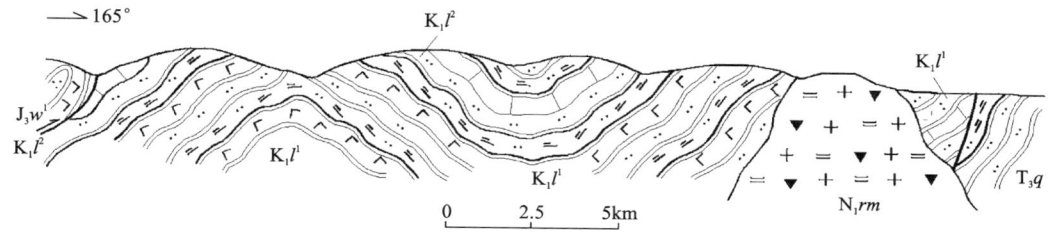

图 5-35　库曲—卡达褶断束构造剖面图

(一) 褶皱

(1) 洞嘎向斜⑰:是库曲—卡达褶断带西段的主体褶皱构造,轴向近东西向,西延出图,中部被南北向断裂切错,东端被北北西向断裂所截,轴长大于 63 km。核部由 $K_1 l^2$ 组成,两翼地层为 $K_1 l^1$,北翼倾角 12°～58°,南翼倾角 27°～47°,两翼倾角总体较缓。向斜枢纽微弯曲并呈起伏状,轴面近直立,发育轴面劈理,为一开阔直立褶皱。

(2) 卡达向斜㉑:为库曲—卡达褶断束东段的主体褶皱构造,为一复式向斜,向斜轴呈东西向,略弯曲呈弧线状,其东、西两端均被断裂破坏,轴长 42km。褶皱地层为 $K_1 l^1$,两翼保存较好并发育次级褶皱(图版 XV-8)。北翼倾角 23°～36°,南翼倾角 27°～47°,北翼缓,南翼略陡。枢纽略弯曲起伏,轴面南倾,倾角约 75°,为一斜歪褶皱。向斜两翼发育有线状次级褶皱,轴迹与主向斜平行,均属同层褶皱见表 5-7。

表 5-7　北喜马拉雅褶冲带褶皱特征简表

编号	褶皱名称	产状			褶 皱 特 征	轴面劈理	长度(km)
		枢纽	南翼	北翼			
16	空布岗背斜	略起伏	180°∠(27°～68°)	355°∠(33°～45°)	轴向近东西向,西端出图,东端被南北向断裂所切,褶皱地层为 $K_1 l^1$	发育	>42.0
20	谷觉背斜	弯曲向东倾伏	180°∠(23°～36°)	5°∠(27°～51°)	轴向近东西向,略弯曲,枢纽起伏并向东倾伏,褶皱地层为 $K_1 l^1$	发育	>30.0
22	新达背斜	弯曲向东倾伏	170°∠34°	0°∠58°	轴向近东西向并弯曲呈弧形,西端被断裂所切,东端倾伏,褶皱地层为 $K_1 l^1$	发育	>38.7
23	古公昌某向斜	略起伏两端扬起	340°∠47°	170°∠34°	轴向近东西向,东端被断裂所切,西端扬起,褶皱地层为 $K_1 l^1$	发育	>30.0

(二) 断裂

(1) 乌山口断裂㉑:呈近南北向延伸,略弯曲,中段被第四系掩盖,南段延伸出图,北段在江拉以北逐渐消失,图内长约 65km。断裂在卫星照片上显示出特征的线性构造和断续状色异常带,其两侧色斑、色块、影纹图案错移,地貌标志有串珠状的湖泊和洼地,第四系沿断裂呈带状延伸等。断裂宏观标志为东西两盘地层不连续,沿走向中断、错移明显。沿断裂岩石破碎,褐铁矿化、硅化普遍,两盘岩层产状零乱。断裂北段两盘中有较多的热泉点。上述表明,该断裂活动时间晚于东西向构造形成时间,其清晰的影像特征,第四系沿断裂分布,热泉活动等表明,本断裂是测区晚期构造的产物,且具现今仍在活动的迹象。

(2) 吉松断裂㉓:呈北北西向,北端与乌山口断裂复合,南端延出图外,图内长约 53km。断裂横向切割并错移了东西向构造,两盘地层不连续,并使两盘岩层产状相抵。沿断裂发育构造破碎带和石英脉,褐铁矿化较强。断裂性质不明,本断裂与乌山口断裂同属测区晚期构造,可能具持续活动的特点。

(3) 错龙—新达断裂㉕:位于测区南缘,呈近东西向,并受南北向断裂切错,断续延伸于图内的错龙、新达南一带。其西段长41km,东段长11km。断裂北盘出露地层为K_1l,南盘出露T_3q,其间缺失了侏罗纪地层。沿断裂发育有宽20~50m的构造破碎带,构造岩具张性特点。构造角砾呈棱角—次棱角状,大小不一,胶结物为铁泥质、砂质,褐铁矿化较普遍,断裂面较粗糙,倾向北北西—北,倾角51°,北盘下滑,为一正断裂。

四、高喜马拉雅基底逆冲带(Ⅳ)

该构造单元位于测区南东隅,北西以共荣—斗玉断裂㉖为界,图内面积约1200km²。区内出露古元古代南迦巴瓦岩群基底岩系和新元古代—寒武纪肉切村岩群,为夹持于主中央断裂(MCT)和藏南拆离系主剥离断裂(STDS)间的高喜马拉雅基底逆冲带甲曲河断隆($Ⅳ_1$)的一部分。构造变形为中部构造变形相的韧性伸展、走滑剪切变形和深部构造变形相的固态流变变形。高喜马拉雅结晶基底在主中央断裂向南逆冲推覆作用下急剧抬升,在其北西则形成向北西滑落的伸展剥离断裂系。肉切村岩群在伸展剥离、走滑剪切机制下,形成韧性剪切带和褶叠层、鞘褶皱。发育拉伸线理、矿物生长线理及"σ"碎斑(图5-36)。南迦巴瓦岩群在主中央断裂强烈的逆冲推覆作用下,则以S_n为变形面形成掩卧褶皱、相似褶皱、无根褶皱、肠状褶皱等。流劈理、布丁构造、多米诺骨牌构造发育。受强烈的伸展剥离和走滑剪切作用,肉切村岩群a亚群与b亚群之间、南迦巴瓦岩群a亚群和b亚群之间均以韧性断裂接触,在肉切村岩群与南迦巴瓦岩群之间则形成了基底剥离断裂。

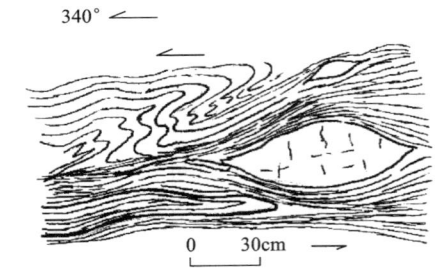

图5-36 共荣$Pt_3\epsilon R.$中的褶皱层和"σ"碎斑(示左旋)

(1) 共荣—斗玉断裂㉖:属藏南拆离系主剥离断裂(STDS)在测区的延伸段。区内呈北东-南西向弯曲延伸,北东、南西两端分别延入1:25万扎日区幅和1:25万错那县幅,图内长约65km。上盘由晚三叠世及侏罗纪、白垩纪砂板岩组成,下盘为新元古代—寒武纪肉切村岩群片岩、糜棱岩。断裂上、下盘岩石变质、变形有明显的差异。上盘砂板岩中可见大量的弯滑褶皱和正断层,下盘片岩中则发育顺层剪切掩卧褶皱系列及韧性剪切糜棱岩带。为一分隔高喜马拉雅变质结晶基底及增生褶皱基底和藏南特提斯沉积盖层之间的北倾正断层。据同构造淡色花岗岩的结晶年龄(U-Th-Pb法),活动时间为17~21Ma,与主中央断裂(MCT)同步发生(据潘桂棠、丁俊等,2004)。

(2) 比朗断裂㉗:走向北东-南西向,东端大致与共荣—斗玉断裂平行并延伸出图,西端在卡布北被共荣—斗玉断裂所切,图内长约20km。断裂北西盘地层为$Pt_3\epsilon R.^2$,南东盘为$Pt_3\epsilon R.^1$。沿断裂有宽100~300m的韧性剪切糜棱岩带,带内发育SC组构、"σ"旋转碎斑、布丁构造等,糜棱面理产状330°∠(55°~70°)。断裂面与糜棱面理产状一致,具有由南东向北西滑落的特征,为一韧性断裂。

(3) 准巴断裂㉘:呈北东-南西向,大致与主剥离断裂——共荣—斗玉断裂平行展布,其北东、南两端均延出图外,图内长约62km。断裂北西盘由$Pt_3\epsilon R.^1$组成,并发育顺层掩卧褶皱、褶叠层及韧性剪切带,南东盘为$Pt_1N.$,发育有透入性的糜棱面理、"σ"碎斑、拉伸线理、布丁构造及多米诺骨牌构造等,构成断裂面倾向北西,倾角10°~25°的低角度伸展剥离断层。

(4) 巴齐杜姆楚断裂㉙:为测区$Pt_1N.^a$与$Pt_1N.^b$间的韧性断裂,其走向为北东向,两端均延出图外,长31km以上。沿断裂及北西盘发育有数百米宽的韧性剪切糜棱岩带,糜棱岩有含榴黑云长英质糜棱岩、黑云角闪长英质糜棱岩等,具SC组构、旋转碎斑、布丁构造及镜下核幔构造、拉伸线理、不对称眼球构造,压力影和拔丝构造等。糜棱面理产状(330°~350°)∠(65°~75°)。断裂面产状与糜棱面理产状一致,具有由北西向南东逆冲特征。

(5) 卡布韧性剪切带：分布于共荣—斗玉主剥离断裂南东盘，并与之平行展布，呈北东-南西向，北东、南西端分别延出图外，长大于65km，宽2～5km。卷入地层为$Pt_3\epsilon R.$。剪切带内强应变带与弱应变域相间。强应变带以二云母长英质糜棱岩、眼球状糜棱岩、白云母长英质糜棱岩为主要标志，以透入性的SC面理置换S_0，发育"σ"旋转碎斑、矿物生长线理、拉伸线理、布丁构造等。弱应变域为糜棱岩化二云石英片岩、白云石英片岩、方解绿泥石英片岩，S_1片理完全置换S_0。形成片褶、重褶、褶叠层和鞘褶皱等。糜棱面理产状（330°～340°）∠（10°～30°），与共荣—斗玉断裂产状一致。据"σ"旋转碎斑，多米诺骨牌构造及鞘褶皱等显示的运动学特征，该韧性剪切带早期为向北西伸展滑脱，晚期叠加有左行走滑。

第四节　新构造运动

测区自古新—渐新世碰撞造山，并随着印度陆块在喜马拉雅南麓—西瓦里克发生陆内俯冲，使喜马拉雅山脉急剧隆升。在本区表现为上新世纪末以来多次抬升所形成的各级夷平面和活动断裂，地震，水热活动，以及冰川、冰斗、角峰、刃脊地貌和第四系湖盆、谷地、河流阶地等。

一、地貌

测区平均海拔4000m以上，最高峰海拔6883m，最低河谷海拔2890m，最大高差达3993m，高山与湖盆带相间，构成独特的高原地貌。山脉走向以东西、北西、北东向为主，与区内主干构造线展布相吻合。现今地貌形态与本区第四纪继承性构造运动密切相关。

区内地貌的主要特征呈层状分布，上部为三级夷平面，下部是二级河流阶地，在主夷平面上点缀着大小不等的冰湖和冰蚀堆积。

二、夷平面

（1）一级夷平面（山顶面）：分布于喜马拉雅山脉的空布岗、米里西及邛多江以西的也拉香波倾日一带，海拔6082～6883m。呈截顶的平台状，多被古冰帽和现代冰川所占据，受强烈的冰蚀作用，在该夷平面形成测区海拔最高的剥蚀（冰蚀）堆积体。所切最新生岩体为$N_1\gamma\gamma$，该级夷平面可能形成于中新世末—上新世初。

（2）二级夷平面：分布于一级夷平面外围及将主拉、帮卓玛、班尼、得玛日、卡拉山等地，海拔5003～5607m，形成平台状、浑圆状山顶，是区内主要分水岭。主要形成于上新世末。

（3）三级夷平面（主夷平面）：主要分布于一、二夷平面外围及测区西部的江塘、哲古区、乌山口南一带，海拔4630～4723m。该级夷平面是区内分布范围最广，保存最好的夷平面，常形成开阔的平台，浑圆状山顶。沿此夷平面分布有哲古错、拿日雍错等冰湖及冰蚀堆积。该夷平面大致形成于晚更新世中晚期，自全新世以来抬升受切。

综上所述，测区在喜马拉雅期曾经历了3次大幅度的间歇性整体隆升，每次快速整体隆升后，在相对宁静期则以遭受剥蚀和切削夷平作用为主，其中以三级主夷平面切削夷平作用最为强烈。

三、河流阶地

区内1、2级水系不发育，而以3、4级水系为主，大部水系均汇聚于雄曲并流向1:25万扎日区幅的甲曲河。河流阶地主要沿雄曲、色曲、工曲河岸及娘中等地发育，为两岸对称或不对称的Ⅰ—Ⅱ级河流阶地，在"V"形河谷中主要发育Ⅰ级阶地，而"U"形河谷中可见Ⅰ、Ⅱ级阶地相伴生。

(1) Ⅰ级阶地：沿色曲、工曲和雄曲下游的雪莎区、协古、三安曲林、宗许、勒木及羊者、加玉区等地发育，阶地海拔3500～4000m，总体显示上游高、下游低的特点，由全新统河流冲积物构成，厚0.8～4.5m。

(2) Ⅱ级阶地：主要沿"U"形河谷发育，常与Ⅰ级阶地相伴，主要分布于雄曲上游的僧毕雄曲、日当、隆子、工曲宗许及登木等地。Ⅱ级阶地相对宽缓、平坦，宽40～1200m，长可达500～800m，由河流冲积、洪冲积构成，堆积厚3.8～18.5m，阶地形成后间歇期较长，剥蚀夷平作用强烈，但阶地保留较好，是主要居住地和耕地平台。

四、冰川活动

测区经历了早更新世、中更新世、全新世新冰期和现代冰期4次强烈的冰川活动，冰蚀地貌和冰碛发育。在测区南部、北西部及5000m以上的高海拔地区和空布岗、将主拉等分水岭地带，发育众多的刃脊、角峰，其形态各异，惟妙惟肖，挺拔壮观。冰斗、冰窖主要分布于海拔4630～4723m的主夷平面和海拔5003～5607m的二级夷平面附近。在空布岗、米里北东、也拉香波倾日等地，冰窖、冰斗星罗棋布。在5000m以上的常年积雪区，冰斗、冰窖中固积了大量的冰雪，而在主夷平面分布的冰斗、冰窖中冰雪融化，被水充填形成冰湖。代表性的冰湖有哲古错、拿日雍错、杨错、压巴错及错酱。其中哲古错水域面积达64km²。受强烈的冰川创蚀谷作用，在米里北、空布岗分水岭两侧，发育有冰川槽"U"形谷。冰碛则广泛分布于海拔4500～5500m的槽谷和冰斗、冰窖中。主要有冰川堆积、冰水冲积扇、冰川漂砾等。分布海拔由低至高分别代表早更新世冰期、中更新世冰期、新冰期的冰川堆积。现代冰期堆积主要分布于5000m以上的高海拔区，大部分为原地冰蚀堆积。

五、活动断裂及水热活动

区内活动断裂主要表现为老断裂复活或继承性活动的特点，近南北向的乌山口断裂和吉松断裂切割了中新世花岗岩体，第四系沿乌山口断裂及北东向曲真断裂分布，受控于断裂持续的断陷作用。在邛多江以南第四系中发现有错动及牵引褶曲现象，第四系砂砾层错距达30～40cm。在江木林、玛尼当南、下热及错龙、古堆等地有多处热、沸泉热田，与北西向和南北向断裂继承性活动有关。

六、地震活动

地震是现代地壳活动的直接证据和主要表现形式。据前人资料记载，本区历史上曾发生过7级地震1次，4.7～5.9级地震6次，周边邻区地震活动也较频繁。

综上所述，新构造运动在测区表现强烈，其特点是以断裂的继承性活动、大面积整体间歇性掀斜抬升、垂直差异升降运动及水平运动、地震、水热活动为标志，具有继承性、新生性和节奏性。区内众多的冰川地貌和夷平面、河流阶地及近东西向和南北向的深切河谷、温泉、地震等都是主要的新构造运动。

第五节 构造发展史

根据测区沉积作用、变质作用、岩浆活动和构造变形特征，结合地球物理资料和邻区地质资料的分析，本区地质构造演化划分出泛非造壳期、克拉通化期、板内调整扩张期、洋壳消减闭合期和伸展隆升期5个变形期。据此建立了本区构造变形序列与其他地质事件关系表（表5-8）。

表 5-8 构造变形序列与其他地质事件关系表

时代	构造事件及其特征						沉积建造	变质事件	岩浆事件	成矿作用
	变形期	世代	体制	主要构造事件	主要构造类型	变形相				
Q—N	伸展隆升期	D_8	隆升	断续抬升	切穿性断裂系列，Ⅱ级阶地、深切河谷发育	脆性破裂变形相	第四系冰碛			砂矿、泥炭
N_1—E_3		D_7	走滑	挤压抬升左行走滑	切穿性、脆韧性断裂	脆韧性剪切变形相		动力变质、热接触变质	浅色花岗岩、伟晶岩	地热资源
N_1—E_3	伸展隆升期	D_6	伸	藏南拆离系（STDS）伸展拆离事件	STDS伸展拆离，也拉香波倾日伸展构造，顺层掩卧褶皱系列，韧性剪切糜棱岩系列	韧性剪切变形相		区域低温动力变质		伟晶岩型白云母、水晶、绿柱石
E_1—K_2	碰撞期	D_5	缩	雅鲁藏布江洋盆封闭	雅鲁藏布江构造混杂带形成	韧性剪切纵弯褶皱变形相	弧前盆地复理石建造岛弧火山—沉积建造	区域动力热流变质、高温接触变质	S型、I型花岗岩侵入及中酸性火山喷发	岩浆弧Pb、Zn、Ag、Cu、Fe、Au成矿作用
K_1—T	洋盆扩张消减期	D_4	伸	雅鲁藏布江洋盆扩张、板内拉张及特提斯边缘海盆形成	远洋放射虫硅质岩、大洋拉斑玄武岩、超基性岩、蛇绿岩套形成初期裂谷扩张，高钾、高钛火山岩喷发	弹-塑性变形相	远洋复理石、大洋拉斑玄武岩建造	高压变质和埋深变质作用	大陆裂谷火山岩、超基性岩、基性岩及大洋拉斑玄武岩	铬铁矿
P—O	板内稳定沉降期			边缘浅海盆地形成	$Pt_3\epsilon R.$与下伏$Pt_{2-3}N.$结晶基底间剥离断裂形成，$Pt_3\epsilon R.$发育褶叠层、顺层韧性伸展断裂。区域上含化石的O_1与$Pt_3\epsilon R.$不整合	弹-塑性变形相	冰水沉积建造、滨浅海陆源碎屑岩建造	区域低温动力变质	板内玄武岩	外生成矿作用
$Pt_3\epsilon$	克拉通化期	D_3	缩	地壳缩短岩浆侵入、区域变质	$Pt_3\epsilon$中发育纵向弯曲变形	弹塑性变形相		高绿片岩相区域动力热流变质作用	$Pt_3\epsilon$晚期同构造花岗岩侵入	变质成矿作用
		D_2	伸	前期顺层韧性剪切	$Pt_3\epsilon$发育紧闭-开阔斜歪褶皱及顺层韧性剪切褶叠层，掩卧褶皱组合	变质顺层固态流变相	滨浅海陆源碎屑岩建造			

续表 5-8

时代	构造事件及其特征					沉积建造	变质事件	岩浆事件	成矿作用
	变形期	世代	体制	主要构造事件	主要构造类型	变形相			
Pt_1	泛非造壳期	D_1	缩	基底固化	S_n 置换先存面理 S_0、S_1，形成片麻理、片理，与上覆间隐闭不整合	变质固态流变相	含基性火山—中酸性火山—碎屑岩夹碳酸盐岩建造	角闪岩相—麻粒岩相区域动力热流变质作用	基性—中酸性火山喷发、古老花岗岩侵入	变质成矿作用

在上述变形期次的划分及与其他地质事件关系分析的基础上，依据板块构造理论将测区构造演化划分为：克拉通化、克拉通、洋盆形成扩张、陆-陆碰撞和伸展隆升 5 个阶段（图 5-37）。

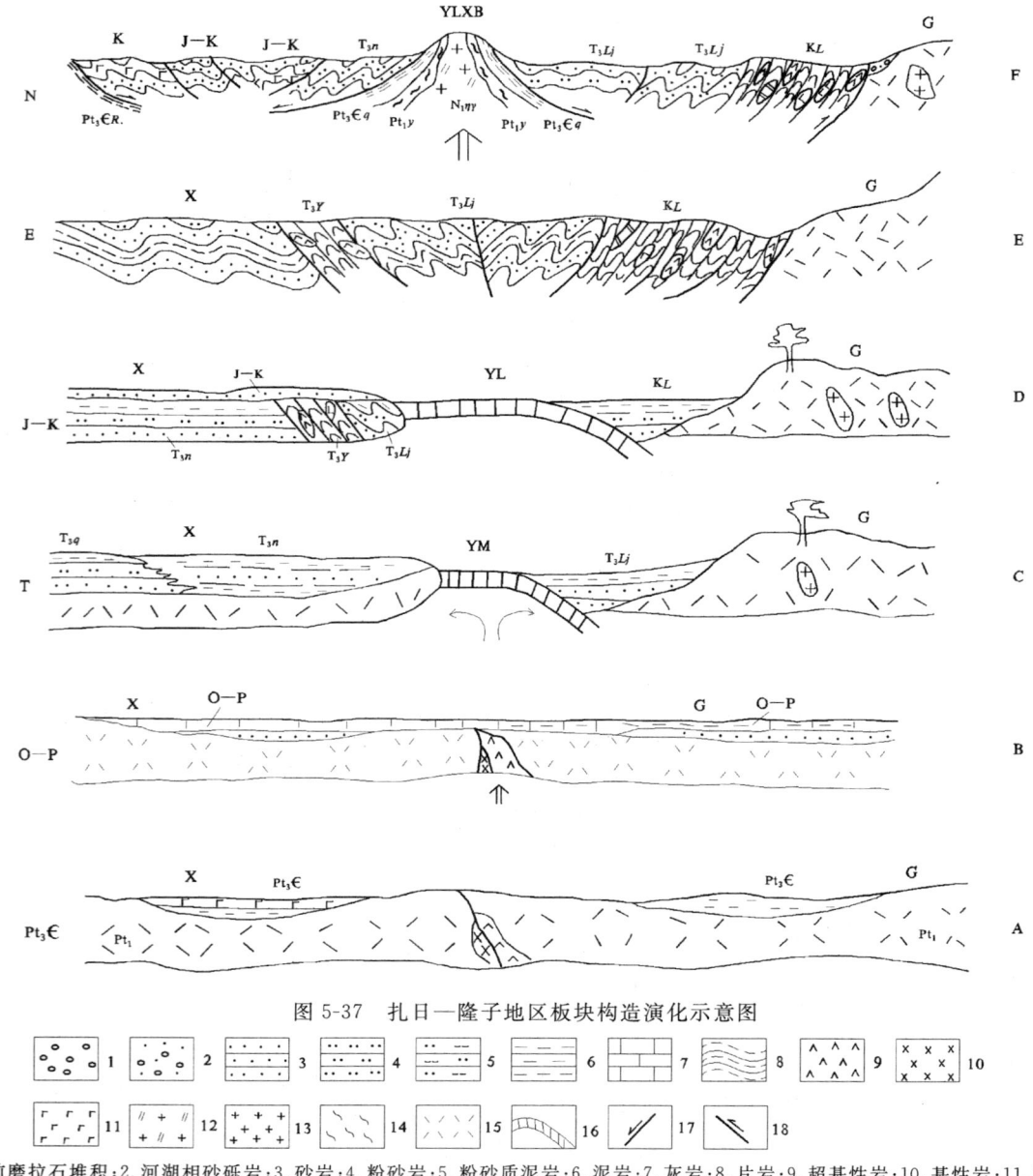

图 5-37 扎日—隆子地区板块构造演化示意图

1.山前磨拉石堆积；2.河湖相砂砾岩；3.砂岩；4.粉砂岩；5.粉砂质泥岩；6.泥岩；7.灰岩；8.片岩；9.超基性岩；10.基性岩；11.玄武岩；12.二长花岗岩；13.花岗岩；14.片麻岩；15.陆壳；16.洋壳；17.正断层；18.逆断层；X.喜马拉雅陆块；G.冈底斯陆块；YM.玉门初始洋盆；YL.雅鲁藏布江洋盆；YLXB.也拉杰波倾日核杂岩；T_3Y.玉门构造混杂岩；T_3Lj.郎杰学群；KL.朗县构造混杂岩

一、克拉通化阶段

克拉通化阶段为前震旦纪泛非造壳形变期基底形成阶段。古元古代南迦巴瓦岩群、亚堆扎拉岩组巨厚含基性火山、中酸性火山岩和富铝的泥质碎屑岩、碳酸盐岩沉积,经历了中元古代末期达角闪岩相—麻粒岩相区域动力热流变质作用、强烈褶皱构造变形和 S_n 片麻理的形成,伴有古老花岗岩浆侵入,在挤压的机制下形成了冈瓦纳古陆的固化结晶基底。其后在新元古代之初,固化基底内部因构造差异,在构造薄弱地带发生差异升降,并产生近水平分层剪切运动,发育了韧性剪切糜棱岩、褶叠层、掩卧褶皱及横向面理置换等变质顺层固态流变构造,并在古陆边缘构造软弱带形成陆缘浅海盆地,沉积了新元古代—寒武纪肉切村岩群,曲德贡岩组浅海陆源碎屑岩,陆缘岛弧火山岩及台地相碳酸盐岩沉积。寒武纪末发生地壳收缩变形,伴有同构造 S 型花岗岩浆侵入和达高绿片岩相区域动力热流变质作用,形成了泛非末期冈瓦纳陆缘增生基底,从而使冈瓦纳古陆进入稳定的克拉通阶段(图 5-37A)。

二、克拉通阶段

冈瓦纳古陆经泛非末期褶皱和同构造岩浆侵入而回返,古陆北缘在奥陶纪时发生拉伸转化为陆缘克拉通陆表海,沉积了奥陶纪—泥盆纪的稳定型陆表海台地相碳酸盐岩建造,石炭纪、二叠纪浅海陆棚相冰筏碎屑岩及碳酸盐岩沉积(图 5-37B)。

三、雅鲁藏布江洋盆形成—扩张阶段

三叠纪时,古陆北缘陆表海进一步拉张,在玉门带强烈拗陷,开始出现裂谷型高钾、高钛玄武岩喷发、晚三叠世中晚期发展成初始洋盆,发育了低钾、中钛枕状大洋拉斑玄武岩和远洋硅泥质复理石沉积。此时雅鲁藏布江洋盆开始形成。在玉门初始洋盆南侧被动大陆边缘盆地沉积了厚达 5130m 以上的涅如组浅海—半深海复理石建造。在其南部则渐变为稳定型含丰富化石的曲隆共巴组浅海陆源碎屑岩建造。玉门初始洋盆之北为冈底斯弧,在两者之间冈底斯弧前盆地发育了巨厚活动型半深海—深海相复理石建造郎杰学群(图 5-37C)。

侏罗纪时雅鲁藏布江洋盆在玉门初始洋盆的基础上,向北进一步发展扩张,发育具洋壳特征的变形橄榄岩、堆晶辉长岩和侏罗纪、白垩纪枕状大洋拉斑玄武岩、远洋含放射虫硅质岩的蛇绿岩套,其北在冈底斯弧前盆地形成深海—半深海—三角洲相复理建造。在洋盆南侧侏罗纪、白垩纪被动大陆盆地沉积了早侏罗世浅海台地相碳酸盐岩建造,中晚侏罗世浅海陆源碎屑建造及白垩纪双峰式裂谷火山岩及陆源碎屑岩建造,总厚度达 10 454m 以上,向南部边缘显著减薄,厚度仅为 3236m(图 5-37D)。

四、喜马拉雅陆块与冈底斯陆块碰撞阶段

雅鲁藏布江洋盆自三叠纪开始形成并扩张,至少在侏罗纪时在洋盆扩张的同时,就开始向北俯冲消减,在冈底斯活动大陆边缘形成了冈底斯岛弧,并发育了中晚侏罗世叶巴组岛弧火山碎屑岩建造和早白垩世同熔型闪长岩、花岗闪长岩岩浆侵入,及与之有关的斑岩型 Cu、Mo、Au 的成矿作用(1:25 万林芝县幅,2003)。

雅鲁藏布江洋盆侏罗纪以来不断俯冲消减至晚白垩世时洋盆逐渐封闭,白垩纪末—古近纪时喜马拉雅陆块与冈底斯陆块发生碰撞,在北部的冈底斯弧和南部被动大陆边缘间形成规模宏大的雅鲁藏布江结合带。

在北部冈底斯岛弧带上发生了大规模的 K—E 同构造 S 型花岗岩浆侵入和与之有关的 W、Sn、Be 等成矿作用。

雅鲁藏布江结合带则形成了构造极其复杂的玉门蛇绿混杂岩,三叠纪郎杰学群弧前盆地楔形增生体、罗布萨蛇绿混杂岩和朗县白垩纪弧前盆地构造混杂楔形增生体。随着古新世—渐新世急剧造山,在冈底斯南麓前陆盆地中沉积了巨厚的磨拉石建造,不整合覆于弧前盆地沉积之上,从而奠定了本区构造的雏型(图5-37E)。

五、青藏高原伸展隆升阶段

随着印度板块持续不断地向北与亚洲大陆汇聚,在西瓦里克陆内俯冲带急剧下插,使喜马拉雅陆块强烈向南逆冲而隆升,高原地壳发生急剧缩短而形成宏大青藏高原的一部分。与此同时,在青藏高原南部南迦巴瓦构造结外围发生顺时针旋扭和上部构造层次的伸展滑脱构造,以及相伴的壳源浅色花岗岩浆沿隆升薄弱地带侵入,并形成了著名的藏南拆离系和拉轨岗日、康马、隆子一带的核杂岩(图5-37F)。

第六章 结束语

　　1∶25万隆子县幅区域地质调查,系中国地质调查局新一轮国土资源大调查为填补青藏高原空白区,提高西藏自治区地质研究程度,加速西藏自治区的经济开发,为国民经济建设和科研、生产、教学提供基础地质资料,而下达的区域地质调查重点项目之一。

　　本报告以丰富的实际资料为依据,在学习并充分运用前人资料与成果基础上以新理论、新观点、新技术、新方法为指导,在极其艰难的情况下,经过项目全体工作者四年来的艰苦努力,在调查区地层、岩石、构造和矿产、旅游等基础地质方面均取得了一些突破性的进展和新认识,为西藏东南部喜马拉雅构造带和雅鲁藏布江构造带的地学研究、找矿、旅游资源开发、环境保护,以及地方经济建设和发展提供了较为丰富的基础地质资料。

　　(一) 地层方面

　　(1) 运用现代地层学多重地层划分理论,以岩石地层单位为基础,除第四纪地层外,测区共划分了正式岩石地层单位及构造岩石地层单位29个。包括3个(岩)群、4个亚群、2个混杂岩、15个(岩)组、13个岩段,尚有13个特殊成因地质体非正式岩石地层单位。查明了区内各岩石地层单位的分布,各时代地层间的接触关系,新发现遮拉组与陆热组间的喷发不整合接触,查明了桑秀组与维美组、甲不拉组与桑秀组间的平行不整合关系和宗卓组与甲不拉组的角度不整合接触。

　　(2) 在区内中生代地层中采获大量古生物化石,对其作了较为深入的研究。首次对区内生物地层进行了系统的划分:新建晚三叠世10个化石带,其中雅鲁藏布江地层分区3个双壳类化石带,1个牙形石化石带,1个植物化石带;康马—隆子地层分区2个双壳类化石带和2个菊石类化石带;北喜马拉雅地层分区1个双壳类化石带、新建康马—隆子地层分区侏罗纪化石带16个,其中有4个双壳类化石带,7个菊石类化石带,5个箭石类化石带。新建白垩纪化石带8个,其中康马—隆子地层分区2个双壳类化石带,1个菊石类化石带,1个箭石类化石带和1个微体化石带;北喜马拉雅地层分区2个双壳类化石带和1个菊石类化石带。上述化石带的系统建立,大大地提高了测区中生代地层的古生物地层研究程度。

　　(3) 通过对晚三叠世郎杰学群较为系统全面的盆地沉积地层学研究,尤其是对其中砂岩矿物成分统计和砂岩的常量元素、稀土元素地球化学特征的系统研究,较为充分的探讨了郎杰学群形成的构造环境和物源区特征。首次明确提出了雅鲁藏布江结合带形成于晚三叠世,南侧为涅如组被动大陆边缘盆地,北侧为冈底斯岩浆弧,并进一步提出了郎杰学群弧前盆地的发展、演化模型,明显提高了雅鲁藏布江结合带东部晚三叠世沉积盆地的研究程度,达到了近年来盆地构造研究的较高水平。

　　(二) 火成岩方面

　　(1) 通过对区内各时代火山岩岩石学、岩石化学、岩石地球化学的综合研究,查明了测区火山岩的时空分布特点及其形成的构造环境。继1∶25万扎日幅区幅之后,玉门裂谷型高钾、高钛玄武岩—初始洋盆枕状低钾、中钛大洋拉斑玄武岩及变形橄榄岩延至邛多江之东宗许一带,优于弧前盆地沉积郎杰学群之下,从玉门混杂岩中玄武岩的岩石学、岩石地球化学特征可以看出。雅鲁藏布江洋盆已于晚三叠世时开始从裂谷扩张演化成为初始洋盆。

　　(2) 首次在拉康组中发现高钾、高钛板内裂谷型碱性玄武岩及桑秀组裂谷型双峰式火山岩,表明康马—隆子和北喜马拉雅被动大陆边缘盆地在侏罗纪、白垩纪曾经经历了多次短暂的拉张裂过程,为研究本区的大地构造和盆地演化及成矿均提供了重要的基础资料。

（3）对全区侵入岩均进行了系统的岩石学、岩石化学及地球化学的综合研究，指明了燕山期和喜马拉雅期基性、中性、中酸性侵入岩对钛、锑、金及铜、铅、锌等成矿专属性和找矿方向。

（三）变质岩方面

（1）运用变质岩石学的新理论，对变质岩石学、岩石化学、岩石地球化学、变质矿物学及变质相、变质相系进行了较为系统的深入研究，划分了区域动力热流变质、区域低温动力变质、低温高压埋深变质、动力变质和接触变质5种变质类型。并进一步划分为4个变质岩带、8个变质岩亚带和3个韧性剪切糜棱岩带，较为全面系统的论述了各变质带的基本特征及形成的构造环境，为区域大地构造发展、演化提供了翔实的基础资料。

（2）首次在雅鲁藏布江结合带南缘玉门混杂岩中发现沸石-葡萄石相的存在，填补了以往雅鲁藏布江结合带缺失沸石-葡萄石相的历史。

（3）在雅鲁藏布江结合带北部洗贡—莫洛变质岩亚带二云石英片岩、白云母石英片岩中采获多件b_0值为9.032Å～9.055Å的多硅白云母两处，为雅鲁藏布江结合带东部高压相系变质带补充了新资料。

（四）遥感地质解译方面

在区域地质调查过程中，始终运用中国地质调查局提供的遥感影像资料和数据光盘反复进行遥感地质解译。而解译出的线形、环形和特征影像区块，与最终区域地质构造格局基本相一致，得到了比较完满的结果。通过反复解译，最终解译出8个岩石（地层）特征区，5组30条主要线，17个主要环形构造，特别是为解决高山无人区、通行困难区的地质填图问题，十分有效地提高了测区地质成果的质量。

（五）地质构造方面

通过区域地质调查，系统搜集了较为丰富的地质构造基础资料，基本查明了调查区的褶皱、断层、韧性剪切带的展布、形态、规模、产状和性质等，在此基础上运用板块构造理论、构造层次以及构造变形方法和历史分析方法，对测区的沉积建造、岩浆活动、变质作用、变形相、构造变形相序列、成矿作用、地球物理、构造变形期次、构造事件和大地构造环境的综合分析，在测区划分出4个二级构造单元、8个三级构造单元和3个韧性剪切糜棱岩带。

通过对新发现的玉门蛇绿岩、郎杰学群和朗县混杂岩和罗布萨蛇绿岩岩石学、岩石化学、地球化学、变质地质学诸多方面的综合研究，首次将玉门带划分为雅鲁藏布江结合带南缘晚三叠世的初始洋盆，郎杰学群为晚三叠世弧前盆地楔形增生体，罗布莎蛇绿岩为雅鲁藏布江继玉门初始洋盆之后的主洋盆，朗县混杂岩为白垩纪弧前盆地沉积碰撞期形成的构造混杂岩带。在此基础上，对本区大地构造发展和演化提出一新的模式，为加深、提高雅鲁藏布江结合带的研究程度补充了新资料。

（六）矿产、旅游资源及灾害地质调查方面

（1）在前人工作的基础上，全区归纳出金属矿产、非金属矿产和地热资源三大类，包括金属矿产7种，非金属矿产10种和温泉、热泉、沸泉等，有矿床、矿点、矿化点、泉点76个。通过上述矿产分布、地质特征及地质背景的综合研究，初步查明区域矿产分布规律，划分了雅鲁藏布江南缘、杂果—得玛日、哲古—隆子和高喜马拉雅4个成矿带，圈定了4个成矿远景区、1个热田和4个找矿靶区，为今后在本区开展矿产普查、地热资源开发提供了较为翔实的基础资料。

（2）测区旅游资源丰富，通过调查将测区划为雅鲁藏布江流域风景名胜区和喜马拉雅风景名胜区。圈出景点144处进行了旅游资源评价，进一步提出了开发建议，为本区旅游资源开发、建设提供基础资料。

（七）地质编图方面

1:25 万隆子县幅地质图采用计算机数字化地质图工作流程和技术要求编制。图面突出了调查区各地层分区的岩石地层单位说明、对重要的地质要素进行夸大表示，还编制了旅游资源略图、矿产资源图、构造纲要图、变质地质图、岩浆岩分布图、遥感地质解译图等辅助性图件，作到了充分发挥调查成果的社会效益，并力求较好地实现地质工作为国民经济和社会发展的多功能和全方位服务。

综上所述，1:25 万隆子县幅地质调查项目在全体工作者共同努力下，取得了较为丰富的地质矿产成果。为使成果发挥应有的作用，尽可能编制好本报告。报告的基础资料扎实可靠，内容丰富翔实而系统。本书分为 6 章约 50 万字，图 254 幅，表 80 张，图版 15 个，章节结构合理、文字较为通顺、文图并茂，论据较充分、有综合分析提高。虽取得了以上成绩，但限于测区自然条件和种种原因，需更深入解决的地质问题还很多，难度也大。因受地形、通行条件限制，加之部分地区浮土、植被、冰雪覆盖严重，使某些地质构造问题的深入研究和样品系统采集尚感不足。此外，由于学习运用新理论、新方法不够，有些新技术尚未普及，而工作区多为新区，业务水平有限，报告中的缺点和谬误在所难免，敬请批评指正。

主要参考文献

陈兆棉.区域地质填图中的旅游资源调查评价[J].中国区域地质,1995(3):212-219.
陈安泽,卢云亭,陈兆棉,等.旅游地学的理论与实践——旅游地学论文集第三集[M].北京:地质出版社,1997.
程力军,李志,刘鸿飞,等.冈底斯东段铜多金属成矿带的基本特征[J].西藏地质,2001(19):43-53.
陈克强,汤加富.构造地层单位研究[M].武汉:中国地质大学出版社,1995.
地质矿产部直属单位管理局.沉积岩区、花岗岩类区、变质岩区1:5万区域地质填图方法指南(3册)[M].武汉:中国地质大学出版社,1991.
丁林,钟大赉.西藏南迦巴瓦峰地区高压麻粒岩相变质作用特征及其构造地质意义[J].中国科学(D)辑,1999,29(5):385-397.
杜光伟,程力军,赵咸明.西藏冈底斯东段地球化学特征及其找矿意义[J].西藏地质,2001(19):73-79.
冯庆来,叶玫.造山带区域地层学研究的理论方法与实例剖析[M].武汉:中国地质大学出版社,2000.
贺同兴,等.变质岩岩石学[M].北京:地质出版社,1980.
韩郁菁.变质作用P-T-t轨迹[M].武汉:中国地质大学出版社,1993.
金性春.板块构造学基础[M].上海:上海科学技术出版社,1984.
靳是琴,李鸿超,等.成因矿物学概论[M].长春:吉林大学出版社,1984.
刘宝君,曾允孚.岩相古地理基础和工作方法[M].北京:地质出版社,1985.
李昌年.火成岩微量元素岩石学[M].武汉:中国地质大学出版社,1992.
潘桂棠,陈智梁,李兴振,等.东特提斯地质构造形成演化[M].北京:地质出版社,1997.
潘桂棠,李兴振,王立全,等.青藏高原及邻区大地构造单元初步划分[J].地质通报,2002,21(11):701-707.
邱家骧.应用岩浆岩岩石学[M].武汉:中国地质大学出版社,1991.
孙忠军,任天祥,向运川.西藏冈底斯东段成矿系列区域地球化学预测[J].中国地质,2003,30(1):105-113.
单文琅,宋鸿林,傅昭仁,等.构造变形分析的理论、方法和实践[M].武汉:中国地质大学出版社,1991.
王仁民,贺高品,等.变质岩原岩图解判别法[M].北京:地质出版社,1987.
徐朝雷.中浅变质岩区填图方法[M].太原:山西科学教育出版社,1990.
西藏自治区测绘局.西藏自治区地图册[M].北京:中国地图出版社,2000.
西藏自治区地质矿产局综合普查大队.1:100万拉萨幅区域地质调查报告(地质部分、矿产部分)[M].北京:地质出版社,1979.
西藏自治区地质矿产局,西藏自治区区域地质志[M].北京:地质出版社,1993.
夏代祥,刘世坤.西藏自治区岩石地层[M].武汉:中国地质大学出版社,1997.
西藏风物志编委会.西藏风物志[M].拉萨:西藏人民出版社,1985.
《1:25万区域地质调查试点图幅和填图方法研究》项目办公室.1:25万区域地质调查填图方法研究项目中期成果专辑[J].中国区域地质增刊,1998.
中国科学院青藏高原综合科学考察队.西藏地层[M].北京:科学出版社,1984.
赵振华.微量元素地球化学原理[M].北京:科学出版社,1997.
赵振华,等.西藏南部聂拉木—岗巴地区奥陶纪—老第三纪沉积地层稀土元素地球化学[J].地球化学,1985(2):123-133.
中国科学院青藏高原综合科学考察队.西藏第四纪地质[M].北京:科学出版社,1983.
张德全,孙贵英.中国东部花岗岩[M].武汉:中国地质大学出版社,1988.
中国科学院青藏高原综合科学考察队.西藏岩浆活动和变质作用[M].北京:科学出版社,1981.
张旗,周国庆.中国蛇绿岩[M].北京:科学出版社,2001.
张儒瑗,从柏林.矿物温度计和矿物压力计[M].北京:地质出版社,1983.
周详,等.西藏板块构造—建造图及说明书(1:150万)[M].北京:地质出版社,1989.
钟大赉,等.滇川西部古特提斯造山带[M].北京:科学出版社,1998.
陈安泽,卢云亭,陈兆棉.国家地质公园建设与旅游资源开发——旅游地学论文集第八集[M].北京:中国林业出版社,2002.
郑延力,樊素兰.非金属矿产开发应用指南[M].西安:陕西科学技术出版社,1992.
中国地质科学院成都地质矿产研究所.1:150万青藏高原及邻区地质图[M].北京:地质出版社,1988.
中国地质调查局成都地质矿产研究所.青藏高原及邻区1:150万地质图说明书[M].成都:成都地图出版社,2004.

图版说明及图版

图版 Ⅰ

1. 拿日雍错源头——空布岗雪山(海拔 6537m)
2. 风景秀丽的拿日雍错
3. 白雪皑皑的高山冰湖(羊错)
4. 荒漠中的洞嘎千年沙棘树
5. 穷结县南高山地貌特征
6. 错那县北高山地貌特征
7. 测区南部藏族民居(海拔 3000m)
8. 原国土资源部副部长、原中国地质调查局局长寿嘉华到野外第一线慰问

图版 Ⅱ

1. 曲德贡南亚堆扎拉岩组(Pt_1y)片麻岩景观
2. 曲德贡南亚堆扎拉岩组(Pt_1y)片岩景观
3. 曲德贡南亚堆扎拉岩组与曲德贡岩组($Pt_3\epsilon q$)断层接触
4. 曲德贡南亚堆扎拉岩组与曲德贡岩组($Pt_3\epsilon q$)断层接触
5. 米林县绣彩牧场南迦巴瓦岩群($Pt_1N.$)石榴石片麻岩(石榴石呈眼球状)
6. 米林县巴嘎村剖面南迦巴瓦岩群($Pt_1N.$)石榴石片麻岩(石榴石呈眼球状)
7. 隆子县夏格勒桥剖面南迦巴瓦岩群($Pt_1N.$)眼球状片麻岩(长石呈眼球状)
8. 曲德贡南曲德贡岩组($Pt_3\epsilon q$)片岩景观

图版 Ⅲ

1. 琼果乡南宋热组(T_3s)斜坡相复理石沉积
2. 琼果乡南江雄组(T_3jx)斜坡相复理石沉积
3. 琼果乡南江雄组(T_3jx)中槽模构造
4. 琼果乡南江雄组(T_3jx)中槽模构造
5. 章村南章村组($T_3\check{z}$)复理石沉积
6. 登木南章村组($T_3\check{z}$)复理石沉积
7. 拉多剖面章村组($T_3\check{z}$)岩屑长石石英砂岩:变余砂状结构、块状构造,正交×63
8. 拉多剖面章村组($T_3\check{z}$)含岩屑石英杂砂岩:变余砂状结构、块状构造,正交×40

图版 Ⅳ

1. 拉多剖面章村组($T_3\check{z}$)蚀变玄武岩:填间结构、杏仁状构造,正交×63
2. 拉多剖面章村组($T_3\check{z}$)粉砂质绢云板岩:鳞片变晶结构、定向构造,正交×160
3. 拉多剖面章村组($T_3\check{z}$)蚀变玄武岩:填间结构、杏仁状构造,正交×63
4. 拉多剖面章村组($T_3\check{z}$):鳞片变晶结构、千枚状构造,正交×63
5. 章村南章村组($T_3\check{z}$)砂板岩中玄武岩夹层
6. 章村南章村组($T_3\check{z}$)复理石中生物觅食迹
7. 章村南章村组($T_3\check{z}$)复理石中生物觅食迹
8. 章村南章村组($T_3\check{z}$)复理石中沟模构造

图版 Ⅴ

1. 玉门混杂岩(T_3Y)超基性岩、玄武岩、硅质岩块体
2. 玉门剖面玉门混杂岩(T_3Y)深水相硅质岩
3. 玉门剖面玉门混杂岩(T_3Y)含粘土质硅质岩隐晶质结构、层状构造,正交×160
4. 玉门剖面玉门混杂岩(T_3Y)含粘土质硅质岩隐晶质结构、层状构造,正交×160
5. 玉门剖面玉门混杂岩(T_3Y)长石岩屑石英砂岩细粒砂质结构、平行构造,正交×63
6. 玉门剖面玉门混杂岩(T_3Y)粉砂岩砂状结构、孔隙式胶结,正交×63
7. 玉门剖面玉门混杂岩(T_3Y)岩屑石英砂岩砂状结构、接触-孔隙式胶结,正交×63
8. 卡拉剖面玉门混杂岩(T_3Y)*Posidonia guangyuanensis* Chen(广元海燕蛤)

图版 Ⅵ

1. 三安曲林乡涅如组(T_3n)中槽模构造
2. 达拉剖面涅如组(T_3n)变余细粒岩屑砂岩变余细粒结构、层状构造,正交×63
3. 达拉剖面涅如组(T_3n)绢云粉砂质板岩板状构造,正交×63
4. 达拉剖面涅如组(T_3n)粉砂质板岩变余砂状结构、层状构造,正交×63
5. 俗坡下北涅如组(T_3n)*Monotis salinaria* Bronn(沙林髻蛤)
6. 卡拉剖面涅如组(T_3n)*Monotis salinaria* Bronn(沙林髻蛤)
7. 娘中剖面曲龙共巴组(T_3q)*Pichleria incrassata* J.Chen(增高匹斯蛤)
8. 娘中剖面曲龙共巴组(T_3q)*Halorella janchuanensis*(剑川海燕贝)

图版 Ⅶ

1. 觉拉乡北陆热组($J_{1-2}l$)景观
2. 杀渔郎剖面陆热组($J_{1-2}l$)肋骨状地貌
3. 古堆朋次陆热组($J_{1-2}l$)*Nyalamoceras* sp.(聂拉木菊石)
4. 古堆朋次陆热组($J_{1-2}l$)*Galaticeras* sp.(加拉特菊石)
5. 洞嘎北遮拉组(J_2z)景观
6. 日玛曲雄维美组(J_3w^2)*Haplophylloceras strigle* Blanford(刷形叶菊石)
7. 日玛曲雄维美组(J_3w)*Hibolithes jiabulensis* Yin(加不拉希波箭石)
8. 日玛曲雄维美组(J_3w^2)*Hibolithes jiabulensis acutus* Chen(加不拉希波箭石尖锐亚种)

图版 Ⅷ

1. 日玛曲雄桑秀组($J_3K_1s^2$)*Himalayites seideli* Oppel(赛德尔喜马拉雅菊石)
2. 日玛曲雄桑秀组($J_3K_1s^2$)*Himalayites seideli* Oppel(赛德尔喜马拉雅菊石)
3. 日玛曲雄桑秀组($J_3K_1s^1$)*Berriasella oppeli* Kilian(奥帕尔白利亚菊石)
4. 日玛曲雄桑秀组($J_3K_1s^1$)*Hibolithes hastatus* Blainville(矛头希波箭石)
5. 卡达西午拉康组(K_1l)*Inoceramus flatus* Gou(平叠瓦蛤)
6. 拉多剖面朗县混杂岩(KL)糜棱岩化硬绿泥石石英片岩变晶结构、半定向构造,正交×40
7. 拉多剖面朗县混杂岩(KL)含硬绿泥石绢云千糜岩鳞片变晶结构、千糜状构造,正交×63
8. 拉多剖面朗县混杂岩(KL)变质长石石英细砂岩:细粒砂状结构、半定向构造,正交×63

图版 Ⅸ

1. 拉多剖面朗县混杂岩(KL)钠长绿泥片岩变晶结构、半定向构造,正交×63
2. 拉多剖面朗县混杂岩(KL)绢云千糜岩鳞片变晶结构、千糜状构造,正交×63
3. 拉多剖面朗县混杂岩带(KL)斜长变粒岩变晶结构,正交×63
4. 朗县朗村朗县混杂岩带(KL)板岩中孢粉:*Erlianpollis* sp.(二连粉未定种)(K_1)×700
5. 朗县朗村朗县混杂岩带(KL)板岩中孢粉:*Brevimonosulcites* sp.(短单沟粉未定种)(K_1)×700
6. 朗县朗村朗县混杂岩带(KL)板岩中孢粉:*Erlianpollis* sp.(二连粉未定种)(K_1)×700
7. 朗县朗村朗县混杂岩带(KL)板岩中孢粉:*Triporopollenites* sp.(三孔粉属未定种)(K1)×700

8. 朗县朗村朗县混杂岩带(KL)板岩中孢粉:*Brevimonosulcites* sp.(短单沟粉未定种)(K_1)×700

图版 X

1. 朗县朗村朗县混杂岩带(KL)板岩中孢粉:*Erlianpollis* sp.(二连粉未定种)(K_1)×700
2. 朗县朗村朗县混杂岩带(KL)板岩中孢粉:*Picerites* sp.(拟云杉粉未定种)(K_1)×700
3. 朗县朗村朗县混杂岩带(KL)板岩中孢粉:*Cedripites* sp.(雪松粉未定种)(K_1)×700
4. 朗县朗村朗县混杂岩带(KL)板岩中孢粉:*Pinuspollenites* sp.(双束粉未定种)(K_1)×700
5. 朗县朗村朗县混杂岩带(KL)板岩中孢粉:*Piceaepollenites gigantea* Wang(大云杉粉)(K_1)×700
6. 朗县朗村朗县混杂岩带(KL)板岩中孢粉:*Pinuspollenites elongus* Norton(伸长双束粉)(K_1)×700
7. 朗县朗村朗县混杂岩带(KL)板岩中孢粉:*Podocarpidites* cf. *amplus* Zhao
8. 朗县朗村朗县混杂岩带(KL)板岩中孢粉:*Palaeoconiferus* sp.(古松柏粉未定种)(K_1)×700

图版 XI

1. 马及墩剖面玉门混杂岩(T_3Y):玄武岩屑玻屑凝灰岩,晶屑—玻屑凝灰结构,正交×80
2. 玉门剖面玉门混杂岩(T_3Y):杏仁状玄武岩基质间粒结构、杏仁状构造,正交×63
3. 玉门剖面玉门混杂岩(T_3Y)玄武岩中的枕状构造
4. 杰堆南章村组(T_3z):变玄武岩变余间隐(玄武)结构,单偏光×32
5. 拉多剖面章村组(T_3z):蚀变玄武岩填间结构、杏仁状构造,正交×63
6. 玉门剖面玉门混杂岩(T_3Y):杏仁状玄武岩变余填间结构、杏仁状构造,正交×63
7. 卡拉剖面玉门混杂岩(T_3Y):超基性岩构造块体
8. 玉门剖面玉门混杂岩(T_3Y):单辉橄榄岩中粒结构、块状构造,正交×63

图版 XII

1. 玉门剖面玉门混杂岩(T_3Y):单辉橄榄岩,中粒结构、块状构造,正交×63
2. 玉门剖面玉门混杂岩(T_3Y):单辉橄榄岩,半自形粒状结构、块状构造,正交×40
3. 玉门剖面玉门混杂岩带(T_3Y):蛇纹石化辉橄岩,变余粒状结构及蛇纹石化橄榄石假象,正交×32
4. 玉门剖面玉门混杂带(T_3Y):辉绿岩,辉绿结构、块状构造,正交×63
5. 觉拉北陆热组($J_{1-2}l$)中顺层石英闪长岩脉
6. 杀渔郎剖面陆热组($J_{1-2}l$)中顺层侵位的辉绿岩
7. 秀村剖面朗县混杂岩(KL):滑石蛇纹石岩,鳞片变晶结构,正交×40
8. 朗县混杂岩(KL)秀村剖面:含菱镁矿蛇纹岩,叶片状变晶结构,正交×63

图版 XIII

1. 朗县混杂带(KL)秀村剖面:含菱镁矿蛇纹岩叶片状变晶结构,正交×63
2. 库曲新近纪花岗岩($N_1\gamma m$)与拉康组(K_1l)侵入接触关系
3. 库曲新近纪花岗岩($N_1\gamma m$)侵位于拉康组(K_1l)中
4. 俗坡西,蚀变斜长花岗斑岩,具变余霏细结构之斑状结构,正交×32
5. 米林县基浦含矽线蓝晶石榴黑云斜长质变晶糜棱岩,蓝晶石具矽线石反应边,表示减压增温,单偏光×61
6. 米林县帮宗普松布南加巴瓦岩群(Pt_1N^a)石榴角闪黑云二长花岗质变晶糜棱岩,变余流状纹理构造和细微晶镶嵌变晶结构,单偏光×61
7. 米林县比丁村南尼射普含透辉黑云角闪斜长片麻岩(Pt_1b),角闪石中残留透辉石及文象交生角闪石斜长石石英,单偏光×61
8. 米林县密比北含蓝晶矽线黑云斜长变粒岩,矽线石中残留柱状蓝晶石,单偏光×61

图版 XIV

1. 登木 KL 片岩中发育的同斜倒转褶皱(轴面南倾)
2. 登木 KL 片岩中发育的牵引褶皱
3. 鲁农江雄组(T_3jx)砂板岩中的同斜倒转牵引褶皱(轴面北倾)

4. 布朗北江雄组(T_3jx)砂板岩中的同斜倒转牵引褶皱(轴面北倾)
5. 琼果乡南江雄组(T_3jx)砂板岩中的断裂及牵引褶皱(轴面北倾)
6. 琼果乡南江雄组(T_3jx)砂板岩中的同斜倒转褶皱(轴面北倾)
7. 卡拉山口玉门混杂岩(T_3Y)片岩中发育的剪切劈理
8. 勒木玉门混杂岩(T_3Y)片岩中发育的褶劈理($S_2 \perp S_1$)

图版 XV

1. 三安曲林涅如组(T_3n)砂板岩中的直立褶皱
2. 三安曲林涅如组(T_3n)砂板岩中的直立褶皱
3. 江达涅如组(T_3n)砂板岩中的直立褶皱
4. 扎达涅如组(T_3n)砂板岩中的直立褶皱
5. 俗坡努涅如组(T_3n)砂板岩中的斜歪褶皱
6. 俗坡努涅如组(T_3n)砂板岩中的同斜倒转褶皱
7. 多巴涅如组(T_3n)砂板岩中的同斜倒转褶皱
8. 卡达拉康组(K_1l)砂岩中的等厚褶皱(轴面北倾)

图版 I

图版 II

图版III

图版 IV

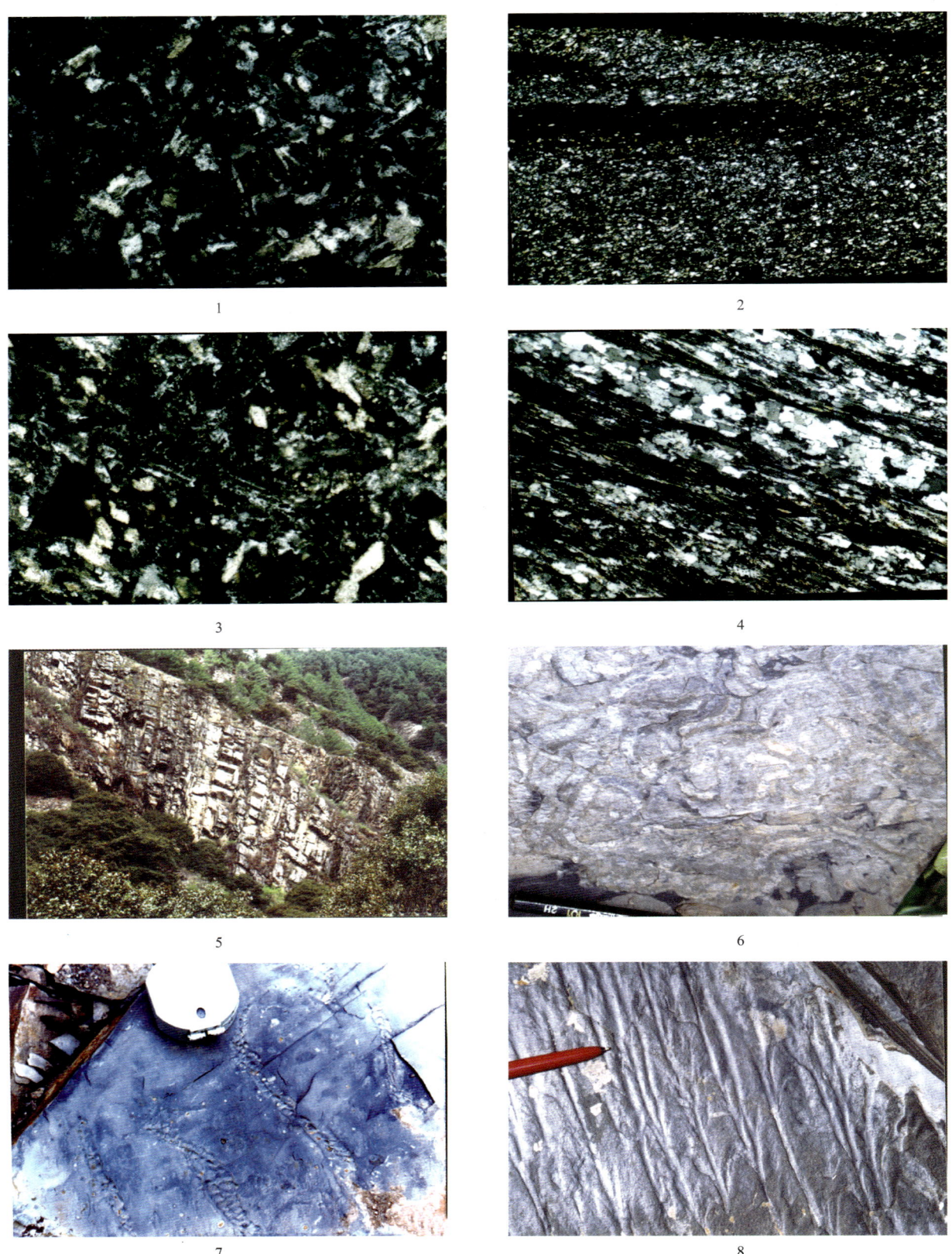

图版 V

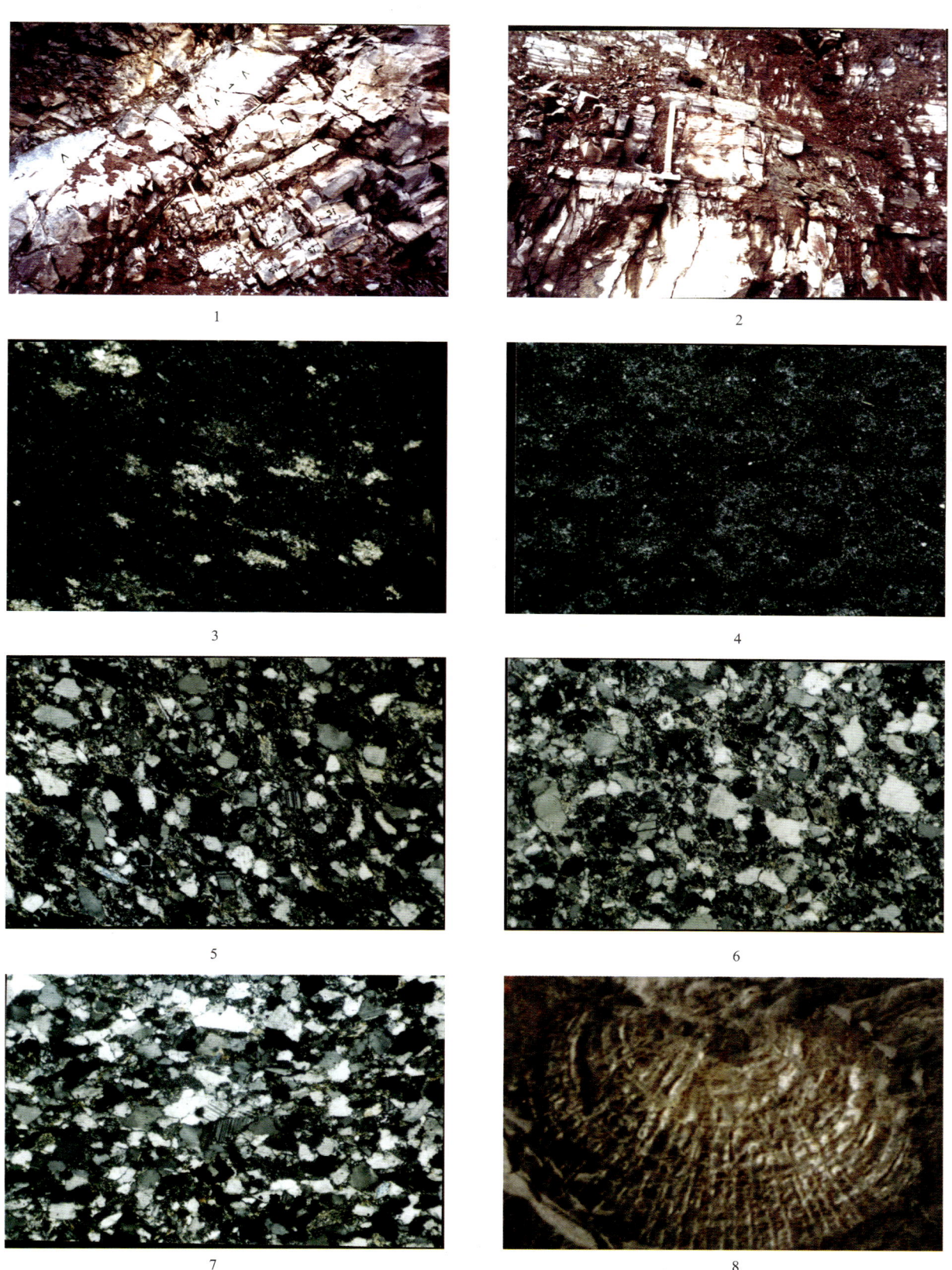

图版 VI

图版 VII

图版 Ⅷ

图版 IX

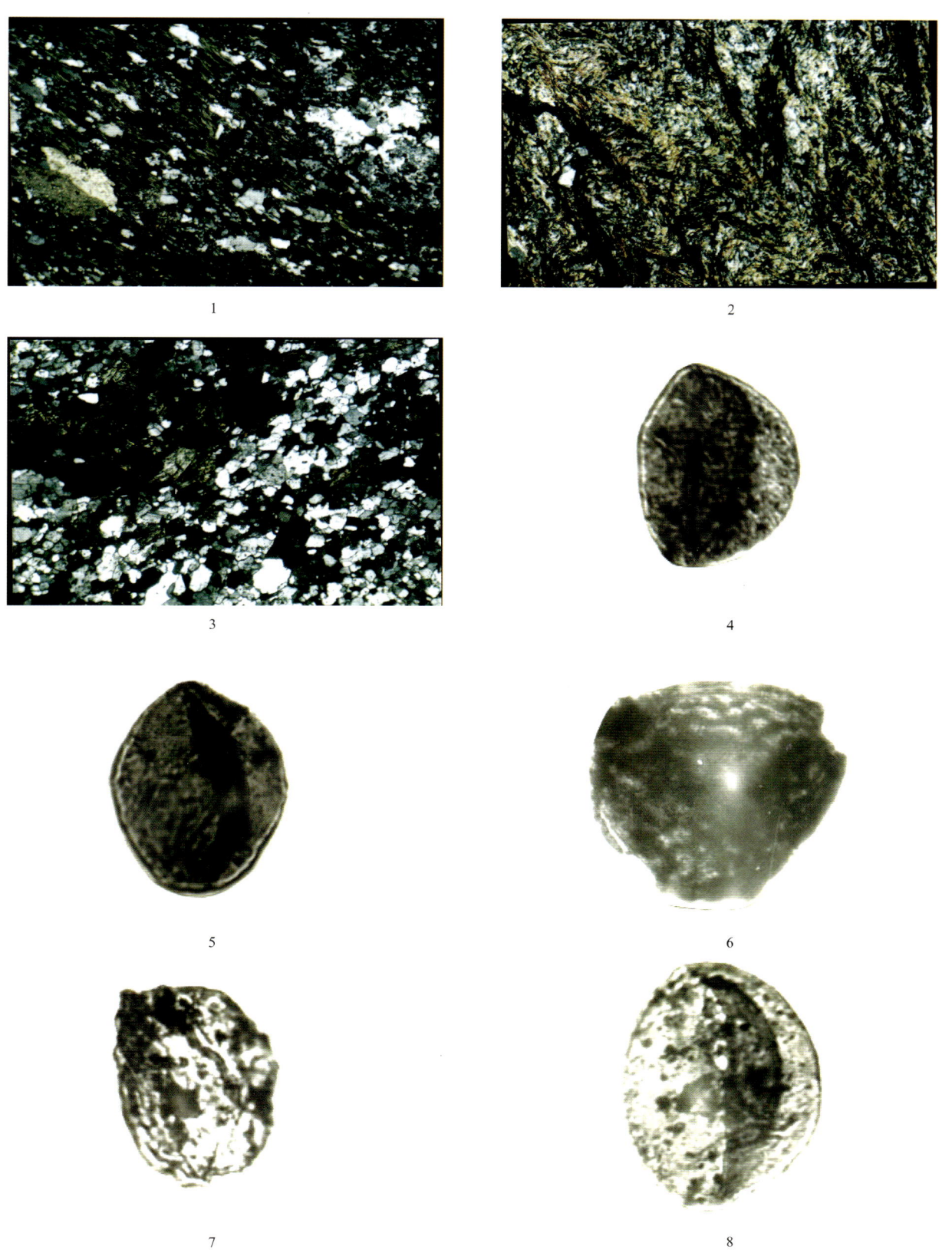

图版 X

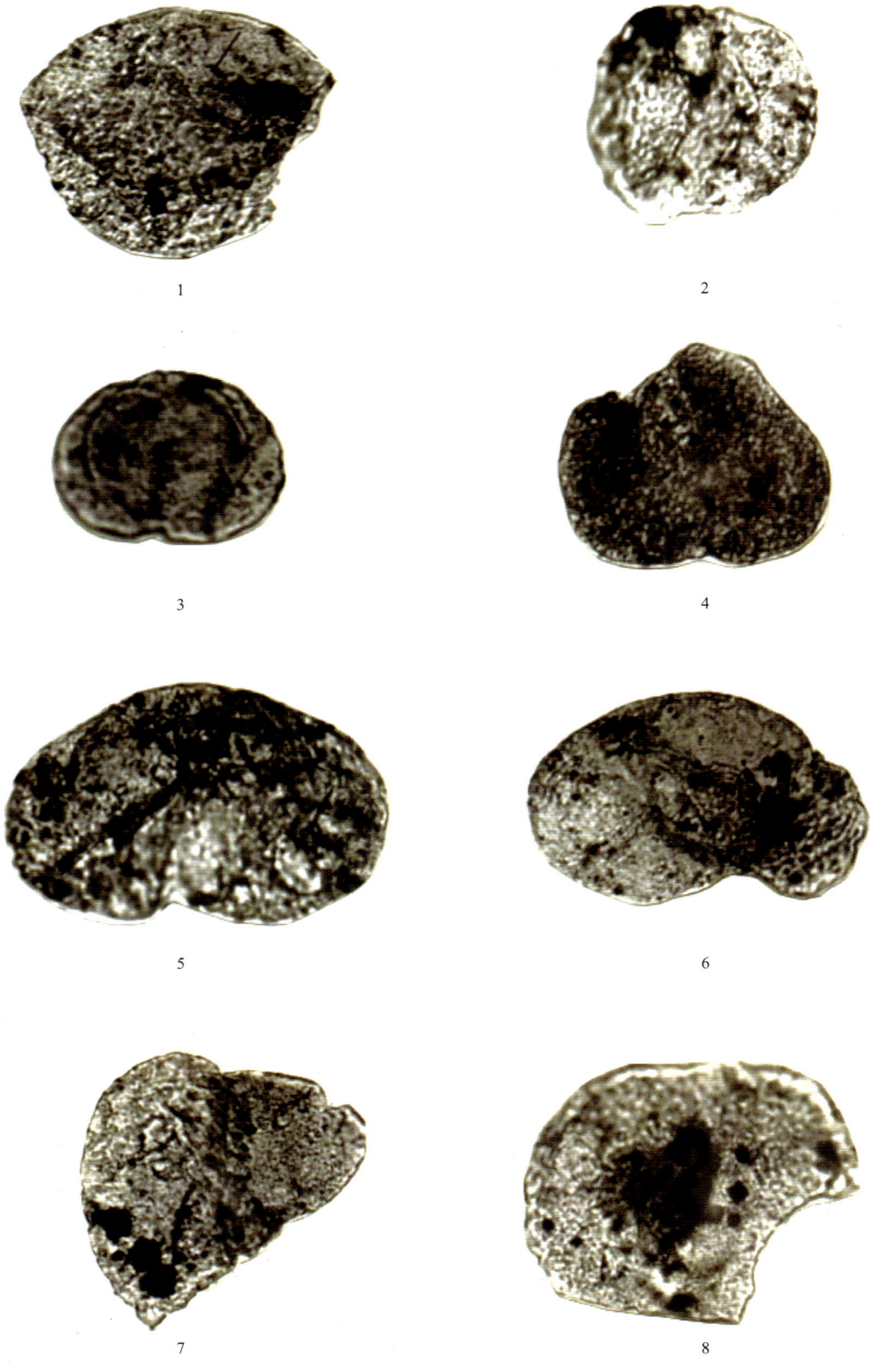

图版 XI

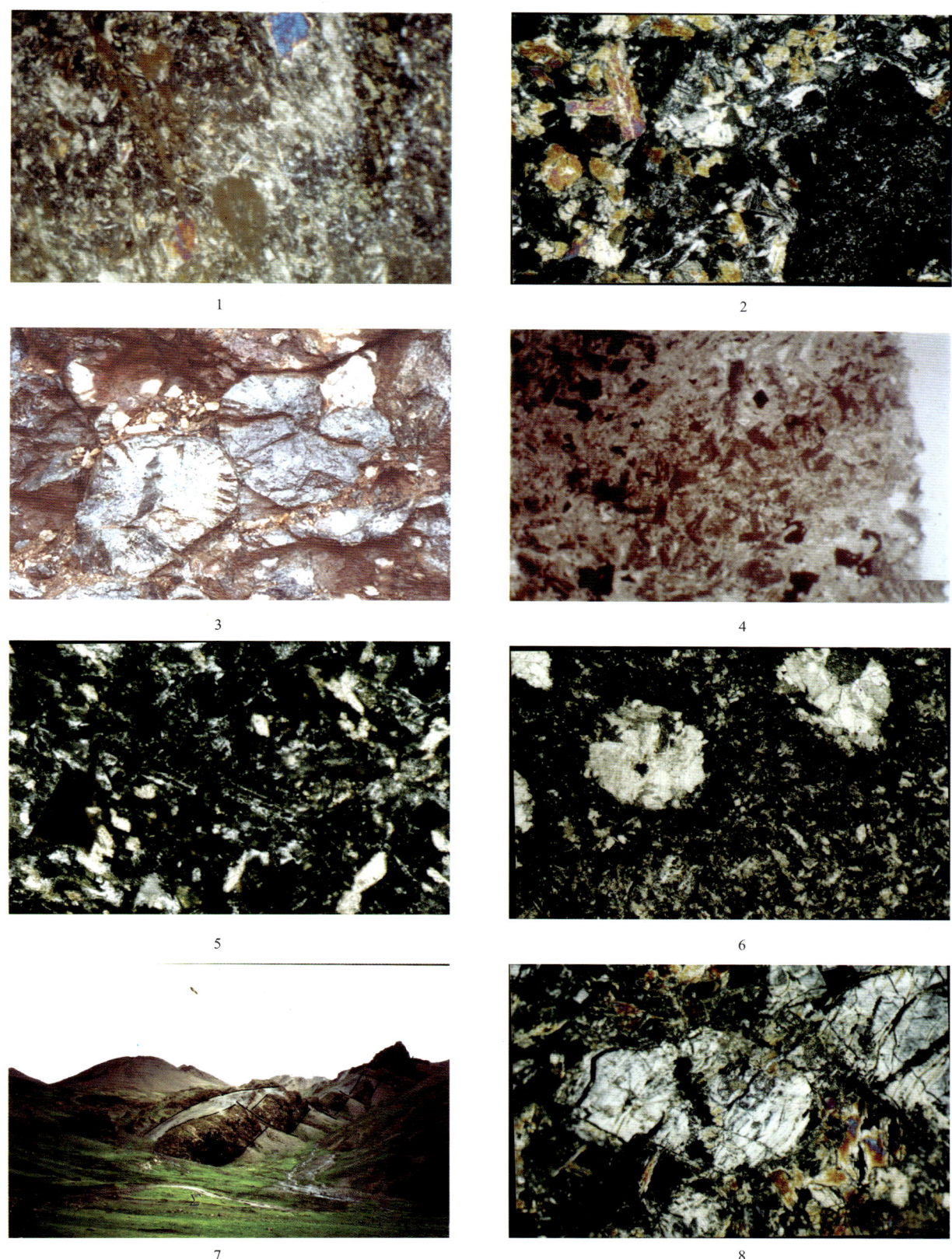

图版 XII

图版 XIII

图版 XIV

图版 XV